新文京開發出版股份有限公司
NEW WCDP
新世紀 · 新視野 · 新文京 — 精選教科書 · 考試用書 · 專業參考書

New Wun Ching Developmental Publishing Co., Ltd.

NEW WCDP New Age · New Choice · The Best Selected Educational Publications—NEW WCDP

空氣汙染防制
理論及設計

AIR POLLUTION CONTROL
Theory and Design

鄭宗岳．鄭有融 編著

六版序

《空氣汙染防制理論及設計》一書，主要匯集筆者在工作上之實務經驗、國內外相關期刊、設備設計文件及廠商型錄等相關資料，從理論原理至空氣汙染防制設備之設計及選用，均作了相當詳細的說明及歸納整理，以期讀者能有系統地吸收空氣汙染控制技術理論及設計之精髓。本書自出版以來，承蒙國內大專院校教授採用作為空氣汙染防制相關課程教材或參考書籍，有志公職及業界人士亦廣為推薦介紹，更是參加國家考試必備用書；期許本次改版，能使內容更為精進，編排方式能更適應教學及應試的需求，才不致辜負專家學者先進與讀者多年來的肯定及指導。

第六版配合國際上重大環保議題之進展及國民對空氣汙染等環保意識之抬頭（尤其是 $PM_{2.5}$ 議題）、國內環保法規之增修訂和汙染防制設備及控制技術之日新月異，針對本書內容進行局部增修訂。同時將過去 30 年來環境工程及環保行政類科之國家考試歷屆試題（民國 80 年～110 年）及其參考解答，分別歸類納入每一章末之「歷屆國家考試試題精華」中，供讀者進一步研習，以增進對該章節主題之瞭解，亦可作為有志公職及進修人士之參考。

近年來，職業病之防制逐漸受到重視，因此對於勞工作業場所之危害物測定，和完善通風排氣系統之設計及安全衛生運作管理，亦為政府主管機關的重點工作，所以本次改版特別針對工業通風排氣章節(9-11)進行補述。

本書部分數據圖表摘錄自國內外諸專家學者資料，謹致謝忱。本次再版期間，承蒙新文京開發出版股份有限公司編輯部之協助，使本書在編排上增色不少，特在此一併致謝。本書之第六版發行雖經詳細校訂，然疏漏之處仍恐無法完全避免，尚祈學界、業界諸先進賢達不吝指正。

鄭宗岳（環境工程技師、職業衛生技師）
鄭有融（職業衛生技師） 謹識

目錄

空氣汙染概論

Air Pollution Control
Theory and Design

1-1　空氣汙染定義
1-2　空氣汙染物的種類及分類
1-3　空氣汙染的系統及架構
1-4　空氣品質標準及空氣汙染物排放標準
1-5　空氣汙染物對人體健康的影響
1-6　主要空氣汙染事件
歷屆國家考試試題精華

1-1 空氣汙染定義

美國工程學會：對於室外空氣中所含一種或多種汙染物質，例如落塵、燻煙、氣體、靄、煙霧或蒸氣等，其存在之量、性質與時間上，足以傷害人類及動植物之生命、造成財產損害或無理干擾舒適之生活環境。

世界衛生組織(WHO)：空氣汙染為以人工之方法把汙染物質放散在戶外空氣中，而其汙染物質之濃度及持續時間，使某一地區之居民中有多數人引起不適之感，或危害廣大地區之公共衛生以及妨害人類之生活及動植物之生長，此種狀態稱之。

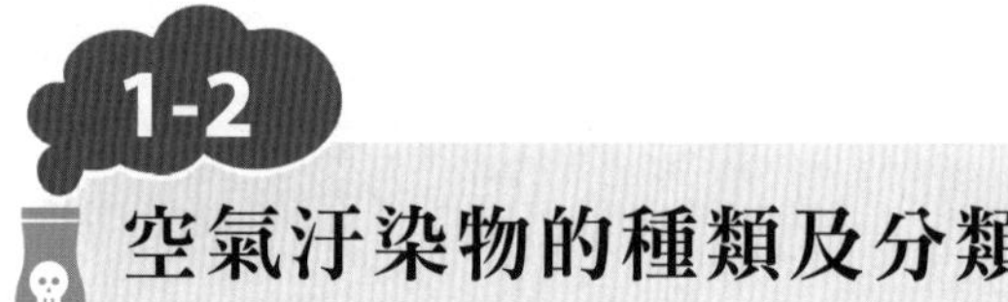

1-2 空氣汙染物的種類及分類

一、空氣汙染物的定義

指空氣中足以直接或間接妨害國民健康或生活環境之物質（空氣汙染防制法第三條）。

二、空氣汙染物的種類

依空氣汙染防制法施行細則第二條所稱，空氣汙染物之種類可分為：

1. 氣狀汙染物
   (1) 硫氧化物（ SO_2 及 SO_3 合稱為 SO_x ）
   (2) 一氧化碳(CO)
   (3) 氮氧化物（ NO 及 NO_2 合稱為 NO_x ）
   (4) 碳氫化合物(C_xH_y)
   (5) 氯化氫(HCl)
   (6) 二硫化碳(CS_2)
   (7) 鹵化烴類($C_mH_nX_x$)
   (8) 全鹵化烷類(CFCs)
   (9) 揮發性有機物(Volatile Organic Compounds, VOCs)

2. 粒狀汙染物
   (1) 總懸浮微粒：係指懸浮於空氣中，所有粒徑之微粒。
   (2) 懸浮微粒：懸浮於空氣中，粒徑在 10 微米(μm)以下之粒子，又稱為 PM_{10}。
   (3) 細懸浮微粒：指懸浮於空氣中，粒徑在 2.5 微米(μm)以下之粒子，又稱為 $PM_{2.5}$。
   (4) 落塵：粒徑在 10 微米(μm)以上，能因重力落下之微粒。
   (5) 金屬燻煙及其化合物：含金屬或其化合物之微粒。
   (6) 黑煙：以碳為主要成分之暗灰色至黑色微粒。
   (7) 酸霧：含硫酸、硝酸、磷酸、鹽酸等微滴之煙霧。
   (8) 油煙：含碳氫化合物之煙霧。
3. 衍生性汙染物
   (1) 光化學煙霧：經光化學反應所產生之微粒狀物質而懸浮於空氣中，能造成視程障礙者。
   (2) 光化學性高氧化物：經光化學反應所產生之強氧化性物質，如臭氧(O_3)、過氧硝酸乙醯酯(Peroxyl Acetyl Nitrite, PAN)等（能將中性碘化鉀溶液游離出碘者為限，但不包括二氧化氮）。
4. 有害空氣汙染物
   (1) 氟化物
   (2) 氯氣(Cl_2)
   (3) 氨氣(NH_3)
   (4) 硫化氫(H_2S)
   (5) 甲醛(HCHO)
   (6) 含重金屬之氣體
   (7) 硫酸、硝酸、磷酸、鹽酸氣
   (8) 氯乙烯單體(VCM)
   (9) 多氯聯苯(PCBs)
   (10) 氰化氫(HCN)
   (11) 戴奧辛及呋喃類（Dioxins 及 Furans）
   (12) 致癌性多環芳香烴(Polyaromatic Hydrocarbon, PAH)
   (13) 致癌性揮發性有機物
   (14) 石棉及含石棉之物質

5. 異味汙染物：指具有氣味，足以引起厭惡或其他不良情緒反應之汙染物。

6. 其他經中央主管機關指定公告之物質

三、空氣汙染物的分類

一次汙染物(Primary Pollutant)及二次汙染物（Secondary Pollutant，或稱衍生性汙染物）。

四、空氣汙染源的分類

1. 以汙染源區分：固定汙染源及移動性汙染源。

2. 以排放型態區分：點汙染源、線汙染源及面汙染源。

1-3 空氣汙染的系統及架構

排放源 —汙染物→ 大氣層 —混合及化學傳輸→ 承受體

汙染物：
1. 一次汙染物
2. 二次汙染物

混合及化學傳輸：
1. 輸送
2. 擴散
3. 稀釋
4. 化學轉化
5. 乾、濕沉降

Example:
SO_2, NO_x, HC, CO_2, CO, HCl, O_3, PAN, 氯化物、氟化物、粒狀汙染物等
(HC：碳氫化合物)

➡圖 1.1

1. 排放源：一般包含固定及移動性汙染源。

2. 大氣層：指行星邊界層(Planet Boundary Layer, PBL)，須考慮因素有穩定度、風速、風向、混合層高度等。

3. 承受體：其影響主要包括

   (1) 大氣性質改變：可見度衰減，煙霧的形成，降雨，日照強度減弱，溫度改變（溫度室效應）等。

(2) 材料破壞：一般建物、輪胎、路面等。
(3) 生物族群的改變：植物滅亡，人類壽命減少等。

空氣品質標準及空氣汙染物排放標準

一、空氣品質標準

1. 空氣品質標準依美國空氣品質法案的解釋是：「空氣品質標準乃規定汙染物的濃度，在一特定時間內，某一地區裡，依法不得超過的限值」。
2. 依我國空氣汙染防制法第三條的解釋是：「指室外空氣中空氣汙染物濃度限值」。

二、空氣汙染物排放標準

依我國空氣汙染防制法第三條的解釋：指排放廢氣所容許混存各種空氣汙染物之最高濃度、總量或單位原（物）料、燃料、產品之排放量。

三、空氣汙染法規

1. 美國 EPA(Environment Protection Agency)空氣汙染法規的架構如下：

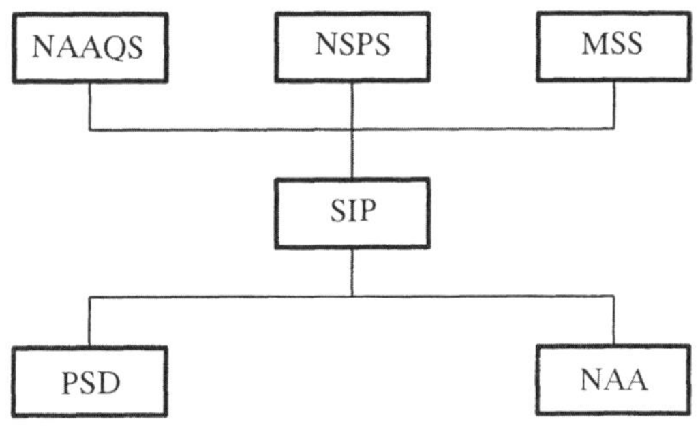

【說明】 NAAQS：國家大氣品質標準　NSPS：新固定源施行標準
MSS：移動性汙染源標準　SIP：州執行計畫
PSD：防止嚴重傷害　NAA：未達標準地區

2. 我國的空氣汙染防制法規目前主要有下列所示幾種（括弧內所示為最新公告修訂的日期）：
   (1) 空氣汙染防制法(107.08.01)
   (2) 空氣汙染防制法施行細則(109.09.18)
   (3) 空氣品質標準(109.09.18)
   (4) 固定汙染源空氣汙染物排放標準(110.06.29)
   (5) 移動汙染源空氣汙染物排放標準(109.07.27)
   (6) 揮發性有機物空氣汙染管制及排放標準(102.01.03)
   (7) 空氣品質嚴重惡化警告發布及緊急防制辦法(111.03.03)
   (8) 特殊性工業區緩衝地帶及空氣品質監測設施設置標準(103.03.05)
   (9) 空氣汙染防制專責單位或專責人員設置其管理辦法(108.08.06)
   (10) 環境檢驗測定機構管理辦法(110.01.27)
   (11) 空氣汙染防制費收費辦法(111.03.24)
   (12) 固定汙染源設置與操作許可證管理辦法(108.09.26)
   (13) 固定汙染源自行或委託檢測及申報管理辦法(111.06.06)
   (14) 公私場所固定汙染源空氣汙染物排放量申報管理辦法(108.06.11)
   (15) 公私場所固定汙染源申請改善排放空氣汙染物總量及濃度管理辦法(108.03.05)
   (16) 固定汙染源空氣汙染物連續自動監測設施管理辦法(109.04.08)
   (17) 固定汙染源最佳可行控制技術(109.07.10)
   (18) 加油站油氣回收設施管理辦法(110.05.07)
   (19) 移動汙染源空氣汙染防制設備管理辦法(108.06.12)
   (20) 直轄市、縣（市）各級空氣汙染防制區(109.12.29)
   (21) 空氣品質模式模擬規範及其他空氣汙染防制法授權訂定之子法、行政規則及相關公告

四、國內現階段固定汙染源空氣汙染物排放標準

國內現階段固定汙染源空氣汙染物排放標準，如表 1.1 所示。

表 1.1 國內現階段固定汙染源空氣汙染物排放標準（110 年國家標準）

（單位 ppm）

燃料種類	NO_x	SO_x	CO	HCl	Cl_2	H_2S	氯乙烯單體(VCM)	粒狀汙染物
氣體燃料	150	100	2000	80	30	100	10	$100mg/Nm^3$
液體燃料	250	300						
固體燃料	350	300						

註：(1) 粒狀汙染物排放管道之排放標準依排氣量不同而異。
(2) 臭氣或厭惡性異味排放管道之容許臭氣濃度依排放口高度而異。
(3) 排放標準中未表列之氣體汙染物依「固定汙染源空氣汙染物排放標準」第七條所列方法計算。
(4) NO_x／SO_x／粒狀汙染物排放標準係指燃燒設備之排放標準。

另外，民國 103 年 12 月 1 日修正公告之「電力設施汙染物排放標準」，對於汽力機組、氣渦輪機組、複循環機組、柴油引擎機組及燃油引擎機組，針對粒狀汙染物／SO_x／NO_x 設定更嚴格之排放標準。

五、國內現行環境空氣品質標準

國內現行環境空氣品質標準（2020 年 9 月 18 日修正發布），如表 1.2 所示。

表 1.2 中華民國臺灣地區環境空氣品質標準（109 年國家標準）

空氣汙染物項目	監測時段	標準
懸浮微粒(PM_{10})，$\mu g/m^3$	1. 日平均值	100
	2. 年算術平均值	50
細懸浮微粒($PM_{2.5}$)，$\mu g/m^3$	1. 二十四小時平均值	35
	2. 年平均值	15
二氧化硫(SO_2)，ppb	1. 小時平均值	75
	2. 年平均值	20
二氧化氮(NO_2)，ppb	1. 小時平均值	100
	2. 年平均值	30
一氧化碳(CO)，ppm	1. 小時平均值	35
	2. 八小時平均值	9

表 1.2　中華民國臺灣地區環境空氣品質標準（109 年國家標準）（續）

空氣汙染物項目	監測時段	標準
臭氧(O_3)，ppb	1. 小時平均值	120
	2. 八小時平均值	60
鉛(pb)，$\mu g/m^3$	三個月移動平均值	0.15

註：

(1) 小時平均值：指一小時內各測值之算術平均值。

(2) 八小時平均值：指連續 8 小時之小時平均值之算術平均值。

(3) 日平均值：指一日內各小時平均值之算術平均值。

(4) 二十四小時值：指連續採樣 24 小時所得之樣本，經分析後所得之值。

(5) 月平均值：指全月中各日平均值之算術平均值。

(6) 年平均值：指全年中各日平均值之算術平均值。

(7) 年幾何平均值：指全年中各 24 小時值之幾何平均值。

六、單位換算

一般而言，空氣汙染物中之微粒物質或氣體濃度可以 $\mu g/m^3$ 來表示，而一般氣態汙染物亦可以 ppm 來表示，在 25°C，1 atm（一大氣壓）狀況下，$\mu g/m^3$ 與 ppm 之換算公式推導如下：

$$x \text{ ppm}$$

$$= \frac{x\text{m}^3}{10^6\text{m}^3} = \frac{(x/24.5)\text{Kg-mole}}{10^6\text{m}^3} \quad \text{（25°C、1 atm 下，1 Kg-mole 氣體體積 24.5m}^3\text{）}$$

$$= \frac{(x/24.5)\times[\text{MW(Kg)}]10^9\,\mu g/\text{Kg}}{10^6\text{m}^3}$$

$$= \frac{x\times(\text{MW})\times 10^3}{24.5}\,\mu g/m^3 \quad \text{（MW：汙染物分子量）} \qquad (1\text{-}1)$$

注意　在 0℃、1 atm 條件下，分母為 22.4。

例如臺灣地區環境空氣品質標準規定 SO_2 之小時平均值須低於 0.25ppm，將其換算為 $\mu g/m^3$ 時等於

$$\frac{0.25\times 64\times 10^3}{24.5} = 653\mu g/m^3 \quad \text{（}SO_2\text{ 分子量}=64\text{）}$$

1-5 空氣汙染物對人體健康的影響

一、空氣汙染物標準指標(Pollutant Standard Index, PSI)

指依據測站當日大氣中五種主要汙染物（懸浮微粒 TSP, SO_2, O_3, NO_2, CO）的濃度值，依據表 1.3 換算（利用內插法）成該汙染物的空氣汙染副指標值(Subindex)，PSI 即為當日副指標值之極大值，該極大值所對應之汙染物即為該測站當日之指標汙染物。在報告 PSI 指標時，對於當日汙染最嚴重的汙染物及副指標值超過 100 之汙染物亦須報告，以提醒民眾注意。

表 1.3 空氣汙染物濃度與 PSI 之對應值

	汙染物 PSI	24hr TSP ($\mu g/m^3$)	24hr SO_2 (ppm)	1hr NO_2 (ppm)	8hr CO (ppm)	1hr O_3 (ppm)	24hr $TSP \times SO_2$ ($\mu g/m^3 \times ppm$)
1	0	0	0	–	0	0	–
2	50	75	0.03	–	4.5	0.06	–
3	100	260	0.14	–	9	0.12	–
4	200	375	0.30	0.6	15	0.2	24.82
5	300	625	0.60	1.2	30	0.4	99.66
6	400	875	0.80	1.6	40	0.5	150.10
7	500	1,000	1.00	2.0	50	0.6	187.10

二、空氣汙染物標準指標(PSI)對人體健康的影響

透過空氣汙染物標準指標 PSI，我們可以瞭解空氣汙染的嚴重程度，也可以知道其對人體可能會造成的相對影響，如表 1.4 所示。

表 1.4　PSI 值對人體健康的影響

PSI 值	現　象	對健康的影響	警　　告
400 以上	危　險	病患及老年人過早死亡，健康的人將出現影響正常活動的症狀。	所有人都應留在室內，緊閉門窗；盡量避免活動與外出。
300~399	有　害	除了症狀顯著惡化並造成某些疾病的提早開始，亦減低正常人的運動能力。	老年人與病人應留在室內，並避免活動，一般人應減少室外活動。
200~299	極不良	心臟及肺部疾病的症狀會明顯惡化，並會降低其運動能力，一般大眾會有各種不同的症狀。	老年人與心臟或肺部有疾病的人，應留在室內並減少身體活動。
100~199	不　良	對身體狀況較敏感的人會有輕微的症狀惡化現象，而如臭氧濃度落在此範圍，眼鼻會略有刺激感。	心臟與呼吸系統有疾病的人，應減少身體活動，並避免外出。
50~99	中　等	對社會最弱的一群人（如心臟病患、呼吸器官疾病者、老年、孕婦及幼童）都沒有影響。	
0~49	良　好	良好。	

三、不同濃度空氣汙染物對人體可能造成之影響

主要空氣汙染物在不同濃度下對人體或感官所可能造成的影響，如表 1.5。

表 1.5 主要空氣汙染物的性質在不同濃度下對人體之影響

臭氧	無色 有臭味 刺激鼻喉 頭痛（30 分鐘內） 工業限值（8 小時平均值，WHO）	 0.02~0.05ppm 0.05ppm 1ppm(1962 $\mu g/m^3$) 100~200 $\mu g/m^3$
NO_2	紅棕色 有臭味 增加呼吸器官疾病 美國工業限值（8 小時平均值）	 0.12~0.22ppm 0.06~0.109ppm 5ppm
SO_2	無色 輕微異味 有臭味 增加死亡率 可能增加死亡率 增加幼童呼吸器官疾病 工業限值（8 小時平值，WHO）	 0.3ppm 0.5ppm 0.25ppm（24 小時量度） 加上 750 $\mu g/m^3$ 黑煙（24 小時量度） 加上幾天低濃度的懸浮微粒 0.046ppm 並有長期的黑煙 10~13 $\mu g/m^3$
CO	無色、無味、無臭味（高濃度時有一點臭味） 影響中樞神經系統 工業限值（8 小時平均值，WHO）	 15ppm 歷時 10 小時 50ppm

四、空氣品質指標(Air Quality Index, AQI)

2016 年 12 月 1 日，環保署對空氣品質優劣之指標，改以 AQI 取代過去「空氣汙染物標準指標」(PSI)、細懸浮微粒($PM_{2.5}$)併陳的方式，其定義如下：

空氣品質指標的定義

空氣品質指標為依據監測資料將當日空氣中臭氧(O_3)、細懸浮微粒($PM_{2.5}$)、懸浮微粒(PM_{10})、一氧化碳(CO)、二氧化硫(SO_2)及二氧化氮(NO_2)濃度等數值，以其對人體健康的影響程度，分別換算出不同汙染物之副指標值，再以當日各副指標之最大值為該檢測站當日之空氣品質指標值(AQI)。

表 1.6 汙染物濃度與汙染副指標值對照表

空氣品質指標(AQI)							
AQI 指標	O_3 (ppm) 8 小時平均值	O_3 (ppm)小時平均值[1]	$PM_{2.5}$ ($\mu g/m^3$) 24 小時平均值	PM_{10} ($\mu g/m^3$) 24 小時平均值	CO (ppm) 8 小時平均值	SO_2 (ppb) 小時平均值	NO_2 (ppb) 小時平均值
良好（綠）0~50	0.000~0.054	—	0.0~15.4	0~50	0~4.4	0~20	0~30
普通（黃）51~100	0.055~0.070	—	15.5~35.4	51~100	4.5~9.4	21~75	31~100
對敏感族群不健康（橘）101~150	0.071~0.085	0.125~0.164	35.3~54.4	101~254	9.5~12.4	76~185	101~360
對所有族群不健康（紅）151~200	0.086~0.105	0.165~0.204	54.5~150.4	255~354	12.5~15.4	186~304[3]	361~649
非常不健康（紫）201~300	0.106~0.200	0.205~0.404	150.5~250.4	355~424	15.5~30.4	305~604[3]	650~1249
危害（褐紅）301~400	[2]	0.405~0.504	250.5~350.4	425~504	30.5~40.4	605~804[3]	1250~1649
危害（褐紅）401~500	[2]	0.505~0.604	350.5~500.4	505~604	40.5~50.4	805~1004[3]	1650~2049

註：

(1) 一般以臭氧(O_3)8 小時值計算空氣品質指標(AQI)。但部分地區以臭氧(O_3)小時值計算空氣品質指標(AQI)更具有預警性，在此情況下，臭氧(O_3)8 小時與臭氧(O_3)1 小時空氣品質指標(AQI)皆計算之，取兩者之最大值作為空氣品質指標(AQI)。

(2) 空氣品質指標(AQI)301 以上之指標值，是以臭氧(O_3)小時值計算之，不以臭氧(O_3)8 小時值計算之。

(3) 空氣品質指標(AQI)200 以上之指標值，是以二氧化硫(SO_2)24 小時值計算之，不以二氧化硫(SO_2)小時值計算之。

表 1.7 空氣品質指標(AQI)與健康影響及活動建議

空氣品質指標(AQI)	0~50	51~100	101~150	151~200	201~300	301~500
對健康影響與活動建議	良好	普通	對敏感族群不健康	對所有族群不健康	非常不健康	危害
狀態色塊	綠	黃	橘	紅	紫	褐紅
人體健康影響	空氣品質良好，汙染程度低或無汙染。	空氣品質普通；但對非常少數極敏感族群產生輕微影響。	空氣汙染物可能會對敏感族群的健康造成影響，但是對一般大眾的影響不明顯。	對所有人的健康開始產生影響，對於敏感族群可能產生較嚴重的健康影響。	健康警報：所有人都可能產生較嚴重的健康影響。	健康威脅達到緊急，所有人都可能受到影響。
一般民眾活動建議	正常戶外活動。	正常戶外活動。	1. 一般民眾若有不適，如眼痛，咳嗽或喉嚨痛等，應考慮減少戶外活動。 2. 學生仍可進行戶外活動，但建議減少長時間劇烈運動。	1. 一般民眾若有不適，如眼痛，咳嗽或喉嚨痛等，應減少體力消耗，特別是減少戶外活動。 2. 學生應避免長時間劇列運動，進行其他戶外活動時應增加休息時間。	1. 一般民眾應減少戶外活動。 2. 學生應立即停止戶外活動，並將課程調整於室內進行。	1. 一般民眾應避免戶外活動，室內應緊閉門窗，必要外出應配戴口罩等防護用具。 2. 學生應立即停止戶外活動，並將課程調整於室內進行。
敏感性族群活動建議	正常戶外活動。	極特殊敏感族群建議注意可能產生的咳嗽或呼吸急促症狀，但仍可正常戶外活動。	1. 有心臟、呼吸道及心血管疾病患者、孩童及老年人，建議減少體力消耗活動及戶外活動，必要外出應配戴口罩。 2. 具有氣喘的人可能需增加使用吸入劑的頻率。	1. 有心臟、呼吸道及心血管疾病患者、孩童及老年人，建議留在室內並減少體力消耗活動，必要外出應配戴口罩。 2. 具有氣喘的人可能需增加使用吸入劑的頻率。	1. 有心臟、呼吸道及心血管疾病患者、孩童及老年人應留在室內並減少體力消耗活動，必要外出應配戴口罩。 2. 具有氣喘的人應增加使用吸入劑的頻率。	1. 有心臟、呼吸道及心血管疾病患者、孩童及老年人應留在室內並避免體力消耗活動，必要外出應配戴口罩。 2. 具有氣喘的人應增加使用吸入劑的頻率。

1-6 主要空氣汙染事件

主要空氣汙染事件發生之環境條件、被害情形、症狀及主要汙染物質列表說明如表 1.8 所示。讀者可試著換算 1948 年 10 月美國 Donora 事件之 SO_2 濃度(0.39ppm)所對應的 PSI 值已相當於 230，而 1952 年英國倫敦事件濃度(0.7ppm)所對應的 PSI 值為 350。

表 1.8　主要空氣汙染事件

	Meuse（比利時） 1930 年 12 月	Donora（美國） 1948 年 10 月	倫敦（英國） 1952 年 12 月	洛杉磯（美國） 1990 年代
環境條件	河谷、移動性高氣壓、氣溫逆轉、無風狀態，霧、工業地帶（以鐵和鋅的工廠為主）。	河谷、移動性高氣壓、氣溫逆轉、無風狀態、濃霧，工業地帶（以鐵和鋅的工廠為主）。	盆地、移動性高氣壓、氣溫逆轉、霧、人口稠密。	盆地、太平洋高氣壓、氣溫逆轉、人口稠密、汽油消耗量大。
被害情形	死亡 68 名，患病 6000 名。	死亡 20 名，患病約 3000 名。	死亡約 4000 名，患病人數不明。	不明。
症　　狀	急性呼吸器官及心臟病的增加。	咳嗽、呼吸困難、噁心、嘔吐。	全年齡層的心肺疾病，幼兒、老人特別多。	刺激眼睛、流淚，其他對植物、家畜、橡膠製品損害大。
主要汙染物質	從工廠排出的 SO_2、SO_3、HF、CO 等。	從工廠排出的 SO_2、SO_3、H_2SO_4 等（SO_2 濃度 0.32～0.39ppm）。	從工廠及一般家庭排放的 SO_2、煤煙（SO_2 最高濃度達 0.7ppm）。	汽車排氣、石化工廠、一般家庭等碳氫化合物排氣及光化學反應衍生物。

歷屆國家考試試題精華

1.1 在 25℃，1 atm 條件下，某測站測出平均日 SO_2 的濃度為 $415\mu g/m^3$，以 ppm 表示濃度為若干？PSI 值相當於多少？

解

$$x\ ppm = \frac{x \times MW \times 1000}{24.5} = 415\mu g/m^3$$

$$\therefore x = \frac{415 \times 24.5}{64 \times 1000} = 0.159ppm$$

由 PSI 換算表內插

$$PSI = 100 + \frac{0.159 - 0.14}{0.3 - 0.14} \times 100 = 111.9$$

由表 1.2 可知，此一濃度已超過臺灣地區環境空氣品質標準（應小於 0.1ppm）

1.2 在 80℃下，一部汽車排氣含 2%CO，試求排氣之 CO 濃度，以 $\mu g/m^3$ 表示。

解 在 1 atm 80℃時，分母應換算成

$$\frac{V_1}{V_2} = \frac{T_1}{T_2} \Rightarrow V_1 = 24.5 \times \frac{(273+80)}{(273+25)} = 29.02$$

2%CO 相當於 20000ppm

$$CO\ 濃度(\mu g/m^3) = \frac{20000 \times 28 \times 1000}{29.02} = 1.93 \times 10^7\ \mu g/m^3$$

1.3 1952 年倫敦煙霧事件發生期間，估計燃燒掉含硫量 4%之煤 25,000 公噸，大氣混合層高約 150 公尺，所占面積約 1200 平方公里，試估算此事件末期 SO_2 之濃度？

解

硫排放量 $= 25000 \times 0.04 = 1000$ 公噸

SO_2 排放量 $= 1000 \times 64/32 = 2000$ 公噸 $= 2 \times 10^6 Kg = 2 \times 10^9 g$

混合層體積 $= 150m \times 1200Km^2 \times 10^6 m^2/Km^2 = 1.8 \times 10^{11} m^3$

$$SO_2 \text{濃度} = \frac{2\times10^9\times10^6}{1.8\times10^{11}} = 11{,}000\mu g/m^3$$

相當於 $\frac{11000\times24.5}{64\times1000} = 4.2ppm$（假設混合層溫度為 25°C）

1.4 PAN$\left[CH_3(CO)O_2NO_2\right]$在 760mmHg，25°C時，1ppm＝多少 $\mu g/m^3$？

解 PAN 分子量(MW)$=12+3+12+16+32+14+32=121$

760mmHg，25°C時

$$1ppm = \frac{1\times121\times1000}{24.5} = 4{,}939\mu g/m^3$$

1.5 某日高雄楠梓之空氣監測站測得總懸浮粒(TSP)$=250\mu g/m^3$，二氧化碳硫(SO_2)$=0.11ppm$，其他汙染物的濃度均很低而可不考慮。請問該日楠梓之空氣汙染指標(PSI)是多少？（換算表如 1-5 節所示） **（81 年專技檢覆）**

解 依據 1-5 節之換算表

以 SO_2 為 Subindex 時，$PSI = 50 + \frac{(0.11-0.03)}{(0.14-0.03)}\times50 = 86.4$

以 TSP 為 Subindex 時，$PSI = 50 + \frac{(250-75)}{(260-75)}\times50 = 97.3$

以 $TSP\times SO_2$ 為 Subindex 時，

$$TSP\times SO_2 = 250\times0.11 = 27.5\mu g/m^3\times ppm$$

$$PSI = 200 + \frac{(27.5-24.82)}{(99.66-24.82)}\times100 = 203.6$$

依據 1-5 節 PSI 之定義，Subindex 之最大值為 203.6

故該日楠梓之 $PSI = 203.6$

1.6 空氣品質標準與排放標準有何不同？ **（環管科高考）**

解 按我國空氣汙染防制法的解釋

空氣品質標準：指室外空氣中空氣汙染物濃度限值。

排放標準：指排放廢氣所容許混存各種空氣汙染之最高濃度或總量。

以 SO_2 為例，中華民國臺灣地區空氣品質標準小時平均值為 75 ppb，而 2021 年公告之排放標準為氣體燃料 100ppm，液固體燃料 300ppm。

1.7 請以表格列出中華民國各項空氣汙染物之空氣品質標準，其中哪些項目常在有些空品區不符合空氣品質標準？ **（98 年高考三級）**

解 (1) 參見表 1.2。

(2) 近年來由於政府嚴格規範及下修柴油、燃料油之容許硫含量、加嚴管制機動車輛排氣標準及禁用有鉛汽油，各項空氣汙染物濃度均能符合空氣品質標準，唯懸浮微粒，PM_{10} 及臭氧等項目，仍常在有些空品區不符合品質標準。

1.8 根據我國空氣汙染防制法第二十三條之規定，對於使用四氯乙烯及其他非石油系乾洗溶劑從事乾洗業者之規定為何？ **（90 年普考）**

解 使用四氯乙烯及其他非石油系乾洗溶劑從事乾洗業者之規定為：

(1) 洗衣、溶劑脫除及烘乾作業應於同一密閉乾洗槽內進行。

(2) 應設置冷凍式冷凝固收設備或功能較佳之設施，其冷凝回收設備之冷凝液出口應裝設溫度計，冷凝液出口管壁溫度應小於或等於 7.2°C。

(3) 乾洗設備之乾洗槽中應設置乾洗溶劑濃度偵測器。乾洗槽中乾洗溶劑濃度須經可再生使用之碳槽或其他溶劑吸附器處理至 300ppm 以下，始得開啟槽門。

(4) 乾洗作業應依烘乾機使用手冊進行操作。

(5) 乾洗設備任何單元不得有溶劑滴漏或溶劑洩漏偵測濃度超過 50 ppm 之情事。

(6) 每週至少一次以四氯乙烯偵測器（最低極限濃度為 50 ppm）偵測管線及設備，溶劑洩漏偵測濃度超過 50 ppm，應即採行止漏修復措施。

(7) 每批次操作記錄（含烘乾機烘乾溫度、時間、冷卻時間、衣物種類、冷凝回收設備之出口溫度、溶劑種類），每年乾洗溶劑種類，購買量及發票、使用量、庫存量，每週四氯乙烯自行量測濃度及採行之止漏修護措施。

以上各項記錄至少保存 2 年備查。

1.9 我國空氣汙染防制法施行細則中對各項空氣汙染物訂有空氣品質標準：

(1) 請說明空氣品質標準中所稱「小時平均值」、「八小時平均值」、「日平均值」、「二十四小時值」、「月平均值」、「年平均值」及「年幾何平均值」等各項平均值之意義。

(2) 請說明目前我國空氣汙染防制法施行細則規定之 PM_{10}、SO_2、CO 及 O_3 等各汙染物之空氣品質標準值？ **(100 年高考三級)**

解

(1) (a) 小時平均值：指一小時內各測值之算術平均值。

(b) 八小時平均值：連續 8 個小時之小時平均值之算術平均值。

(c) 日平均值：一日內各小時平均值之算術平均值。

(d) 二十四小時值：連續採樣 24 小時所得之樣本，經分析後所得之值。

(e) 月平均值：全月中各日平均值之算術平均值。

(f) 年平均值：全年中各日平均值之算術平均值。

(g) 年幾何平均值：全年中各 24 小時值之幾何平均值。

(2) 各汙染物之空氣品質標準值如下表（109 年國家標準）

項目	標準值		單位
PM_{10}	日平均值或 24 小時值	100	$\mu g/m^3$
	年平均值	50	
SO_2	小時平均值	75	ppb
	年平均值	20	
NO_2	小時平均值	100	ppb
	年平均值	30	
CO	小時平均值	35	ppm
	八小時平均值	9	
O_3	小時平均值	120	ppb
	八小時平均值	60	

1.10 依我國空氣汙染防制法第 13 條所定之空氣品質監測站計有哪幾類？試詳述之。 **（103 年高考三級）**

解 依據空氣品質監測站設置及監測準則（108 年 9 月 9 日發布），空氣品質監測站計有下列幾類：

(1) 一般空氣品質監測站：設置於人口密集及可能發生高汙染、人員曝露之平均汙染濃度或能反映較大區域空氣品質分布狀況之地區。

(2) 交通空氣品質監測站：設置於交通流量頻繁或能反映因交通排放發生高汙染之地區。

(3) 工業空氣品質監測站：設置於工業區之盛行風下風區或能反映因工業排放發生高汙染之地區。

(4) 國家公園空氣品質監測站：設置於國家公園內之適當地點。

(5) 背景空氣品質監測站：設置於較少人為汙染地區或總量管制區之盛行風上風區。

(6) 光化學評估監測站：設置於高臭氧及其前驅物濃度、能反映高臭氧之盛行風上風區或下風區。

(7) 粒狀汙染物化學成分監測站：設置於高粒狀汙染物濃度或具區域性汙染傳輸特性之地區。

(8) 其他空氣品質監測站：其他特殊監測目的所設之空氣品質監測站。

1.11 106 年 6 月 9 日修正發布之「空氣品質嚴重惡化緊急防制辦法」，將空氣品質惡化警告等級，依汙染程度區分哪些類別等級（不須寫出分類標準數值）？並各列舉一項汙染源管制措施。 **（106 年高考三級）**

解 空氣品質嚴重惡化緊急防制辦法中，依汙染程度區分為初級、中級及緊急三個等級，其對應之汙染源管制措施摘要列表如下：

級別／管制措施	初級	中級	緊急
一般空氣汙染源	(1) 不得露天燃燒草木、垃圾或任何廢棄物。 (2) 不得於 12 時至 16 時以外時間進行清除鍋爐或使用吹灰裝置。 (3) 不得於 12 時至 16 時以外時間使用燃燒固體廢棄物之非連續操作焚化物。 (4) 減少機動車輛不必要之駕駛。	(1)~(4)同左。 (5) 各項建築工程及運作過程會產生揮發性有機溶劑蒸氣者等行業停止運作。	(1) 初級項次(1)。 (2) 中級項次(5)。 (3) 禁用非連續性操作之固體／液體廢棄物焚化爐。 (4) 在人員／設備安全無虞情況下，採取停止、延緩、減產等操作以降低汙染物排放。 (5) 不得使用交通工具。
特定空氣汙染源	(1) 燃油或燃煤電廠改用低灰分或低硫分燃料，或改由惡化區域以外之電廠發電。 (2) 金屬工業、石油／化學品／化學材料製造業削減、延緩生產或以不同方式操作以減少空氣汙染物排放；延緩處理會產生固體微粒、氣體蒸氣或惡臭物質之事業廢棄物；減少製程熱負荷。	(1) 同左項次(1)，另 SO_x 排放減量 20%。 (2) 石油化學製品／化學材料製造業，SO_x 排放減量 20%，其他同左項次(2)。 (3) 金屬工業、製粉業 SO_x 減量 40%，其他同左項次(2)。	(1) 同左項次(1)，另 SO_x 排放減量 40% 以上。 (2) 同初級項次(2)，SO_x 減量 40%以上及不得清除鍋爐或使用吹灰裝置。

註：111 年 3 月 3 日修正公布的「空氣品質嚴重惡化警告發布及緊急防制辦法」依汙染程度區分為預警（等級細分為初級、中級）及嚴重惡化（等級細分為輕度、中度或重度）二類別五等級，各類別等級依懸浮微粒、細懸浮微粒、SO_2、NO_2、CO 及 O_3 等汙染物之濃度條件來判定。應採行之應變防制措施請另參考最新法規說明。

空氣汙染氣象學

Air Pollution Control
Theory and Design

2-1 前言

一、空氣汙染氣象學所要探討的內容

空氣汙染物自煙囪口排放後，其煙流(Plume)軌跡及濃度大小與大氣各種條件之關係。

二、大氣對汙染物之四種作用

1. 輸送作用(Transport)：風速、風向決定了汙染物輸送之範圍及大小。
2. 擴散作用(Diffusion)：主要是指垂直方向的擴散，與地表粗糙度，大氣穩定度及混合層高度有關。
3. 轉化作用(Transformation)：汙染物質於大氣中因自身衰減(Decay)或與其他汙染物或受陽光照射之作用。發生化學變化，轉化成其他物質而為二次汙染。例如光化學反應。
4. 移除作用(Removal)：大氣中之汙染物質因下列過程而從大氣中消失。
   (1) 微粒物質因重力而沉降至地表。
   (2) 因降雨或降雪的洗除。
   (3) 被雪粒、水蒸汽包圍而成為凝結核。

上述四種作用之中，以輸送的效應最大，而影響大氣輸送的最主要因子為盛行風(Prevailing Wind)。

三、影響大氣中空氣汙染物輸送與擴散之因子

1. 大氣穩定度：風速、風向、溫度梯度(Temperature Gradient)、日照、雲量等。
2. 混合層高度：其定義為地面上受到亂流作用而使汙染物得以擴散、混合的高度。
3. 局部環流：熱島效應、海陸風、下沖作用。

四、氣壓與汙染物之擴散

低壓地區通常伴隨多雲不穩定的天氣，風速亦較大，有利於汙染物之擴散，其伴隨之雨水亦可移除大氣中之汙染物。反之，高壓地區通常是晴朗穩定的天氣，風速亦較小，若有滯留高壓或沉降逆溫層的存在，則汙染物之擴散及輸送均極其不易，這是為什麼空氣汙染事件如倫敦霧，在冬天較易發生的原因。

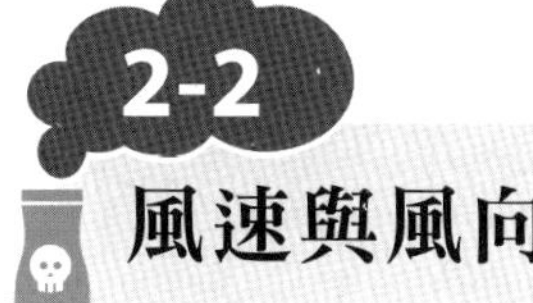

2-2 風速與風向

一、風速

目前用以計算有效煙囪高度處之風速，最簡便而常用的方法為利用風速冪次律(Power Law)。

$$U_z = U_0 \left(\frac{Z}{Z_0} \right)^P \quad \text{(2-1)}$$

U_z ：地面 z 公尺之風速

U_0 ：地面 10 公尺之風速

Z_0 ：10 公尺

P ：大氣處於穩定狀態時為 0.33

大氣處於不穩定狀態時為 0.14

二、風向

風向之定義為風之來向，通常將風向分為 16 個方位，並將逐時的風速大小描繪在該方向而形成了風花圖(Wind Rose)。如表 2.1 及圖 2.1 所示。

表 2.1 特定月份中某城市之風速與風向[1]

間隔 1 小時所觀測之風速頻率（公里／小時）						
方向	1~3	4~7	8~12	13~18	19~24	合計
N	3	4	8	4		19
NNE	4	10	3	2		19
NE	8	8	2	2		20
ENE	4	4	7	3		18
E	2	4	3	2		11
ESE	3	3	2	2		10
SE	12	10	15	5		42
SSE	6	17	20	5		48
S	16	24	24	6		70

表 2.1　特定月份中某城市之風速與風向[1]（續）

間隔 1 小時所觀測之風速頻率（公里／小時）						
方向	1~3	4~7	8~12	13~18	19~24	合計
SSW	7	31	17	3		58
SW	6	48	35	7		96
WSW	5	16	17	7		45
W	6	24	14	6		50
WNW	5	15	14	12		46
NW	4	4	18	28	4	58
NNW	2	8	18	9		37
平靜	73					73
合計	166	230	217	103	4	720

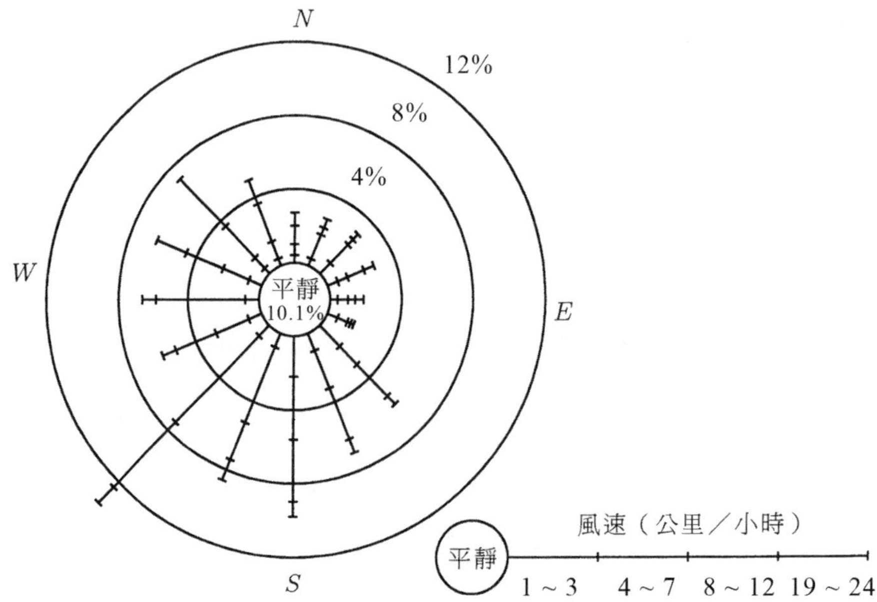

圖 2.1　表 2.1 數據之假設風花圖[1]

2-3 大氣垂直溫度結構與安定度

2-3-1 溫降傾率(Lapse Rate)

當少量空氣在大氣層中向上移動，將會因壓力降低而膨脹並降低溫度，通常，該膨脹相當急速，我們可假設該氣團與周圍大氣間並未發生熱量轉移（亦即假設為絕熱 adiabatic 狀態）。

對一空氣圓柱，厚度差異 dz 所產生之靜態平衡如下：

$$dP = -\rho g dz \quad \text{(2-2)}$$

其中 P 為大氣壓力，ρ 為空氣密度（可設為常數），g 為重力加速度，z 為高度。一含有理想氣體的封閉系統，當靜止狀態有所改變時，其熱力學第一定律可表示為：（下式中 H 為熱焓(enthalpy)，U 為內能）

$$\begin{aligned} dQ &= dU + dW = dU + PdV \\ &= \left(dH - d\left(PV\right)\right) + PdV \\ &= \left(dH - PdV - Vdp\right) + pdV = dH - VdP \\ &= C_p dT - \frac{1}{\rho} dP \end{aligned} \quad \text{(2-3)}$$

因為假設為絕熱狀態，故 dQ = 0

$$C_p dT = \frac{1}{\rho} dP \quad \text{(2-4)}$$

代入(2-2)式可得

$$\rho C_p dT = -\rho g dz$$

$$\left(-\frac{dT}{dz}\right)_{adiabatic} = \frac{g}{C_p} \quad \text{(2-5)}$$

乾燥空氣於室溫下之 C_p 值為 $1.005KJ/Kg°C = 1000Kg \cdot \frac{m}{s^2} m/Kg°C = 1000m^2/s^2, °C$

$$\left(\frac{dT}{dz}\right)_{DryAdiabatic} = \frac{-9.8m/s^2}{1000m^2/s^2, °C} = -0.0098°C/m \quad (2\text{-}6)$$

此即乾絕熱溫降傾率(Dry-Adiabatic Lapse Rate)，當空氣飽含水蒸汽(Saturated)時，若氣團移向較高的高度時，水蒸汽會凝結起來而釋出熱量 dq。

$$dq = -h_{fg}dm$$

其中 h_{fg} 為水蒸汽的凝結熱，負號表示放熱，dm 為冷凝之水蒸汽量，代入(2-3)式

$$-h_{fg}dm = C_p dT - \frac{1}{\rho}dP = C_p dT + g dz$$

$$-\left(\frac{dT}{dz}\right)_{Saturated} = \frac{g}{C_p} + \frac{h_{fg}}{C_p}\frac{dm}{dz} \quad (2\text{-}7)$$

(2-7)式中，就上升的氣團而言，因水蒸汽凝結之故，$\frac{dm}{dz}$ 為負值。

故(2-7)式右方所求得之數值會較(2-6)式為小，其值約為 $6°C/1000m$，此即絕熱氣團的飽和溫降傾率(Saturation-Adiabatic Lapse Rate)。

結論：一般假設升高氣團的冷卻過程為絕熱(Adiabatic)，其溫降傾率(Lapse Rate, Dry Adiabatic)為 $-9.8°C/1000m$，而飽和之濕空氣，因在冷卻過程中會有水蒸汽凝結放熱(Wet Adiabatic)，其溫降傾率(Lapse Rate)約為 $-6°C/1000m$。

2-3-2 溫降傾率與大氣穩定性的關係

大氣實際之溫降傾率稱為盛行溫降傾率(Prevailing Lapse Rate)，其與大氣穩定性之關係，說明如下：

一、弱溫降傾率(Weak Lapse Rate)－弱穩定(Weakly Stable)

1. 條件：大氣之盛行溫降傾率(Prevailing Lapse Rate)小於乾絕熱溫降傾率(Dry Adiabatic Lapse Rate)。

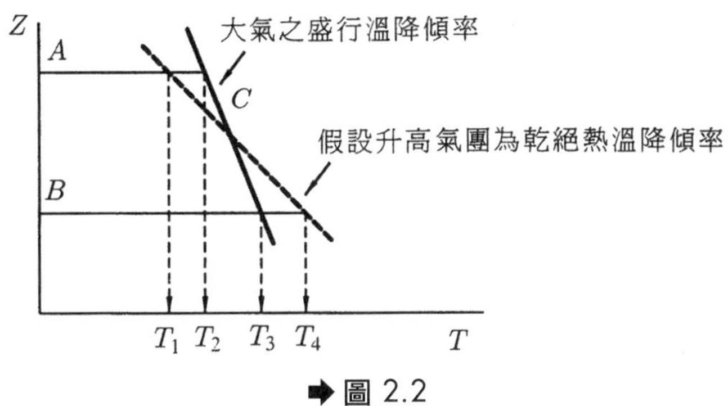

➡ 圖 2.2

2. 說明

(1) 氣團由 C 點上升至 A 點時，氣團溫度 T_1 低於大氣環境溫度 T_2，故氣團將再下降（因溫度低，密度較大，故會下降），最後停止在 C 點。

(2) 氣團由 C 點下降至 B 點時，氣團溫度 T_4 高於大氣環境溫度 T_3，故氣團將再上升（因溫度高，密度較小，故會上升），最後也停止在 C 點。

(3) 因此在這種狀況下為一穩定狀態，限制了氣團之垂直運動，妨礙上、下混合作用。

二、強溫降傾率(Strong Lapse Rate)－不穩定(Unstable)

1. 條件：大氣之盛行溫降傾率大於乾絕熱溫降傾率。

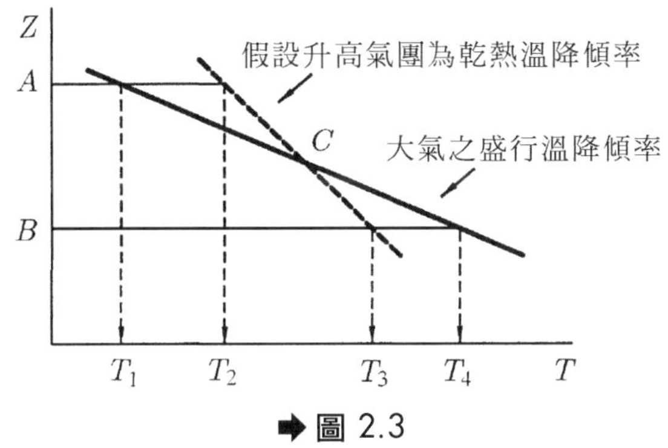

➡ 圖 2.3

2. 說明

(1) 氣團由 C 點上升至 A 點時，氣團溫度 T_2 高於大氣環境溫度 T_1，故氣團將繼續上升。

(2) 氣團由 C 點下降至 B 點時，氣團溫度 T_3 低於大氣環境溫度 T_4，故氣團將繼續下降。

(3) 此種狀況下，大氣的垂直對流旺盛，利於汙染物之擴散，系統為不穩定。

三、中性穩定(Neutral Stable)

1. 條件：大氣之盛行溫降傾率等於乾絕熱溫降傾率。

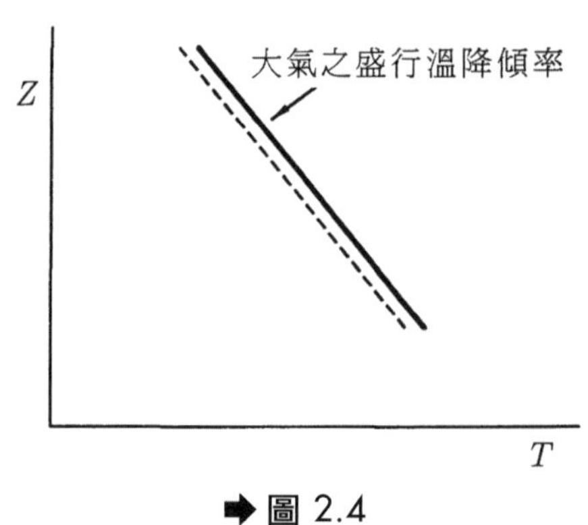

圖 2.4

2. 說明：氣團受外力後才有升降動作，若外力消失，則此氣團安定於新的位置，稱為中性穩定或隨意穩定。

四、結論

溫降傾率與大氣穩定性之關係圖示如下：

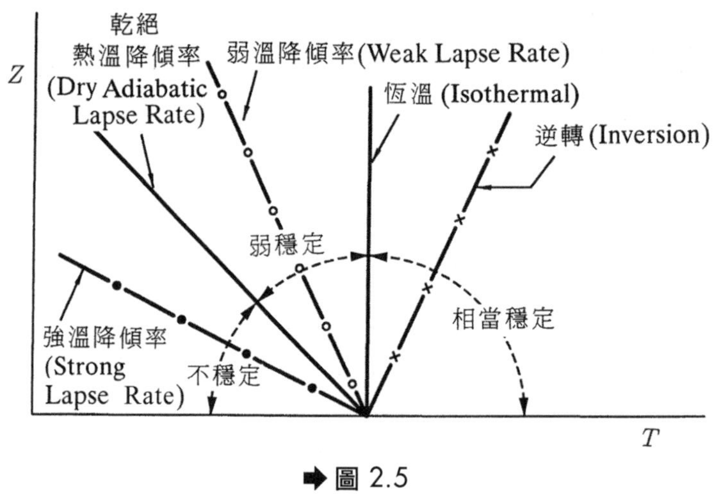

圖 2.5

2-3-3 逆轉(Inversion)

當高度升高時，氣溫亦隨之上升，亦即溫暖空氣在冷空氣上面，為一種弱溫降傾率(Weak Lapse Rate)之極端現象，空氣汙染物無法向上擴散。逆轉有下列幾種：

一、輻射性逆轉(Radiation Inversion)

在良好氣候下，白天由於陽光照射，使地面溫度較高，藉著對流作用，氣溫高之空氣向上升，形成遞減現象；但在夜間，地面之熱能向較冷的天空輻射，地表溫度急速冷卻而上層空氣未循比例冷卻，稱為輻射逆轉，因其高度約在 200 公尺以下，故又稱為「接地逆轉」，隨著早晨日射之開始，逆轉消失。

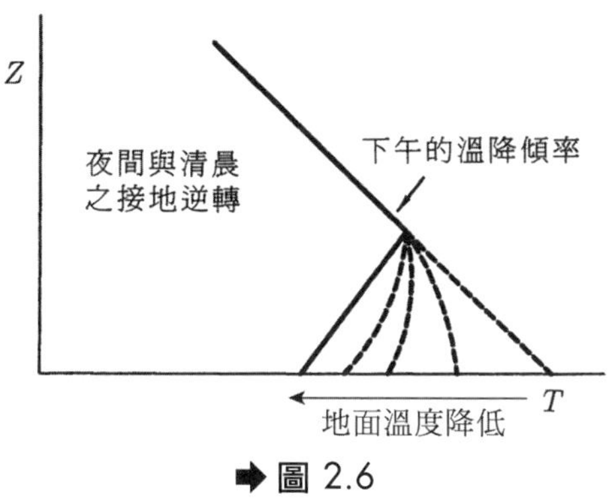

➡ 圖 2.6

在陽光普照之天氣中，一天各時段典型之盛行溫降傾率(Prevailing Lapse Rate)如下圖所示：

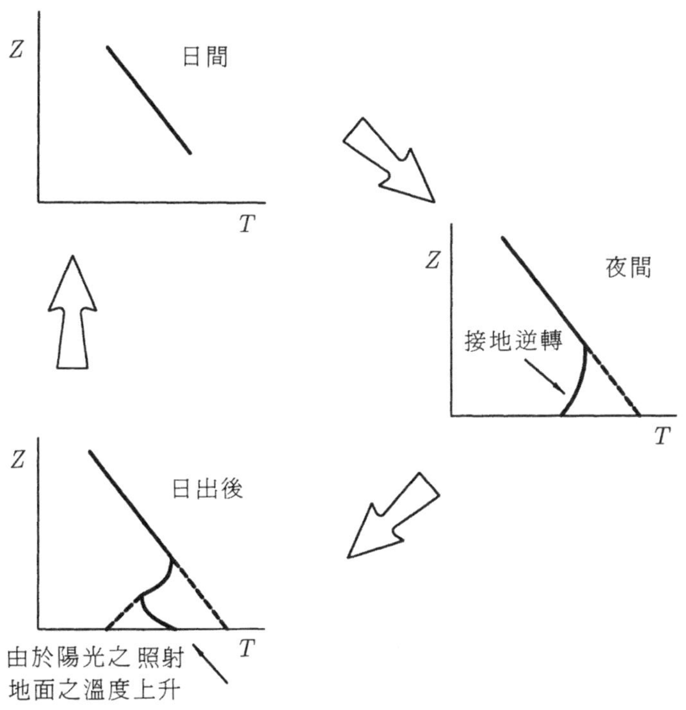

➡ 圖 2.7

二、沉降性逆轉(Subsidence Inversion)

在高氣壓圈內，由於反旋風空氣之沉降，圈內空氣向外側吹，上層空氣沉降遞補，因絕熱壓縮，故沉降之空氣溫度會上升，因而形成逆轉，圖示說明如下：

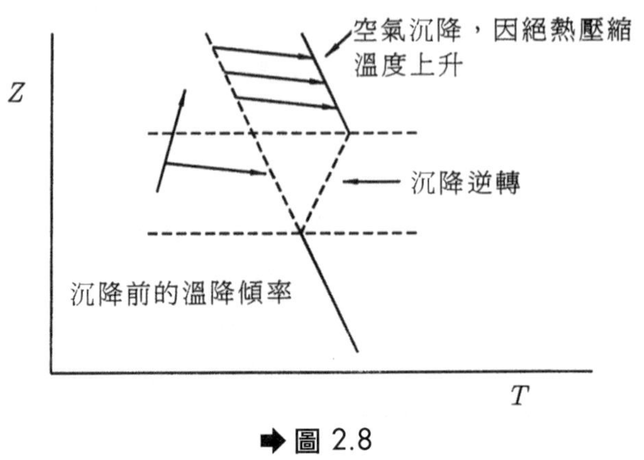

➡ 圖 2.8

由上圖看出，沉降性逆轉會產生正的溫度坡降，因此下沉空氣層如同其下層大氣層的一個巨蓋。因為在高氣壓圈內，天氣良好，輻射性逆轉也可能發生，與沉降性逆轉合併會產生重複性逆轉。沉降性逆轉持續時間較長，因而造成長期性汙染物累積，容易引起重大空氣汙染事件。洛杉磯(Los Angeles)之逆轉即為發生在 900 公尺高度的一種沉降性逆轉。

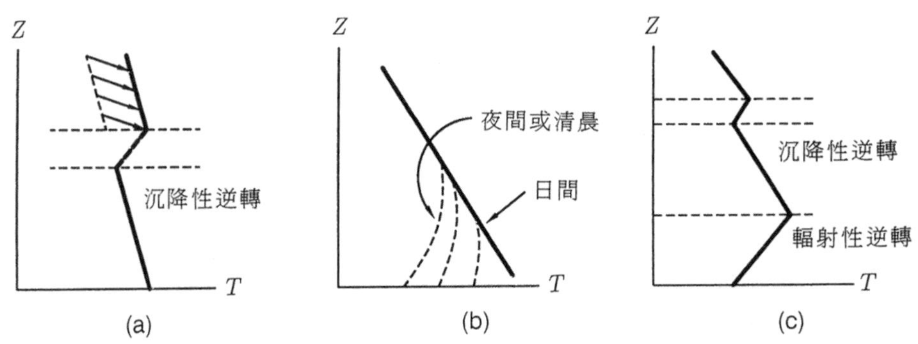

➡ 圖 2.9　(a)沉降性逆轉，(b)輻射性逆轉，(c)沉降與輻射綜合型[1]

三、地形性逆轉

在谷地中，由於冷空氣沿著地表流入谷底之結果，使得空氣越接近地面溫度越低，越往上則溫度越高。於夜間又與輻射性逆轉結合在一起，逆轉更加擴大。

2-3-4 大氣安定度與煙柱(Plume)型態

煙柱之擴散作用與大氣之溫降傾率有關，煙柱之形狀，可作為判斷大氣條件是否安定之依據。煙柱可分為下列 6 類，如表 2.2 所示。

表 2.2 各種不同大氣穩定度下，煙流輸散之型態（虛線為乾絕熱溫降傾率）

形　狀	Z-T 圖	圖　示	發生時機	說　明
扇形 (Fanning)	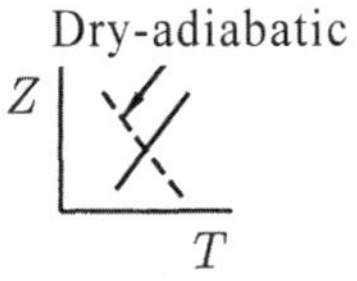 Dry-adiabatic Z T （地面逆轉）	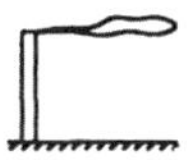	晴朗天氣之夜間至早晨（易發生輻射逆轉）	1. 只有水平，沒有垂直方向的擴散。 2. 高濃度汙染可發生在距離煙囪很遠的地方。 3. 通常為燻煙型煙柱(Fumigation)之前兆，當陽光照射將地面加熱，地面的逆轉層被破壞，即會形成燻煙型煙柱。
燻煙型 (Fumigation)	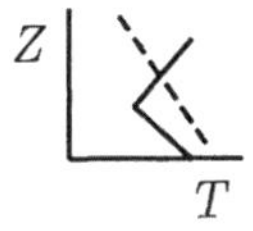 Z T （煙囪上方逆轉，下方強溫降傾率）	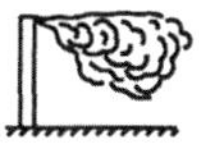	晴天日出後半小時至 1 小時	1. 底層不穩定而上層逆溫（穩定）。 2. 易於下風不遠處，造成高濃度汙染。 3. 起源於輻射性逆轉，當日出 1 小時內易於發生，隨著逆溫層消失後而消失，如下圖所示： 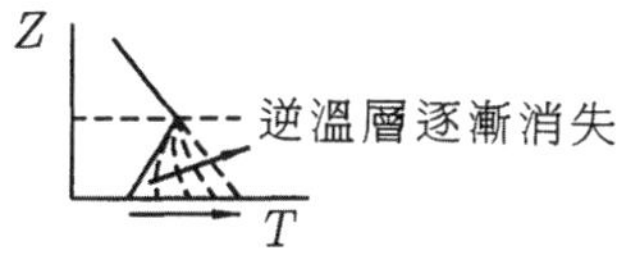 Z 逆溫層逐漸消失 T 地面溫度隨陽光照射而升高
蛇行型 (Looping)	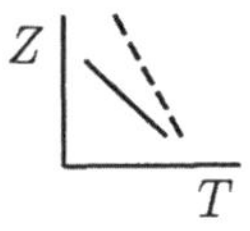 Z T 強溫降傾率	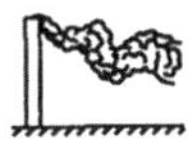	晴朗天氣，中午風力微弱，大氣呈強烈不穩定時	1. 煙流上下、左右作不規則的擴散。 2. 由熱能而生的熱力亂流使煙流快速擴散。 3. 煙囪附近區域可能發生嚴重汙染。

表 2.2　各種不同大氣穩定度下，煙流輸散之型態（虛線為乾絕熱溫降傾率）（續）

形　狀	Z-T 圖	圖　示	發生時機	說　明
錐型 (Coning)	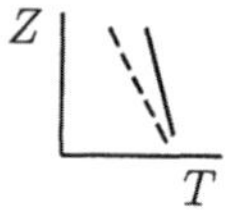 Z T 弱溫降傾率	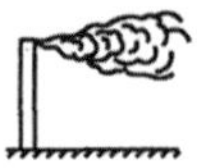	陰天或夜間吹強風時	1. 穩定度僅次於扇型。 2. 機械亂流較熱力亂流重要。 3. 擴散作用較蛇行型快，其造成汙染濃度較蛇行型為小。
侷煙型 (Trapping)	 Z T	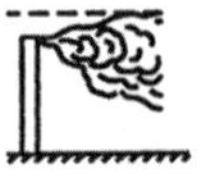	上午 10 時至下午 3 時	1. 因上層穩定層存在而使得煙流侷限於地面與此層間作連續反射，易於排放源的下風處約 5~10Km 處造成高濃度汙染。 2. 溫降傾率（夜間至隔日中午）演進說明如下： 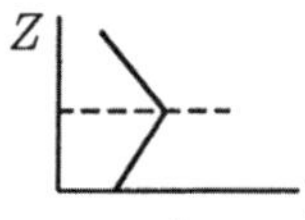 Z T 夜間及清晨之逆轉情形(Fanning) 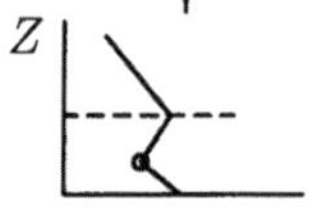 ↓ Z T 日出日照後，地面溫度升高(Fumigation) 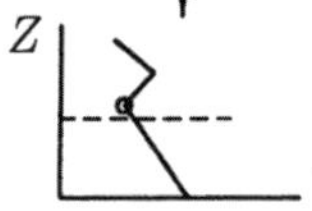 ↓ Z T 隨著太陽之升高，轉折點上移(Trapping)
屋頂型 (Lofting)	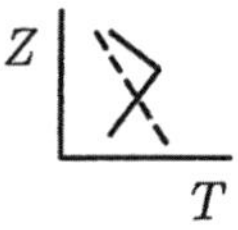 Z T （煙囪高度下方逆轉）		晴天日落或日落後 1 小時內	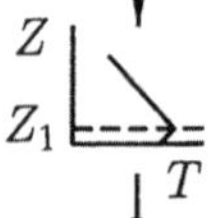 1. 底層穩定而上層不穩定，煙流無法擴散至地面。 2. 溫降傾率（中午至夜間）演進說明如下： 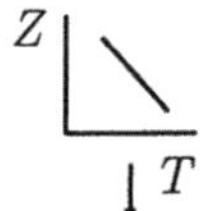 Z T 中午 ↓ Z Z_1 T 日落後 1 小時（逆轉層高度升高） 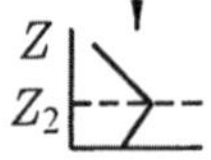 ↓ Z Z_2 半夜 剛日落後時，煙囪高度 $> Z_1 \rightarrow$ 屋頂型 半夜時，煙囪高度 $< Z_2 \rightarrow$ 扇型

2-3-5 地形與地理位置對煙流型態之影響

一、溫暖而乾燥區域（易輻射）

1. 上午易發生燻煙型(Fumigation)。
2. 下午在傍晚時分，地面逆轉層易於形成，由煙囪之高度(h_s)決定煙流型態。

   $h_s \geq$ 逆轉層高度→屋頂型(Lofting)

   $h_s \leq$ 逆轉層高度→扇型(Fanning)或侷煙型(Trapping)

二、多雲而潮濕區域

盛行溫降傾率(Prevailing Lapse Rate)通常為濕絕熱型態(Wet Adiabatic Rate)，屬弱溫降傾率(Weak Lapse Rate)的圓錐型(Coning)較常見。

三、多雲的狀況下

地面之輻射逆轉層不易形成。

2-4 混合層高度

一、概說

混合層之觀念是基於地表因受熱而在垂直方向產生強烈的混合，並將熱量傳輸給大氣，其伸展至某高度偶為其上的逆溫層所阻擋，此高度即為混合層高度。在混合層內，汙染物所能垂直混合的上限高度即為混合層高度，主要決定於亂流混合的強度（與風速、風向、地表粗糙度、太陽照射、大氣垂直溫度結構有關）。

混合層高度最大值一般都發生在午後 2~3 點，為排放氣體之最有利時機。

混合層高度最小值一般都發生在清晨 5~6 點。

二、混合層高度之決定方法

1. 以聲波雷達(Acoustic Radar)直接讀取。
2. 利用探空資料描繪在斜溫圖上，分別以地表溫度（最高溫度，T_{max} 及最低溫度，T_{min}）沿乾絕熱線上升與探空曲線相交之高度即為一天當中最高及最低混合層高度，如圖 2.10 所示。

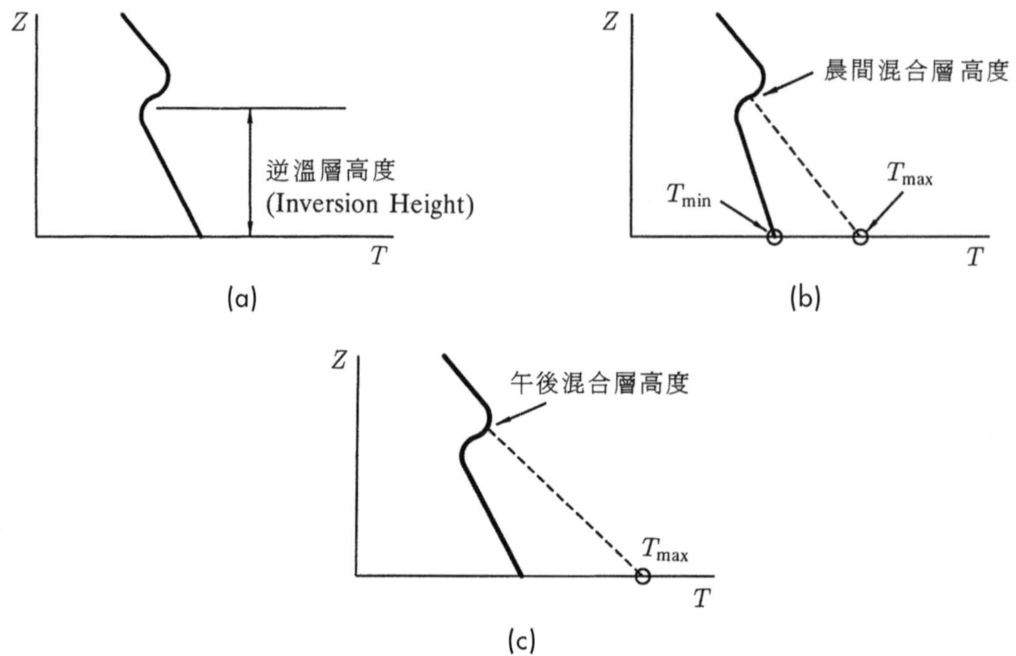

➡圖 2.10　逆溫層高度及混合層高度

2-5 局部環流對汙染物之影響

一、熱島(Heat Island)效應

主要是肇因於都市與鄉村間之差異加溫。在日落後，由於都市之輻射程度較鄉村劇烈，都市上空有上升氣流，有利於汙染物之擴散及稀釋。但在夜間 8 時至日出之間，由於夜間穩定度的增加，阻止了環流的產生，使汙染物靜止懸浮於都市上空，日出後都市上空之汙染物阻止輻射熱之吸收，鄉村之增溫率反而較大，形成了由鄉村吹向都市之局部環流，都市上空有下降氣流，不利汙染物之擴散，故在都會地區晨間運動應盡量在日出前為之。如圖 2.11 所示。

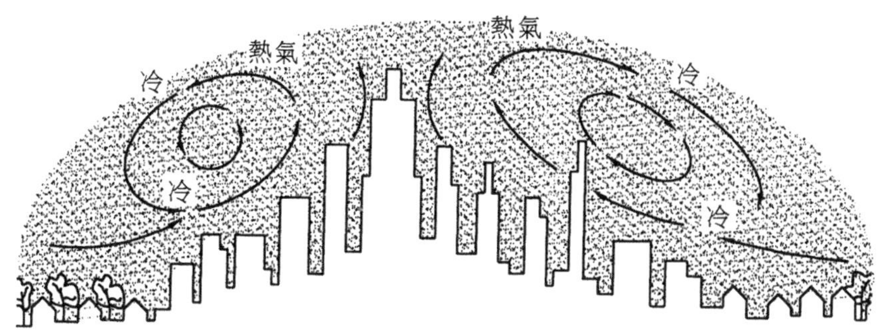

➡圖 2.11 都市熱島循環效應示意圖[1]

二、海陸風循環(Land-Sea Circulation)

形成原因為「海陸間之差異加溫」。在白天時，因陸地地面之比熱較海水小（陸地之加熱和冷卻速率都比水快），故陸地上的空氣上升而海面上的空氣下降，形成海風環流而將海面上的汙染物吹向內陸，增加地面汙染。反之夜間形成陸風循環，將都市內汙染物吹到海上，減輕地面汙染。如圖 2.12 所示。

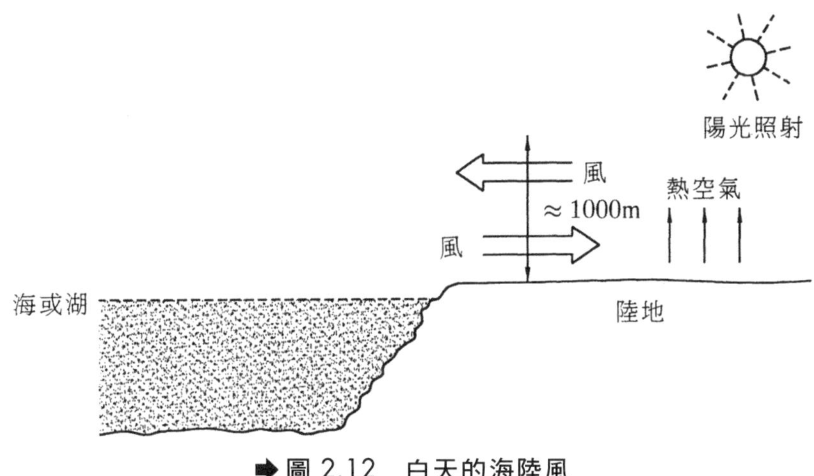

➡圖 2.12 白天的海陸風

三、下沖作用(Down Wash)（參考圖 2.13）

氣流遇障礙物而在其背風處造成氣流的下降。煙流下沖作用有2種：

1. 氣流遇障礙物在其背風處造成氣流的下沖， 煙囪高度與障礙物高度之比值(H_s / H_B)應大於 2.12 才可避免障礙物引起下沖作用。
2. 空氣動力效應引起之下沖作用，即廢氣之排放速度小於煙囪口之盛行風速(Prevailing Wind Speed)時，煙流未即上升即迅速被往下帶。當廢氣排放速度與風速之比值(V_s / V_w)大於 1.5 時，即可避免此一現象發生。

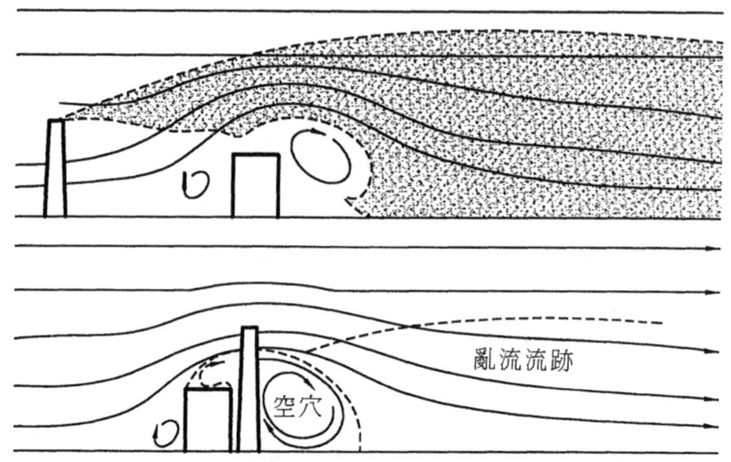

圖 2.13　(a)煙囪下風處建築物的空氣動力效應對排出氣體擴散之影響[1]
(b)煙囪上風處臨近建築物對順風擴散的影響

四、山谷風(Mountain-Valley Wind)

因地形影響所產生的局部環流，除了前述之海陸風外，另一種為山谷風，也是由於不同冷卻程度所產生。在夜間，山谷中高度較高的地方其溫度較低（因其熱量已輻射至天空，而谷底則不易輻射），故空氣在夜間將流下到谷底，谷底的氣團被其上方的暖空氣困住，直到次日中午，谷中空氣才有足夠熱量使逆轉瓦解。

海陸風及山谷風在氣象學上對於空氣汙染相當重要。因大型火力發電廠通常設在海岸或大湖附近。在這種情況下，煙囪之排放物在白天將由海風帶向內陸上空，當熱亂流所產生之大渦流達到煙囪的高度時，燻煙(Fumigation)即會發生。而山谷中之汙染源，白天煙柱將沿山谷上升，而晚上風則吹向谷底，使煙柱又回到谷底、汙染物濃度將可能會累積到危險的程度。

2-6 總　結

空氣汙染事件是汙染物大量排放及一連串氣象因素所造成的，重要的氣象因素包括：

1. 微風或無風，限制水平方向空氣移動。
2. 出現穩定大氣狀況，限制垂直方向空氣移動。
3. 霧之出現（以灰塵為凝結核），加速形成二次汙染物，並妨礙日照，使地表無法加熱以破壞逆轉層。
4. 高氣壓地區迫使空氣沉降，形成沉降性逆轉，同時因天氣晴朗，無雨可供洗除汙染物。

歷屆國家考試試題精華

2.1 50 公尺高的煙囪排放 20°C的煙柱，設大氣實際的溫降傾率如圖 1 所示。假設為完全絕熱狀況，試問煙柱將上升多高？是何種型式之煙柱？

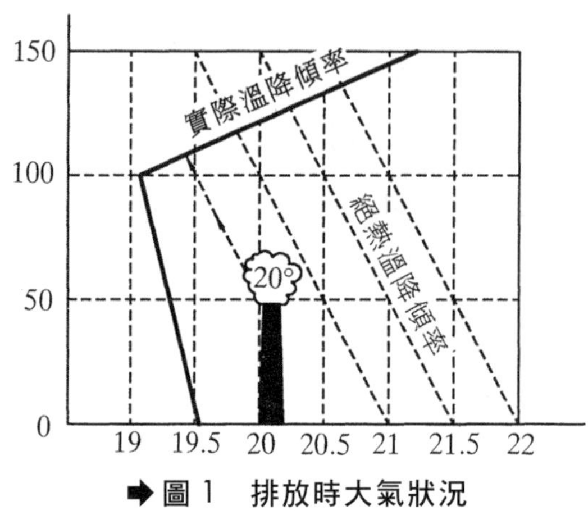

➡ 圖 1　排放時大氣狀況

解　從圖 1 得知，在 100 公尺下大氣為弱溫降傾率(–0.5°C / 100m)，100 公尺上出現逆轉。20°C的煙囪氣排出後較周圍空氣(19.3°C)熱，故上升；上升途中溫度逐漸下降，到 100 公尺左右氣溫為 19.5°C ，到 110 公尺高空時氣溫與周圍空氣大致相同(19.4°C)，但煙即停止上升。

在 110 公尺下，煙柱呈現穩定之圓錐形，但因逆轉層出現，故將無法突穿 110 公尺而繼續垂直擴散。

2.2 考慮如下的溫度－高程記錄：

高程（呎）	溫度(°F)
0	70.0
200	68.0
400	66.0
600	72.0
800	70.0
1000	68.0

(1) 指出在下列情況下之溫降傾率型式

0~400 呎____________

400~600 呎____________

600~1000 呎____________

(2) 指出在下列煙囪高度下，煙柱之型態

300 呎高____________

500 呎高____________

700 呎高____________

(3) 指出在下列煙囪高度下，汙染物之地面濃度（可忽略、中等或高）？

300 呎高____________

500 呎高____________

700 呎高____________

解 溫度－高程圖如下所示：

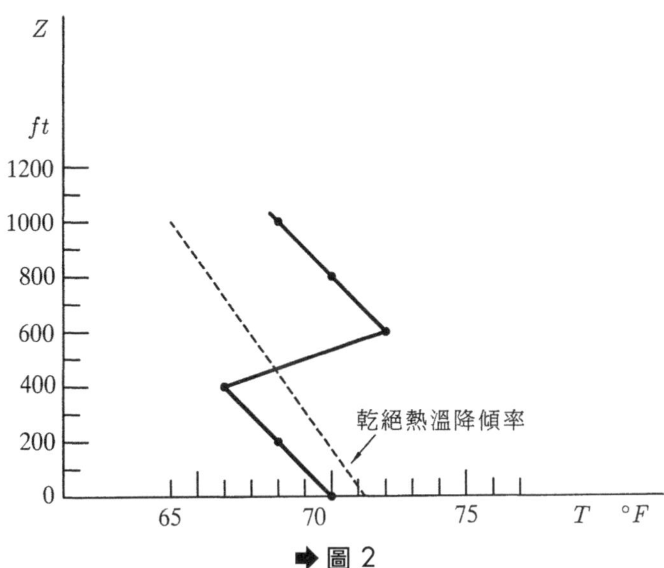

圖 2

(1) 0~400 呎：強溫降傾率

400~600 呎：逆轉

600~1000 呎：強溫降傾率

(2) $H_s = 300$ 呎：煙囪上方逆轉 Fumigation（燻煙型）

$H_s = 500$ 呎：煙囪高度上、下處逆轉 Trapping（侷煙型）

$H_s = 700$ 呎：煙囪下方處逆轉 Lofting（屋頂型）

(3) 汙染物之地面濃度

$H_s = 300$ 呎　高汙染物濃度

$H_s = 500$ 呎　中汙染物濃度

$H_s = 700$ 呎　可忽略

2.3 空氣汙染大悲劇，多發生在冬天，其理何在？（普考）

解 冬天之氣候多為高氣壓型態，易於發生沉降性逆轉，同時因天氣晴朗，無雨可供洗除汙染物。

2.4 請以圖示說明大氣穩定度與大氣絕熱傾率(Lapse Rate)的關係，並說明空氣汙染擴散與大氣穩定度的關係。（92 年特考）

解 參考表 2.2 說明。

2.5 請說明低空溫度逆轉。

解 即接地逆轉，在良好氣候下，由於陽光之照射，使地面之溫度較高，藉著對流作用，氣溫高之空氣向上升，形成遞減現象；但在夜間，地面之熱能向較冷的天空輻射，地表溫度急速冷卻而土層空氣未循比例冷卻，稱為輻射逆轉，因其高度約在 200 公尺以下，故又稱為低空溫度逆轉，隨著早晨日射之開始，逆轉消失。

2.6 某地上午八點探空溫度分布如下表所示，請回答下列問題：

(1) 八點時混合層高度為若干公尺？

(2) 如下午二點，地面溫度為 30°C，則下午最大混合層高度為多少？

(3) 有一煙囪其有效煙囪高度為 140 公尺，在上午八時其煙流形狀如何？為什麼？

(4) 有一煙函在上午八時之有效煙函高度為 250 m，則其煙流形狀為何？為什麼？

表 1

高度(m)	溫度(°C)
0	24.5
100	23.3
150	23.0
650	25.5
1000	27

（86 專技高考）

 將上表以高度(Z)為縱軸，溫度(T)為橫軸作圖如下：

(1) 由下圖可知，在八點時，由地面溫度 24.5°C 沿乾絕熱傾率上升與探空溫度分布曲線相交之高度約為 155 m，故混合層高度為 155 m。

(2) 同理，下午二點，由地面溫度 30°C 沿乾絕熱傾率上升與探空溫度分布曲線相交之高度約為 525 m，故下午最大混合層高度為 525 m。

(3) 當煙囪有效高度為 140 m 時，Z-T 圖顯示，煙囪上方逆轉，下方為強溫降傾率(Strong Lapse Rate)，故煙流形狀為燻煙型(Fumigation)。

(4) 當煙囪有效高度為 250 m 時，Z-T 圖顯示為逆轉型態，故煙流形狀為扇形(Faning)，只有水平並無垂直方向之擴散，高濃度汙染可發生在距離煙囪很遠的地方。

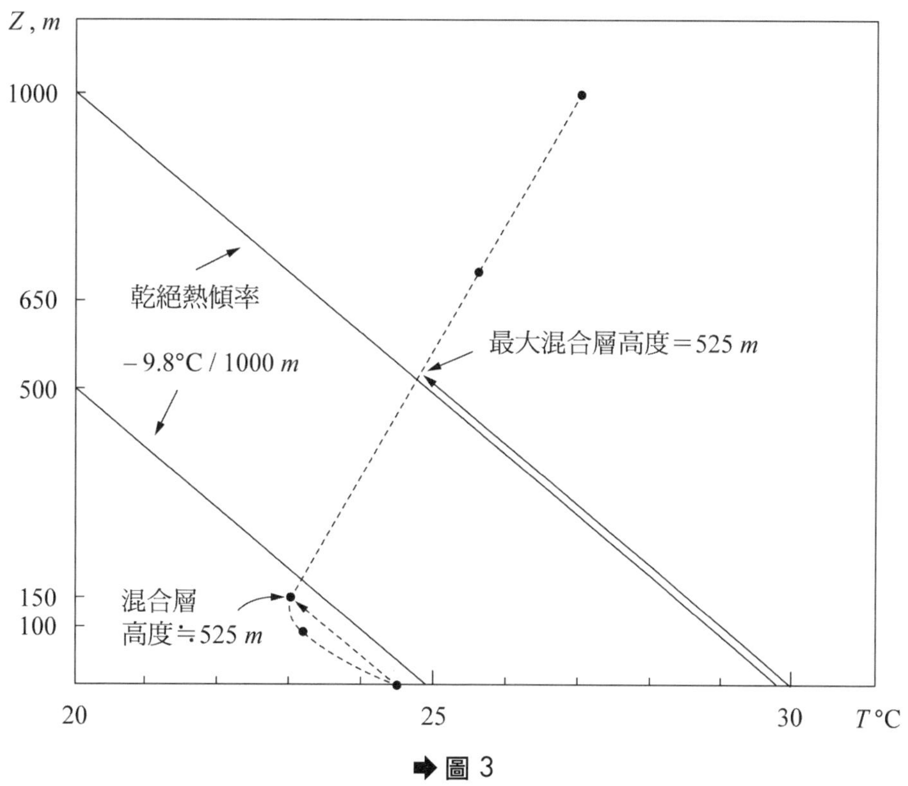

➡ 圖 3

2.7 為何空氣團上升後，體積會膨脹？這種膨脹為何稱為絕熱膨脹？（84 年普考）

 (1) 空氣團上升後，因壓力降低故體積會膨脹。

(2) 由於膨脹相當急速，可假設該氣團與周圍大氣間並未發生熱量轉移，故稱為絕熱膨脹(Adiabatic Expansion)。

MEMO

大氣擴散理論

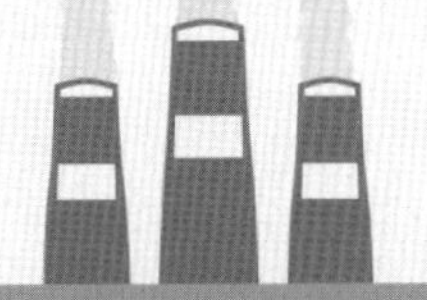

Air Pollution Control
Theory and Design

3-1 前　言

一、空氣品質模式

不同的大氣條件，造成不同的氣象輸送稀釋作用，也就導致不同的地面汙染物濃度。因此要談空氣汙染之監測，必須先有一套可以包容大氣擴散因子的數學模式，用以計算預測所可能造成的地面汙染物濃度，然後才可能據以做為汙染控制的條件。

這種利用數學模式，藉氣象擴散輸送來預測地面空氣汙染物濃度的方式，稱為空氣品質模式，必須考慮之因素有：

1. 模式所取用的空間尺度及時間尺度。
2. 氣象上的風場氣流型態。
3. 大氣亂流及其穩定度。
4. 地形構造。

在實際應用上，由於氣象學之複雜性與不確定性，再加上擴散係數、盛行溫降傾率(Prevailing Lapse Rate)、混合層高度及亂流風場型態均非靜止不變，因此難免會有誤差存在。

二、常用之空氣品質模式

目前所採用之空氣品質模式請參考表 3.1。由於空氣品質模式涉及之氣象因子繁多，若考量因子太多會使模式過於複雜反而不見得結果適用與精確。因此基於使用簡便且誤差不致太大之原則，考慮其空間、時間尺度之大小，氣象條件變化可忽略不計並假設風場及大氣熱力結構呈現均勻分布的情況下，可以高斯煙流模式(Gaussian Plume Dispersion Model)粗略求出某一特定時間內之平均狀態。

表 3.1 空氣品質模式

模式預測	預測方法	概　要	須輸入之參數	適用範圍	優　點	缺　點
物理模式	煙流模式	煙流之分布假設為高斯分布，用以處理汙染源連續排放及均勻之流場。	1. 平均風速、風向。 2. 大氣穩定度。 3. 汙染源之分布。 4. 各煙囪煙道資料。	1. 距煙源20Km內且地形平坦之濃度推定。 2. 中小尺度的長期平均濃度分布推定。	1. 計算容易且理論符合亂流之不規則性。 2. 適合長期平均濃度之預測。 3. 適合平坦地形，固定煙源之濃度預測。	1. 難以配合風系之變化。 2. 無法處理因地形等引起之局部環流。 3. 無法作無風狀態之解析。
	煙陣模式	煙陣之分布亦假設為高斯分布，用以處理汙染源瞬間排放及非均勻流場。	1. 風速、風向之水平變化。 2. 大氣穩定度。 3. 汙染源之分布。 4. 各煙囪煙道資料。 5. 排放量之時間變化。	短時間內都市之汙染物濃度分布。	1. 能配合氣象條件，隨時空變化。 2. 適合無風狀況之濃度預測。	1. 煙陣之間隔大時始能應用。 2. 不易考慮垂直風切及煙源間相互之影響。
	箱形模式	假設箱形內汙染物濃度為均勻分布，且與箱形之寬度、高度有關。	1. 風速。 2. 混合層高度。 3. 排放量之時間變化。	1. 都市區域之空間平均濃度。 2. 道路內之空間平均濃度分布。	1. 最簡單之擴散模式。 2. 適合地面汙染源或面源之預測。 3. 適合廣域汙染之預測。	1. 不能考慮水平及垂直方向之擴散。 2. 不能顯示箱形內濃度分布。 3. 不能顯示高煙源之影響。
	網格模式	將區域隔成三維網格點，各網格點之濃度以梯度擴散方程式及三維風場資料求取。	1. 風速、風向之三維分布。 2. 擴散係數。 3. 排放源之分布。 4. 排放量。	1. 複雜地形之汙染物濃度分布。 2. 道路內之汙染物濃度分布。	1. 可處理地形、氣象因子對汙染物濃度之影響。 2. 可考慮非線性之化學反應項。	1. 所需資料龐大、浪費計算時間。 2. 所需資料獲取不易。 3. 易產生計算不穩定。 4. 計算困難。
統計模式	迴歸模式	應用多重迴歸分析及統計理論，獲取過去空氣品質濃度與氣象之關聯，以預測未來濃度。	1. 氣象。 2. 濃度。 3. 時刻。	1. 每日之汙染預測。 2. 計畫道路周邊之預測。	1. 預測值較能符合實測值。 2. 可獲取各氣象因子和汙染物濃度值間之關係。	1. 需氣象及空氣品質之長期監測資料。 2. 只能預測監測站之未來濃度，無法預測濃度之分布。

3-2 高斯煙流模式與參數

3-2-1 高斯煙流模式

一、概說

當汙染物從煙囪口排放後，最先之擴散型態為一圈圈之陣噴(Puff)，但經長時間之繼續擴散後，即達一穩定狀態，此時，汙染物之水平及垂直擴散皆呈高斯分布，即高濃度值集中於主軸而隨兩側遞減，如圖 3.1 所示。高斯模式為網格模式之簡化，其假設為：

1. 穩定狀態，即 $\partial C/\partial t=0$，亦即任何一點之濃度值不隨時間改變。
2. 汙染物只沿 x 方向輸送，且 x 方向之風速為定值，y, z 方向之風速為 0。
3. 排放率固定，且下風 x 方向之擴散，相對於平移項可忽略不計，即 $U\partial C/\partial x > k_x\partial^2 C/\partial x^2$。
4. 不考慮垂直風切。
5. 汙染物必須是不活潑氣體或氣懸膠體(Aerosol)，亦即無化學反應項。
6. 地面為一反射體，對汙染物不吸收或沉積。

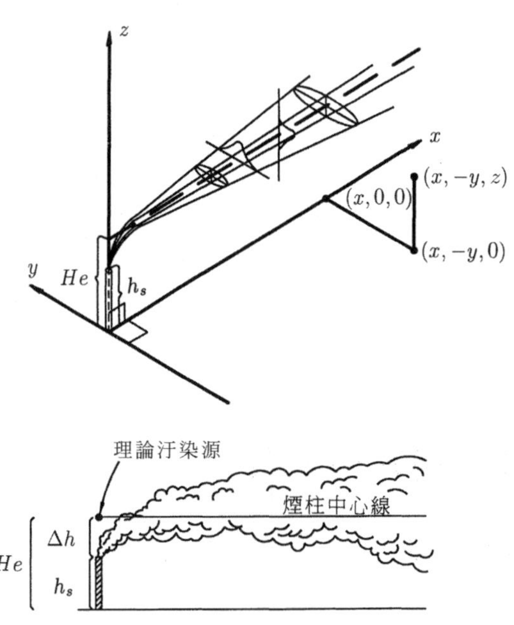

➡ 圖 3.1 高斯煙流模式水平及垂直方向濃度分布圖與煙流高度示意圖[1, 2]

二、網格模式

$$\frac{\partial C}{\partial t}+U\frac{\partial C}{\partial x}+V\frac{\partial C}{\partial y}+W\frac{\partial C}{\partial z}$$

$$=k_x\frac{\partial^2 C}{\partial x^2}+k_y\frac{\partial^2 C}{\partial y^2}+k_z\frac{\partial^2 C}{\partial z^2}+R \quad \text{(3-1)}$$

其中 C：網格點平均濃度，$\mu g/m^3$

U, V, W：分別為 x, y, z 方向之平均風速，m/s

k_x, k_y, k_z：分別為 x, y, z 方向之擴散係數

R：為汙染物化學反應項

由上述假設，(3-1)式可簡化成

$$U\frac{\partial C}{\partial x}=k_y\frac{\partial^2 C}{\partial y^2}+k_z\frac{\partial^2 C}{\partial z^2} \quad \text{(3-2)}$$

其解析解為

$$C=\frac{Q}{2\pi\delta_y\delta_z U}\exp\left(\frac{-y^2}{2\delta_y^2}\right)\left\{\exp\left[-\frac{(Z-H_e)^2}{2\delta_z^2}\right]+\exp\left[-\frac{(Z+H_e)^2}{2\delta_z^2}\right]\right\} \quad \text{(3-3)}$$

其中 δ_y, δ_z：表示 y, z 方向之擴散尺度（標準偏差）(m)

H_e：有效煙囪高度，為煙囪實際高度(h_s)和煙流上升高度(Δh)之和

Q：汙染物排放流量，g/hr，g/sec

U：煙囪高度在 x 方向之平均風速，m/s

(3-3)式中令 $z=0$，可求得地面濃度

$$C(x,y,0)=\frac{Q}{\pi\delta_y\delta_z U}\exp\left(-\frac{y^2}{2\delta_y^2}\right)\exp\left(-\frac{H_e^2}{2\delta_z^2}\right) \quad \text{(3-4)}$$

(3-4)式中，$y=0$可得沿 x 軸方向之地面濃度

$$C(x,0,0)=\frac{Q}{\pi\delta_y\delta_z U}\exp\left(-\frac{H_e^2}{2\delta_z^2}\right) \cdots\cdots (3\text{-}5)$$

由(3-5)式可知，若 H_e 越高，則 C 越小，這也就是為什麼高煙囪政策有助於汙染物之稀釋。對地面汙染源而言，$H_e=0$

$$C(x,0,0)=\frac{Q}{\pi\delta_y\delta_z U} \cdots\cdots (3\text{-}6)$$

三、高斯模式的誤差因素

高斯模式的誤差主要來自：

1. 實際煙流濃度之分布測試結果並非呈高斯分布。
2. 中性及穩定狀況下，煙流上升高度(Plume Rise)之計算誤差大。
3. 大氣穩定度及擴散係數之誤差。
4. 風速與風向之取決錯誤。（無單一風向）
5. 煙流上升是否透過逆溫層。

3-2-2 擴散參數之決定

一、影響因素

標準偏差δ_y,δ_z是測定煙柱擴散程度之參數，δ_y,δ_z越大，則擴散能力越強，汙染濃度越低，反之則汙染濃度越高。擴散能力（δ_y,δ_z亦同）與下列因素有關：

1. 大氣穩定度，Pasquill 依據日射之強弱、風速之大小及雲量疏密，將大氣穩定度分為六級，如表 3.2。

表 3.2 Pasquill 穩定度等級分類表

地面風速 (m/sec)	白天日射量			夜	晚
	強	中	弱	雲量 $\geq 4/8$	雲量 $\leq 3/8$
2	A	A~B	B	–	–
2~3	A~B	B	C	E	F
3~5	B	B~C	C	D	E
5~6	C	C~D	D	D	D
6	C	D	D	D	D

註：

(1) 不論白天或夜晚，當全天雲量為 8/8 時，穩定度等級為 D。

(2) 對於 A~B 級，乃是各別以 A、B 所對應之值再平均者。

(3) B 級為稍不穩定，C 級為不穩定，D 級為中性，E 級為穩定，F 級為極穩定。

2. 汙染源下風距離

基本上，白天若風小，日射強，則趨於不穩定；夜間若雲量大，風大，亦較不穩定。

二、分布曲線

δ_y, δ_z 值為大氣亂流結構、地面高度、地表粗糙度、取樣時間、風速及下風距離之函數，目前一般使用之 δ_y 與 δ_z 分布曲線可分為四種：

表 3.3

種　類	適用範圍
Pasquill-Gifford 曲線（如圖 3.2、圖 3.3）	下風距離 1Km 以內
美國機械工程學會 ASTM 曲線	下風距離 10Km 以內
田納西河谷管理局(TVA)曲線	下風距離 0.8Km 至 32Km
美國聖路易城實驗曲線	下風距離 0.8Km 至 16Km

Briggs 氏將上述不同之實驗分析整理，完成如表 3.4 與 3.5 之 δ_y 與 δ_z 值分布。Briggs 氏之 δ_y 與 δ_z 分布值在近距離時反應 Pasquill-Gifford 值之分布狀態，而在遠距離時則反應 ASTM 實驗之分布狀態。因此：

1. 模擬近地面汙染源(Ground Source)的影響時，以用 P-G 曲線為佳。
2. 模擬高汙染源(Elevated Source)的影響時，則建議使用 Briggs 曲線。

表 3.4 Briggs 郊區 σ_y, σ_z 之函數分布

Pasquill 穩定等級	$\delta_y(m)$	$\sigma_z(m)$
A	$0.22x/\sqrt{1+\alpha x}$	$0.20x$
B	$0.16x/\sqrt{1+\alpha x}$	$0.12x$
C	$0.11x/\sqrt{1+\alpha x}$	$0.08x/\sqrt{1+0.0002x}$
D	$0.08x/\sqrt{1+\alpha x}$	$0.06x/\sqrt{1+0.0015x}$
E	$0.06x/\sqrt{1+\alpha x}$	$0.03x/\sqrt{1+0.0003x}$
F	$0.04x/\sqrt{1+\alpha x}$	$0.016x/\sqrt{1+0.0003x}$

*註： $\alpha = 0.0001$，適用距離 $10^2 m < x < 10^4 m$，取樣時間 10 分鐘
A：極不穩定　B：不穩定　C：稍不穩定
D：中　性　E：稍穩定　F：穩定至極穩定

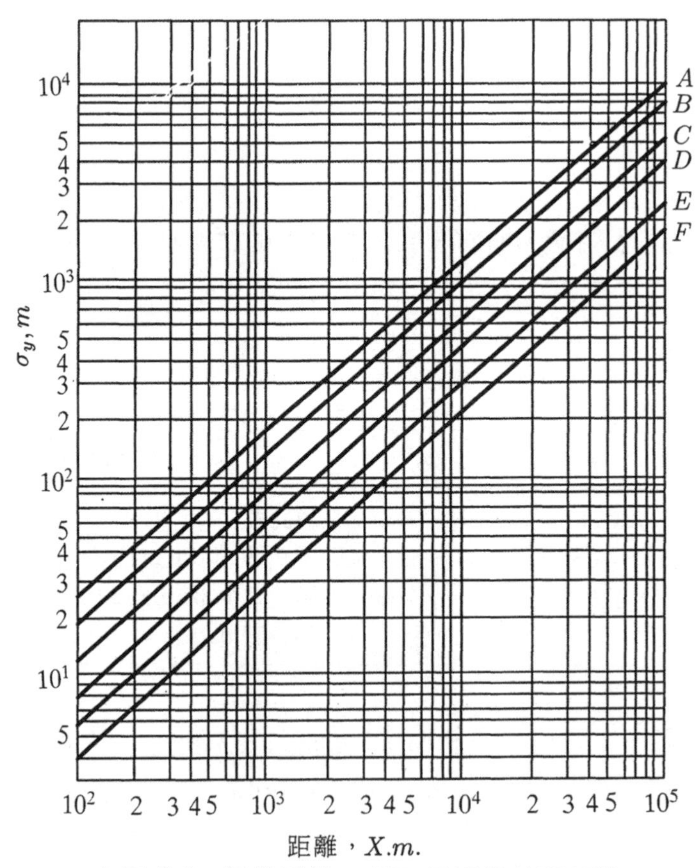

圖 3.2 標準偏差 σ_y 與下風距離的關係[(1)]

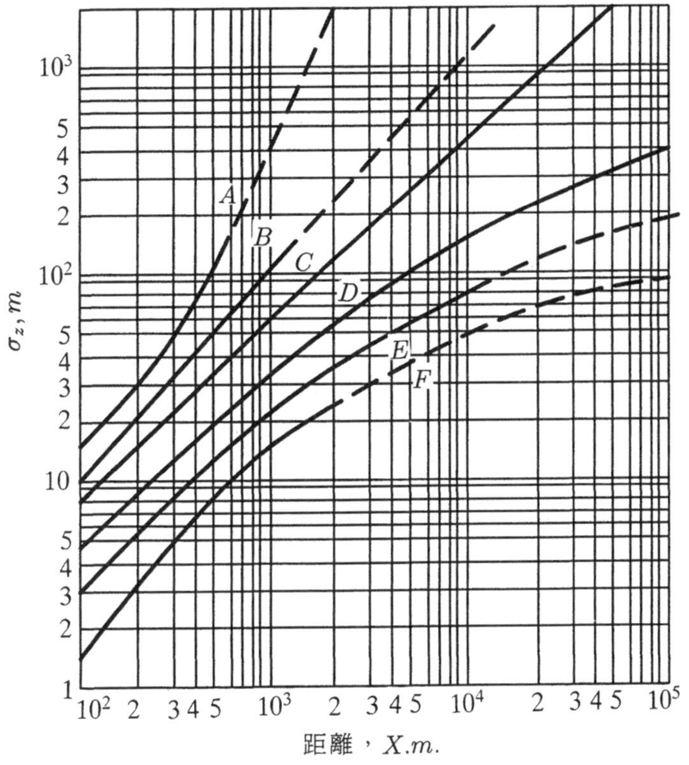

➡ 圖 3.3 標準偏差 σ_z 與下風距離的關係[1]

表 3.5 Briggs 市區 σ_y, σ_z 之函數分布

Pasquill 穩定等級	$\delta_y(m)$	$\sigma_z(m)$
A~B	$0.32x/\sqrt{1+\beta x}$	$0.24x/\sqrt{1+0.0001x}$
C	$0.22x/\sqrt{1+\beta x}$	$0.20x$
D	$0.16x/\sqrt{1+\beta x}$	$0.14x/\sqrt{1+0.0003x}$
E~F	$0.11x/\sqrt{1+\beta x}$	$0.08x/\sqrt{1+0.0015x}$

*註： $\beta = 0.0004$ ，適用距離 $10^2 m < x < 10^4 m$ ，取樣時間 10 分鐘

A：極不穩定　B：不穩定　C：稍不穩定

D：中　性　E：稍穩定　F：穩定至極穩定

3-2-3 有效煙囪高度

煙流自煙囪排放後，由於本身所具有之動量及浮揚力的作用，使煙流上升了一段距離後始受平均風之影響，因此煙流距地面之有效高度可表示為

$$H_e = h_s + \Delta h \quad \text{(3-7)}$$

H_e：有效煙囪高度

h_s：煙囪高度

Δh：煙流上升高度

Δh之計算方法以 Briggs 計算式最為廣用，說明如下：

1. **當大氣為中性或不穩定條件時（亦即，**Pasquill **穩定等級為** A, B, C, D **時）**

定義浮揚通量，F

$$F = V_s \cdot D_s^2 \cdot g \cdot (T_s - T_A) / 4T_s$$

$$= V_s \cdot g \cdot \left(\frac{D_s}{2}\right)^2 \left(\frac{T_s - T_A}{T_s}\right) \quad \text{(3-8)}$$

V_s：煙氣速度，m/s

D_s：煙囪口徑，m

T_s：煙氣溫度，°K

T_A：氣溫，°K

g：重力加速度，$9.8\ m/s^2$

若 $F < 55$ $x^* = 14F^{5/8}$ (3-9)

若 $F > 55$ $x^* = 34F^{2/5}$ (3-10)

x 為下風處某點與煙囪的距離， 其對應之煙流上升高度 Δh，
當 $x < 3.5x^*$時

$$\Delta h = 1.6F^{1/3}(x)^{2/3}U^{-1}$$ （U：煙囪頂部平均風速） ...... (3-11)

當 $x > 3.5x^*$ 時

$$\Delta h_{max} = 1.6F^{1/3}(3.5x^*)^{2/3}U^{-1}$$ ...... (3-12)

Δh_{max} 即煙流上升終高(Final Plume Rise)。

2. **當大氣為穩定條件時（亦即 Pasquill 穩定等級為 E, F）**

$$\Delta h_1 = 2.4\left[F/(U \cdot S)\right]^{1/3}$$ ...... (3-13)

$$S = g \cdot \frac{(\partial\theta/\partial z)}{T_A} = 9.8\frac{(\partial\theta/\partial z)}{T_A}$$ ...... (3-14)

E 穩定級時，$\partial\theta/\partial z = 0.02°K/m$ ...... (3-15)

F 穩定級時，$\partial\theta/\partial z = 0.035°K/m$ ...... (3-16)

在此兩種條件下計算 Δh 時，仍須考慮當大氣條件為穩定且無風狀態時

$$\Delta h_2 = 5(F)^{1/4}/(S)^{3/8}$$ ...... (3-17)

另外在 A，B，C，D 條件下

$$\Delta h_3 = 1.6F^{1/3}(3.5x^*)^{2/3}U^{-1}$$

$$\Delta h = MIN(\Delta h_1, \Delta h_2, \Delta h_3)$$ ...... (3-18)

此時的下風距離 X_f $X_f = 3.14U/(S)^{1/2}$ ...... (3-19)

當 $X < X_f$ 時 $\Delta h = 1.6F^{1/3}X^{2/3}U^{-1}$ ...... (3-20)

當 $X > X_f$ 時 $\Delta h = 2.4\left[\frac{F}{U \cdot S}\right]^{1/3}$ ...... (3-21)

(3-11)式至(3-21)式中之U值（煙囪頂部平均風速）可利用下式及下表換算：

$$\frac{U}{U_1}=\left(\frac{h_s}{H_1}\right)^p \quad \text{(3-22)}$$

U_1：於距地面高度 H_1 處之平均風速　h_s：煙囪高度

表 3.6

穩定等級分類	P	$S(\partial\theta/\partial z)$, °K/m
A（非常不穩定）	0.1	–
B（不穩定）	0.15	–
C（稍微不穩定）	0.2	–
D（中性）	0.25	–
E（稍微穩定）	0.3	0.02
F（穩定）	0.3	0.035

3. **無計算 Δh 所需資料時**

可假設 $H_e=1.5h_s$ 以計算地面濃度尚稱合理。

3-2-4　煙柱接地距離及接地濃度之求法

一、概說

首先要決定煙柱膨脹到足以達到地面的距離X，因為假設煙柱是依高斯分布，當有效煙柱高度為 $2.15\delta_z$ 時，高斯模式解析解中

$$\exp\left[-\frac{1}{2}\frac{H_e^2}{\delta_z^2}\right]=\exp\left[-\frac{1}{2}(2.15)^2\right]=0.1$$

亦即，濃度為中心軸的 $\frac{1}{10}$。一般而言，煙柱的下邊緣可定義為濃度被大氣稀釋至中心軸濃度的 $\frac{1}{10}$，即垂直距離為低於主軸 $2.15\delta_z$ 之處所對應的下風距離X，就是接地距離。

二、求解步驟

1. 求 H_e。

2. $\delta_z = \frac{H_e}{2.15}$，由 δ_z-X 圖即可求得 X（接地距離）。

3. 由 δ_y-X 圖查得 δ_y（X 由步驟 2.得知）。

4. 接地濃度

$$C = \frac{Q}{\pi\delta_y\delta_z U}\exp\left[-\frac{1}{2}(2.15)^2\right] = 0.1\frac{Q}{\pi\delta_y\delta_z U} \quad \text{(3-23)}$$

3-2-5 最大地面濃度

一、概說

高斯模式之解析解中，在地面上$(z=0)$沿 x 軸$(y=0)$之汙染物濃度為(3-5)式

$$C = \frac{Q}{\pi\delta_y\delta_z U}\exp\left[-\frac{H_e^2}{2\delta_z^2}\right]$$

(3-5)式中，δ_y, δ_z 均為下風距離 x 之函數，δ_y, δ_z 均隨 x 增加而增加。因此，(3-5)式之指數項 $\exp\left[-\frac{H_e^2}{2\delta_z^2}\right]$ 隨 x 之增大而增加，而 $\frac{Q}{\pi\delta_y\delta_z U}$ 卻隨 x 之增大而減小。因此沿 x 軸方向汙染物濃度必有一最大值，此即最大地面濃度，如下圖所示。

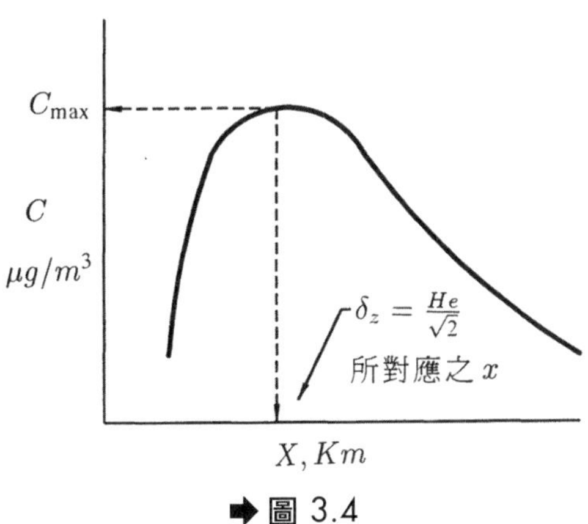

➡ 圖 3.4

δ_y, δ_z 均為 x 之函數，但某段距離範圍內 $\frac{\delta y}{\delta z}$÷常數 = a，所以(3-5)式可修正為

$$C = \frac{Q}{\pi\left(\frac{\delta_y}{\delta_z}\right)\delta_z^2 U}\exp\left[-\frac{H_e^2}{2\delta_z^2}\right] = \frac{Q}{a\pi\delta_z^2 U}\exp\left[-\frac{H_e^2}{2\delta_z^2}\right]$$

$\frac{dC}{d\delta_z} = 0$ 時，有 C_{max}

$$\frac{dC}{d\delta_z} = \frac{Q}{a\pi U}\left(-2\delta_z^{-3}\right)\exp\left[\frac{-H_e^2}{2\delta_z^2}\right] + \frac{Q}{a\pi U\delta_z^2}\exp\left[-\frac{H_e^2}{2\delta_z^2}\right]\cdot\left[\frac{H_e^2}{\delta_z^3}\right]$$

$$= \left[\frac{H_e^2}{\delta_z^5} - \frac{2}{\delta_z^3}\right]\frac{Q}{a\pi U}\exp\left[-\frac{H_e^2}{2\delta_z^2}\right] = 0$$

$$\Rightarrow \frac{H_e^2}{\delta_z^5} - \frac{2}{\delta_z^3} = 0 \Rightarrow H_e^2 = 2\delta_z^2$$

$$\Rightarrow \delta_z = \frac{H_e}{\sqrt{2}}$$

所以當 $\delta_z = \frac{H_e}{\sqrt{2}}$ 時，所對應之 x 處有最大地面濃度

$$C_{max} = \frac{Q}{\pi\delta_y\delta_z U}\exp[-1] = 0.117\frac{Q}{\delta_y\delta_z U} \quad \text{(3-24)}$$

或 $$C_{max} = \frac{Q\delta_z}{\pi\delta_y\delta_z^2 U}\exp[-1] = \frac{2Q\delta_z}{\pi\delta_y H_e^2 U}\exp[-1] = 0.234\frac{Q}{H_e^2 U}\left(\frac{\delta_z}{\delta_y}\right) \quad \text{(3-25)}$$

（註：本節最大地面濃度證明，曾出現在 82 年高考二級及 86 年高考二級試題中。）

二、最大地面濃度求解步驟

1. 求 H_e（有效煙囪高度）
2. 求 $\delta_z = \frac{H_e}{\sqrt{2}}$ 所對應之 x
3. 由 x 求所對應之 δ_y

4. $C_{max} = 0.234\dfrac{Q}{H_e^2 U}\left(\dfrac{\delta_z}{\delta_y}\right)$

如前所述，δ_z/δ_y 比值在某段距離範圍內近乎於一常數，故(3-25)式可改寫為

$$C_{max} \approx K\left(\frac{1}{H_e^2}\right) \quad (3\text{-}26)$$

式中 K 為常數，因此下風方向最高地面濃度便可概略地由煙囪有效高度平方值的倒數求得。如果煙囪有效高度增為 2 倍的話，下風方向地面沿 x 軸的最高濃度變為原來的 1/4。由此可知，有效煙囪高度是控制地面濃度最重要的變數。最大地面濃度與其發生距離亦可由圖 3.5 求得。

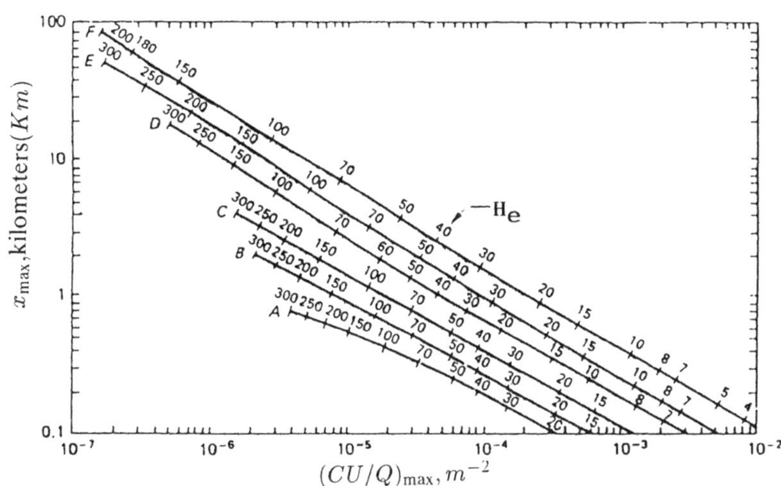

➡ 圖 3.5　最大地面濃度之下風距離與最大 CU / Q 值是穩定度與煙囪有效高度的函數[1]

3-3 逆轉層的影響

1. 高斯煙流模式若假設地面為一反射體，對汙染物不吸收或沉積，其解析解為

$$C = \frac{Q}{2\pi\delta_y\delta_z U}\exp\left[\frac{-y^2}{2\delta_y^2}\right]\cdot\left\{\exp\left[\frac{-(Z-H_e)^2}{2\delta_z^2}\right]+\exp\left[\frac{-(Z+H_e)^2}{2\delta_z^2}\right]\right\}$$

式中右邊最末項代表由地表所反射的那一部分濃度，如圖 3.6 及 3.7 所示。

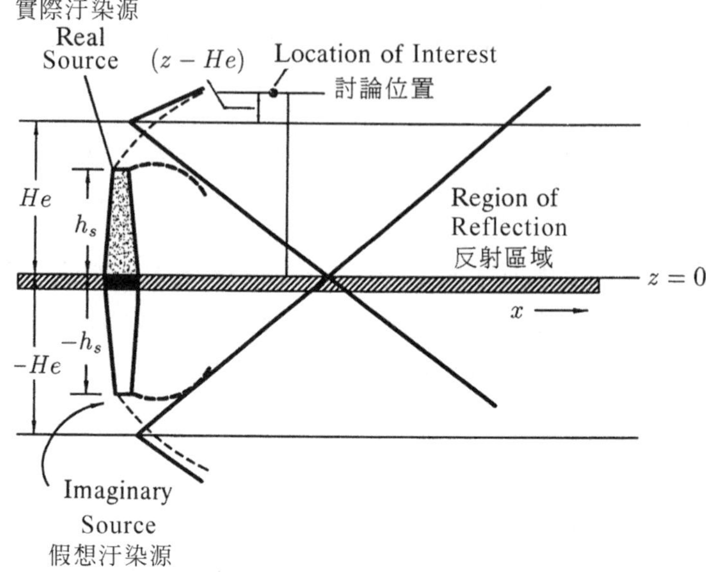

圖 3.6 應用假想汙染源說明由地表反射之氣體數學式[1]

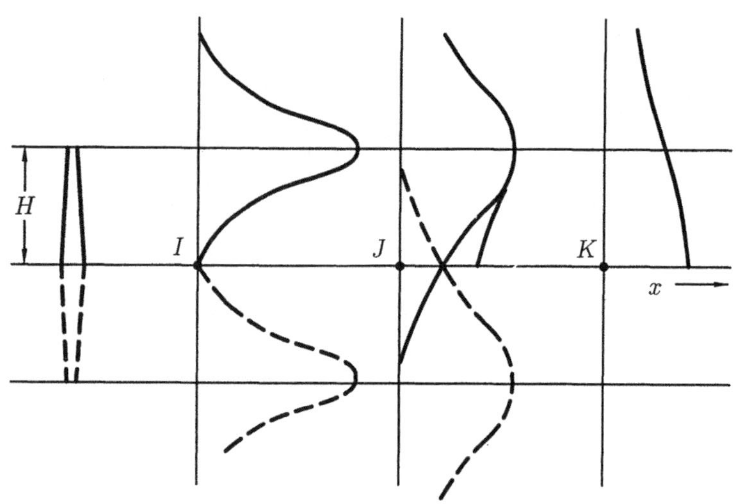

圖 3.7 地面反射對下風處汙染物濃度的影響[1]

由圖 3.6 可看出，地表之反射相當於在汙染源$-H_e$高程處有一假想的鏡面。圖 3.7 可看出，I 點以後之汙染物濃度，會比由 H_e 汙染源所供給的量還高，所增加的濃度是由雙高斯型的濃度曲線依數學的相加原理而成的。

2. 同理，若大氣中有逆轉層存在，則汙染物就無法擴散出去，必然造成另一部分的反射。假設由地表至逆轉層之距離為 L，則所增加的反射發生在 L 和–L 的高度上，考慮將穩定層和地面反射所有因素歸為一項，則高斯煙流模式可表示為

$$C=\frac{Q}{2\pi\delta_y\delta_z U}\exp\left[\frac{-y^2}{2\delta_y^2}\right]\sum_{n=-\infty}^{\infty}\left\{\exp\left[\frac{-\left(Z-H_e+2nL\right)^2}{2\delta_z^2}\right]+\exp\left[\frac{-\left(Z+H_e+2nL\right)^2}{2\delta_z^2}\right]\right\}$$

.... (3-27)

此級數通常收斂很快，一般僅考慮 n 介於–4 到 4 之間。

3. 一般煙流之上邊緣處定義為汙染物濃度被稀釋為中心軸濃度之 $\frac{1}{10}$ 時；亦即發生於垂直距離高於主軸 $2.15\delta_z$ 之處；若此上邊緣抵達混合層高度 L，即表示地面濃度開始受混合層影響。

$L-H_e=$ 混合層與主軸（煙流中心線）之距離

所以只要 $2.15\delta_z<\left(L-H_e\right)$ 即可避免混合層的影響

而 $2.15\delta>\left(L-H_e\right)$ 即會受混合層影響

定義 x_L 為當 $\delta_z=\left(L-H_e\right)/2.15$ 之下風距離，則

(1) 當 $x<x_L$ 時，煙流仍未受逆轉層之影響，煙流呈高斯分布。

(2) 當 $x_L\le x<2x_L$ 時，煙流開始受逆溫層反射之影響，煙流演變中。

(3) 當 $x\ge 2x_L$ ，煙流呈均勻分布，此一條件下，任何高度處的濃度計算式如下：

$$C=\frac{Q}{\sqrt{2\pi}\delta_y L\cdot U}\exp\left[-\frac{y^2}{2\delta_y^2}\right]\text{ .... (3-28)}$$

在逆轉層存在下，煙流之轉變情形如下頁圖 3.8 所示。

4. 利用上面的結論，我們可以推求各種大氣條件下不同煙流的地面 x 軸濃度如下：

(1) 蛇行型 (Looping) 或錐型 (Coning)：兩者均無逆溫層存在，即 (3-27) 式 $n=0, 0<x<x_L$ 時之情形為(3-5)式

$$C\left(x,0,0\right)=\frac{Q}{\pi\delta_y\delta_z U}\exp\left(-\frac{H_e^2}{2\delta_z^2}\right)$$

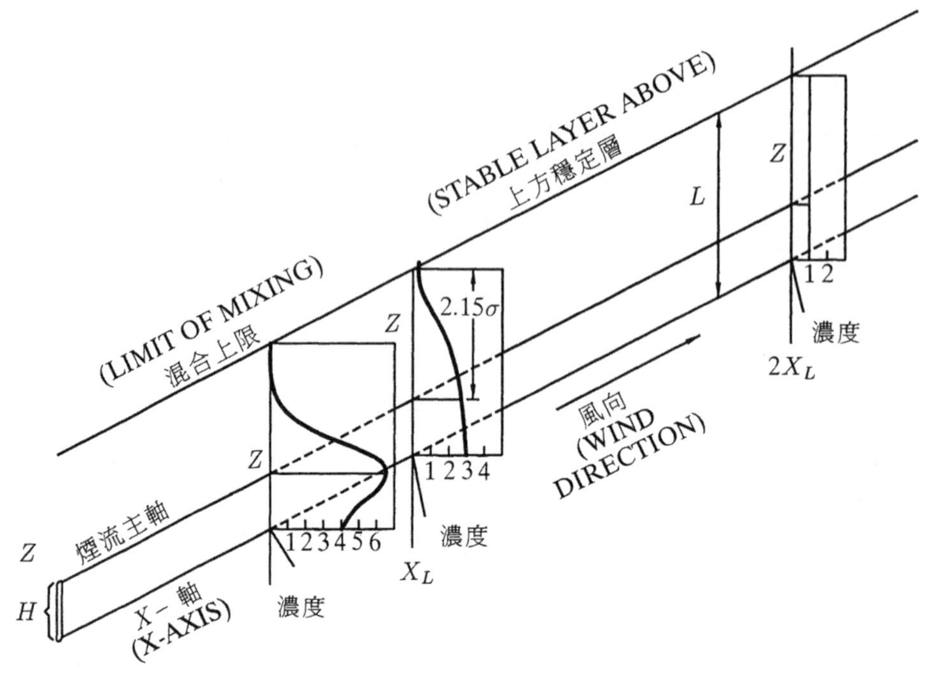

➡圖 3.8　穩定層存在下，垂直方向之濃度變異

(2) 侷煙型(Trapping)：煙囪上方有逆溫層，即上述 $x > 2x_L$ 的情形為(3-28)、(3-29)式

$$C(x, y, 0) = \frac{Q}{\sqrt{2\pi}\delta_y \cdot L \cdot U} \exp\left[-\frac{y^2}{2\delta_y^2}\right] \quad \text{(3-28)}$$

$$C(x, 0, 0) = \frac{Q}{\sqrt{2\pi}\delta_y \cdot L \cdot U} \quad \text{(3-29)}$$

(3) 燻煙型(Fumigation)：即上述 $x_L \le x < 2x_L$ 之情形，依經驗得知，其標準偏差應修正如下：

$$\delta_{yf} = \delta_y + \frac{H_e}{8} \quad \text{(3-30)}$$

$$C(x, 0, 0) = \frac{Q}{\sqrt{2\pi}\delta_{yf} \cdot L \cdot U} \quad \text{(3-31)}$$

3-4 煙囪排出之微粒沉降

對於微粒之排放，地面就如同微粒之沉積處(Particle Sink)，故無反射項，所以(3-3)式可表示為

$$C=\frac{Q}{2\pi\delta_y\delta_z U}\exp\left(-\frac{y^2}{2\delta_y^2}\right)\cdot\exp\left(-\frac{\left(z-H_e\right)^2}{2\delta_z^2}\right) \quad \text{(3-32)}$$

因為固體微粒受到重力影響，會使煙流之擴散中心線向下傾斜，(3-32)式中之 H_e 項應修正為

$$H_e-\frac{V_t\cdot x}{U} \quad \text{(3-33)}$$

V_t：微粒沉降之終端速度

x：下風處 x 距離

所以

$$C=\frac{Q}{2\pi\delta_y\delta_z U}\exp\left(-\frac{y^2}{2\delta_y^2}\right)\exp\left\{-\frac{1}{2}\left[\frac{z-\left(H_e-V_t x/U\right)}{\delta_z}\right]^2\right\} \quad \text{(3-34)}$$

在 $y=z=0$ 時，

$$C=\frac{Q}{2\pi\delta_y\delta_z U}\exp\left[\frac{-\left(H_e-V_t x/U\right)^2}{2\cdot\delta_z^2}\right] \quad \text{(3-35)}$$

定義單位面積沉降量，W

$$W = \frac{質量輸送量}{面積} = \frac{(體積流量)\times(濃度)}{面積}$$

$$=(速度)\times(濃度) = V_t C$$

所以 $$W = \frac{QV_t}{2\pi\delta_y\delta_z U}\exp\left[\frac{-\left(H_e - V_t x / U\right)^2}{2\cdot\delta_z^2}\right] \quad \text{(3-36)}$$

3-5 線狀汙染源

在某些情況下，如沿著河／海邊或道路設立之一列工廠，或者在平直的公路上有很繁重的交通量，此時汙染問題可以看成是一連續排放的線狀汙染源。當風向和線狀汙染源成垂直時，下風方向的地面濃度可以下式求得

$$C(x,0) = \frac{2q}{\sqrt{2\pi}\delta_z U}\exp\left[-\frac{H_e^2}{2\delta_z^2}\right] \quad \text{(3-37)}$$

其中 q：每單位長度的汙染源強度，$g/s-m$。

在此方程式中沒有水平方向的標準偏差 δ_y，因為由各不同點汙染源所排出的煙在逆風擴散下會自動補償，另外(3-37)式中也沒有 y 出現，因此在一定 x 距離下，y 方向的濃度是一定的。

3.1 有一工業鍋爐之煙囪高度為 30m，直徑為 0.6m。煙流之溫度為132°C，排放速度為 20m/s，大氣溫度為20°C。若在煙囪頂端風速為 4m/s 且大氣為中性(Neutral)至不穩定狀態，試求有效煙囪高度。

解

(1) 核對下游建築物高度(h_B)及風速(U)是否造成下沖作用。如第二章（2-5節）所述，若 $h_s/h_B \geq 2.5$ 且 $V_s/U \geq 1.5$ 即可避免下沖作用之產生，所以在本題中只要煙囪周圍之建築物高度低於 12m，風速低於 13.3m/s 即可避免下沖作用。

(2) 由(3-8)式，浮揚通量

$$F = \frac{V_s \cdot g \cdot D_s^2}{4}\left(\frac{T_s - T_A}{T_s}\right)$$

$$= \frac{(20)(9.8)(0.6)^2}{4}\left[\frac{(132+273)-(20+273)}{(132+273)}\right]$$

$$= 4.87 < 55$$

∴由(3-9)式

$$x^* = 14F^{5/8} = 14(4.87)^{5/8} = 37.7\text{m}$$

由(3-12)式

$$\Delta h_{max} = 1.6F^{1/3}(3.5x^*)^{2/3}/U$$

$$= 1.6(4.87)^{1/3}(3.5\times 37.7)^{2/3}/4 = 17.5\text{m}$$

有效煙囪高度 $H_e = h_s + \Delta h = 47.5\text{m}$

3.2 若在 10m 高度之風速為 4m/s 且大氣穩定度為中性，其餘條件同題 3.1，試求 H_e。

解

$$\frac{U}{U_1}=\left(\frac{h_s}{H_1}\right)^P$$

當大氣為中性穩定時，由 3-2-3 節查表得 $P=0.25$

煙囪頂部之風速 U

$$U=4\times\left(\frac{30}{10}\right)^{0.25}=5.26m/s$$

在其他條件均相同下（亦即 F, x^* 不變），由(3-12)式可知 Δh_{max} 與 U 值成反比，所以

$$\Delta h=17.5\times\frac{4}{5.26}=13.4m \qquad \therefore H_e=30+13.4=43.4m$$

3.3 若在 10m 高度之風速為 1.5m/s，且大氣為穩定狀態(Pasquill F)，其餘條件同題 3.1，試求煙流上升高度。

解

$$\frac{U}{U_1}=\left(\frac{h_s}{H_1}\right)^P$$

大氣穩定度為 F 等級時 $P=0.3$，$\frac{\partial\theta}{\partial z}=0.035°C/m$

$$U=1.5\times\left(\frac{30}{10}\right)^{0.3}=2.1m/s$$

由(3-14)式

$$S=g\cdot\frac{(\partial\theta/\partial z)}{T_A}=9.8\cdot\frac{0.035}{293}=0.0012$$

由(3-13)式

$$\Delta h_1=2.4\left[F/(U\cdot S)\right]^{1/3}$$

$$=2.4\left[4.87/(2.1\times0.0012)\right]^{1/3}=30m$$

在無風且穩定狀態下

$$\Delta h_2 = 5F^{1/4}/S^{3/8} = 5(4.87)^{1/4}/(0.0012)^{3/8} = 92.5\text{m}$$

另在 A, B, C, D 級穩定狀況下

$$\Delta h_3 = 1.6F^{1/3}(3.5x^*)^{2/3}/U$$

$$= 17.5 \times \frac{4}{21} = 33.3\text{m}$$

$$\Delta h = \text{MIN}(\Delta h_1, \Delta h_2, \Delta h_3) = 30\text{m}$$

3.4 700MWe 煤電廠有高 183m 直徑 6.1m 的煙囪，煙氣排放溫度為135°C，速度 15.6m/s。若在 10m 高度之風速為 4m/s，大氣溫度為20°C，大氣穩定度為 Pasquill Class B 等級，試求煙流上升高度。

解

$$\frac{U}{U_1} = \left(\frac{h_s}{H_1}\right)^P$$

大氣穩定度為 Pasquill B 時， $P = 0.15$

$$U = 4 \times \left(\frac{183}{10}\right)^{0.15} = 6.19\text{m/s}$$

$$F = \frac{V_s \cdot g \cdot D_s^2}{4}\left(\frac{T_s - T_A}{T_s}\right)$$

$$= \frac{15.6 \times 9.8 \times (6.1)^2}{4}\left(\frac{408-293}{408}\right) = 401 > 55$$

由(3-10)式

$$x^* = 34F^{2/5} = 374\text{m}$$

$$\Delta h = 1.6F^{1/3}(3.5x^*)^{2/3}/U = 228\text{m}$$

3.5 同題 3.4 條件，但大氣穩定度為 E 等級，試求有效煙囪高度。

解

$$\frac{U}{U_1} = \left(\frac{h_s}{H_1}\right)^P$$

大氣穩定度力 Pasquill E 時，$P = 0.3$，$\frac{\partial \theta}{\partial z} = 0.02°C/m$

$$U = 4 \times \left(\frac{183}{10}\right)^{0.3} = 9.57 m/s$$

$$S = \frac{g}{T_A} \cdot \frac{\partial \theta}{\partial Z} = \frac{9.8}{293} \times 0.02 = 0.00067$$

$$\Delta h_1 = 2.4 \left(\frac{F}{US}\right)^{1/3} = 95.3m$$

在無風且穩定狀況下

$$\Delta h_2 = 5F^{1/4} / S^{3/8} = 346.9m$$

在 A, B, C, D 級穩定狀況下

$$\Delta h_3 = 1.6F^{1/3}\left(3.5X^*\right)^{2/3} / U = 228 \times \frac{6.19}{9.57} = 147.5m$$

$$\Delta h = MIN\left(\Delta h_1, \Delta h_2, \Delta h_3\right) = 95.3m$$

$$H_e = h_s + \Delta h = 183 + 95.3 = 278.3m$$

3.6 與題 3.1 相同之工業鍋爐，其 SO_2 排放率為 10 g/sec，若大氣穩定度為 Pasquill C，則在何處有最大接地濃度，濃度為何？

解

$$F = \frac{V_s g\left(D_s\right)^2}{4}\left(\frac{T_S - T_A}{T_s}\right) = 4.88 < 55$$

$$x^* = 14F^{5/8} = 37.7m$$

$$\Delta h_{max} = 1.6F^{1/3}\left(3.5x^*\right)^{2/3} / U = 17.5m$$

$$H_e = h_s + \Delta h = 47.5m$$

依 3-2-5 節之求解步驟

當 $\delta_z = \frac{47.5}{\sqrt{2}} = 33.6\text{m}$ 時有最大接地濃度 C_{max}

由圖 3.3 查得當 $\delta_z = 33.6\text{m}$ 時， $x = 500\text{m}(\text{Pasquill C})$

由圖 3.2 查得當 $x = 500\text{m}$ 時， $\delta_y = 58\text{m}(\text{Pasquill C})$

由(3-25)式 $C_{max} = 0.234\frac{Q}{H_e^2 U}\left(\frac{\delta_z}{\delta_y}\right)$

$$= 0.234\frac{10\times10^6\,\mu g/s}{(47.5)^2\times4}\left(\frac{33.6}{58}\right)$$

$$= 150\mu g/m^3$$

所以在下風距離 500m 處有最大地面濃度 $150\mu g/m^3$

本題亦可利用圖 3.5 求解，由圖可知，當 $H_e = 47.5\text{m}$ ，Pasquill Class C 時

$$x_{max} = 0.5\text{Km}，\ (CU/Q)_{max} = 6.2\times10^{-5}\text{m}^{-2}$$

所以

$$C_{max} = \frac{6.2\times10^{-5}\times Q}{U} = \frac{6.2\times10^{-5}\times10g/s}{4}$$

$$= 1.55\times10^{-4}g/m^3 = 155\mu g/m^3$$

3.7 與題 3.2 相同之條件下，若排放率為 10g/s，求最大接地濃度及其距離。

解 $H_e = 43.4\text{m} \quad U = 5.26\text{m/s}$

當 $\delta_z = \frac{H_e}{\sqrt{2}} = 30.7\text{m}$ 時，有最大接地濃度 C_{max}

由圖 3.3 查得當 $\delta_z = 33.6\text{m}$ 時 Pasquill D class 所對應之 $x = 950\text{m}$

由圖 3.2 查得當 $x = 950\text{m}$ ，D Stability 所對應之 $\delta_y = 71\text{m}$

$$C_{max} = 0.234\frac{Q}{H_e^2 U}\left(\frac{\delta_z}{\delta_y}\right)$$

$$= 0.234\frac{10\times10^6}{(43.4)^2\times5.26}\times\left(\frac{30.7}{71}\right) = 102\mu g/m^3$$

3.8 與題 3.3 相同條件下，若排放率為 10g/s，求最大接地濃度及其距離。

解 $H_e = h_s + \Delta h = 30 + 30 = 60m \quad U = 2.1m/s$

當 $\delta_z = H_e/\sqrt{2} = 60/\sqrt{2} = 42.4m$ 時，有最大接地濃度 C_{max}

由圖 3.3，$\delta_z = 42.4m$，F Stability，所對應之 $x = 8000m$

由圖 3.2，$x = 8000m$，F Stability，所對應之 $\delta_y = 220m$

$$C_{max} = 0.234\frac{Q}{H_e^2 U}\left(\frac{\delta_z}{\delta_y}\right) = 0.234\frac{10\times10^6}{(60)^2\times2.1}\left(\frac{42.4}{220}\right)$$

$$= 59.7\mu g/m^3$$

若利用圖 3.5 求解

F Stability，$H_e = 60m$ 時

$$x_{max} = 5.8Km.\ (CU/Q)_{max} = 1.4\times10^{-5}m^{-2}$$

所以

$$C_{max} = \frac{1.4\times10^{-5}\times Q}{U} = \frac{1.4\times10^{-5}\times10g/s}{2.1}$$

$$= 6.67\times10^{-5}g/m^3 = 66.7\mu g/m^3$$

3.9 題 3.4 中，若 SO_2 之排放率為 $4Kg/s$，求最大接地濃度及其距離。

解

$$H_e = h_s + \Delta h = 183 + 228 = 411m$$

$$U = 4\times\left(\frac{183}{10}\right)^{0.15} = 6.19m/s$$

當 $\delta_z = \frac{H_e}{\sqrt{2}} = 411/\sqrt{2} = 290.6m$ 時，有最大接地濃度 C_{max}

由圖 3.3，$\delta_z = 290.6m$，Pasquill B Stability 所對應之 $x = 2.5Km$

由圖 3.2，$x = 2.5Km$，B Stability，所對應之 $\delta_y = 370$

$$C_{max}=0.234\frac{Q}{H_e^2U}\left(\frac{\delta_z}{\delta_y}\right)$$

$$=0.234\times\frac{4\times10^3\times10^6\mu g/s}{(411)^2\times6.19}\times\left(\frac{290.6}{370}\right)$$

$$=703\mu g/m^3$$

3.10 題 3.5 中，若 SO_2 之排放率為 4.0 Kg/s，求最大接地濃度及其距離。

解 $H_e=278.3m \quad U=4\times\left(\frac{183}{10}\right)^{0.3}=6.19m/s$

當 $\delta_z=\frac{H_e}{\sqrt{2}}=196.8m$，有最大接地濃度 C_{max}

由圖 3.3，$\delta_z=196.8m$ 時，x 已超過 100Km(For E Stability)在超過 100Km 之情形下，以本章所述方法求解誤差太大（一般以小於 10Km 為佳）。

3.11 題 3.4 及題 3.9 中，在下列兩種狀況下，試計算下風 5 Km 及 10 Km 處之中心線地面(Centerline Ground-Level)濃度。

Case 1：垂直方向無限制混合(Unlimited Vertical Mixing)

Case 2：在距地面 750m 處有逆溫層

解 由題 3.4 及題 3.9 可知

$H_e=411m$

$U=6.19m/s$

$x=5Km \quad \delta_z=600m \quad \delta_y=650m$ (For Pasquill B Stability)

$x=10Km \quad \delta_z=1200m \quad \delta_y=1200m$ (For Pasquill B Stability)

Case 1：垂直方向無限制混合

中心線濃度，可由(3-5)式求得

$$C(x,0,0)=\frac{Q}{\pi\delta_y\delta_zU}\exp\left(-\frac{H_e^2}{2\delta_z^2}\right)$$

$x = 5Km$ 時

$$C(5Km, 0, 0) = \frac{4 \times 10^9 \mu g / s}{\pi \times 650 \times 600 \times 6.19} \exp\left[-\frac{(411)^2}{2(600)^2}\right]$$

$$= 417 \mu g / m^3$$

$x = 10Km$ 時

$$C(10Km, 0, 0) = \frac{4 \times 10^9 \mu g / s}{\pi \times 650 \times 600 \times 6.19} \exp\left[-\frac{(411)^2}{2(1200)^2}\right]$$

$$= 135 \mu g / m^3$$

Case 2：在距地面 750m 處有逆溫層

$x = 5Km$ 時

$$2.15\delta_z = 2.15 \times 600 = 1290 > (L - H_e) = 750 - 411 = 339$$

所以煙柱之擴散會受逆溫層存在之影響（參閱 3-3 節）
$\delta_z = (L - H_e) / 2.15 = 158m$ 在 B Stability 對應之距離

$$x_L = 1.5Km$$

$x = 5Km > 2x_L$，煙流已呈均勻分布，任何高度之濃度可由(3-28)式求得

$$C = \frac{Q}{\sqrt{2\pi}\delta_y LU} \exp\left[-\frac{y^2}{2\delta_y^2}\right]$$

$$C(x, 0, 0) = \frac{Q}{\sqrt{2\pi}\delta_y LU}$$

$$C(5Km, 0, 0) = \frac{4 \times 10^9}{\sqrt{2\pi} \times 650 \times 750 \times 6.19} = 529 \mu g / m^3$$

$x = 10\text{Km}$ 亦大於 $2x_L$ ，故

$$C(10\text{Km}, 0, 0) = \frac{4 \times 10^9}{\sqrt{2\pi} \times 1200 \times 750 \times 6.19} = 286 \mu g / m^3$$

由本例可知，當有逆溫層存在時

在 $x = 5\text{Km}$ 處，中心地面濃度比垂直方向無限制混合之狀態多了約 27%。

在 $x = 10\text{Km}$ 處，中心地面濃度比垂直方向無限制混合之狀態多了 112%。

3.12 在題 3.10 中我們可以發現，在大氣為穩定狀態下且煙囪高度很高時，在 100Km 範圍內無顯著的地面濃度。試問若煙柱型態為燻煙型時，在下風 5, 10 及 50Km 處之地面濃度為何？假設在煙囪頂部之風速為 4 m/s。

解 由題 3.10 可知， $H_e = 278.3\text{m}$ 　 $U = 4\text{m/s}$

查圖 3.2，當大氣狀態為 E Stability

$x = 5\text{Km}$ 時， $\delta_y = 220\text{m}$

$x = 10\text{Km}$ 時， $\delta_y = 420\text{m}$

$x = 50\text{Km}$ 時， $\delta_y = 1550\text{m}$

煙柱為燻煙(Fumigation)型態即表示在 H_e 高度有逆轉層，所以

$$L - H_e = H_e - H_e = 0$$

因此，下風處任何一點所對應之 $2.15\delta_z$ 恆大於 $L - H_e$ ，故煙柱擴散必受逆溫層存在之影響

$$C = \frac{Q}{\sqrt{2\pi}\delta_y H_e U} \exp\left[-\frac{y^2}{2\delta_y^2}\right]$$

$$C(5\text{Km}, 0, 0) = \frac{4 \times 10^9}{\sqrt{2\pi} \times 220 \times 278.3 \times 4} = 6516 \mu g / m^3$$

$$C(10\text{Km}, 0, 0) = \frac{4 \times 10^9}{\sqrt{2\pi} \times 420 \times 278.3 \times 4} = 3413 \mu g / m^3$$

$$C(50\text{Km}, 0, 0) = \frac{4 \times 10^9}{\sqrt{2\pi} \times 1550 \times 278.3 \times 4} = 925 \mu g / m^3$$

本題亦可由(3-30)式、(3-31)式求解，唯 δ_y 之值增加了修正值 $\frac{H_e}{8}$。以 x－5Km 為例

$$\delta_{yf}=\delta_y+\frac{H_e}{8}=220+\frac{278.3}{8}=254.8\text{m}$$

$$C(5\text{Km},0,0)=\frac{4\times10^9}{\sqrt{2\pi}\times254.8\times278.3\times4}=5626\mu g/m^3$$

3.13 高斯煙流模式中，下風處中心軸之地面濃度可表示為

$$C(x,0,0)=\frac{Q}{\pi\delta_y\delta_z U}\exp\left(-\frac{H_e^2}{2\delta_z^2}\right) \quad \cdots\cdots (1)$$

$$H_e=h_s+\Delta h \quad \cdots\cdots (2)$$

在中性環境下，

$$\Delta h=1.6F^{1/3}\left(3.5x^*\right)^{2/3}U^{-1} \quad \cdots\cdots (3)$$

由(3)式可發現，隨著煙囪頂部風速 U 之增加，煙流上升高度 Δh 降低，有效煙囪度 H_e 亦隨之降低。

(1)式中 $\frac{Q}{\pi\delta_y\delta_z U}$ 項隨 U 值變大而變小，$\exp\left(\frac{-H_e^2}{2\delta_z^2}\right)$ 項隨 U 值變大而變大，故必存在一臨界風速(Critical Wind Speed)使地面發生最大濃度。試證明此一臨界風速所引起的煙流上升高度(Δh)等於煙囪高度(h_s)。

解

$$C=\frac{Q}{\pi\delta_z\delta_y U}\exp\left(-\frac{H_e^2}{2\delta_z^2}\right)$$

$$=\frac{Q}{\pi\delta_z\delta_y U}\exp\left\{-\frac{\left[h_s+1.6F^{1/3}\left(3.5X^*\right)^{2/3}U^{-1}\right]^2}{2\delta_z^2}\right\}$$

式中 δ_y,δ_z 只與距離有關。

當 $\frac{\partial C}{\partial U}=0$ 時，有 C_{max}

$$\frac{\partial C}{\partial U}=\frac{Q}{\pi\delta_y\delta_z}\left(\frac{-1}{U^2}\right)\exp\left(\frac{-H_e^2}{2\delta_z^2}\right)$$

$$+\frac{Q}{\pi\delta_y\delta_z U}\exp\left(\frac{-H_e^2}{2\delta_z^2}\right)\frac{\partial}{\partial U}\left[\frac{-\left[h_s+1.6F^{1/3}\left(3.5x^*\right)^{2/3}U^{-1}\right]^2}{2\delta_z^2}\right]$$

令 $G=1.6F^{1/3}\left(3.5x^*\right)^{2/3}$

$$\frac{\partial C}{\partial U}=\frac{Q}{\pi\delta_y\delta_z}\left(\frac{-1}{U^2}\right)\exp\left(\frac{-H_e^2}{2\delta_z^2}\right)$$

$$+\frac{Q}{\pi\delta_y\delta_z U}\exp\left(\frac{-H_e^2}{2\delta_z^2}\right)\frac{\partial}{\partial U}\left[\frac{-\left(h_s+GU^{-1}\right)^2}{2\delta_z^2}\right]$$

$$=\frac{Q}{\pi\delta_y\delta_z}\left(-\frac{1}{U^2}\right)\exp\left(-\frac{H_e^2}{2\delta_z^2}\right)$$

$$+\frac{Q}{\pi\delta_y\delta_z U}\exp\left(\frac{-H_e^2}{2\delta_z^2}\right)\frac{-1}{2\delta_z^2}2\left(h_s+GU^{-1}\right)\left(-\frac{G}{U^2}\right)$$

$$=\frac{Q}{\pi\delta_y\delta_z U^2}\exp\left(\frac{-H_e^2}{2\delta_z^2}\right)\left[\frac{G\left(h_s+GU^{-1}\right)}{\delta_z^2 U}-1\right]$$

$$=0$$

所以當 $\frac{G\left(h_s+G/U\right)}{\delta_z^2 U}=1\Rightarrow\frac{G}{U}\left(h_s+G/U\right)=\delta_z^2$ 時有 C_{max}

而 $\frac{G}{U}=\Delta h\Rightarrow\Delta h\left(h_s+\Delta h\right)=\delta_z^2$

當 $\delta_z=\frac{H_e}{\sqrt{2}}=\frac{\left(h_s+\Delta h\right)}{\sqrt{2}}$ 時有最大地面濃度 $C_{max}\Rightarrow\delta_z^2=\frac{\left(h_s+\Delta h\right)^2}{2}$

$$\Rightarrow\Delta h\left(h_s+\Delta h\right)=\frac{\left(h_s+\Delta h\right)^2}{2}$$

$$\Rightarrow \Delta h = \frac{h_s + \Delta h}{2}$$

$$\Rightarrow 2\Delta h = h_s + \Delta h$$

$\Rightarrow \Delta h = h_s$ 所以當 $\Delta h = h_s$ 時，有最大地面濃度 C_{max}

亦即當在煙囪頂部之風速 U 使煙流之上升高度(Δh)與煙囪本身高度相同時，將使地面濃度為最大。

3.14 題 3.1 及題 3.6 中，在中性穩定下計算臨界風速及最大地面濃度。

解 題 3.1， $h_s = 30m$ ， $F = 4.87$ ， $x^* = 37.7$

當 $\Delta h = h_s = 30 = 1.6F^{1/3}\left(3.5x^*\right)^{2/3} / U$ 時，有臨界風速

所以 $U = 1.6\left(4.87\right)^{1/3}\left(3.5 \times 37.7\right)^{2/3} / 30 = 2.34m/s$

$$H_e = h_s + \Delta h = 2h_s = 60m$$

當 $\delta_z = \frac{H_e}{\sqrt{2}} = \frac{60}{\sqrt{2}} = 42.4m$ 時有最大地面濃度 C_{max}

由圖 3.3，當 $\delta_z = 42.4m$ 時， $x = 1.5Km$ (For Pasquill D Stability)

由圖 3.2， $x = 1.5Km$ 時， $\delta_y = 120m$

由(3-25)式

$$C_{max} = 0.234\frac{Q}{H_e^2 U}\left(\frac{\delta_z}{\delta_y}\right) = 0.234\frac{10 \times 10^6}{\left(60\right)^2 \times 2.34}\left(\frac{42.4}{120}\right) = 98\mu g/m^3$$

3.15 一油管洩漏致使 H_2S 以 $100g/hr$ 之速率排放，當風速為 $3.0m/s$ ，C 級穩定度時，試問距離洩漏處下風 $1.5Km$ 處之 H_2S 濃度？

解 地面油管洩漏相當於地面汙染源，由(3-6)式

$$C\left(x,0,0\right) = \frac{Q}{\pi\delta_y\delta_z U}$$

C 級穩定度，下風 $1.5Km$ 處 $\delta_y = 170m$ ， $\delta_z = 90m$

$$C\left(1.5Km,0,0\right) = \frac{\left(100 \times 10^6\right)/3600}{\pi \times 170 \times 90 \times 3} = 0.193\mu g/m^3$$

3.16 一有陽光的夏日下午，平均風速 $\overline{U} = 4\text{m/s}$，排放速率 $Q = 0.01\text{Kg/sec}$，有效煙囪高度為 20m，試求離煙囪 200m 下風處地面之濃度？

解 由表 3.2 查得，大氣穩定度為 B 等級，

查圖 3.2　$x = 200\text{m}$　$\delta_y = 31\text{m}$

圖 3.3　$x = 200\text{m}$　$\delta_z = 20\text{m}$

$$C(200\text{m}, 0, 0) = \frac{Q}{\pi\delta_y\delta_z\overline{U}}\exp\left(-\frac{H_e^2}{2\delta_z^2}\right)$$

$$= \frac{0.01\times1000\times10^6}{\pi\times31\times20\times4}\exp\left[-\frac{(20)^2}{2\times(20)^2}\right]$$

$$= 778\mu\text{g/m}^3$$

3.17 題 3.16 中，假設排放物含 $10\mu\text{m}$ 微粒物質且其密度為 1g/cm^3，$25°\text{C}$ 時空氣之黏度為 0.0185g/m-sec，試求煙囪下風處 200m 處地面之顆粒濃度？

解 按 Stoke 定律，粒徑小於 $40\mu\text{m}$ 之微粒沉降終端速度為 V_t 為（請參考第九章）

$$V_t = gd_p^2\rho_p / 18\mu_g$$

式中 g = 重力加速度　d_p = 微粒粒徑

ρ_p = 微粒物質密度　μ_g = 空氣之黏度

$$V_t = \frac{9.8\text{m/s}^2\times(1\times10^{-5})^2\text{m}^2\times10^6\text{g/m}^3}{18(0.0185\text{g/m-sec})} = 2.9\times10^{-3}\text{m/s}$$

所以 H_e 應修正為

$$H_e' = H_e - V_t\cdot\frac{X}{U} = 20 - 2.9\times10^{-3}\cdot\frac{200}{4} = 19.855\text{m}$$

由(3-35)式

$$C(200\text{m}, 0, 0) = \frac{Q}{2\pi\delta_y\delta_z U}\exp\left[-\frac{1}{2}\left(\frac{H_e'}{\delta_z}\right)^2\right]$$

$$=\frac{0.01\times1000\times10^6}{2\pi\times31\times20\times4}\exp\left[\frac{-(19.855)^2}{2(20)^2}\right]$$

$$=392\mu g/m^3$$

注 意 微粒沉降無反射項，故正如所料，其結果比例 3.16 濃度小很多。

3.18 一有效高度 60m 的煙囪 SO_2 排放速率為 $160g/sec$，煙囪頂部風速為 $6m/s$，大氣穩定等級為 D，試計算

(1) 距煙囪 500m 沿中心線的地面濃度。

(2) 距煙囪 500m 且離中心線 50m 處的地面濃度。

解 Pasquill D Stability

圖 3.2　$x=500m$　$\delta_y=38m$

圖 3.3　$x=500m$　$\delta_y=18.5m$

(1) $$C(500m,0,0)=\frac{160\times10^6}{\pi\times38\times18.5\times6}\exp\left[-\frac{(60)^2}{2\times(18.5)^5}\right]$$

$$=63\mu g/m^3$$

(2) $$C(500m,50m,0)=63\times\exp\left[-\frac{y^2}{2\delta_y^2}\right]=63\times\exp\left[\frac{(50)^2}{-2(38)^2}\right]$$

$$=27\mu g/m^3$$

由本例可知，在距離中心線 50m 處，地面濃度降了約 60%。

3.19 SO_2 的排放率為 120g/s，在煙囪頂部的風速為 6m/s，若希望在煙囪下風處 1000m 中心線之地面濃度不超過 $100\mu g/m^3$，則所需煙囪高度為何？

解 由(3-24)式可知

$$C_{max}=0.117\frac{Q}{\delta_y\delta_z U}\le100$$

$$\Rightarrow\delta_y\delta_z\ge\frac{0.117\times120\times10^6}{100\times6}$$

$$\Rightarrow\delta_y\delta_z\ge23400$$

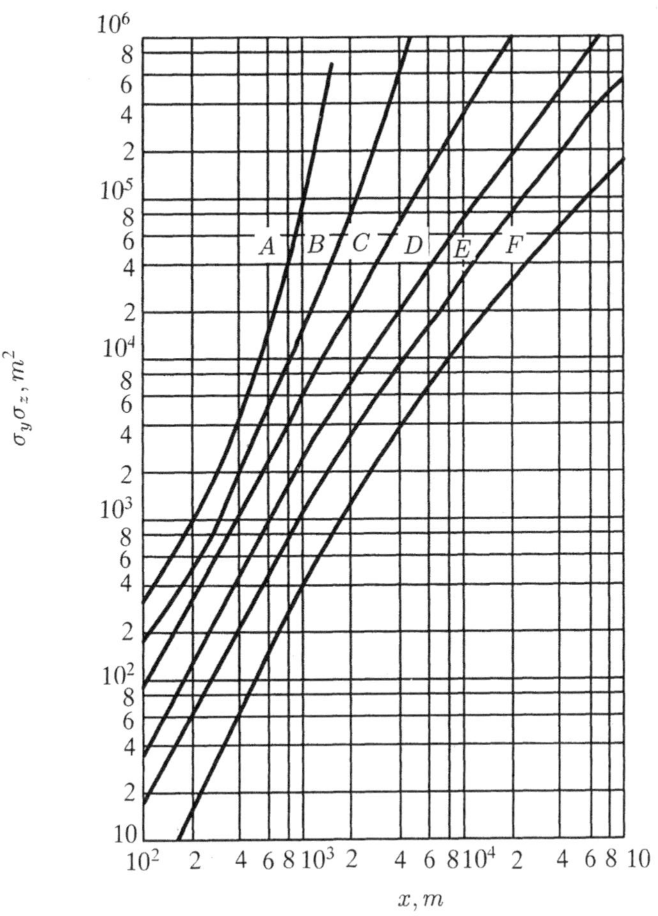

➡圖 1　擴散標準偏差 δ_y 與 δ_z 之乘積，為下風距離的函數[1]

（參考資料：D.B. Turner. Workbook of Atmospheric Dispersion Estimates. Washington, D.C.: Hew 1969）

由圖 1 可知 $x = 100m$ 時，$\delta_y \delta_z \geq 23400$ 所對應之點約在 A，B 二穩定等級垂直距離 1 /3 的位置(由曲線 B 算起)，再由圖 3.3 相同的位置可求得 $\delta_z = 150m$

$$H_e = \sqrt{2}\delta_z = 210m$$

此為有效煙囪高度，故若採用 210m 高的煙囪，一定可確保下風處 1000m 之 SO_2 濃度不超過 $100\mu g / m^3$。一般應可由 H_e 值再扣除適當之煙流上升高度 (Δh)，可假設為 10m；故實際上採用 200m 高的煙囪應能符合要求。

3.20 一有效高度為 60m 的煙囪以 160g/s 的速率排放 SO_2，在煙囪頂部的風速為 6m/s，大氣穩定等級為 C，試計算在什麼位置會開始發生穩定層的反射作用？若有一逆轉層在地面上 150m 時，試計算在 $2X_L$ 處的濃度？

解 (1) 當 $\delta_z = (L-H)/2.15 = (150-60)/2.15 = 41.9\text{m}$

大氣穩定等級為 C 時

$$X_L = 650\text{m}$$

所以在下風處 650m 處即已開始受到穩定層反射作用的影響。

(2) $2X_L = 1300\text{m}$，C Stability，$\delta_y = 150$

由(3-28)式

$$C(2X_L, 0, 0) = \frac{Q}{\sqrt{2\pi}\delta_y LU} = \frac{120\times10^6}{\sqrt{2\pi}\times150\times150\times6}$$

$$= 355\mu g/m^3$$

3.21 一陰天下午，在高速公路下風處 500m 處的碳氫化合物濃度為若干？假設風向和高速公路垂直，風速 5m/s，在高速公路上的交通流量為 10,000 輛／小時，行車平均時速為 80Km/hr，汽車的平均碳氫化合物排放量為 0.02g/s 輛。

解 高速公路行車之碳氫化合物排放，相當於一線狀汙染源。

$$\text{每單位長度(m)之汽車數} = \frac{10000\text{輛／hr}}{80\times10^3\text{m/hr}} = 0.125\text{輛／m}$$

每單位長度(m)之汙染量，q

$$q = 0.02\text{g/s}-\text{輛}\times0.125\text{輛／m} = 0.0025\text{g/s-m}$$

由表 3.2 可知，陰天時之大氣穩定等級為 D 由圖 3.3，$X = 500\text{m}$，$\delta_z = 19\text{m}$

由(3-37)式，可得

$$C(500\text{m}, 0) = \frac{2q}{\sqrt{2\pi}\delta_z U}\exp\left[-\frac{H_e^2}{2\delta_z^2}\right] = \frac{2q}{\sqrt{2\pi}\delta_z U} \quad (H_e = 0)$$

$$= \frac{2\times0.0025\times10^6}{\sqrt{2\pi}\times19\times5} = 21\mu g/m^3$$

3.22 一般工廠煙囪所排放的空氣汙染（以 μg/sec 表示）可換算成地面上受到汙染的影響（以 $\mu g/m^3$ 表示）。其關係如下：

$$C(x, y, z; H) = Q/\left(2\pi\delta_y\delta_z U\right)\exp\left[-y^2/2\delta_y^2\right]$$

$$\cdot\left\{\exp\left[-(H+z)^2/2\delta_z^2\right]+\exp\left[(H-z)^2/2\delta_z^2\right]\right\}$$

其中 C(x,y,z; H)為距煙囪順風下游(x, y, z)點處（且煙最後高度為 H）所受之影響 $\mu(g/m^3)$

x：順風下游離煙囪的距離（以順風方向為 x 軸）(m)

y：離 x 軸之距離(m)　z：離地面之高度(m)

H：煙（中心線）最終高度(m)　Q：汙染物排放速度$(\mu g/sec)$

δ_y：橫向擴散係數(m)　δ_z：縱向擴散係數(m)

U：風速(m/sec)

今有一發電廠一年所排放之二氧化硫(SO_2)為 616,280 公噸(0.61628×10^6 tons/year)，且亦知地面影響最大處在風的下游 $x = 4000m$，$y = 0$，$z = 0$。設某日風速為 4.7 m/sec，該日之氣候計算出 $\delta_y = 359.2m$，$\delta_z = 215.7m$（均為 24 小時平均值），煙的升高最終為 300m。在$(x, 0, 0)$處無發電廠時已有二氧化硫濃度為$100\mu g/m^3$（24 小時平均值）。設環保署規定任何地點二氧化硫的空氣品質標準為$365\mu g/m^3$（24 小時平均值）。請問

(1) 若無除硫設備，此發電廠對該處(x, 0, 0)的二氧化硫汙染影響是多少？使該處的二氧化硫濃度增加到多少？

(2) 此發電廠需對其二氧化硫的排放量減多少（百分比）才能達到環保署的二氧化硫空氣品質標準（24 小時平均值）？ **（81 年專技檢覆）**

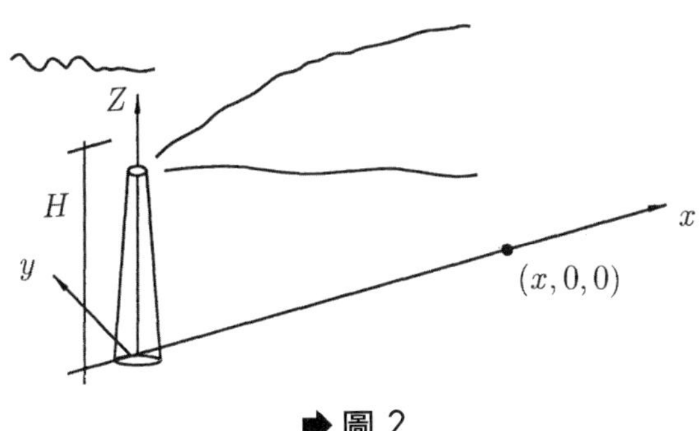

➡ 圖 2

解　(1) $Q = 616{,}280$ 公噸／年 $= 70351.6\text{Kg/hr} = 19542\text{g/s}$

$\delta_y = 359.2\text{m}$，$\delta_z = 215.7\text{m}$，$U = 4.7\text{m/s}$，$H = 300\text{m}$

$$C(4000\text{m}, 0, 0) = \frac{Q}{\pi\delta_y\delta_z U}\exp\left(-\frac{H}{2\delta_z^2}\right)$$

$$= \frac{19542 \times 10^6}{\pi \times 359.2 \times 251.7 \times 4.7}\exp\left[-\frac{(300)^2}{2 \times (215.7)^2}\right] = 6494\mu\text{g/m}^3$$

所以 SO_2 汙染影響為 $6494\mu\text{g/m}^3$，使該處 SO_2 濃度增加到

$$6494 + 100 = 6594\mu\text{g/m}^3$$

(2) SO_2 容許標準濃度為 $365\mu\text{g/m}^3$

故容許之 SO_2 濃度增加量為 $365 - 100 = 265\mu\text{g/m}^3$

所以 SO_2 排放量應削減

$$(6494 - 265)/6494 = 0.9592 = 95.92\%$$

3.23 煙囪廢氣中含有粒徑 $d_p = 100\ \mu\text{m}$ 之微粒；如有效排放高度為 30 m，微粒密度為 $1.5\ \text{g/cm}^3$，微粒之排放率 $q = 10\ \text{g/sec}$，當時風速 $u = 10\ \text{m/sec}$，試計算在正下風 500 m 處地面微粒濃度為多少？落塵量為多少？（註：設在 500 m 處之內 $\sigma_y = 50\ \text{m}$，$\sigma_z = 40\ \text{m}$，且假設沒有煙流質量耗減作用(Depletion Effect)，又空氣之黏滯係數 $\mu = 2.5 \times 10^{-5}\text{N.sec/m}^2$。）　**（83 年高考二級）**

解　(1) 以第 9 章(9-9)式計算微粒終端速度

$$u_t = \frac{g d_p^2(\rho_p - \rho_g)}{18\mu_g}$$

$$= \frac{9.8(100 \times 10^{-6})^2 1500\ \text{Kg/m}^3}{18 \times 2.5 \times 10^{-5}} = 0.3267\ \text{m/s}$$

check Renold's number

$$\text{Re} = d_P \cdot \rho \cdot u_t / \mu_g$$

空氣在 25°C 之密度 $= 1.183\ \text{Kg/m}^3$

$$\therefore \text{Re} = (100\times10^{-6})\times1.183\times0.3267/2.5\times10^{-5}$$

$$= 1.55 < 2$$

∴微粒沉降終端速度 $= 0.3267\ \text{m/s}$

由(3-37)式

$$\therefore C = \frac{Q}{2\pi\delta_y\delta_z U}\exp\left[-\frac{1}{2}\left(\frac{He - u_t\cdot x/U}{\delta_z}\right)^2\right]$$

$Q = 10\ \text{g/s} = 10^7\ \mu\text{g/s}$

$\delta_y = 50\ \text{m}$

$\delta_z = 40\ \text{m}$

$U = 10\ \text{m/s}$

$H_e = 30\ \text{m}$

$u_t = 0.3267\ \text{m/s}$

$X = 500\ \text{m}$

$$\therefore C = \frac{10^7}{2\pi\times50\times40\times10}\exp\left[-\frac{1}{2}\left(\frac{30-0.3267\times500/10}{40}\right)^2\right]$$

$$= 79.58\exp(-0.5835) = 75.07\ \mu\text{g/m}^3$$

(2) 落塵量 = 單位面積沉降量

$$= \frac{(\text{體積流量})\times(\text{濃度})}{\text{面積}}$$

$= 速度 \times 濃度$

$= u_t \times C$

$$= 0.3267 \text{ m/s} \times 75.07\ \mu g/m^3$$

$$= 24.525\ \mu g/s\text{-}m^2$$

$$= 0.0883 \text{ g/hr-m}^2$$

3.24 如果一工廠的煙囪有效高度平均為 60 m，其 SO_2 平均排放量為 80 g/sec，請計算：

(1) 當風速為 6 m/sec，煙囪下風距離 500 m 處的地面煙塵中心線濃度（$\sigma_y = 36$ m，$\sigma_z = 18.5$ m）？

(2) 當風速為 3 m/sec，煙囪下風距離 200 m 處的地面離煙塵中心線 100 m 地面濃度為多少？（$\sigma_y = 70$ m，$\sigma_z = 50$ m）　　（84 年高考二級）

解 (1) 由(3-5)式

$$C(x, 0, 0) = \frac{Q}{\pi \delta_y \delta_z U} \exp\left(-\frac{H_e^2}{2\delta_z^2}\right)$$

$$\therefore C(500m, 0, 0) = \frac{80 \times 10^6\ \mu g/s}{\pi \times 36 \times 18.5 \times 6} \exp\left(-\frac{60 \times 60}{2 \times 18.5 \times 18.5}\right)$$

$$= 33.13\ \mu g/m^3$$

(2) 由(3-4)式

$$C(x, y, 0) = \frac{Q}{\pi \delta_y \delta_z U} \exp\left(-\frac{y^2}{2\delta_z^2}\right) \exp\left(-\frac{H_e^2}{2\delta_z^2}\right)$$

$$\therefore C(200m, 100m, 0) = \frac{80 \times 10^6\ \mu g/s}{\pi \times 70 \times 50 \times 6} \exp\left(-\frac{100 \times 100}{2 \times 70 \times 70}\right)$$

$$\exp\left(-\frac{60 \times 60}{2 \times 50 \times 50}\right) = 425.5\ \mu g/m^3$$

3.25 如果一個工廠排放 500 gs^{-1} 的 SO_2，其煙囪高度為 100 m，煙氣上衝高度為 300 m^2s^{-1}/u，u 為風速，其數值為 5 ms^{-1}，$\sigma_y = 146x^2$，$\sigma_z = 116x^3 + 4$，σ_y 及 σ_z 分別為擴散後煙氣在 Y 及 Z 方向的擴散度，X 為下風距離(Km)，則距離工廠 700 m 處上空 10 m 的濃度為多少？考慮煙氣碰到地面會反射。

（89 年高考三級）

解 考慮煙氣碰到地面會反射，假設高斯煙流模式適用，則

$$C = \frac{Q}{2\pi\sigma_y\sigma_z U}\exp\left(\frac{-y^2}{2\sigma_y^2}\right)$$

$$\left\{\exp\left[-\frac{(z-He)^2}{2\sigma_z^2}\right] + \exp\left[-\frac{(z+He)^2}{2\sigma_z^2}\right]\right\}$$

其中

$$Q = 500\ g/s = 5\times10^8\ \mu g/s$$

$$U = 5\ m/s$$

$$He = hs + \Delta h = 100 + 300/5 = 160\ m$$

當 $x = 0.7$ Km 時

$$\sigma_y = 146x^2 = 71.54$$

$$\sigma_z = 116x^3 + 4 = 43.788$$

當 $y = 0$，$z = 10$ m 時

$$C(700, 0, 10) = \frac{5\times10^8}{2\pi\times71.54\times43.788}$$

$$\left\{\exp\left[-\frac{(10-160)^2}{2\times(43.788)^2}\right] + \exp\left[-\frac{(10+160)^2}{2\times(43.788)^2}\right]\right\}$$

$$= 85.4\ \mu g/m^3$$

3.26 煙囪排氣條件如下：

- 有效煙囪高度 50 公尺
- 風速為 5m/sec
- 排氣量=240m^3/min(50℃,1atm)，SO_2 濃度=100ppm

(1) 請計算汙染物排放率(g/sec)。

(2) 大氣穩定度為 A，於下風處 500 公尺處地面濃度(μg/m^3)為何？

(3) 大氣穩定度為 C，於下風處 X=1000 公尺，Y=100 公尺處地面濃度(ppb)為何？（註：參考附圖選擇適切值計算） **（95 年普考）**

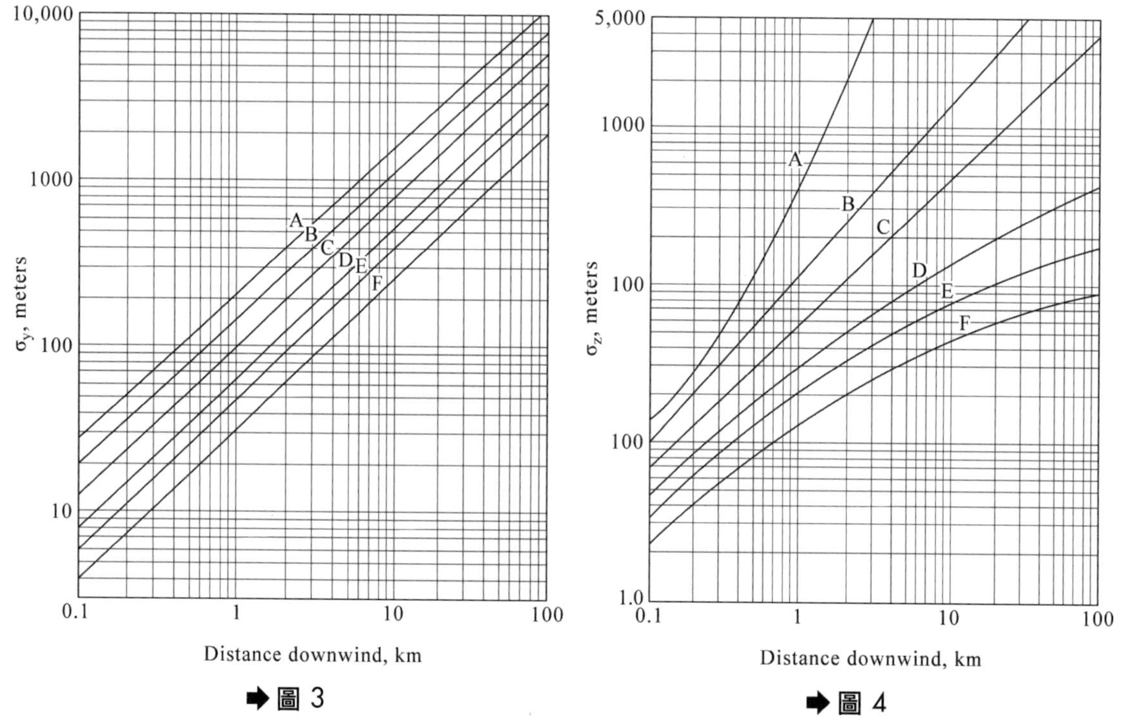

➡圖 3　　➡圖 4

解

(1) 排氣量$=240m^3/min=4m^3/sec$

在 50℃，1atm 條件下 1 g-mole 氣體體積為 $0.08206\times(237+50)=26.505L$

$4m^3/sec$ 排氣含 $SO_2=4\times10^{-4}m^3/sec=0.4L/sec=0.0151$ g-mole

$=0.966g\text{-}SO_2/sec$

(2) 大氣穩定度 A，在下風 500m 處，$\delta_y = 120m$，$\delta_2 = 120m$

$$C(x,o,o) = \frac{Q}{\pi\delta_y\delta_z U}\exp\left(\frac{-H_e^2}{2\delta_z^2}\right)$$

$$= \frac{0.966\times10^6}{(\pi\times120\times120\times5)}\exp\left[{-(50)^2}\Big/{(2\times120\times120)}\right]$$

$$= 4.271\times0.917$$

$$= 3.92\mu g/m^3$$

(3) 大氣穩定度 C，在下風 1000m 處 $\delta_y = 110m$，$\delta_z = 60m$

$$C(x,y,o) = \frac{Q}{\pi\delta_y\delta_z U}\exp\left[-\frac{y^2}{2\delta_y^2}\right]\exp\left[-\frac{He^2}{2\delta_z^2}\right]$$

$$= \frac{0.966\times10^6}{\pi\times110\times60\times5}\exp\left[{-(100)^2}\Big/{(2\times60\times60)}\right]\exp\left[{-(50)^2}\Big/{2\times110\times110}\right]$$

$$= 9.32\times0.249\times0.902$$

$$= 2.1\ \mu g/m^3$$

3.27 某工廠煙囪之二氧化硫排放率為 330 g/sec，若欲確保下風距離 800 m 處中心線之地面二氧化硫濃度符合 250 ppb 之空氣品質標準，請計算煙囪之有效高度(Effective Height)至少需設計為多少公尺以上？若已知在有效煙囪高度處之水平風速為 6 m/sec，且最大地面濃度之公式如下： **（97 年專技高考）**

$$C_{max} = \frac{0.117Q}{u\sigma_y\sigma_z}$$

式中，C_{max}：最大地面濃度；Q：汙染物排放率；u：水平風速；σ_y, σ_z：水平及垂直方向擴散之標準偏差

（提示：請參照圖 5 及圖 6 求得相關推估資訊）

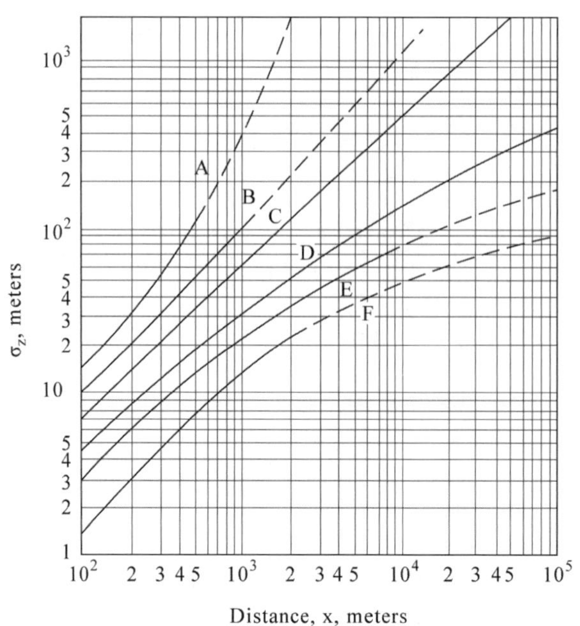

➡圖 5　垂直方向擴散之標準偏差(σ_z)隨下風距離變化圖

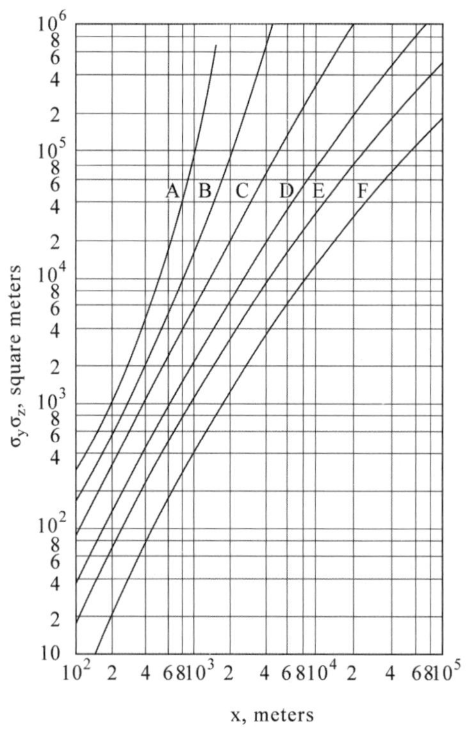

➡圖 6　σ_y，σ_z乘積隨下風距離變化圖

解 本題為題 3.19 之類題。

$$250\text{ppb } SO_2 \text{ 相當於 } 0.25\text{ppm } SO_2 = \frac{0.25\times10^{-6}\text{L}}{24.5\text{L}}\times\frac{64\times10^{6}\mu\text{g}}{\text{g-mole}}\times\frac{1000\text{L}}{1\text{m}^3}$$

$$=653\ \mu\text{g}/\text{m}^3 \text{（假設 25°C 條件下）}$$

由題意可知

$$C_{max}=0.117\frac{Q}{u\delta_y\delta_z}\le 653$$

$$\Rightarrow \delta_y\delta_z \ge \frac{0.117\times330\times10^6}{653\times6}$$

$$\Rightarrow \delta_y\delta_z \ge 9855$$

由圖 6 可知，當 $x=800\text{ m}$ 時

$\delta_y\delta_z \ge 9855$ 所對應之點為 curve B

再由圖 5 相同位置所對應之 $\delta_z = 80\text{ m}$

$$H_e=\sqrt{2}\,\delta_z=113\text{ m}$$

故有效煙囪高度至少需設計 113 m 以上。

3.28 新汙染源廢氣排放條件如下：

廢氣流率＝500Nm^3/min

廢氣煙道出口溫度＝130℃

煙道出口周圍大氣溫度＝20℃

氯化氫濃度＝80ppm(130℃)

氯化氫 a_1 值＝0.19

所在地 K 值＝$1.8*10^{-3}$

依排放標準規定管道高度公式

$$q = a_1 K h_e^{2.2}$$

$$h_e = h + \Delta h$$

$$\Delta h = 1.8(\frac{1.5V_s d_s + 4\times 10^{-5} Q_h}{u})$$

$$Q_h = \rho C_p \frac{\pi d_s^2}{4} \cdot V_s \cdot (T_s - T) \cdot 1000$$

請設計煙囪高度及直徑。 （92 年專技檢覈）

解 假設廢氣中主要組成為空氣，其 C_p 值(25℃)為 1.005KJ/Kg°K=0.24cal/g°K 排氣溫度為 130℃，假設為理想氣體其密度為

$$\rho = \frac{1\times 28.8}{0.082\times(273+130)} = 0.872 g/l = 0.872 Kg/m^3$$

$$\therefore Q_h = \rho\ C_p \frac{\pi d_s^2}{4} \cdot V_S \cdot (T_s - T) \cdot 1000$$

$$= 0.872\times 0.24\times 500\ m^3/min\times(130-20)\times 1{,}000$$

$$= 11{,}510{,}400(cal/min) = 191{,}840\ (cal/sec)$$

$$q = a_1 k h_e^{2.2}$$

$$q = 80\times 10^{-6}\times 500 Nm^3/min = 0.04 Nm^3/min = 40\ l/min$$

$$= 40/22.4/60\times 36.5 = 1.0863\ g\ HCl/s$$

$\Rightarrow 1.0863 = 0.19\times 1.8\times 10^{-3} h_e^{2.2}$

$\Rightarrow h_e^{2.2} = 3176$

$\Rightarrow h_e = 39.064m$

假設 h=30m　則 $\Delta h = 9.064m$

$$\Rightarrow 9.064=1.8\left(\frac{1.5V_sd_s+4*10^{-5}Qh}{u}\right)$$

其中 $u=3.5(h/10)^{0.2}=3.5(30/10)^{0.2}=4.36m/s$

$$\Rightarrow 9.064=1.8\left(\frac{1.5V_sd_s+7.674}{4.36}\right)$$

$\Rightarrow 14.28=1.5V_sd_s$

$\Rightarrow V_sd_s=9.52$

$\frac{\pi}{4}(d_sV_s)d_s = 500\ Nm^3/min = 500/60Nm^3/s$

$\Rightarrow d_s=4\times 500/60/\pi/9.52=1.115m$

∴設計煙囪高度 30m，直徑 1.115m，尚屬合理。

3.29 煙囪排放出的煙柱具有初始動量及高溫煙氣浮力，使得煙柱本身具有一上升高度，此高度加上煙囪本身高度，稱為「有效煙囪高度」。某工廠擬擴建廠房，並加設一組加熱爐組與煙囪；請你站在專業角度，根據工廠周圍環境條件（直交風速 U、大氣溫度 T_a、大氣穩定度等），進行此煙囪設計，請說明如何推估「有效煙囪高度」，並以流程圖表示之。　**（103 年專技高考）**

解 有效煙囪高度 He 可以下式表示：

$H_e=h_s$（煙囪高度）+ Δh（煙流上升高度）

其中 Δh 與下列變數有關：

U：直交風速，m/s

D_s：煙囪直徑，m

T_s：煙道氣溫度，°K

V_s：煙道氣流速，m/s

T_a：大氣溫度，°K

X：下風處與煙囪之距離，m

Pasquill 穩定度

Δh計算以流程圖說明如下：

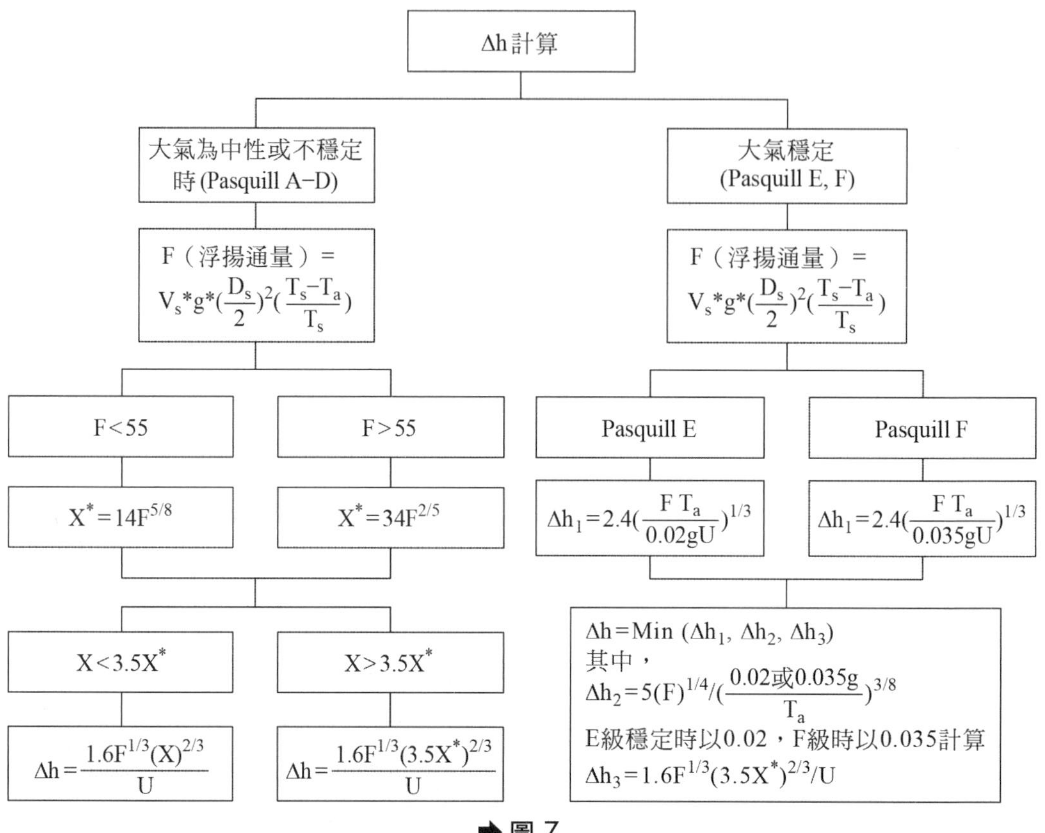

➡圖 7

3.30 目前常用的空氣品質模式有三類：高斯擴散模式、軌跡模式及網格模式。請分別說明這三類模式的特性與使用限制。 **（101 年專技高考）**

解 參見 3-1 節表 3.1 說明。

3.31 (1) 煙囪有效高度為煙囪物理高度與煙流上升(Plume Rise)高度之和，會影響空氣汙染物之擴散，試說明決定煙流上升高度之主要因素，並說明其影響。

(2) 試就大氣擴散之角度說明如何決定煙囪之高度及直徑？

（105 年高考三級）

解 (1) 如 3.29 題解所述，影響煙流上升高度之主要因素有：

(a) U：直交風速

(b) D_s：煙囪直徑

(c) T_s：煙道氣溫度

(d) T_a：大氣溫度

(e) V_s：煙道氣流速

(f) Pasquill：大氣穩定度

(g) 下風處與煙囪之距離

(2) 假設煙囪之汙染物排放量(Q)固定的話，則(3-25)式最大地面濃度為

$$C_{max} = 0.234\frac{Q}{H_e^2 U}\left(\frac{\delta_z}{\delta_y}\right)$$

其中 U, δ_z ,δ_y 及 He（有效煙囪高度）與大氣穩定度有關，另外，H_e 與煙囪高度(h_s)及煙流上升高度(Δh)均有相關。

因此，在容許之最大地面濃度下，在設計煙囪高度及直徑時，需考量在不同大氣穩定度條件下，調整煙囪直徑及高度，以盡量獲得最高之有效煙囪高度才可有效降低汙染物地面濃度。

3.32 有效煙囪高度為 H 且具有鏡面反射效應的煙囪排氣高斯擴散方程式如下：

$$C(x, y, z) = \frac{Q}{2\pi u\sigma_y\sigma_z}\exp\left(-\frac{y^2}{2\sigma_y^2}\right)\left\{\exp\left[-\frac{(z-H)^2}{2\sigma_z^2}\right]+\exp\left[-\frac{(x+H)^2}{2\sigma_z^2}\right]\right\}$$

式中 C(x, y, z)為座標在(x, y, z)的汙染物濃度：Q 為汙染物排放率；u 為煙囪上方的水平風速；H 為有效煙囪高度；σ_y、σ_z 為與風向垂直的 y 及 z 方向之大氣擴散係數。

(1) 請依據上列方程式重寫線汙染源(Line Source)下風處地面的氣態汙染物擴散方程式。

(2) 某南北向高速公路的車流量為 10,000 輛／時，平均車速為 100 公里／時，請計算高速公路東側 500 公尺處地面的一氧化碳濃度為多少 $\mu g/m^3$？假設高速公路路面距地面為 5 公尺，每輛車的一氧化碳平均排放率為 5×10^{-2}g/sec，大氣穩定度為 D 級，風向為西北風且風速為 5 m/sec。垂直及水平擴散係數(σ_z 及 σ_y)可由圖 8、圖 9 查得。 **（107 年專技高考）**

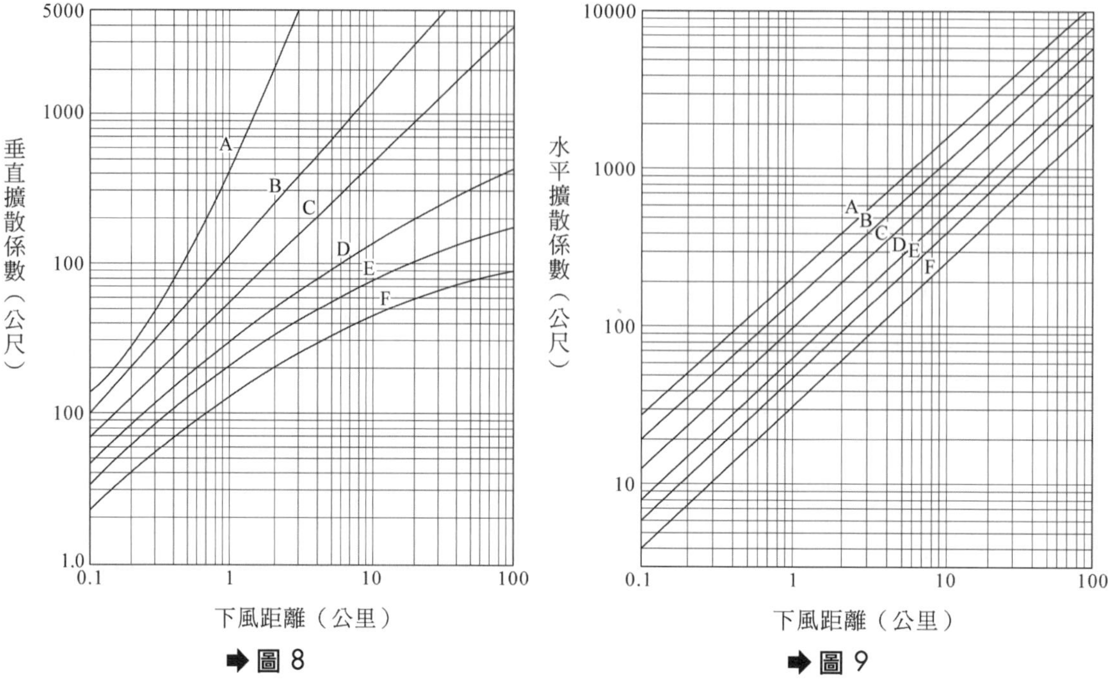

➡圖 8　　➡圖 9

解

(1) 連續多個點汙染源所構成之多點連續排放，可視為一連續線汙染源(Line Source)，在其下風處，因由各不同點汙染源所排出之煙會因擴散而自動補償，故沒有水平方向的標準偏差 δ_y，在下風處一定距離下，y 方向（水平方向）的汙染物之濃度是一定的（均勻分布），故 y 值為 0；另外因為地面汙染源，故 z 值為 0。

對於上述有鏡面射效應的煙流排氣高斯擴散方程式，煙流呈均勻分布之下風處任何距離的濃度計算式，類似(3-28)式所示，可表示為：

$$C = \frac{2Q}{\sqrt{2\pi}\delta_z LU}\exp\left[-\frac{H^2}{2\delta_z^2}\right]$$

Q/L 即相當於(3-37)式中之 q（單位長度的汙染源強度，g/s-m）

(2) 本題為 3.21 類題，

每單位長度(m)之汽車數 $= \frac{10{,}000\text{輛/時}}{100\times10^3\text{ m/時}}$ =0.1輛/m

單位長度汙染量　q=0.05g/s 一輛×0.1 輛/m=0.005g/s-m

由圖 8 可知，Stability D 下風距離=500m 處 δ_z=19m

H=5m，風速 $u = 5 * \frac{\sqrt{2}}{2}$（西北風）=3.54m/s（垂直風速）

下風 500m 處之汙染物(CO)濃度為

$$\frac{28}{\sqrt{2\pi}\delta_z u}\exp\left[-\frac{H^2}{2\delta_z^2}\right]$$

$$=\frac{2\times0.005\times10^6}{\sqrt{2\pi}\times19\times3.54}\exp\left[\frac{-(5^2)}{2(19^2)}\right]$$

$$=57.3\mu g / m^3$$

3.33 (1) 請依下列高斯擴散模式，推導懸浮微粒擴散至下風 x 公尺處敏感點中心線地面濃度之擴散方程式。假設此微粒之粒徑為 d_p，終端沉降速度為 V_t，煙囪上方的水平風速為 u，汙染物排放流率為 q，有效煙囪高度為 H。

$$C(x,y,z)=\frac{q}{2\pi u\sigma_y\sigma_z}\exp\left[-\frac{1}{2}\left(\frac{y}{\sigma_y}\right)^2\right]\left\{\exp\left[-\frac{1}{2}\left(\frac{z-H}{\sigma_z}\right)^2\right]+\exp\left[-\frac{1}{2}\left(\frac{z+H}{\sigma_z}\right)^2\right]\right\}$$

(2) 當煙囪排放之廢氣中 SO_2 排放流率下降 20%，煙囪上方水平風速(u)升高 20%，則下風 x 公尺處敏感點中心線地面懸浮微粒濃度上升或下降為多少倍？假設微粒徑及大氣擴散條件不變。 **（110 年專技高考）**

解 本題為 3-4 節之變形題。

(1) 對於懸浮微粒排放擴散無反射項，故上式可表示為

$$C=\frac{q}{2\pi\delta_y\delta_z u}\exp\left[-\frac{1}{2}\left(\frac{y}{\delta_y}\right)^2\right]\left\{\exp\left[-\frac{1}{2}\left(\frac{z-H}{\delta_z}\right)^2\right]\right\}$$

因為固體微粒受到重力影響，會使煙流之擴散中心線向下傾斜，有效煙囪高度 H 應修正為

$$H-\frac{V_t\cdot x}{u}$$

其中 V_t 為微粒終端沉降速度

x 為下風處 x 距離

所以

$$C=\frac{q}{2\pi\delta_y\delta_z u}\exp\left[-\frac{1}{2}\left(\frac{y}{\delta_y}\right)^2\right]\exp\left\{-\frac{1}{2}\left[\frac{z-(H-V_t\ x/u)}{\delta_z}\right]^2\right\}$$

在敏感處中心點地面濃度為(y=z=0)

$$C=\frac{q}{2\pi\delta_y\delta_z u}\exp\left[\frac{-(H-V_t x/u)^2}{2\delta_z^2}\right]$$

(2) 若風速增高 20%，排放流率下降 20%，則下風 x 公尺處中心線地面微粒濃度 C_2 為

$$C_2=\frac{0.8q}{2\pi\delta_y\delta_z(1.2u)}\exp\left[\frac{-(H-V_t\ x/1.2u)^2}{2\delta_z^2}\right]$$

$$C_2/C=\frac{0.8}{1.2}\exp\left[\frac{-(H-V_t x/1.2u)^2+(H-V_t x/u)^2}{2\delta_z^2}\right]$$

$$=\frac{0.8}{1.2}\exp\left[\frac{\left(1-\frac{1}{1.44}\left(\frac{V_t x}{u}\right)^2-\left(2-\frac{2}{1.2}\right)\frac{HV_x x}{u}\right)}{2\delta_z^2}\right]$$

$$=\frac{0.8}{1.2}\exp\left[\frac{0.306\left(\frac{V_t x}{u}\right)^2-0.333\left(\frac{HV_t x}{u}\right)}{2\delta_z^2}\right]$$

由於微粒粒徑及大氣擴條件不變，煙囪高度(H)及下風處距離(x)亦固定，故上式中， V_t, x, H, u 及 δ_z 均為不變

假設　V_t=0.1m/s，

x=1000m

u=5m/s

H=50m

δ_z=20m，代入上式

$$C_2 / C = \frac{0.8}{1.2}\exp\left[\frac{0.306(20)^2 - 0.333(1000)}{2(20)^2}\right]$$

$$= \frac{0.8}{1.2}\exp(-0.2633)$$

$$= 0.512$$

故地面懸浮微粒濃度均為原來之 51.2%，即下降一倍。

MEMO

燃燒理論與計算

Air Pollution Control
Theory and Design

4-1 燃料之組成分析

可分為概括分析(Proximate Analysis)及絕對分析(Ultimate Analysis)兩種：

一、概括分析(Proximate Analysis)

燃料之組成以其所含碳、揮發性物質(Volatile Material)、水分及灰分(ash)含量表示的一種分析方法。(重量百分比)

二、絕對分析(Ultimate Analysis)

燃料之組成以其所含碳、氫、氧、氮、硫等元素及灰分按重量百分比來表示的一種分析方法，分析項目通常亦包括 60°F 時之比重及燃料之熱值。

4-2 燃料的種類及其汙染物排放特性

一、氣體燃料

1. 種類
   (1) 天然氣(Natural Gas)：由甲烷(80~90%)，乙烷(5~10%)等構成。
   (2) 液化石油氣(Liquified Petroleum Gas, LPG)：由丙烷、丁烷、丙烯、丁烯等構成，經壓縮液化而成。一般家用鋼桶瓦斯屬之。
   (3) 液化天然氣(Liquified Natural Gas, LNG)：由天然氣冷凍壓縮液化而成。
2. 汙染物
   (1) 主要汙染物為氮氧化物(NO_x)，一氧化碳(CO)及碳氫化合物(Hydrocarbon, HC)排放量較少；NO_x 排放濃度受燃燒室溫度及排氣冷卻速率所影響。
   (2) 組成簡單，由燃燒效率、燃燒管理及汙染物防制之觀點看來，氣體燃料為最佳之選擇。

二、液體燃料

1. 種類

 (1) 石油(Petroleum)：石油精(C_5~C_6)、汽油(C_5~C_8)、煤油(Kerosene, C_9~C_{16})、重油（C_{16}以上）。

 (2) 酒精

2. 汙染物

 (1) 重油（重燃料油）含硫量約在 0.6~3wt%之間，一般常用之 6 號燃油其含硫量約為 1.5wt%。（自民國 93 年 11 月 17 日開始降為 0.5wt%）。

 (2) 主要汙染物為 SO_2 及 NO_x，HC 及 CO 較少，若燃燒操作不良仍有粒狀物產生。

三、固體燃料

1. 種類

 煤：品質好壞以固定碳與揮發分之比為準。

 煤有下列幾種，絕對分析之含碳量分別為：

 無煙煤：90~94%

 瀝青煤：70~90%

 褐煤：60~70%

 泥煤：50~60%

2. 汙染物

 固定體燃料最嚴重之汙染物為粒狀物，其他汙染物如 NO_x、SO_2 仍有相當之排放量，其多寡視燃料品質、成分而定。

4-3 燃燒之基本反應式及平衡計算

燃料完全燃燒，理論上所需氧氣或空氣量，可由燃燒反應式求得，但實際燃燒時，無法使理論空氣量與燃料中可燃成分完全燃燒，因此需供給過量之空氣。實際空氣量與理論空氣量之比，稱為過剩空氣係數。

$$m（過剩空氣係數）=\frac{實際空氣量}{理論空氣量} \quad \text{(4-1)}$$

4-3-1 已知燃料元素組成時需氧量之計算

在已知燃料元素組成之情況下，需氧量之計算如下所示：

反應式	所需氧氣體積(NM^3)	所需氧氣重量(Kg)
$C+O_2 \rightarrow CO_2$	$\frac{C}{12}\times 22.4$	$\frac{C}{12}\times 32$
$H_2+\frac{1}{2}O_2 \rightarrow H_2O$	$\frac{H}{2}\times\frac{1}{2}\times 22.4$	$\frac{H}{2}\times\frac{1}{2}\times 32$
$S+O_2 \rightarrow SO_2$	$\frac{S}{32}\times 22.4$	$\frac{S}{32}\times 32$
燃料中之 $O \rightarrow \frac{1}{2}O_2$（減項）	$\frac{O}{16}\times\frac{1}{2}\times 22.4$	$\frac{O}{16}\times\frac{1}{2}\times 32$

理論需氧量（以 NM^3 表示時）

$$=\left[\frac{C}{12}+\frac{H}{4}+\frac{S}{32}-\frac{O}{32}\right]\times 22.4\ (NM^3/\text{Kg fuel}) \quad \text{(4-2)}$$

理論需氧量（以 Kg 表示時）

$$=\left[\frac{C}{12}+\frac{H}{4}+\frac{S}{32}-\frac{O}{32}\right]\times 32\ (\text{Kg}/\text{Kg fuel}) \quad \text{(4-3)}$$

因為 1 Kg mole air=32×0.21+28×0.78=28.84 Kg

1 KgAir 含氧氣 $=\frac{0.21\times 32}{28.84}=0.232$ Kg

所以，理論空氣量(A_o)為

$$A_o=\left[\frac{C}{12}+\frac{H}{4}+\frac{S}{32}-\frac{O}{32}\right]\times\frac{22.4}{0.21}$$

$$=8.89C+26.67\left(H-\frac{O}{8}\right)+3.33S\ (Nm^3/\text{Kg fuel}) \quad \text{(4-4)}$$

或

$$A_o = \left[\frac{C}{12}+\frac{H}{4}+\frac{S}{32}-\frac{O}{32}\right]\times\frac{32}{0.232}$$

$$=11.49C+34.48\left(H-\frac{O}{8}\right)+4.30S\ (Kg/Kg\ fuel) \quad\cdots\cdots (4\text{-}5)$$

其中 C：燃料 Ultimate 分析碳含量，%/100

H：燃料 Ultimate 分析氫含量，%/100

S：燃料 Ultimate 分析硫含量，%/100

O：燃料 Ultimate 分析氧含量，%/100

實際空氣量 $A = mA_0$ ……(4-6)

4-3-2 已知燃料元素組成時，燃燒氣體量之計算

在理論空氣量下完全燃燒所產生之燃燒氣體量，如下表所示。

反應式	燃燒氣體體積(NM^3)	燃燒氣體重量(Kg)
$C+O_2 \rightarrow CO_2$	$\frac{C}{12}\times 22.4$	$\frac{C}{12}\times 44$
$S+O_2 \rightarrow SO_2$	$\frac{S}{32}\times 22.4$	$\frac{S}{32}\times 64$
$H_2+\frac{1}{2}O_2 \rightarrow H_2O$	$\frac{H}{2}\times 22.4$	$\frac{H}{2}\times 18$
$N \rightarrow \frac{1}{2}N_2$	$\frac{N}{14}\times\frac{1}{2}\times 22.4$	$\frac{N}{14}\times\frac{1}{2}\times 28$
$H_2O \rightarrow H_2O_v$	$\frac{W}{18}\times 22.4$	$\frac{W}{18}\times 18$
理論空氣中 N_2 之體積／重量	$(1-0.21)A_0$	$(1-0.232)A_0$

一、濕基(Wet Basis)場合

$$G_0 = \underbrace{(1-0.21)A_0 + 0.8N}_{N_2\text{所占體積}} + \underbrace{1.867C}_{CO_2\text{所占體積}} + \underbrace{0.7S}_{SO_2\text{所占體積}}$$

$$+\underbrace{11.2H + 1.244W}_{H_2O\text{所占體積}} \ (NM^3 / Kg\ fuel) \cdots\cdots (4\text{-}7)$$

或

$$G_0 = \underbrace{(1-0.232)A_0 + N}_{N_2\text{所占體積}} + \underbrace{3.67C}_{CO_2\text{所占體積}} + \underbrace{2S}_{SO_2\text{所占體積}}$$

$$+\underbrace{9H + W}_{H_2O\text{所占體積}} \ (Kg / Kg\ fuel) \cdots\cdots (4\text{-}8)$$

其中 G_0：在理論空氣量下，完全燃燒所產生之燃燒氣體量(Wet Basis)

W：燃料 Ultimate 分析水分含量，%/100

N：燃料 Ultimate 分析氮含量，%/100

實際燃燒氣體量，G，

$$G = \underbrace{(m-1)A_0}_{\text{實際燃燒氣體中,剩餘空氣量}} + G_0 \cdots\cdots (4\text{-}9)$$

其中氧氣量為

$$0.21(m-1)A_0(NM^3) \quad \text{或} \quad 0.232(m-1)A_0(Kg) \cdots\cdots (4\text{-}10)$$

$$G = (m-1)A_0 + (1-0.21)A_0 + 0.8N + 1.867C$$

$$+0.7S + 11.2H + 1.244W$$

$$= (m-0.21)A_0 + 0.8N + 1.867C + 0.75$$

$$+11.2H + 1.244W \ (NM^3 / Kg\ fuel) \cdots\cdots (4\text{-}11)$$

或 $G = (m-0.232)A_0 + N + 3.67C + 2S + 9H + W \quad (Kg/Kg\ fuel) \cdots\cdots (4\text{-}12)$

燃燒氣體中各成分之組成(Wet Basis)如下表所示。

成分	體積百分比	重量百分比	
CO_2	$1.867C/G$	$3.67C/G$	(4-13)
SO_2	$0.7S/G$	$2S/G$	(4-14)
H_2O	$(11.2H+1.244W)/G$	$(9H+W)/G$	(4-15)
O_2	$0.21(m-1)A_0/G$	$0.232(m-1)A_0/G$	(4-16)
N_2	$(0.79mA_0+0.8N)/G$	$(0.768mA_0+N)/G$	(4-17)

註 1：體積百分比之 A_0, G 分別以(4-4)式及(4-11)式計算，重量百分比之 A_0, G 分別以(4-5)式及(4-12)式計算

註 2：一般氣體組成計算採用體積百分比

二、乾基(Dry Basis)場合

將(4-11)式、(4-12)式之水分所占項目去除即可得

$$G' = (m-0.21)A_0 + 0.8N + 1.867C + 0.7S \ (NM^3 / Kg\ fuel) \quad \cdots\cdots (4\text{-}18)$$

或 $$G' = (m-0.232)A_0 + N + 3.67C + 2S \ (Kg / Kg\ fuel) \quad \cdots\cdots (4\text{-}19)$$

同理，燃燒氣體中各成分之組成(Dry Basis)如下表所示：

成分	體積百分比	重量百分比	
CO_2	$1.867\,C/G'$	$3.67\,C/G'$	(4-20)
SO_2	$0.7\,S/G'$	$2\,S/G'$	(4-21)
O_2	$0.21(m-1)A_0/G'$	$0.232(m-1)A_0/G$	(4-22)
N_2	$(0.79mA_0+0.8N)/G'$	$(0.768mA_0+N)/G$	(4-23)

註 1：體積百分比之 A_0, G'，分別以(4-4)式及(4-18)式計算，重量百分比之 A_0, G'分別以(4-5)式及(4-19)式計算。

4-3-3 燃料元素組成未知，但已知低位發熱量之場合

若已知燃料之低位發熱量（或淨熱值 LHV, Low Heating Value），則可以 Rosin 公式推算理論空氣需要量 A_0' 及乾基的理論燃燒氣體量 G_0'。

Rosin 公式如下：

一、理論空氣需要量 A_0'

固體燃料　$A_0' = 1.01\frac{LHV}{1,000} + 0.5\ (Nm^3/Kg)$ ………… (4-24)

液體燃料　$A_0' = 0.85\frac{LHV}{1,000} + 2.0\ (Nm^3/Kg)$ ………… (4-25)

低熱量氣體燃料　$A_0' = 0.85\frac{LHV}{1,000}\ (Nm^3/Kg)$ ………… (4-26)

高熱量氣體燃料（如天然氣／LPG）　$A_0' = 1.09\frac{LHV}{1,000} - 0.25\ (Nm^3/Kg)$ ………… (4-27)

其中 LHV 之單位為 Kcal/Kg，實際空氣量可以(4-6)式之計算方式求得

二、理論燃燒氣體量(Dry Basis) G_0'

固體燃料　$G_0' = 0.89\frac{LHV}{1,000} + 1.65\ (Nm^3/Kg)$ ………… (4-28)

液體燃料　$G_0' = 1.11\frac{LHV}{1,000}\ (Nm^3/Kg)$ ………… (4-29)

低熱量氣體燃料　$G_0' = 0.725\frac{LHV}{1,000} + 1.0\ (Nm^3/Kg)$ ………… (4-30)

高熱量氣體燃料　$G_0' = 1.14\frac{LHV}{1,000} + 0.25\ (Nm^3/Kg)$ ………… (4-31)

而實際燃燒氣體量

$G' = (m-1)A_0' + G_0'$ ………… (4-32)

4-3-4 空氣燃料比(Air-Fuel Ratio)及燃料空氣等值比(Equivalence Ratio)

除了理論空氣量與實際空氣量外，在實際應用上亦經常使用空氣燃料比(Air-Fuel Ratio)，其定義為

$$AF = \frac{Kg - 空氣}{Kg - 燃料} \quad \cdots\cdots (4\text{-}33)$$

在理論燃燒時　$AF = R_0$

在實際燃燒時　$AF = R = mR_0 = R_0(1 + EA)$

m=過量空氣係數

EA=過量空氣(Excess Air)

燃料與空氣之等值比(Equivalence Ratio)，ϕ，定義為

$$\phi = \frac{AF理論}{AF實際} \quad \cdots\cdots (4\text{-}34)$$

$\phi < 1$時，實際空氣量大於理論空氣量，此時混合物為貧混合物(Lean Mixture)

$\phi > 1$時，實際燃料量大於理論空氣量，此時混合物為富混合物(Rich Mixture)

$\phi = 1$時，為理論燃燒或計量燃燒

$$\phi = \frac{1}{(1 + EA)} \qquad EA = \frac{1}{\phi} - 1 \quad \cdots\cdots (4\text{-}35)$$

4-4 燃燒熱力學(Combustion Thermodynamics)

4-4-1 反應熱及燃燒熱

一、概說

燃燒基本上可視同一化學反應

$$aA + bB \rightarrow cC + dD \quad \cdots\cdots (4\text{-}36)$$

反應熱為產物與反應物熱焓(Enthalpy)之差

$$\Delta H^0 = cH_C^0 + dH_D^0 - aH_A^0 - bH_B^0 \quad \cdots\cdots (4\text{-}37)$$

式中，ΔH^0為標準狀態下（通常為 25℃，298°K）的反應熱；H_A^0, H_B^0, H_C^0及H_D^0；為化合物 A,B,C,D 在標準狀態下的熱焓。

一般元素的熱焓在 25℃時設定為零，因此，一個化合物的熱焓即等於其形成熱(Heat of Formation)：

$$(\Delta H_f^0)_{i,298} = H_{i,298}^0 \quad \cdots\cdots (4\text{-}38)$$

(4-38)式代入(4-37)式得

$$\Delta H_{298}^0 = c(\Delta H_f^0)_C + d(\Delta H_f^0)_D - a(\Delta H_f^0)_A - b(\Delta H_f^0)_B \quad \cdots\cdots (4\text{-}39)$$

由(4-39)式可以看出，只要反應物及產物在標準狀態下的形成熱已知，即可求得標準狀態的反應熱或燃燒熱。

二、總熱值(HHV)與淨熱值(LHV)

反應熱及燃燒熱在工程應用上一般以 HHV(High Heating Value)或 LHV(Low Heating Value)表示。HHV 的定義為參考狀態下水以液態為產物時所放出的熱量；LHV 的定義為參考狀態下水以氣態為產物時所放出的熱量，兩者之差異為水分蒸發所需之熱量。一般化合物之形成熱，HHV 及 LHV 如表 4.1 所示。

以乙烷之燃燒為例，其 LHV 及 HHV 之計算如下：

$$C_2H_6 + \frac{7}{2}O_2 \rightarrow 2CO_2 + 3H_2O$$

$$HHV = 2\times(-94052) + 3\times \underbrace{(-68,317)}_{\text{水為液態時之形成熱}} - 0 - (20,236)$$

$$= -372,820 \text{ cal / g-mole}$$

$$= -12,427.3 \text{ cal / g}$$

$$LHV = 2\times(-94,052) + 3\times \underbrace{(-57,798)}_{\text{水為氣態時之形成熱}} - 0 - (-20,236)$$

$$= -341.262 \text{ cal / g-mole}$$

$$= -11,375.4 \text{ cal / g}$$

表 4.1　一般化合物在攝氏 25 度時的形成熱 $(\Delta H^0_{f,298})$ 及熱值[4]

化合物	化學式	狀態	形成熱（卡／克分子）	總熱值（HHV，卡／克分子）	淨熱值（LHV，卡／克分子）
甲烷	CH_4	g	–17,889	13,265.1	11,953.6
乙烷	C_2H_6	g	–20,236	12,339.2	11,349.6
丙烷	C_3H_8	g	–24,820	11,946.8	10,992.5
正丁烷	C_4H_{10}	g	–30,150	11,837.6	10,932.3
正戊烷	C_5H_{12}	g	–35,000	11,714.6	10,839.7
正己烷	C_6H_{14}	g	–39,960	11,634.5	10,780.0
烷類每增加一個碳的增值	—	g	–4,925	—	—
乙烯	C_2H_4	g	12,496	12,021.7	11,271.7
丙烯	C_3H_6	g	4,870	11,692.3	10,942.3
1－丁烯	C_4H_8	g	–30	11,581.3	10,831.3
1－戊烯	C_5H_{10}	g	–5,000	11,505.1	10,755.1

表 4.1 一般化合物在攝氏 25 度時的形成熱 ($\Delta H^0_{f,298}$) 及熱值[4]（續）

化合物	化學式	狀態	形成熱（卡／克分子）	總熱值（HHV, 卡／克分子）	淨熱值（LHV, 卡／克分子）
己烯	C_6H_{12}	g	–9,960	11,466.1	10,715.6
烯類每增加一個碳的增值	–	g	–4,925	–	–
乙醛	C_2H_4O	g	–39,760	6,472	
醛酸	$C_2H_4O_2$	l	–116,500		
乙炔	C_2H_2	g	54,194	11,930.2	11,526.2
苯	C_6H_6	g	11,720	10,110.2	
苯	C_6H_6	l	26,330		
甲醇	CH_4O	g	–48,100		
甲醇	CH_4O	l	–57,036	5,421	
乙醇	C_2H_6O	g	–56,240		
乙醇	C_2H_6O	l	–66,356	7,095	
氨	NH_3	g	–11,040		
水（氣態）	H_2O	g	–57,798		
水（液態）	H_2O	l	–68,317		
二氧化碳	CO_2	g	–94,052		
碳	C	石墨		7,831.1	
一氧化碳	CO	g	–26,416	2,414.7	
一氧化氮	NO	g	21,600		
二氧化氮	NO_2	g	8,041		
二氧化碳	SO_2	g	–70,960		
三氧化碳	SO_3	g	–94,450		
一氯甲烷	CH_3Cl	l	–22,800		
二氯甲烷	CH_2Cl_2	l	–24,200		
氯仿（哥羅仿）	$CHCl_3$	l	–24,200	309.2	
四氯化碳	CCl_4	l	–24,000		

註：g 表氣態，l 表液態

從化合物的構造看來，化學反應可說是化合物中化學鍵的重新排列組合，由於不同原子所組合的化學鍵之能量不同，因此反應熱即相當於產物與反應物能量總和之差異，表 4.2 列出一些化學鍵的能量，可用以估計化學反應熱或燃燒熱。以乙烷之燃燒為例，1g-mole 乙烷燃燒必須打斷一個 C－C 鍵，6 個 C－H 鍵及 3.5 個 O=O 鍵，所需之能量為

$$(1\times83)+(6\times99)+(3.5\times118)=1{,}090\ \text{Kcal/g-mole}$$

生成 2g-moleCO_2 及 3g-moleH_2O，必須組合 4 個 C=O 鍵及 6 個 O－H 鍵，所放出之能量為

$$(4\times192)+(6\times111)=1{,}434\ \text{Kcal/g-mole}$$

兩者之差為 1,434−1,090=344Kcal/g-mole=11,467cal/g 與上述所求得之 LHV(11,375.4 cal/g)的相當接近。但是此種計算方式無法區別化合物之狀態（液相或氣相），因此所求之燃燒熱僅為近似值，無所謂 LHV、HHV 之分。

4-4-2 絕熱燃燒溫度(Adiabatic Flame Temperature)

燃料在燃燒時之速率非常快速，幾乎沒有熱或功之傳送發生，故可視為一絕熱過程。燃燒所產生之溫度，亦稱為絕熱燃燒溫度。假設燃料組成為 CH_x，在過量空氣係數 m 下，燃燒反應式可表示為

$$CH_x + m\left(1+\frac{x}{4}\right)(O_2 + 3.78N_2)$$

$$\rightarrow CO_2 + \frac{x}{2}H_2O + (m-1)\left(1+\frac{x}{4}\right)O_2 + m\left(1+\frac{x}{4}\right)3.78N_2 \quad \text{(4-40)}$$

表 4.2 化學鍵之平均鍵能(Bond Energy)[4]

鍵		鍵能（千卡／克分子）	鍵		鍵能（千卡／克分子）
名稱	化學式		名稱	化學式	
碳碳單鍵	C–C	83	氫氫單鍵	H–H	104
碳碳雙鍵	C=C	146	氫氧單鍵	O–H	111
碳碳三鍵	C≡C	200	氮氧單鍵	O–N	48
碳氫單鍵	C–H	99	氮氫單鍵	N–H	93
碳氧單鍵	C–O	86	氯氯單鍵	Cl–Cl	59
碳氧雙鍵	C=O	192(176)（註一）	溴溴單鍵	Br–Br	46
碳氮單鍵	C–N	72	碘碘單鍵	I–I	36
碳氮雙鍵	C=N	147	氟氟單鍵	F–F	36
碳氯單鍵	C–Cl	81	氫氯單鍵	H–Cl	103
碳溴單鍵	C–Br	68	氫溴單鍵	H–Br	88
碳碘單鍵	C–I	52	氫碘單鍵	H–I	71
碳氟單鍵	C–F	116	氫氟單鍵	H–F	135
碳硫單鍵	C–S	65	氫磷單鍵	H–P	79
氧氧單鍵	O–O	47	氫硫單鍵	H–S	83
氧氧雙鍵	O=O	118	磷氯單鍵	P–Cl	79
氮氮單鍵	N–N	52	磷溴單鍵	P–Br	64
氮氮三鍵	N≡N	225	硫氯單鍵	S–Cl	61

註：二氧化碳的碳氧雙鍵平均鍵能為 192 千卡／克分子
醛類及酮類中的碳氧雙鍵平均鍵能為 176 千卡／克分子。

設絕熱燃燒溫度為 T，燃料與空氣之溫度均為 T_1，參考溫度為 $T_0 = 298°K$，則

$$[H(T)-H(T_0)+H^0_{f,298}]_{CO_2}+\frac{x}{2}[H(T)-H(T_0)+H^0_{f,298}]_{H_2O}$$

$$+(m-1)\left(1+\frac{x}{4}\right)[H(T)-H(T_0)+H^0_{f,298}]_{O_2}+m\left(1+\frac{x}{4}\right)3.78[H(T)-H(T_0)+H^0_{f,298}]_{N_2}$$

$$[H(T_1)-H(T_0)+H^0_{f,298}]_{CH_x}-m\left(1+\frac{x}{4}\right)\cdot[H(T_1)-H(T_0)+H^0_{f,298}]_{O_2}$$

$$-m\left(1+\frac{x}{4}\right)3.78[H(T_1)-H(T_0)+H^0_{f,298}]_{N_2}=Q-W=0 \quad \text{(4-41)}$$

絕熱燃燒溫度下，燃燒產物水係以氣態存在，由(4-39)式可知

LHV=（燃燒產物之形成熱，$H^0_{f,298}$）

–（燃料、O_2及N_2之形成熱，$H^0_{f,298}$）...... (4-42)

所以(4-41)式可修正為

$$[H(T)-H(T_0)]_{CO_2}+\frac{x}{2}[H(T)-H(T_0)]_{H_2O}$$

$$+(m-1)\left(1+\frac{x}{4}\right)[H(T)-H(T_0)]_{O_2}$$

$$+m\left(1+\frac{x}{4}\right)3.78[H(T)-H(T_0)]_{N_2}$$

$$-[H(T_1)-H(T_0)]_{CH_X}-m\left(1+\frac{x}{4}\right)[H(T_1)-H(T_0)]_{O_2}$$

$$-m\left(1+\frac{x}{4}\right)3.78[H(T_1)-H(T_0)]_{N_2}+LHV=0 \quad \text{(4-43)}$$

通常 $T_1=T_0=298°K$，我們可得

$$[H(T)-H(T_0)]_{CO_2}+\frac{x}{2}[H(T)-H(T_0)]_{H_2O}$$

$$+(m-1)\left(1-\frac{x}{4}\right)[H(T)-H(T_0)]_{H_2O}$$

$$+m\left(1+\frac{x}{4}\right)3.78[H(T)-H(T_0)]_{N_2}+LHV=0 \quad \text{(4-44)}$$

熱焓(H)是溫度(T)及壓力(P)的函數，當一個物質從某一特定狀態(T_1,P_1)轉變至另一個狀態(T_2,P_2)時，其熱焓的改變(ΔH)可表示為

$$\Delta H = H_2(T_2,P_2) - H_1(T_1,P_1) \quad (4\text{-}45)$$

以微分方式表示為

$$dH = \left(\frac{\partial H}{\partial T}\right)_P dT + \left(\frac{\partial H}{\partial P}\right)_T dP \quad (4\text{-}46)$$

在固定壓力下

$$dH = \left(\frac{\partial H}{\partial T}\right)_P dT = C_p dT \quad (4\text{-}47)$$

式中C_p=常壓熱容量。

常壓下的熱容量(C_p)是溫度的函數，一般以$\alpha + \beta T + \gamma T^2$表示，(4-47)式對溫度(T)積分，則

$$\Delta H = H_2 - H_1 = \alpha(T_2 - T_1) + \frac{\beta}{2}(T_2^2 - T_1^2) + \frac{\gamma}{3}(T_2^3 - T_1^3) \quad (4\text{-}48)$$

(4-48)式代入(4-41)式，再利用試誤法(Trial and Error)即可由(4-49)式求得絕熱燃燒溫度。

$$\left[\alpha_{CO_2} + \frac{x}{2}\alpha_{H_2O} + (m-1)\left(1+\frac{x}{4}\right)\alpha_{O_2} + m\left(1+\frac{x}{4}\right)3.78\alpha_{N_2}\right](T-298)$$
$$+\frac{1}{2}\left[\beta_{CO_2} + \frac{x}{2}\beta_{H_2O} + (m-1)\left(1+\frac{x}{4}\right)\beta_{O_2} + m\left(1+\frac{x}{4}\right)3.78\beta_{N_2}\right](T^2-298^2)$$
$$+\frac{1}{3}\left[\gamma_{CO_2} + \frac{x}{2}\gamma_{H_2O} + (m-1)\left(1+\frac{x}{4}\right)\gamma_{O_2} + m\left(1+\frac{x}{4}\right)3.78\gamma_{N_3}\right](T^3-298^3)$$
$$+LHV = 0 \quad (4\text{-}49)$$

普通氣體的克分子熱容量(cal/g-mole°K)列於表 4.3。

表 4.3　氣體的克分子熱容量[(4)]

化合物	化學式	α	$\beta \times 10^3$	$\gamma \times 10^6$
甲烷	CH_4	3.381	18.044	–4.300
乙烷	C_2H_6	2.247	738.201	–11.049
丙烷	C_3H_8	2.410	57.195	–17.533
丁烷	C_4H_{10}	3.844	73.350	–22.655
戊烷	C_5H_{12}	4.895	90.113	–28.039
己烷	C_6H_{14}	6.011	106.746	–33.363
庚烷	C_7H_{16}	7.094	123.447	–38.719
辛烷	C_8H_{18}	8.163	140.217	–44.127
辛烷以上每增加一個碳的增值		1.097	16.667	–5.338
乙烯	C_2H_4	2.830	28.601	–8.726
丙烯	C_3H_6	3.253	45.116	–13.740
丁烯	C_4H_8	3.909	62.848	–19.617
戊烯	C_5H_{10}	5.347	78.990	–24.733
己烯	C_6H_{12}	6.399	95.752	–30.116
庚烯	C_7H_{14}	7.488	112.440	–35.462
辛烯	C_8H_{16}	8.592	129.076	–40.775
辛烯以上，每增加一個碳的增值		1.097	16.667	–5.338
乙炔	C_2H_2	7.331	12.622	–3.889
乙醛	C_2H_4O	3.364	35.722	–12.236
苯	C_6H_6	–0.409	77.621	–26.429
一氧化碳	CO	6.420	1.665	–0.196
二氧化碳	CO_2	6.214	10.396	–3.515
氫	H_2	6.947	–0.200	0.481
氨	NH_3	6.086	8.812	–1.506
氮	N_2	6.524	1.250	–0.001

表 4.3　氣體的克分子熱容量[4]（續）

化合物	化學式	α	$\beta \times 10^3$	$\gamma \times 10^6$
氧	O_2	6.148	3.102	–0.923
水	H_2O	7.256	2.298	0.283
二氧化硫	SO_2	7.116	9.512	3.511
一氧化硫	SO_3	6.077	23.537	–0.687
一氧化氮	NO	7.020	–0.370	2.546

4-5 氣體體積、流量計算常用單位說明

一、名詞解釋

scfm：即 standard cubic feet per minute 之縮寫。(60℉,14.7lb/in^2)

acfm：即 actual cubic feet per minute 之縮寫。（實際溫度壓力下之流量）

Nm^3：即在標準狀態下，1m^3 的體積。(0℃,1atm)

二、標準狀態

1. 在工程計算中的標準狀態有兩種
   (1) SI 制中以 0℃及 1atm 為標準狀態。
   (2) 英制以 60℉，14.7 1b/in^2(psi)為標準狀態。
2. 近年來，美國環保署公布的有關排氣測試數據則以 68℉(20℃)及 1atm 為標準狀態。
3. 一般物質的熱化學及熱力學特性則以 25℃(298°K)為標準狀態。

因此使用文獻中之數據或進行單位換算時必須特別小心。

三、單位換算

有關氣體體積，流量計算之單位換算可參考本書附錄 A。

$$1\text{Nm}^3 = 37.33\text{scf}$$

$$1\text{Nm}^3/\text{hr} = 0.622\text{scfm}$$

4.1 某煤炭之絕對分析(Ultimate Analysis)結果為 C(77.2wt%)，H(5.2wt%)，N(1.2wt%)，S(2.6wt%)，O(5.9wt%)，灰分(7.9wt%)，試計算完全燃燒時，理論燃燒氣體中各成分之組成？

解 由(4-4)式，理論空氣需要量

$$
\begin{aligned}
A_0 &= 8.89C + 26.67\left(H - \frac{O}{8}\right) + 3.33S \\
&= 8.89 \times 0.772 + 26.67\left(0.052 - \frac{0.059}{8}\right) + 3.33 \times 0.026 \\
&= 8.14Nm^3 / Kg\ Coal
\end{aligned}
$$

由(4-7)式，濕基燃燒氣體量

$$
\begin{aligned}
G_0 &= 0.78A_0 + 0.8N + 1.867C + 0.7S + 11.2H + 1.244W \\
&= \underbrace{0.78 \times 8.14 + 0.8 \times 0.012}_{N_2\text{所占體積}} + \underbrace{1.867 \times 0.772}_{CO_2\text{所占體積}} \\
&\quad + \underbrace{0.7 \times 0.026}_{SO_2\text{所占體積}} + \underbrace{11.2 \times 0.052}_{H_2O\text{體積}} \\
&= 6.44 + 1.44 + 0.0182 + 0.5824 \\
&= 8.481Nm^3 / Kg\ Coal
\end{aligned}
$$

所以 $y_{N_2} = 6.44 / 8.481 = 0.7593 = 75.93\%$

$y_{CO_2} = 1.44 / 8.481 = 0.1699 = 16.99\%$

$y_{SO_2} = 0.01852 / 8.481 = 0.002146\% = 0.2146\% = 2146ppm$

$y_{H_2O} = 0.5824 / 8.481 = 0.0687 = 6.87\%$

4.2 一個 1000 百萬瓦特(10^6KW)之發電廠，假設其效率為 35%，使用煤為燃料，請依合理假設，求排氣中 SO_2 之濃度？假設煤之硫含量為 3wt%，該發電廠並無排煙脫硫設施。

解 該發電廠所需熱量 $= \dfrac{10^6 KW}{0.35} \times \dfrac{3413BTU}{1W - hr} = 9.75 \times 10^9 BTU / hr$

假設燃煤之熱值為 12,000 BTU/lb

則所需燃煤為 $9.75 \times 10^9 / 12{,}000 = 8.126 \times 10^5$ lb/hr

假設該燃煤之碳含量為 75wt%，灰分 10wt%，硫分 3wt%，其餘氫氧各半。則

含碳量=$8.126\times10^5\times0.75$=609465 lb/hr=50789 lb-mole/hr

含硫量=$8.126\times10^5\times0.03$=24379 1b/hr=762 lb-mole/hr

含氫量=$8.126\times10^5\times\dfrac{0.12}{2}$=48758 lb/hr=48757 1b-mole/hr

含氧量=$8.126\times10^5\times\dfrac{0.12}{2}$=48757 lb/hr=3047 lb-mole/hr

假設完全燃燒，無過量空氣，燃燒反應式如下

$$
\begin{aligned}
&(50789\mathrm{C}+48757\mathrm{H}+762\mathrm{S}+3047\mathrm{O}+\left(50789+762+\frac{48757}{2}-\frac{3047}{2}\right)\mathrm{O}_2\\
&+3.78\times\left(50789+762\frac{48757}{2}-\frac{3047}{2}\right)\mathrm{N}_2\\
&\rightarrow 50789\mathrm{CO}_2+762\mathrm{SO}_2+\left(\frac{48757}{2}\right)\mathrm{H}_2\mathrm{O}\\
&+3.78\times\left(50789+762+\frac{48757}{2}-\frac{3047}{2}\right)\mathrm{N}_2
\end{aligned}
$$

以 Dry Basis 計算時

$$
\begin{aligned}
y_{SO_2}&=\frac{762}{50789+762+3.78\times\left(50789+762+\dfrac{(48757+3047)}{2}\right)}\\
&=2.29\times10^{-3}=2290\mathrm{ppm}
\end{aligned}
$$

以 Wet Basis 計算時

$$
\begin{aligned}
y_{SO_3}&=\frac{762}{50789+762+\dfrac{48757}{2}+3.78\times\left(50789+762+\dfrac{(48757+3047)}{2}\right)}\\
&=2.133\times10^{-3}=2133\mathrm{ppm}
\end{aligned}
$$

4.3 某重油其成分百分比：H=10%，S=0.4%，N=0.1%，O=0.06%，ash=0.05%，試求(1)此燃料 1lb 在計量空氣燃燒下，其需氧量多少？(2)在完全燃燒時，CO_2 之體積對乾燥氣體濃度為多少？

解 由題意，碳成分百分比為 100−10−0.4−0.1−0.06−0.05=89.39%

(1) 由(4-2)式，每公斤燃油燃燒之理論需氧量為

$$\left[\frac{89.39}{12}+\frac{10}{4}+\frac{0.4}{32}-\frac{0.06}{32}\right]\times\frac{22.4}{100}=2.231\text{Nm}^3/\text{Kg fuel}$$

$1\,\text{lb}=0.4536\,\text{Kg}$，所以

需氧量=0.4536×2.231=1.012Nm^3

(2) 理論空氣量

由(4-4)式 $A_0=2.231/0.21=10.62\text{Nm}^2/\text{Kg fuel}$

由(4-18)式，Dry Basis 之燃燒氣體量

$$G'=(1-0.21)10.624+0.8\times0.001+1.867\times0.8939$$
$$+0.7\times0.04=10.065\text{Nm}^3/\text{Kg fuel}$$

$$y_{CO_2}=\frac{1.867\times0.8939}{10.065}=0.1658=16.58\%$$

4.4 廢輪胎元素組成如下：C=78%，H=6.7%，O=1.9%，S=1.9%，N=1.1%，Fe=1.3%，Zn=1.1%，試估計燃燒空氣量，燃燒生成廢氣中 CO_2,H_2O,SO_2,N_2 各為多少 Nm^3/Kg？其中 SO_2 相當於多少 ppm？是否符合現階段排放標準？**（歷屆考題）**

解 假設完全燃燒，無過量空氣

由(4-4)式

$$A_0=8.89\times0.78+26.67\left(0.067-\frac{0.019}{8}\right)+3.33\times0.019$$
$$=8.72\text{Nm}^3/\text{Kg}$$

由(4-7)式

廢氣中 CO_2 體積=1.867×0.78=1.4563 Nm^3/Kg

廢氣中 H_2O 體積=11.2×0.067=0.75Nm^3/Kg

廢氣中 SO_2 體積=0.7×0.019＝0.0133Nm^3/Kg

廢氣中 N_2 體積=0.79 A_0 +0.8×0.011=6.8976Nm/Kg

$$y_{SO_2} = \frac{0.0133}{(1.4563+0.75+0.0133+6.8976)} = 1.459\times10^{-3}$$

$$= 1459\text{ppm}$$

SO_2 濃度並不符合 96 年國家排放標準(<300ppm)。

4.5 有一燃料 C, H, S 之重量百分比為 85,12,3，試問完全燃燒之理論空氣量應為多少？假設用過剩空氣率為 20%的空氣燃燒時，則 SO_2 之濕廢氣濃度為若干？ **（環工類科高考試題）**

解 (1) 完全燃燒時

由(4-4)式

$$A_0 = 8.89\times0.85 + 26.67\times0.12 + 3.33\times0.03$$
$$= 10.86\text{Nm}^3/\text{Kg fuel}$$

(2) 過剩空氣 20%，m=1.2

Wet Basis：由(4-11)式

$$G = (1.2-0.21)\times10.86 + 1.867\times0.85 + 0.7\times0.03$$
$$+11.2\times0.12 = 13.70\text{Nm}^3/\text{Kg fuel}$$

$$y_{SO_2} = \frac{0.7\times0.03}{G} = 1.533\times10^{-3} = 1533\text{ppm}$$

4.6 燃燒組成為 C=86%，H=11%，S=3%之重油時，所產生之排氣經分析後含 O_2 3vol%(Dry Basis)。試求燃燒每 1 公斤之重油所需之空氣量以及乾燥排氣中 SO_2 濃度。

解　(1) 由(4-4)式，理論空氣量為

$$A_0=8.89\times0.86+26.67\times0.11+3.33\times0.03$$

$$=10.679Nm^3/Kg\ fuel$$

由(4-18)式，Dry Basis 燃燒氣體量 G'

$$G'=(m-0.21)\times10.679+1.867\times0.86+0.7\times0.03$$

$$=10.67m-0.616$$

燃燒氣體中，O_2 組成由(4-22)式 $=0.21(m-1)A_0/G'$，所以

$$0.21(m-1)\times10.679/(10.679m-0.616)=0.03$$

$$\rightarrow(2.2426m-2.2426)/(10.679m-0.616)=0.03$$

$$\rightarrow1.922m=2.224$$

$$\rightarrow m=1.157$$

所以燃燒 1Kg 重油所需之空氣量=mA_0=12.36Nm^3/Kg fuel

(2) $G'=10.679m-0.616=11.74Nm^3/Kg\ fuel$

SO_2 濃度可由(4-21)式求出

$$y_{SO_2}=0.7S/G'=0.7\times0.03/11.74=1.79\times10^{-3}=1790ppm$$

補充說明：燃燒排氣分析(Dry Basis)與過剩空氣係數 m 之關係說明如下

(1)完全燃燒時

若燃料組成之 N 不列入計算時，自(4-22)式，(4-23)式，排氣中 O_2,N_2 之體積百分比分別為

$$[O_2]_p=0.21(m-1)A_0/G'\times100=21(m-1)A_0/G'$$

$$[N_2]_p=0.79mA_0\times100=79mA_0/G'$$

聯立解以上兩個方程式可得

$$m = \frac{21[N_2]_p}{21[N_2]_p - 79[O_2]_p} \quad \text{(a)}$$

式中下標代表在排氣中氣體體積之百分比。

(2)不完全燃燒有 CO 存在時

因為每莫耳 CO 需要 0.5 莫耳 O_2 將其氧化為 CO_2，反應式為

$$CO + 0.5O_2 \rightarrow CO_2$$

故當排氣中有 CO 時，排氣所合之 O_2 量比完全燃燒多出 $0.5[CO]_p$ 之莫耳數，此多出之數量可視為 CO 未完全氧化的原因，故

$$m = \frac{21[N_2]_p}{21[N_2]_p - 79([O_2]_p - 0.5[CO]_p)} \quad \text{(b)}$$

在燃燒過程，N_2 可視為惰性氣體，不參與反應，且 $[N_2]_p \approx 79\text{vol\%}$，故上式可簡化為

$$m = \frac{21}{21 - [O_2]_p} \quad \text{完全燃燒時} \quad \text{(c)}$$

$$= \frac{21}{21 - ([O_2]_p - 0.5[CO]_p)} \quad \text{不完全燃燒時} \quad \text{(d)}$$

在此例中，因排氣不含 CO，且 $[O_2]_p = 3\text{ vol\%}$

所以 $m = \frac{21}{21-3} = \frac{21}{18} = 1.167$

4.7 配合政府之低硫燃油政策，中油燃料油（相當於美國 No.6 Fuel Oil）在民國 85 年時的硫含量由原來的 1.5wt%向下修正為 0.75wt%，假設燃料油的低位發熱量為 9600Kcal/Kg，燃燒時為 15%過量空氣，試估算各階段排放氣體中的 SO_2 濃度？

解　由 Rosin 公式，液體燃料之理論空氣量 A_0

$$A_0 = 0.85\frac{LHV}{1000} + 2.0 = 0.85 \times 9.6 + 2.0 = 10.16 Nm^3 / Kg\ fuel$$

理論燃燒氣體量 G_0'

$$G_0' = 1.11\frac{LHV}{1000} = 1.11 \times 9.6 = 10.656 Nm^3 / Kg\ fuel$$

實際燃燒氣體量 G'

$$G' = (m-1)A_0 + G_0' = (1.15-1)A_0 + G_0'$$
$$= (1.15-1) \times 10.16 + 10.656 = 12.18 Nm^3 / Kg\ fuel$$

表 1

硫含量(wt%)	每公斤燃料燃燒所產生之 SO_2 體積	排氣濃度
1.5	$\frac{0.015}{32} \times 22.4 = 0.105 Nm^3$	862ppm
1.0	$\frac{0.01}{32} \times 22.4 = 0.007 Nm^3$	575ppm
0.75	$\frac{0.0075}{32} \times 22.4 = 0.00525 Nm^3$	575ppm

4.8　某燃料油合 86.96wt%碳及 13.04wt%氫，其低位發熱量為 135600cal/g-mole。若燃燒時過剩空氣量為 0，試求絕熱燃燒溫度。假設燃料油於空氣溫度均為 $298^\circ K$。

解　燃料油之組成為

表 2

元素 wt%	對 C 標準化
C	86.96/12=7.25/7.25=1
H	13.04/1=13.04/7.25=1.8

所以燃料油之分子式可以 $CH_{1.8}$ 代表。

因為過剩空氣量為 0(m=1)，所以燃燒反應式可表示為

$$CH_{1.8} + 1.45(O_2 + 3.78N_2) \rightarrow CO_2 + 0.9H_2O + 5.48N_2$$

查表 4.3 可得

對 CO_2 而言 α=6.214，β=0.010396，γ=−3.515×10^{-6}

對 N_2 而言 α = 6.524，β=0.00125，γ=−0.001×10^{-6}

對 H_2O 而言 α=7.256，β=0.002298，γ=−0.283×10^{-6}

m=1 時，(4-49)式可簡化成

$$[\alpha_{CO_2} + 0.9\alpha_{H_2O} + 5.48\alpha_{N_2}](T - 298)$$
$$+\frac{1}{2}[\beta_{CO_2} + 0.9\beta_{H_2O} + 5.48\beta_{N_2}](T^2 - 298^2)$$
$$+\frac{1}{3}[\gamma_{CO_2} + 0.9\gamma_{H_2O} + 5.48\gamma_{N_2}](T^3 - 298^3) - 135600$$
$$= 0$$

$$\rightarrow 48.496(T - 298) + 9.66\times10^{-3}(T^2 - 298^2)$$
$$-1.0886\times10^{-6}(T^3 - 298^3) = 135600$$
$$\rightarrow 48.496T + 9.66\times10^{-3}T^2 - 1.0886\times10^{-6}T^3 = 150881$$

T=2300°K 時，上式左邊=149397<150881

T=2350°K 時，上式左邊=153185>150881

T=2310°K 時，上式左邊=150154≈150881

所以絕熱燃燒溫度約為 2318°K。

4.9 某重油其成分之百分比：H=10%，S=0.4%，N=0.1%，O=0.06%，Ash=0.05%，LHV=17620 BTU/lb，試求

(1) 在計量空氣燃燒下，其絕熱燃燒溫度=？

(2) 在計量空氣下，但有 5%熱損失，其燃燒溫度=？ **（80 年專技高考）**

解 重油之組成為

表 3

元素(wt%)	對 C 標準化
C	89.39/12=7.45/7.45=1
H	10/1=10/7.45=1.342
S	0.4/32=0.0125/7.45=0.00168
N	0.1/14=0.00714/7.45=0.00096
O	0.06/16=0.00375/7.45=0.0005
Ash	0.05

所以重油分子式可表示為 $CH_{1.342}S_{0.00168}N_{0.00096}O_{0.0005}$

其分子量=13.4172

LHV=17620 BTU/lb=9795 Kcal/Kg=131423 cal/g-mole

(1) 在計量空氣下燃燒，其反應式為

$$CH_{1.342}S_{0.00168}N_{0.00096}O_{0.0005}$$
$$+\left(1+\frac{1.342}{4}+0.00168-\frac{0.0005}{2}\right)(O_2+3.78N_2)$$
$$\rightarrow CO_2+\frac{(1.342)}{2}H_2O+0.00168SO_2$$
$$+\left[\left(1+\frac{1.342}{4}+0.00168-\frac{0.0005}{2}\right)\times 3.78+\frac{0.00096}{2}\right]N_2$$
$$\Rightarrow CH_{1.342}S_{0.00168}N_{0.00096}O_{0.0005}+1.33639(O_2+3.78N_2)$$
$$\rightarrow CO_2+0.671H_2O+0.00168SO_2+5.0541N_2$$

自表 4.3 可查得

對 CO_2 而言 α=6.214，β=0.010396，γ=−3.515×10^{-6}

對 H_2O 而言 α=7.256，β=0.002298，γ=0.283×10^{-6}

對 SO_2 而言 α=7.116，β=0.009516，γ=3.511×10^{-6}

對 N_2 而言 α=6.524，β=0.00125，γ=−0.001×10^{-6}

所以

$$[6.214+0.671\times7.256+0.00168\times7.116+5.0541\times6.524](T-298)$$

$$+\frac{1}{2}[0.010396+0.671\times0.00298]$$

$$+0.00168\times0.009516+5.0541\times0.00125](T^2-298^2)$$

$$+\frac{1}{3}[-3.515+0.671\times0.283+0.00168\times3.511]$$

$$-5.0541\times0.001]\times10^{-6}(T^3-298^3)$$

=131423（假設重油及空氣溫度=298°K）

$$\rightarrow 44.068(T-298)+0.00914(T^2-298^2)$$

$$-1.1081\times10^{-6}(T^3-298^3)=131423$$

$$\rightarrow 44.068T+0.00914T^2-1.1081\times10^{-6}T^3=145338$$

T=2450°K 時，左邊=146534>145338

T=2420°K 時，左邊=144468<145338

所以在計量空氣燃燒下，其絕熱燃燒溫度約為 2430°K。

(2) 有 5%熱損失時

$$44.068(T-298)+0.00914(T^2-298^2)$$

$$-1.1081\times10^{-6}(T^3-298^3)=131423\times0.95$$

$$\rightarrow 44.068T+0.00914T^2-1.1081\times10^{-6}T^3=138766$$

T=2350°K 時，左邊=139655>138766

T=2320°K 時，左邊=137596<138766

所以在計量空氣燃燒下且有 5%熱損失時，其燃燒溫度約為 2335°K。

4.10 有一煤炭成分分析結果如下：C：77.2%，H：5.2%，N：12%m，S：2.6%，O：5.9%，灰分：7.9%。現用乾燥空氣燃燒，燃燒後煙道氣體（乾基）含 CO_2：15.95%，O_2：2.65%，SO_2：2000 ppm。請計算：

(1) 空氣燃料比（質量比）

(2) 當量比(Equivalence Raito)　　（83 年專技高考）

解　(1) 過剩空氣係數 $m=\dfrac{21}{21-\left([O_2]_p-0.5[CO]_p\right)}$

$$=\frac{21}{21-2.65}$$

$$=1.144$$

由(4-5)式可知理論空氣需要量

$$A_0=11.49+34.48\left(H-\frac{O}{8}\right)+4.3S$$

$$=11.49\times0.772+34.48(0.052-0.059/8)+4.3\times0.026$$

$$=10.521\text{ Kg air / Kg coal}$$

∴空氣燃料比為 $mA_0=1.144\times10.521$

$$=12.036\text{ Kg air / Kg coal}$$

(2) 當量比(Equivalence Ratio)

$$\phi=\frac{1}{1+EA}=\frac{1}{1.144}=0.874$$

4.11 一個燃煤鍋爐每小時燃燒 200 噸煤炭，所用空氣量（乾燥）為 20%過剩。煤炭成分（重量百分率）為：水分 10%，灰分 15%，碳分 66%，氫分 8%，硫分 1%。

【假設】煤炭完全燃燒，NO_x 之生成可忽略，灰分有 80%隨煙氣帶出：

請計算煙氣之排氣量(Nm^3/min)、煙氣中 SO_2 濃度(ppm)和粒狀物質濃度(mg/Nm^3)。請問此鍋爐是否需要加裝排煙脫硫或集塵設備（或兩者都要），才能符合現行排放標準？　　（83 年專技檢覆）

解　燃煤進料量 = 200噸／hr = 200,000 Kg / hr

含碳量 = 200,000 × 0.66 = 132,000 Kg / hr = 11,000 Kg - mole / hr

含氫量 = 200,000 × 0.08 = 16,000 Kg / hr = 16,000 Kg - mole / hr

含硫量 $= 200,000 \times 0.01 = 2,000\ Kg/hr = 62.5\ Kg\text{-}mole/hr$

含水量 $= 200,000 \times 0.1 = 20,000\ Kg/hr = 1111.1\ Kg\text{-}mole/hr$

灰分量 $= 200,000 \times 0.15 = 30,000\ Kg/hr$

燃燒反應式

$$11000C + 16000H + 62.5S + 1.2(11000 + 16000/2 + 62.5)O_2$$
$$+3.78 \times 1.2(11000 + 16000/2 + 62.5)N_2 + 1111.1\ H_2O$$
$$\rightarrow 11000CO_2 + 62.5SO_2 + (8000 + 1111.1)H_2O$$
$$+3812.5O_2 + 86467.5N_2$$

以 Wet Basis 計算

(1) $y_{SO_2} = \dfrac{62.5}{(11000 + 62.5 + 9111 + 3812.5 + 86467.5)}$

$= 5.86 \times 10^{-4} = 586\ ppm$

(2) 煙氣排氣量 $= (11000 + 62.5 + 9111 + 3812.5 + 86467.5) \times 24.45$

$= 2,700,590\ Nm^3/hr = 45010\ Nm^3/min$

(3) 粒狀物濃度 $= 30,000 \times 0.8 \times 10^6 / 2700590$

$= 8887\ mg/Nm^3$

(4) 依 83 年固定汙染源空氣汙染物排放標準：SO_2 容許濃度為 500 ppm；對排氣量為 50,000Nm^3/min 而言，粒狀物容許濃度為 29mg/Nm^3
故此鍋爐需加裝排煙脫硫及集塵設備，才能符合當年的排放標準。

4.12 試求以 C_3H_5S 為燃料完全燃燒時的理論空氣量為何？請分別以 Kg－空氣／Kg－燃料及 Nm^3 空氣／Kg－燃料表示之。 **（84 年專技高考）**
註：空氣的分子量為 $28.9\ Kg/Kg\text{-}mole$

解 燃燒反應式

$$C_3H_5S + \left(\frac{21}{4}\right)O_2 \rightarrow 3CO_2 + \frac{5}{2}H_2O + SO_2$$

C_3H_5S 分子量 $= 12 \times 3 + 1 \times 5 + 32 = 73\ Kg/Kg\text{-}mole$

$\because$ 1 Kg - mole　　$O_2 = 22.4\ Nm^3$　　且空氣中 O_2 含量 21 vol%

$\therefore$ 理論空氣量 $A_0 = \left(\frac{21}{4} \times 22.4\right) / 0.21 / 73$

$= 7.67\ Nm^3$ − 空氣／Kg − 燃料

1 Kg 空氣含氧量 $= 0.21 \times 32 / 28.9 = 0.2325$ Kg

$\therefore$ 理論空氣量 $A_0' = \left(\frac{21}{4}\right) \times 32 / 0.2325 / 73$

$= 9.9$ Kg − 空氣／Kg − 燃料

4.13 有一鍋爐使用含硫量 3%之煤作為燃料，其燃料熱值為 26,000KJ/Kg。若規定之 SO_2 排放濃度不得高於 0.5×10^{-6}Kg-SO^2/KJ，則其脫硫控制設備的去除效率最少為何？　**（84 年專技高考）**

解 1 Kg 之燃料含硫量為 0.03 Kg

$$S + O_2 \rightarrow SO_2$$

經燃燒後，SO_2 生成量為

$$(0.03/32) \times 64\,(SO_2\text{之分子量}) = 0.06\ Kg/Kg\text{-fuel}$$

$\because$ 燃煤之熱值為 26,000 KJ / Kg

$\therefore$ 每 KJ 之 SO_2 排放量為 $0.06/26000 = 2.308\times10^{-6}$ Kg - SO_2 / KJ

$\therefore$ 脫硫控制設備之去除效率至少需

$$\left[(2.308\times10^{-6} - 0.5\times10^{-6})/(2.308/10^{-6})\right]\times100\%$$

$$= 78.34\%$$

4.14 假設有一燃料，經元素分析結果為 C：86.3%，H：12.2%，S：1.5%，此種燃料經燃燒後，測定三次煙囪排氣結果其含氧量分別為 18%、12%、6%，請問理論上此三次情況燃燒所用之過剩空氣百分率為多少？假設燃料中之 S 全部以 SO_2 型態排出，則理論上 SO_2 之濃度分別為多少 ppm？**（85 年專技檢覆）**

(1) (4-52)式過剩空氣係數計算公式，假設為完全燃燒

$$m = \frac{21}{21-[O_2]_p}$$

計算過剩空氣百分率如下表所示：

表 4

煙囪排氣檢測次數	排氣氧含量，%	m	過剩空氣百分率，%
1	18	7	600
2	12	2.333	133.3
3	6	1.4	40

(2) (4-4)式，理論空氣量 A_0 為

$$A_0 = 8.89C + 26.67\left(H - \frac{0}{8}\right) + 3.33S$$

$$= 8.89 \times 0.863 + 26.67 \times 0.122 + 3.33 \times 0.015$$

$$= 10.976\ Nm^3 / Kg\text{-}fuel$$

(4-18)式，Dry Basis

$$G' = (m - 0.21)A_0 + 0.8N + 1.867C + 0.7S$$

(4-21)式

SO_2 濃度 $= 0.7\ S / G'$

∴理論上 SO_2 之濃度分別為

表 5

煙囪排氣檢測次數	m	G′	SO_2 濃度，ppm
1	7	76.15	138
2	2.333	24.92	421
3	1.4	14.68	715

4.15 假設有一工廠之鍋爐使用重油為燃料，重油成分之質量百分比為碳：88%、氫：9%、硫：3%。

(1) 請問燃燒此種重油 1 公斤，理論上需要多少 Nm^3 之空氣？假設此燃料中之硫燃燒後全部變成 SO_2 及 SO_3。（其比例請自行合理假設）

(2) 請問當燃燒之過剩空氣比為 1.3 時會廢氣中之 SO_2 濃度為多少 ppm？

(3) 假設此工廠每日使用車油一公秉，燃燒後硫全部變成 SO_2，且未經任何處理即排放，此鍋爐每月使用 30 日，每日使用 24 小時，工廠位於三級防制區，請問該工廠每月要繳交多少硫氧化物空汙費？**（90 年高考三級）**

解 燃煤過程 99%的硫會產生 SO_2，僅 1%的硫變成 SO_3

(1) 燃燒 1 公斤重油所需之理論空氣量為：

反應式：

$$C + O_2 \rightarrow CO_2$$

$$2H + \frac{1}{2}O_2 \rightarrow H_2O$$

$$S + O_2 \rightarrow SO_2$$

$$S + 1.5O_2 \rightarrow SO_3$$

$$A_o = \left[\frac{C}{12} + \frac{H}{4} + \frac{0.699 \times S}{32} + \left(\frac{0.01 \times S}{32}\right) \times 1.5\right] \times \frac{22.4}{0.21}$$

$$= \left[\frac{0.88}{12} + \frac{0.09}{4} + \frac{0.99 \times 0.03}{32} + \left(\frac{0.01 \times 0.03}{32}\right) \times 1.5\right] \times \frac{22.4}{0.21}$$

$$= 10.323\ Nm^3 / Kg$$

(2) 過剩空氣 30%， $m = 1.3$

以 Wet Basis 計算，

CO_2所占體積 $\frac{22.4}{12} \times 0.88 = 1.6427\ Nm^3$

H_2O所占體積 $\frac{22.4}{2} \times 0.09 = 1.008\ Nm^3$

SO_2所占體積 $\frac{22.4}{32} \times 0.03 \times 0.99 = 0.02079\ Nm^3$

SO_3所占體積 $\frac{22.4}{32} \times 0.03 \times 0.01 = 0.00021\ Nm^3$

N_2及剩餘空氣體積 $= 0.79A_o + (m-1)A_o = 1.09A_o = 11.2521\ Nm^3$

$\therefore$ SO_2濃度 $= 1.493 \times 10^{-3} = 1493\ ppm$

(3) 依據環保署公告之固定汙染源申報空氣汙染防制費之硫氧化物排放係數表可查得，對於使用低硫燃油之燃油鍋爐，（雖然本題之重油含硫量高達3%），每公秉重油所排放之 SO_x 以 19×S Kg／公秉估算，其中 S 為硫含量

SO_x 每公斤須繳費 100 元／Kg，

∴每月須繳

$$1\text{ 公秉／日} \times 30 \times 19 \times 3 \times 100 = 171{,}000\text{NT\$ / 月}$$

4.16 有一燃料其組成為碳 86%，氫 14%，用乾燥空氣燃燒，燃燒廢氣成分乾基為 O_2：1.5%，CO：600ppm，請問燃燒之空氣當量比為多少(Equivalence Ratio)。

（93 年專技檢覆）

解 過剩空氣係數 $m = \frac{21}{21 - ([O_2]_P - 0.5[CO]_P)}$

$= \frac{21}{21 - (1.5 - 0.06)}$

$= \frac{21}{21 - 1.44}$

$= 1.0736$

空氣當量比 $\phi = \frac{1}{1 + EA} = \frac{1}{1.0736} = 0.9314$

EA：過量空氣

4.17 請計算某一碳氫化合物燃料（分子式為 C_7H_{15}）在計量燃燒條件下之空氣燃料比(Air to Fuel Ratio)（以質量比表示）。又假設燃燒器中有 0.1%之燃料無法燃燒，請估算燃燒廢氣中 C_7H_{15} 之濃度為多少 ppm？ **（94 年高考三級）**

解 (1) 燃燒計量式

$$C_7H_{15}+\frac{43}{4}O_2 \rightarrow 7CO_2+\frac{15}{2}H_2O$$

C_7H_{15} 分子量=99

燃燒一莫耳的 C_7H_{15} 需要 $\frac{43}{4}$ 莫耳的氧氣，相當於 43/4/0.21=51.19 莫耳空氣

空氣分子量為 $0.21\times32+0.79\times28=28.84$

∴在計量燃燒下，空燃比（以質量比表示為）

$$51.19\times28.84/99=14.91$$

(2) 0.1%燃料無法燃燒，表示燃燒後之氣體中 $CO_2/H_2O/N_2$ 共有

$$0.999\times\left(7+\frac{15}{2}+\frac{43}{4}\times\frac{79}{21}\right)=54.94\text{莫耳}$$

C_7H_5 在燃燒廢氣之濃度為

$$0.001/(0.001+54.94)=1.82\times10^{-5}=18.2\text{ppmv}$$

4.18 氣體燃料體積比組成為 60%甲烷和 40%丙烷，硫含量(S)100ppm。

(1) 過剩空氣量 20%條件，所需供給燃燒空氣量為何？

(2) 過剩空氣量 20%條件，燃燒廢氣 SO_2 濃度為何(ppm)？ **（95 年普考）**

解 (1) 假設氣體燃料 100 Nm^3(1atm, 25℃)

甲烷 $60Nm^3={}^{60}\!/_{24.5}=2.45\text{Kg-mole}=39.2\text{Kg}$

丙烷 $40Nm^3={}^{40}\!/_{24.5}=1.633\text{Kg-mole}=71.8\text{Kg}$

S 含量 $= [(39.2+71.8)\times 100\times 10^{-6}]/32 = 3.5\times 10^{-4}$ Kg-mole

$CH_4 + 2O_2 \rightarrow CO_2 + 2H_2O$

$C_3H_8 + 5O_2 \rightarrow 3CO_2 + 4H_2O$

$S + O_2 \rightarrow SO_2$

O_2需要量 $= (2.45\times 2 + 1.633\times 5 + 3.5\times 10^{-4})\times 1.2$

$= 15.678$Kg-mole

空氣需求量 $= 15.678/0.21 = 74.66$Kg-mole $= 74.66\times 24.5 = 1829\text{Nm}^3$

∴空燃比（體積）=1829/100=18.29

(2) 上述燃燒後廢氣各成分如下：

$N_2 = 74.66\times 0.79 = 58.98$Kg-mole

$O_2 = 74.66\times 0.21\times 0.2 = 3.14$Kg-mole

$CO_2 = 2.45 + 1.633\times 3 = 7.35$Kg-mole

$H_2O = 2.45\times 2 + 1.633\times 4 = 11.432$Kg-mole

$SO_2 = 3.5\times 10^{-4}$Kg-mole

SO_2濃度 $= 3.5\times 10^{-4}/(58.98 + 3.14 + 7.35 + 11.432 + 3.5\times 10^{-4})$
$= 4.3\times 10^{-6}$ ppmv
$= 4.3$ppmv

4.19 回答下列兩個有關燃燒的問題：

(1) 請定義燃料在燃燒過程中的總發熱量、淨發熱量及可用熱量。

(2) 列舉兩個理由說明燃料在燃燒過程中適當攪拌的重要性。

（96 年高考三級）

(1) 燃料燃燒會產生 CO_2 及 H_2O，依參考狀態下水以液態或氣態為產物所放出的熱量有所不同。

(a) 總發熱量定義為參考狀態下水以液態為產物所放出的熱量，因其數值較淨發熱量高了水分冷凝所放出的冷凝熱，故又稱為 High Heating Value (HHV)。

(b) 淨發熱量係定義為參考狀態下水以氣態為產物所放出的熱量，又稱為 Low Heating Value (LHV)。

(c) 燃燒過程會伴隨熱量的損失，LHV 扣除熱量損失之數值，稱為可用熱量。

(2) 透過適當的攪拌，除了可提升擾流(Turbulence)效果以促進燃燒效率之外，亦可使燃料均質化，使燃燒控制更為容易。

4.20 某一 600 MW 之燃煤火力發電廠燃燒熱值為 27 KJ/g 之煤炭發電，已知該發電廠之整廠發電效率為 39%，煤炭之含碳量及含硫量分別為 72%及 1.5%，假設燃燒後煤中之碳及硫皆分別完全氧化為 CO_2 及 SO_2，而當地法規規定每輸入百萬焦耳(MJ)之熱值，SO_2 之排放限值為 0.25 g（即 0.25 g SO_2 /MJ input）：

(1) 試計算該電廠每日之用煤量為何？

(2) 為達 SO_2 排放限值，該電廠排煙脫硫設備所需之 SO_2 去除效率為何？（S＝32）

(3) 試計算該電廠每年之二氧化碳排放量及二氧化碳排放係數（以 $KgCO_2$/KWH 表示）。 **（96 年高考三級）**

解 (1) 發電效率 39%之 600MW 燃煤火力發電廠，單位時間熱量輸入 Q

$$Q = 600\ MW / 0.39 = 600 \times 3.412 \times 1055.1 / 0.39$$

$$= 5.5385 \times 10^6\ MJ / h$$

$$每日用煤量 = Q \times 24 / 27KJ / g(MJ / Kg)$$

$$= 4.9231 \times 10^6 Kg$$

(2) 每日相當於燃燒了 $4.9231 \times 10^6 \times 0.72 / 12 = 2.954 \times 10^5$ Kg-mole 碳及 $4.9231 \times 10^6 \times 0.015 / 32 = 2.2308 \times 10^3$ Kg-mole 硫

SO_2 產生量 $= 2.308 \times 10^3 \times 64 = 1.477 \times 10^5 Kg / d$

SO_2 排放限值為 $0.25g \times 5.5385 \times 10^6 \times 24 / 1000 = 33.231 Kg / d$

$\therefore SO_2$ 去除效率 $= (1.477 \times 10^5 - 33.231) / 1.477 \times 10^5$ =0.775=77.5%

(3) 每年 CO_2 排放量 $= 2.954 \times 10^5 \times 44 \times 365$

$= 4.744 \times 10^9$ Kg／年

$= 4.744 \times 10^6$ 噸／年

CO_2 排放係數 $= 4.744 \times 10^9 / 600 \times 10^3 KW \times 24 \times 365 / 0.39 = 2.314 KgCO_2 / KWH$

4.21 (1) 某工廠燃燒含硫量（重量比）為 0.5%之燃料油以產生蒸氣，已知燃料油比重為 0.86 且該廠未設置任何汙染防制設備，試計算該廠之 SO_2 排放係數為何？請以公斤 SO_2／公秉燃料油表示(S=32)。

(2) 已知該廠每小時之燃油用量為 0.5 公秉，排氣流量及溫度分別為 $120m^3/min$ 及 130℃，試計算排氣之 SO_2 濃度為何？請以 ppm 表示。

（105 年高考三級）

解 (1) 每公秉燃料油重量為 1000L×0.86Kg/L =860Kg

其硫含量=860×0.5/100=4.3Kg=4.3/32（硫分子量）=0.1344Kg-mole

燃燒後 SO_2 生成量

亦為 0.1344Kg-mole=0.1344×64（SO_2 分子量）=8.6Kg

∴SO_2 排放係數為 8.6Kg／公秉燃料油

(2) 假設排氣為理想氣體，在 130℃下每 Kg-mole SO_2 之體積為

$$\frac{0.082\times(273+130)}{1}=33m^3$$

燃燒 0.5 公秉／小時之 SO_2 產量為 $4.3Kg/h=0.0672Kg\text{-}mole/h=2.217m^3/h$

排氣 SO_2 濃度

$2.217/(120\times60)=3.08\times10^{-4}=308ppm$

4.22 某工廠製程廢氣採用焚化方式處理，該製程廢氣組成為 C_2HCl_3=5%、CH_4=25%、C_2H_6=40%及 C_3H_8=30%，已知過量空氣係數為 1.2，試問：

(1) 每 m^3 製程廢氣燃燒之理論空氣量與燃燒後的理論排氣量分別為何？

(2) 理論氣燃比(stoichiometric air-fuel ratio)為多少(g/g)？

(3) 燃燒排氣中 HCl 濃度為多少 ppm？H_2O 濃度為多少%？

（105 年專技高考）

解 本題主要係於 C_2HCl_3 廢氣中補入 $CH_4/C_2H_6/C_3H_8$ 助燃以將 C_2HCl_3 於高過剩氧及高溫下反應破壞，其反應式為

$$C_2HCl_3 \longrightarrow C_2Cl_2 + HCl$$

$$CH_4 + 2O_2 \longrightarrow CO_2 + 2H_2O$$

$$C_2H_6 + 3.5O_2 \longrightarrow 2CO_2 + 3H_2O$$

$$C_3H_8 + 5O_2 \longrightarrow 3CO_2 + 4H_2O$$

假設廢氣為大氣壓力下且溫度為 25℃並為理想氣體

(1Kg-mole=24.5m^3)，則 1m^3 廢氣所對應之各組成 Kg-mole 數如下表：

表 6

成分	組成%	分子量	1m^3 廢氣所占體積 m^3	Kg-mole	理論需氧量 O_2, Kg-mole	理論 CO_2 產量，Kg-mole	理論 H_2O 產量，Kg-mole	C_2Cl_2 Kg-mole	HCl Kg-mole
C_2HCl_3	5	131.5	0.05	0.00204	–	–	–	0.00204	0.00204
CH_4	25	16	0.25	0.0102	0.0102×2 =0.0204	0.0102	0.0102×2 =0.0204	–	–
C_2H_6	40	30	0.4	0.01633	0.1633×3.5 =0.05716	0.01633×2 =0.0327	0.0163×3 =0.0489	–	–
C_3H_8	30	44	0.3	0.01224	0.01224×5 0.0612	0.01224×3 =0.0367	0.01224×4 =0.049	–	–
合計					0.1388	0.0796	0.1183	0.00204	0.00204

(1) 由於過量空氣係數為 1.2，

理論空氣量=0.1388/0.21（空氣中 O_2 含量 21vol%）×1.2×24.5m^3/Kg-mole =19.43m^3

理論排氣量=(0.0796+0.1183)+0.1388×0.2

↑ ↑ ↑

CO_2 H_2O 未燃燒之氧氣

+0.1388/0.21×0.79×1.2+0.00204+0.00204

↑ ↑ ↑

N_2 C_2Cl_2 HCl

=0.8563Kg-mole×24.5=20.98m^3

(2) 理論氣燃比

$$\frac{19.43m^3 / 24.5 \times 28.8(\text{空氣分子量})}{(0.00204 \times 131.5 + 0.0102 \times 16 + 0.01633 \times 30 + 0.01224 \times 44)}$$

$$= 22.84Kg / 1.45996Kg = 15.664g / g$$

(3) 排氣中 HCl 濃度=0.00204/0.8563=2.382×10^{-3}=2382ppm

H_2O 濃度=0.1183/0.8563=0.1382=13.82vol%

4.23 廢棄物組成如下：C=75%，H=7%，O=2%，S=2%，N=1%及其他不燃分=13%，請計算燃燒生成廢氣中 CO_2、H_2O 及 SO_2 各為多少 Nm^3 / kg？其中 SO_2 相當於多少 ppm？ **（108 年高考三級）**

解 假設為計量燃燒(Stoichiometric Combustion)且完全燃燒之 NO_x 產物為 NO_2，空氣中氧氣濃度 20.8 vol%。

對廢棄物組成進行標準化如下表：

成分分析(A)	wt%(B)	B/[A 原子量]/(1−0.13)	C=1
C（原子量=12）	75	7.184	1
H（原子量=1）	7	8.046	1.12
O（原子量=16）	2	0.1437	0.02
S（原子量=32）	2	0.0718	0.01
N（原子量=14）	1	0.0821	0.0114
不燃成分	13		

所以廢棄物參與燃燒反應之化學組成可表示為 $CH_{1.12}O_{0.02}S_{0.01}N_{0.0114}$

$$CH_{1.12}O_{0.02}S_{0.01}N_{0.0114}+\underbrace{\left[1+\left(\frac{1.12}{2}\right)-\left(\frac{0.02}{2}\right)+\left(\frac{0.01}{2}\right)+\left(\frac{0.0114}{2}\right)\right]}_{(A)}O_2+\left(\frac{0.792}{0.208}\right)A\ N_2$$

$$\rightarrow CO_2+\left(\frac{1.12}{2}\right)H_2O+\left(\frac{0.01}{2}\right)SO_2+\left(\frac{0.0114}{2}\right)NO_2+\left(\frac{0.792}{0.208}\right)A\ N_2$$

上式中 A=1.5607，所以燃燒反應式為

$$CH_{1.12}\ O_{0.02}\ S_{0.01}\ N_{0.0114}+1.5607\ O_2+5.943\ N_2$$

$$\rightarrow CO_2+0.56\ H_2O+0.005\ SO_2+0.0057\ NO_2+5.943\ N_2$$

$1kg-mole=24.5Nm^3(1\,atm,25°C)$，所以廢氣組成為（廢氣一共為 (1+0.56+0.005+0.0057+5.943=7.5137 kg-mole)）

廢氣成分	kg-mole (G)	體積(Nm^3) (G×24.5)	重量(kg)（G×分子量）	Nm^3/kg
CO_2	1	24.5	44	0.2
H_2O	0.56	13.72	10.08	0.0456

廢氣成分	kg-mole (G)	體積(Nm^3) (G×24.5)	重量(kg) (G×分子量)	Nm^3/kg
SO_2	0.005	0.1225	0.32	0.00145=1450ppmv $\left(0.005/7.5137 = 6.65\times10^{-4} = 665ppmv\right)$
NO_2	0.0057	0.1397	0.262	
N_2	5.943	145.6	166.4	
合計			221.062	

4.24 工業區某工廠因應硫氧化物排放標準的加嚴要求，擬將燃料由低硫燃料油改為較潔淨之能源。

(1) 原使用之低硫燃料油硫含量為 0.5 wt%（重量比），假設其低位發熱量(LHV)為 10,500 kcal/kg，燃燒時為 15%過量空氣，試估算其排放氣體中 SO_2 的濃度。

(2) 如因場地因素無法架設天然氣管線，擬改使用特種低硫燃料油（低位發熱量為 10,800 kcal/kg），燃燒時同為 15%過量空氣，則此種特種低硫燃料油硫含量須為多少以內才能符合排放氣體中 SO_2 濃度小於 50ppm 之標準？ （109 年高考三級）

解 參見 4-3-3 節 Rosin 公式

(1) 低硫燃料油硫含量為 0.5wt%，1kg 燃料油燃燒後排氣中 SO_2 量相當於 0.5kg/32=0.015625kg-mole SO_2

15%過量空氣燃燒，所以(4-32)式中 m=1.15

$$A_0'=0.85\frac{LHV}{1,000}+2.0=0.85\frac{10,500}{1,000}+2=10.925Nm^3/kg$$

$$G_0'=1.11\frac{LHV}{1,000}=1.11\frac{10,500}{1,000}=11.655Nm^3/kg$$

$$G'=(m-1)A_0'+G_0'=0.15\times10.925+11.655=13.294\ Nm^3/kg$$

排氣 SO_2 約為 $0.015625/13.294=1.175\times10^{-3}$=1,175ppm

(2) 改用特種低硫燃料油(LHV=10,800 kcal/kg)假設其硫含量為 x，

$$A_0'=0.85\frac{10,800}{1,000}+2=11.18\ Nm^3/kg$$

$$G_0' = 1.11\frac{10,800}{1,000} = 11.988\ Nm^3/kg$$

$$G' = 0.15 \times 11.18 + 11.988 = 13.665\ Nm^3/kg$$

排氣 SO_2 含量

$$\left(x/32\right)/13.665 < 50 \times 10^{-6}$$

$$\rightarrow x/437.28 < 50 \times 10^{-6}$$

$$\rightarrow x < 0.021864$$

∴硫含量應低於 2.1864wt%才可讓排氣之 SO_2 濃度小於 50ppm

4.25 (1) 液態燃料之化學式可用 C_6H_{14} 表示，請列出該燃料燃燒之劑量化學反應式。

(2) 假設過剩空氣量(excess air)為 30%，請計算該燃料在空氣(N_2/O_2=3.76)中燃燒之空燃比(air-fuel ratio)為多少？ **（110 年專技高考）**

解 (1) $C_6H_{14} + (19/2)O_2 \rightarrow 6CO_2 + 7H_2O$

(2) $1kg\ C_6H_{14} = 0.01163\ kg\text{-}mole$

30%過量空氣燃燒之空氣量為

0.01163×(19/2)×1.3×(1+3.76)

=0.6837 kg-mole=19.718kg

（空氣分子量＝32×0.21(1/4.76)+28×0.79(3.76/4.76)=28.84 kg/kg-mole）

燃燒空燃比=19.718 kg 空氣/kg 燃料

硫氧化物(SO_x)的控制

Air Pollution Control
Theory and Design

5-1 前　言

一、概說

近年來，由於政府實施能源多元化政策，國內能源總消耗中，煤炭所占的比例增加了許多；再加上高油價時代又再度來臨，而使燃煤更具競爭力。煤炭價廉，蘊藏豐富，終將成為今後能源的主流。

以目前國內燃煤鍋爐而言，煙氣排放中硫氧化物(SO_x)含量大多無法達到 96 年 9 月以後 350ppm 之排放標準（除嚴格使用硫分低於 0.6%之燃煤外），故需設置排煙脫硫(Flue Gas Desulfurization, FGD)設備以符合環保要求，更何況低硫燃煤亦將會越來越不容易取得，售價也終將上漲，當高、低硫燃煤價格差異到某一程度時，設置排煙脫硫設備反而較符合經濟效益；再加上基於政經因素，購買高硫燃煤也在所難免，為了有效利用廉價的煤炭能源並擴大煤源，加裝排煙脫硫設備乃勢在必行。

二、除硫方法

燃料燃燒所造成的SO_2汙染，有下述二種方法可以解決：

1. 燃燒前除硫：於燃燒前將燃料的硫含量降低，使燃燒後 SO_2 濃度合乎排放標準的方法，例如燃料的加氫脫硫處理。
2. 燃燒後除硫：於燃燒後，將煙道氣送至洗滌吸收設備或利用其他方法處理以除去 SO_2，通常稱為煙道氣除硫(Flue Gas Desulfurization, FGD)。

燃料加氫脫硫處理為煉油工業的一部分，本章只針對燃燒後煙道氣除硫加以介紹。煙道氣中 SO_2 的濃度計算請參閱第四章。

5-2 SO_2的性質

二氧化硫是一種不可燃且不具爆炸性但具令人窒息之刺激性氣體，其在空氣中的濃度為 0.3~1.0ppm 時，即能嗅出其氣味，若濃度超過 3.0ppm，即會令人感覺刺激痛苦。在大氣中，SO_2 經由光化學作用或觸媒反應過程，可部分轉為三氧化硫或硫酸或硫酸鹽。在常溫下，清潔的空氣中如無陽光，SO_2幾乎不發生化學反應，SO_2的熱氧化反應只有當溫度高達 900℃時才能達到較高的反應速率。如有日光照射，SO_2與空氣中的氧緩慢作用而生成SO_3，若在正常日光下且無水分的影響，其反應速率每小時約 0.1%。

在工廠林立的工業區及汽車川流不息的大城市中，由於有許多的汙染物存在，SO_2轉化成SO_3的速率會變快，NO_2的光分解以及碳氫化合物的存在都可能加速SO_2的氧化反應，而空氣中的無機粒子如Fe_2O_3，PbO 及PbO_2都是促使SO_2加速氧化的觸媒，尤其是Fe_2O_3。

5-3 SO_x排放控制技術

一、$DeSO_x$製程

依其選用之吸收劑種類可分為下列幾種：

表 5.1

製程	吸收劑	反應產物
鈉基製程(Sodium Process)	NaOH	Na_2SO_3, Na_2SO_4
鎂基製程(Magnesium Process)	$Mg(OH)_2$	$MgSO_4$
鈣基製程(Calcium Process)	$Ca(OH)_2$	$CaSO_4$
氨基製程(Ammonia Process)	NH_4OH	$(NH_4)_2SO_3,(NH_4)_2SO_4$

二、排煙脫硫(FGD)系統

基本上，FGD 系統可分類如下：

- FGD
  - 濕式脫硫程序 (Wet Process)
    - 可回收式 (Regenerable)
    - 不可回收式 (Non Regenerable)
  - 乾式脫硫程序 (Dry Process)～噴霧乾燥 (Spray-Drying)
  - 半乾式脫硫程序 (Semi-Dry Process)～
    - 爐膛注射 (Furnace Injection)
    - 節熱器注射 (Economizer Injection)
    - 風管注射 (Duct Injection)
  - 吸收劑注射 (Sorbent Injection)

吸收劑注射即利用吹入鍋爐內部之 $CaCO_3$ 或 $Ca(OH)_2$ 產生 CaO 吸收 SO_2 形成 $CaSO_4$，然後以靜電集塵器(EP)加以捕集，其優點為鍋爐本身也做為脫硫裝置，以減少煙道氣脫硫系統之投資。

其中不可回收式濕式脫硫程序會產出硫酸鹽化學汙泥須進一步處理，可回收式濕式脫硫程序可將燃料中之硫分以液態 SO_2，硫酸或固態硫之副產品型式產出，目前操作中之 FGD 系統大部分為不可回收式濕式脫硫程序。

濕式脫硫程序
- 不可回收式
  - 石灰脫硫法 (Lime Scrubbing)～$Ca(OH)_2$（吸收劑）
  - 石灰石脫硫法 (Limestone Scrubbing)～$CaCO_3$（吸收劑）
  - 氫氧化鎂脫硫法～$Mg(OH)_2$（吸收劑）
  - 雙鹼脫硫法 (Dual Alkali)～Na_2CO_3及$Ca(OH)_2$（吸收劑）
  - 海水脫硫法 (Seawater Scrubbing)～$Mg(OH)_2$及$Ca(OH)_2$（吸收劑）
- 可回收式
  - 氧化鎂脫硫法～ MgO（吸收劑）
  - Wellman-Lord 脫硫法～Na_2SO_3（吸收劑）

三、FGD 系統選用基本考慮因素

1. SO_2 去除效率，以大於 90%為原則。
2. 吸收劑種類與來源，應考慮其價格高低及儲存設施。
3. 副產品處理與利用。
4. 空間需求。
5. 投資、維修、操作費用。
6. 煙道氣中 SO_2 含量（亦即燃料之含硫量）。
7. 符合排放標準。
8. 製程之繁簡性、可靠度。
9. 其他輔助系統。

四、FGD 系統設計考量項目

1. 燃煤性質：硫、氯、水含量，熱值(Heating Value)，灰分含量、飛灰組成及粒徑分布。
2. 煙道氣特性：溫度、流量、SO_2 及 O_2 含量，露點溫度、微粒負荷及其鹼度(Particulate Alkalinity)。

3. 程序化學：系統之 PH 梯度(PH Gradient)、亞硫酸鹽／硫酸鹽之氧化反應、液氣比(L/G ratio)、氯化合物之平衡、新鮮水注加位置。
4. 鍋爐設計：型式、尺寸及其負荷特性
5. 吸收劑：鈣、鎂含量、反應性、吸收劑顆粒大小。
6. 法規要求：SO_2 排放濃度/環境空氣品質標準、微粒排放標準、煙柱可見度、水質標準。
7. 其他：廢汙泥處理流程、氣候條件、設備／管線材質要求及補充水水質。

5-3-1 石灰石脫硫法(Limestone Scrubbing)

SO_2 進入洗滌塔中與 $CaCO_3$ 進行反應生成 $CaSO_3$，$CaSO_3$ 再進一步氧化成 $CaSO_4$（Gypsum，石膏）。

一、總反應式

$$CaCO_3 + SO_2 + \frac{1}{2}H_2O \rightarrow CaSO_3 \cdot \frac{1}{2}H_2O + CO_2$$

$$CaCO_3 + SO_2 + 2H_2O + \frac{1}{2}O_2 \rightarrow CaSO_4 \cdot 2H_2O + CO_2$$

$$CaSO_3 \cdot \frac{1}{2}H_2O + \frac{1}{2}O_2 + \frac{3}{2}H_2O \rightarrow CaSO_4 \cdot 2H_2O$$

二、反應機構

各反應式

(1) $SO_2 + H_2O \rightleftarrows H^+ + HSO_3^-$

(2) $HSO_3^- \rightleftarrows H^+ + SO_3^{2-}$

PH 值低時，氫離子$[H^+]$濃度高，不利 SO_2 之溶解，$CaCO_3$ 不易溶解於水，僅部分解離，如下所示：

(3) $CaCO_3 \rightleftarrows Ca^{2+} + CO_3^{2-}$

(4) $CO_3^{2-} + H_2O \rightleftarrows OH^- + HCO_3^-$

(5) $HCO_3^- \rightleftarrows CO_2\uparrow + OH^-$

(4)、(5)式所產生之 OH^- 與(1)、(2)式之 H^+ 中和，破壞化學平衡，因此促進了 SO_2 之吸收及 $CaCO_3$ 之解離。

(6) $Ca^{2+} + 2HSO_3^- \rightarrow Ca(HSO_3)_2$

(7) $Ca^{2+} + SO_3^{2-} \rightarrow CaSO_3$

強制氧化

(8) $HSO_3^- + \frac{1}{2}O_2 \rightarrow SO_4^{2-} + H^+$

(9) $SO_3^{2-} + H^+ \rightleftarrows HSO_3^-$（pH 值控制在 4~5）

(10) $Ca^{2+} + SO_4^{2-} \rightarrow CaSO_4$

三、優點

1. 普遍採用，占 FGD 的%以上之市場。
2. 臺灣石灰石價廉、質佳且量多。

四、缺點

1. 較大的廠區面積需求。
2. 設備易結垢或堵塞，維修費用高。
3. 投資額高。
4. 若副產品 $CaSO_4$(Gypsum)市場過剩，恐有堆積物處理之困擾。
5. 須使用大量淡水。

五、操作問題及其防止對策

石灰石脫硫法在操作上可能產生之問題有化學積垢(Scaling)、腐蝕(Corrosion)、沖蝕(Erosion)、固體廢棄物處理及煙柱浮力不足(Plume Dispersion)等問題，其防止對策說明如下：

1. 化學積垢

(1) 共沉降(Coprecipitation)：控制洗滌液循環回路(Slurry Circuit)之氧化程度在 16%以下（即氧化成 SO_4^{-2} 之 SO_2 須控制在 16 mol%以下），使系統形成之 $CaSO_4$ 量低於 $CaSO_3 / CaSO_4$ 固體溶液所排出之 $CaSO_4$ 量。若氧化程度超過 16%，則系統會形成過飽和狀態（對 $CaSO_4$ 而言），若相對飽和度(Relative Saturation Level)超過 140%，系統中即會形成堅硬的積垢。

(2) 過飽和控制(Supersaturation Control)：過飽和時可藉著加入凝結核使 $CaSO_4$ 沉澱而使系統飽和度維持在 140%以下，系統之飽和度（相對於 $CaSO_4$）應控制在 100~110%之間。

(3) 若煙道氣中之 SO_2 濃度較低時，洗滌液漿(Scrubbing Slurry)之滯留時間(Retention Time)較長而有導致結垢之困擾，此時可採用強制氧化(Forced Oxidation)以改善化學汙泥顆粒之沉降特性及過濾性質並可減少結垢問題。

(4) 增加鎂離子濃度，除了可提高洗滌液漿之鹼度外，並可提高洗滌液漿可容許保有之 $CaSO_3$ / $CaSO_4$ 量而不致超過溶解度界限（亦即使系統在次飽和(Subsaturated)狀態下操作）。另外，亦可加入檸檬酸(Citric Acid)、苯酸(Benzoic Acid)或己二酸(Adipic Acid)以增加洗滌液漿之鹼度。

2. 腐蝕問題：通常 FGD 系統中較重要之區域(Critical Area)設備採用 SS316 或 316L 材質。若基於經濟及耐低 PH 值/高氯離子濃度之考量，亦可考慮使用內襯特殊材質之碳鋼(Lined or Coated Carbon Steel)；但實際運轉結果顯示，常會有內襯脫落或損壞之情形發生，使得碳鋼遭受嚴重之腐蝕問題，主要原因為內襯施工不良，尤其是管線接合之處。因此，在 FGD 系統的液體及濃縮系統（桶槽(Tank)、泵浦、攪拌器、配管及濃縮器(Thickener)）可使用天然橡膠、氯化橡膠(Neoprene)、聚氯乙烯(PVC)、FRP 材質，而金屬件則採用 316 不鏽鋼或 Alloy20 材質。

3. 固體廢棄物處理：基於掩埋及減廢並降低水用量之考量，採用離心機或真空過濾器以減少汙泥體積，製程用水可採用密閉循環操作系統之設計方式。

4. 煙囪腐蝕(Stack Corrosion)及煙柱浮力不足(Plume Dispersion)問題：主要是因煙柱冷凝而引起的問題，可採用再加熱器(Reheater)克服之，最近之使用實例顯示，煙囪內襯 Elastomer(Coldbran's CXL-2000)對於燃燒高硫分燃料所導致的腐蝕問題，可予以有效地克服。

煙道氣
靜電集塵器 (EP)
飛灰
誘導風扇 I.D.Fan
補充水
洗滌器 (Scrubber)
迴流槽 (Recycle Tank)
迴流泵
再加熱器
煙囪
石灰石
研磨機 (Ball Mill)
水
吸收劑緩衝槽
吸收劑進料泵
汙泥濃縮器 (Thickener)
脫水機
石膏(Gypsum)
過濾液槽

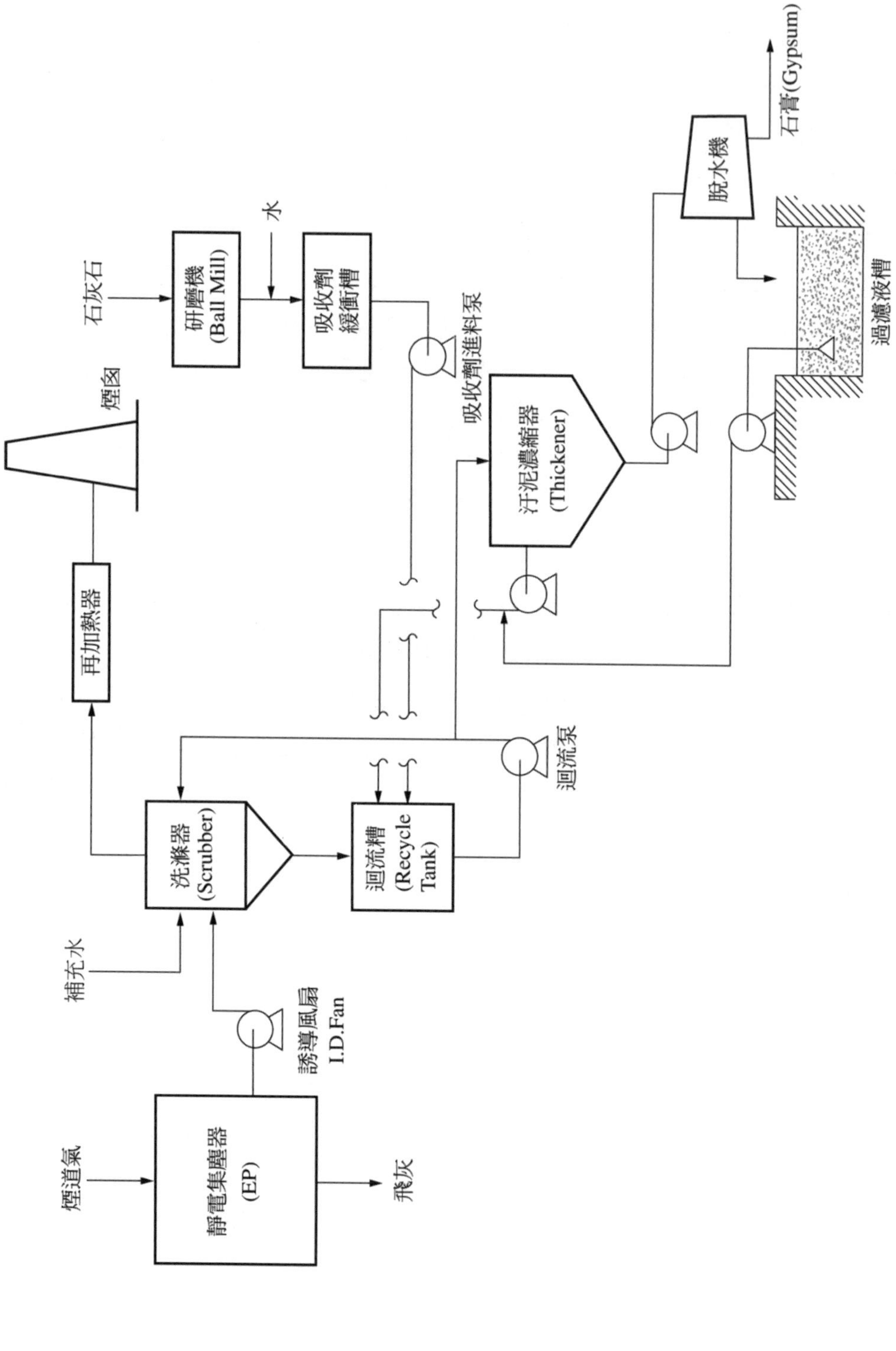

圖 5.1 石灰石脫硫流程圖

5-3-2 石灰脫硫法(Lime Scrubbing)

本系統反應原理及其操作流程基本上與石灰石脫硫法相同，兩者問之主要差異項目如下：

1. 由於石灰石($CaCO_3$)不易溶於水，因此須將石灰石研磨成 200~300mesh 之粉狀顆粒以增加與水接觸之表面積，故需研磨設備。
2. 石灰脫硫法為將石灰(CaO)溶於水中形成 $Ca(OH)_2$，故石灰脫硫法之反應物為 $Ca(OH)_2$，而石灰石脫硫法之反應物則為 $CaCO_3$。
3. 為了促進 $CaCO_3$ 之溶解度，石灰石脫硫法之洗條液漿(Scrubbing Slurry)須維持在酸性條件下，而石灰脫硫法之洗滌液漿則是維持在微鹼性條件下。
4. 最適固體濃度(Optimal Solids Concentration in Slurry)

   石灰石脫硫法：12~15%

   石灰脫硫法：8~12%

   石灰脫硫程序之反應機構如下：

$$Ca(OH)_2 \rightleftarrows Ca^{2+} + 2OH^-$$

$$2OH^- + CO_2 \rightleftarrows CO_3^{2-} + H_2O$$

$$CO_3^{2-} + CO_2 + H_2O \rightleftarrows 2HCO_3^-$$

$$SO_2 + H_2O \rightleftarrows H^+ + HSO_3^-$$

$$HSO_3^- \rightleftarrows H^+ + SO_3^{2-}$$

$$Ca^{2+} + SO_3^{2-} \rightleftarrows CaSO_3(aq)$$

$$Ca^{2+} + SO_3^{2-} + \frac{1}{2}H_2O \rightleftarrows CaSO_3 \cdot \frac{1}{2}H_2O(s)$$

$$CaSO_3 + H^+ \rightleftarrows Ca^{2+} + HSO_3^-$$

$$H^+ + HCO_3^- \rightleftarrows H_2CO_3 \rightleftarrows CO_2 + H_2O$$

$$CaSO_3 \cdot \frac{1}{2}H_2O + \frac{3}{2}H_2O + \frac{1}{2}O_2 \rightleftarrows CaSO_4 \cdot 2H_2O$$

5-3-3 氫氧化鎂除硫法($Mg(OH)_2$ Scrubbing)

主要吸收劑為 $MgSO_3$，$Mg(OH)_2$ 加入吸收塔塔底，除了將 $Mg(HSO_3)_2$ 轉化成 $MgSO_3$ 外，也用以控制系統之 PH 值在最佳操作範圍 PH=6~8。

一、基本反應式

$$SO_2 + Mg(OH)_2 \rightarrow MgSO_3 + H_2O$$

$$SO_2 + MgSO_3 + H_2O \rightarrow Mg(HSO_3)_2$$

$$Mg(HSO_3)_2 + Mg(OH)_2 \rightarrow 2MgSO_3 + 2H_2O$$

強制氧化

$$MgSO_3 + \frac{1}{2}O_2 \rightarrow MgSO_4$$

將 $MgSO_3$ 氧化成 $MgSO_4$ 以降低排放水之化學需氧量(COD)，另外因 $MgSO_4$ 於水中之溶解度高，可直接排入放流水。

二、優點

1. $MgSO_4$ 經汙水處理後可直接排入水體，降低了 FGD 投資成本。
2. 製程上無結垢及堵塞之困擾，維修簡單。

三、缺點

$Mg(OH)_2$ 成本較高，故適用於汽電共生型之中小型鍋爐。

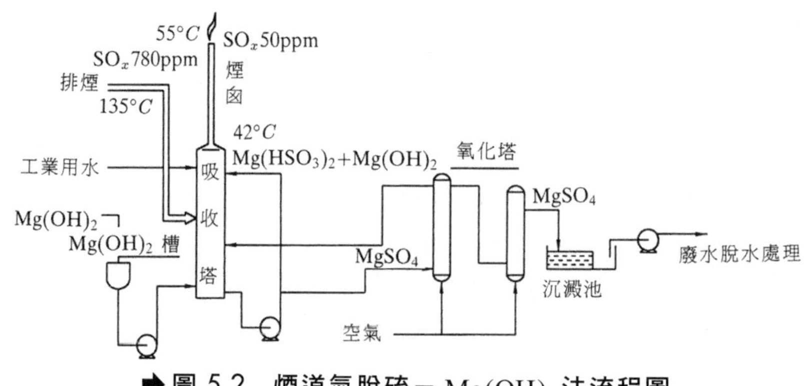

圖 5.2 煙道氣脫硫－$Mg(OH)_2$ 法流程圖

5-3-4 雙鹼脫硫法(Dual Alkali)

一、反應式

以 Na_2CO_3 及 $Ca(OH)_2$ 為吸收劑，主要反應如下：

$$Na_2CO_3 + SO_2 \rightarrow Na_2SO_3 + CO_2$$

$$Na_2SO_3 + SO_2 + H_2O \rightarrow 2NaHSO_3$$

$$2NaHSO_3 + Ca(OH)_2 \rightarrow Na_2SO_3 + CaSO_3 \cdot \frac{1}{2}H_2O + \frac{3}{2}H_2O$$

$$Na_2SO_3 + \frac{1}{2}O_2 \rightarrow Na_2SO_4$$

$$Na_2SO_4 + Ca(OH)_2 + 2H_2O \rightarrow CaSO_4 \cdot 2H_2O + 2NaOH$$

二、優點

可去除高硫分。

三、缺點

1. Na_2CO_3 價昂，操作費用高。
2. Na_2SO_4 之沉澱物固化或掩埋時易溶解，需另作處理。

5-3-5 海水除硫法(Seawater Scrubbing)

一、三大特色

1. 鎂基脫硫程序，Mg 與 Na 之活性比 Ca 高 10~15 倍。
2. 以海水為反應介質（海水中 Mg 含量約 1300mg/l）。
3. 耗材為價廉之 CaO （或 $Ca(OH)_2$）。

二、化學反應式

脫硫	$Mg(OH)_2 + SO_2 \rightarrow MgSO_3 + H_2O$
氧化安定	$MgSO_3 + \frac{1}{2}O_2 \rightarrow MgSO_4$
產生吸收劑	$MgSO_4 + Ca(OH)_2 \rightarrow Mg(OH)_2 + CaSO_4$

三、方塊流程圖

方塊流程圖如下所示：

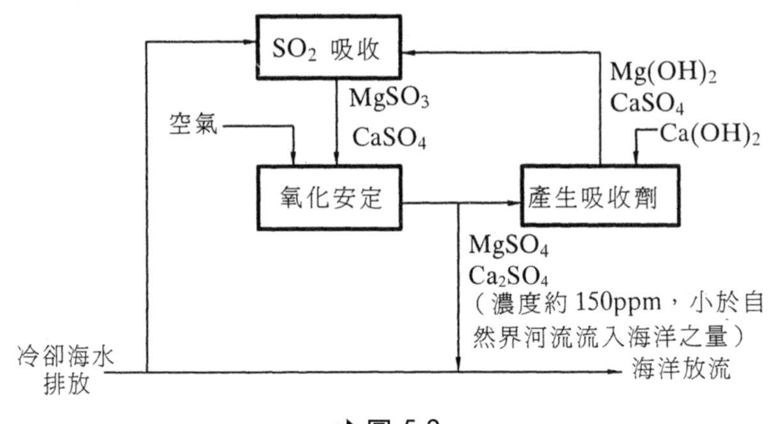

➡圖 5.3

四、特點

1. 適於設在海邊且以海水為冷卻介質之發電廠使用。
2. 所需海水僅約為整廠海水用量之 1%。
3. 排放水中 Ca_2SO_4 之濃度約為 150ppm（視煙道氣中 SO_2 濃度而定）且完全溶解，肉眼看不到懸浮微粒且對海洋生態沒有影響，排放水為透明海水。
4. 不需任何廢棄物處理系統。
5. 製程操作無結垢困擾。

註：海水中五種濃度最高之離子

Cl^-	19,000ppm	Na^+	10,500ppm
SO_4^{2-}	2,500ppm	Mg^{2+}	1,200ppm
Ca^{2+}	400ppm		

5-3-6 氧化鎂脫硫法(MgO Scrubbing)

一、反應式

$$Mg(OH)_2 + 2SO_2 + H_2O \rightarrow Mg(HSO_3)_2$$

$$Mg(HSO_3)_2 + Mg(OH)_2 \rightarrow 2MgSO_3 + 2H_2O$$

$$MgSO_3 \xrightarrow{\Delta} MgO + SO_2$$

$$MgSO_4 \xrightarrow{\Delta} MgO + SO_2 + \frac{1}{2}O_2$$

二、缺點

1. 較高的投資費用及操作費用。
2. 產生之 SO_2 可回收製造硫酸(H_2SO_4)或硫磺(S)，但增加投資成本。
3. 操作複雜性高。

5-3-7 Wellman-Lord 脫硫法

一、反應式

$$2NaOH + SO_2 \rightarrow Na_2SO_3 + H_2O$$

$$Na_2SO_3 + SO_2 + H_2O \rightarrow 2NaHSO_3$$

$$2NaHSO_3 \xrightarrow{\Delta} Na_2SO_3 + H_2O + SO_2$$

二、優點

1. 脫硫效率高。
2. 吸收劑可回收再使用。
3. SO_2 可回收製造硫酸或硫磺。

三、缺點

1. 系統複雜。
2. 投資及操作費用高。
3. 適用性窄。

5-3-8 濕式 FGD 吸收劑之比較

1. 吸收性能 $NaOH > Mg(OH)_2 > CaCO_3$。
2. 吸收劑價格 $NaOH > Mg(OH)_2 > CaCO_3$。
3. 吸收中間產物、生成物之溶解度（對水而言），如下表所示。

	吸收中間產物溶解度	吸收生成物溶解度
Sodium Process(Na)	大($Na_2SO_3, \frac{25g}{100g} H_2O$)	大（ $Na_2SO_4, \frac{32g}{100g} H_2O$ ，放流可能）
Calcium Process(Ca)	小($CaCO_3, \frac{0.005g}{100g} H_2O$)	小($Ca_2SO_4, \frac{0.2g}{100g} H_2O$)
Magnesium Process(Mg)	中($MgSO_3, \frac{0.84g}{100g} H_2O$)	大（ $MgSO_4, \frac{33g}{100g} H_2O$ ，放流可能）

括號內所示數值為該成分在 50℃ 水之溶解度。

5-4 白煙防止對策

一、概說

白煙為濕式排煙脫硫系統之共有問題，即脫硫後之煙道氣於洗滌塔中被冷卻下來且濕度亦隨之增加，排到大氣後受到氣象條件之冷卻影響而產生白煙。

其防止對策為：

1. 與未處理的排煙混合後再排放。
2. 與後段燃燒(After Burning)所產生之高溫燃燒氣體混合後再排放。

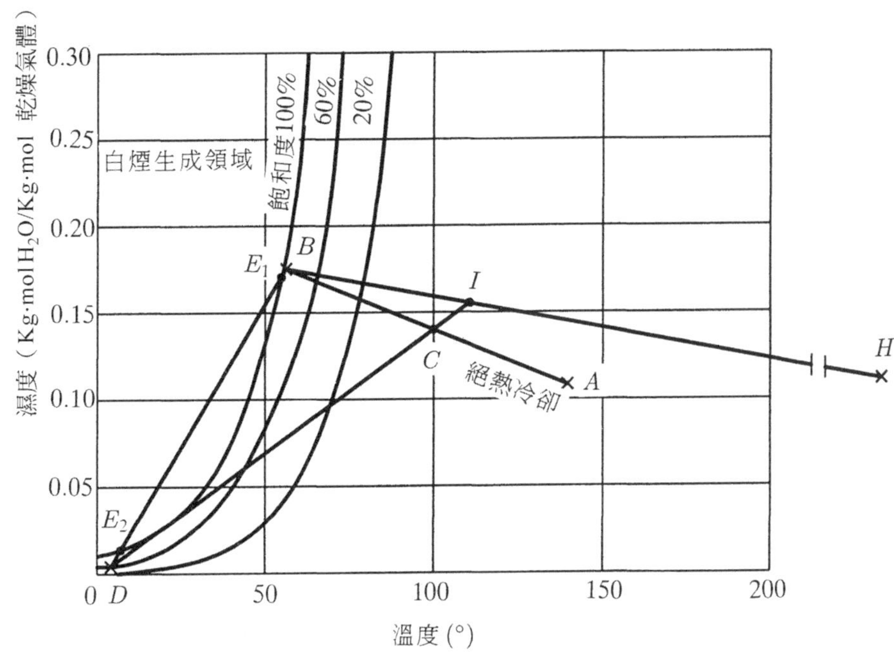

➡圖 5.4 白煙發生與防止對策之原理圖[5]

二、白煙防止對策之原理

1. 發生原因

排氣會隨著與大氣之混合而沿著 $\overline{BD}$ 線產生變化，並在與 100%飽和濕度曲線之交點 E_1 產生白煙，到達 E_2 則白煙消失。

2. 防止方法

以上述之方法控制排煙脫硫系統出口條件在 C 點，使排氣隨著 $\overline{CD}$ 線變化，因不與 100%飽和曲線接觸，因此不會產生白煙。（任何位於 $\overline{AC}$ 段之排氣溫度均不會生成白煙）此時處理／未處理排煙之混合比為 $\overline{AC}/\overline{BC}$ 因 D 點位置會隨季節而變化，故 $\overline{AC}/\overline{BC}$ 比亦隨之而變。因使用未處理排煙混合，故脫硫率會降低。

(1) 使用後段燃燒(After Burning)所產生之燃燒氣體混合時，因其溫度很高，$\overline{HI}$ 段 $>\overline{BI}$ 段故脫硫率之降低會比較小。

(2) 在大氣條件較高溫之地區，脫硫率之降低也比較小。

5-5 乾式脫硫程序(Spray Dryer)

一、優點

1. 設計及操作簡單。
2. 空間需求較小。
3. 不需廢水處理設備。
4. 水用量少。
5. 煙道氣壓降小。
6. 不需排氣再加熱。

二、缺點

1. 下游須設有飛灰收集設備。
2. Ca/S 比約 1.2~1.5。
3. 脫硫效率較低，僅約 70%。
4. 排放固態廢棄物未充分氧化，SO_2 易再釋放。
5. 進出煙道氣溫度控制不易。
6. 廢棄物因含水分及殘留石灰易固化，運送困難。

三、反應式

SO_2 係利用泥漿狀滴粒(Slurry Droplet)吸收，基本上為一氣液相反應，如下所示：

$$SO_2 + Ca(OH)_2 \rightarrow CaSO_3 + H_2O$$

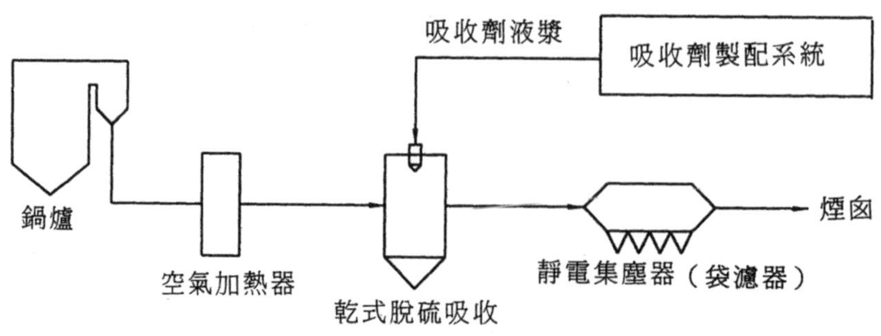

➡圖 5.5　乾式脫硫程序

5-6 半乾式脫硫程序 (Semi-dry Process-Sorbent Injection)

一、爐膛吸收劑注射(Furnace Sorbent Injection, FSI)

以 $CaCO_3$ 或 $Ca(OH)_2$ 為吸收劑，一般而言，使用 $Ca(OH)_2$ 效果較好，反應式如下：

$$CaCO_3 \xrightarrow[770^\circ C]{\Delta} CaO + CO_2$$

$$Ca(OH)_2 \xrightarrow[370^\circ C]{\Delta} CaO + H_2O$$

$$CaO + SO_2 + \frac{1}{2}O_2 \rightarrow CaSO_4$$

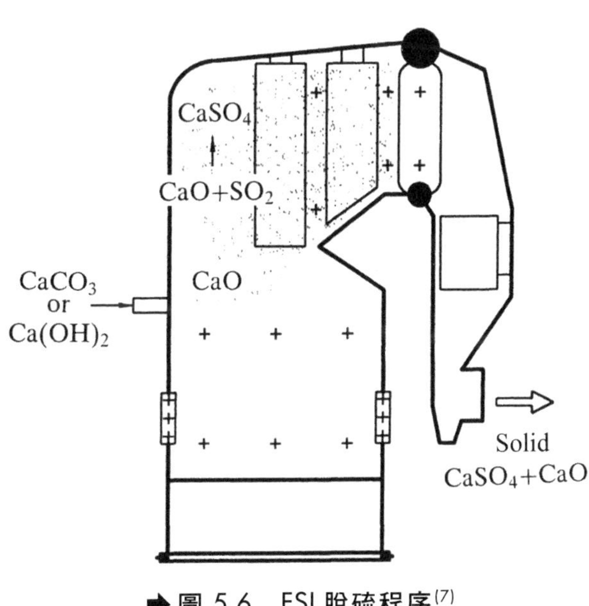

圖 5.6 FSI 脫硫程序[7]

另外，可考慮於吸收劑(Sorbent)中添加 $NaHCO_3$ 或 Cr_2O_3 以提高 SO_2 之捕集效果，稱為 Promoted FSI。FSI 已廣為使用，其優點為操作成本低且易於操作，缺點為 SO_2 之脫除效率不高，僅約 50~70%。

二、節熱器吸收劑注射(ESI，Economizer Sorbent Injection)

使用 $Ca(OH)_2$ 為吸收劑，反應式為

$$Ca(OH)_2 \rightarrow CaO + H_2O$$

$$CaO + SO_2 \rightarrow CaSO_3$$

其最適之反應溫度為 530℃，SO_2 之脫除效率受到下列反應的影響

$$Ca(OH)_2 + CO_2 \rightarrow CaCO_3 + H_2O$$

本法之 SO_2 捕集率約為 50%。

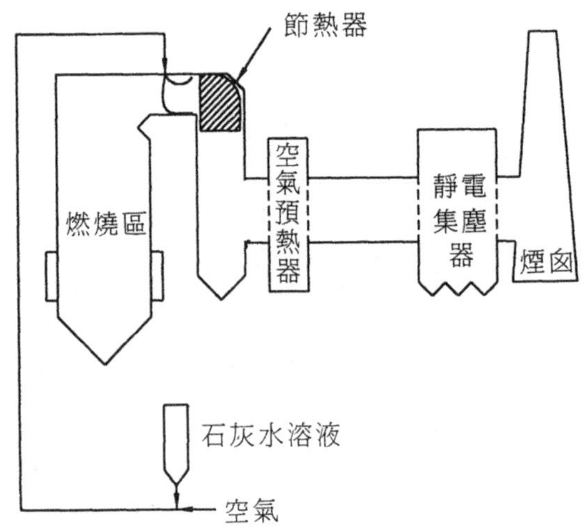

➡圖 5.7　ESI 脫硫程序[7]

三、以鈉基(Na_2CO_3)為吸收劑

以上所介紹之 FSI 及 ESI 均利用 $CaCO_3$ 或 $Ca(OH)_2$ 吸收劑，在應用上亦可使用鈉基(Na_2CO_3)吸收劑，以獲得較大的 SO_2 脫除效率(Na/S=1)，但有下列缺點：

1. 鈉基吸收劑之價格比鈣基吸收劑高。
2. 產生 NO_x（NO 及 NO_2）之排放：

$$SO_2 + Na_2CO_3 + NO + O_2 \rightarrow Na_2SO_4 + NO_2 + CO_2$$

$$Na_2CO_3 + 3NO_2 \rightarrow 2NaNO_3 + NO + CO_2$$

3. Na_2SO_4 固化或掩埋時易溶解。

歷屆國家考試試題精華

5.1 排煙脫硫(Flue Gas Desulfurization)方法可分為乾式與濕式兩大類，每類各舉兩個方法並說明其原理、特點及化學反應方程式。 （82 年高考一級）

解 (1) 濕式 FGD 方法

方法	Limestone Scrubbing	$Mg(OH)_2$ Scrubbing
原理	SO_2 進入洗滌塔中與 $CaCO_3$ 反應成 $CaSO_3$，$CaSO_3$ 再進一步氧化成 $CaSO_4$	以 $Mg(OH)_2$ 與 SO_2 反應成 $MgSO_3$，$MgSO_3$ 再進一步強制氧化成 $MgSO_4$ 後排放
反應式	$CaCO_3 + SO_2 + 2H_2O + 1/2O_2$ $\rightarrow CaSO_4 \cdot 2H_2O + CO_2$	$SO_2 + Mg(OH)_2 \rightarrow MgSO_3 + H_2O$ $SO_2 + MgSO_3 + H_2O \rightarrow Mg(HSO_3)_2$ $Mg(HSO_3)_2 + Mg(OH)_2$ $\rightarrow 2MgSO_3 + 2H_2O$ $MgSO_3 + \frac{1}{2}O_2 \rightarrow MgSO_4$
特點	1. 副產品石膏有堆積物處理之困擾。 2. 設備易結垢、阻塞，維修成本高。 3. 投資額較高，廠區面積較大。 4. 最常用之 FGD 技術。	1. $MgSO_4$ 經汙水處理後可直接排入水體，可降低投資成本。 2. 製程較無結垢或阻塞之困擾。 3. $Mg(OH)_2$ 成本較高，故適用於汽電共生型之中小型鍋爐。

(2) 乾式 FGD

方法	FSI (Furnance Sorbent Injection)	ESI (Economizer Sorbent Injection)
原理	以 $Ca(OH)_2$ 吸收煙道中之 SO_2	同左
反應式	$Ca(OH)_2 \xrightarrow[370°C]{\Delta} CaO + H_2O$ $CaO + SO_2 + \frac{1}{2}O_2 \rightarrow CaSO_4$	同左

方法	FSI (Furnance Sorbent Injection)	ESI (Economizer Sorbent Injection)
特點	1. SO_2之脫除率不高，僅約 50%。 2. 不需廢水處理設備。 3. 無白煙排放困擾，不需排氣再加熱。 4. 空間需求小，操作簡單。 5. 下游須有集塵設備。 6. 廢棄物因含水分及殘留石灰易固化，運送困難。 7. 若廢棄物未充分氧化，SO_2易再釋放。	同左

5.2 有一燃煤電廠，容量為 300-MW，煤炭成分分析結果如下：

C：68.95%，H：2.25%，O：6.00%，N：1.40%，S：1.50%，C1：0.10%，H_2O：7.80%，灰分：12.00%。此電廠廢氣中之 SO_2 及 HCl 擬用石灰法處理。假設石灰石含 $CaCO_3$：95%，其餘為惰性物質。對於 SO_2 及 HCl 去除效率分別為 93%及 100% '石灰石添加量為計量反應之 110%。假設主要硫、氯反應生成物為 $CaSO_42H_2O$：13%，$CaSO_3 \cdot 2H_2O$：87%，$CaCl_2 \cdot H_2O$：100%，反應產生之汙泥脫水後固形物含量為 60%，假設煤的熱值 27000 KJ/公斤，發電效率 35%，過剩空氣 20%。請問：

(1) 石灰石供應量為每分鐘多少公斤？

(2) 脫水汙泥為每分鐘多少公斤？ **（83 年專技高考）**

解 本題為題 4.2 之類題

$$300\text{MW} = 300 \times 10^6 \text{W} = 3 \times 10^5 \text{KW}\text{，發電效率}=35\%$$

$$\text{該燃煤電廠所需熱量} = \frac{3 \times 10^5 \text{KW}}{0.35} \cdot \frac{3413\text{BTU}}{1\text{KW}-\text{HR}} \cdot \frac{1.0551\text{KJ}}{1\text{BTU}}$$

$$= 3.08662 \times 10^9 \text{KJ}/\text{hr}$$

$$\text{所需燃料} = 3.08662 \times 10^9 / 27000 = 114{,}320 \text{ Kg}/\text{hr}$$

其中

$$\text{含硫量} = 114{,}320 \times 0.015 = 1714.8 \text{ Kg}/\text{hr}$$

$$= 53.5875 \text{ Kg-mole}/\text{hr}$$

含氯量 $= 114{,}320 \times 0.005 = 114.32\ Kg/hr$

$= 3.22\ Kg\text{-}mole/hr$

假設完全燃燒，所產生之 SO_2 及 HCl 分別為 $53.5875\ Kg\text{-}mole/hr$ 及 $3.22\ Kg\text{-}mole/hr$

∵ SO_2 及 HCl之除效率分別為 93%及 100%

∴有 $53.5875 \times 0.93 = 49.8364\ Kg\text{-}mole/hr$ 之 SO_2 與 $CaCO_3$ 反應，$3.22\ Kg\text{-}mole/hr$ 之 HCl與 $CaCO_3$ 反應

反應式

$$SO_2 + CaCO_3 + \frac{1}{2}O_2 + 2H_2O \rightarrow CaSO_4 \cdot 2H_2O + CO_2$$

$$SO_2 + CaCO_3 + 2H_2O \rightarrow CaSO_3 \cdot 2H_2O + CO_2$$

$$2HCl + CaCO_3 \rightarrow CaCl_2 \cdot H_2O + CO_2$$

假設有 x mole 之 SO_2 反應生成 $CaSO_4 \cdot 2H_2O$，則有 $1-x$ mole 之 SO_2 反應生成 $CaSO_3 \cdot 2H_2O$

$$CaSO_4 \cdot 2H_2O\text{分子量} = 40 + 32 + 16 \times 4 + 18 \times 2 = 172\ Kg/Kg\text{-}mole$$

$$CaSO_3 \cdot 2H_2O\text{分子量} = 40 + 32 + 16 \times 3 + 18 \times 2 = 156\ Kg/Kg\text{-}mole$$

$$xCaCl_2 \cdot H_2O\text{分子量} = 40 + 35.5 \times 2 + 18 = 129\ Kg/Kg\text{-}mole$$

由題意可知

$$172x/[172x + 156(1-x)] = 0.13$$

$$\rightarrow 172x/(156 + 16x) = 0.13$$

$$\rightarrow 172x = 20.28 + 2.08x$$

$$\rightarrow x = 0.1194$$

∴ 有 11.94 mole% 的 SO_2 生成 $CaSO_4 \cdot 2H_2O$，88.06 mole% 的 SO_2 生成 $CaSO_3 \cdot 2H_2O$

(1) 因石灰石添加量為計量反應之 110%，且石灰石含 $CaCO_3$ 95%

∴石灰石供應量

$=(49.8364+3.22/2)\times1.1\times100\ Kg/Kg\text{-}mole/95\%$

$=5957\ Kg/hr=99.3\ Kg/min$

(2) $CaSO_4\cdot2H_2O$生成量 $=49.8364\times0.1194$

$=5.9505\ Kg\text{-}mole/hr=1023.5\ Kg/hr$

$CaSO_3\cdot2H_2O$生成量 $=49.8364\times0.8806$

$=43.886\ Kg\text{-}mole/hr=6846.2\ Kg/hr$

$CaCl_2\cdot2H_2O$生成量 $=3.22/2\times129=207.7\ Kg/hr$

合計固形物量 $=8077.4\ Kg/hr$

∵脫水汙泥固形物含量 $=60\%$

∴脫水汙泥量 $=8077.4/0.6=13462.3\ Kg/hr=224.37\ Kg/min$

5.3 (1) 某一工廠之燃煤鍋爐其排氣溫度為 160℃，排氣壓力為 1.1atm，排氣中 SO_2 之濃度為 2850mg/m^3，而 SO_2 之排放標準為 350ppm，為達排放標準，該工廠擬裝設排煙脫硫設備，試問該排煙脫硫設備之最小去除效率為何？(S=32)

(2) 試寫出兩種可達成上述去除效率之排煙脫硫技術並說明其原理。

（88 年專技高考）

解 (1) 2850 mg 之 SO_2 相當於 2.85/64=0.04453 克莫耳

在排氣條件 1.1atm，160℃下

假設 SO_2 為理想氣體，1 克莫耳 SO_2 之體積為

$$V=\frac{RT}{P}=\frac{0.08205\times(160+273)}{1.1}=32.31$$

$$2850\ mg/m^3\ SO_2=0.04453\times32.31/m^3=1.438\,l/m^3=1438\ ppm$$

∴排煙脫硫設備之最小去除效率應為

$$\frac{(1438-350)}{1438}=75.7\%$$

(2) 考慮將來工廠擴建所需額外 Offset 之需求；參見第十四章說明。在考慮能源及其他經濟成本，仍以採用 BACT 技術為佳，可採用氫氧化鎂脫硫技術或海水除硫法（若工廠設於海邊）。原理分述如下：

(a) 氫氧化鎂脫硫技術

主要吸收劑為 $MgSO_3$ 及 $Mg(OH)_2$，反應式為

$$SO_2 + Mg(OH)_2 \rightarrow MgSO_3 + H_2O$$

$$SO_2 + MgSO_3 + H_2O \rightarrow Mg(HSO_3)_2$$

$$Mg(HSO_3)_2 + Mg(OH)_2 \rightarrow 2MgSO_3 + 2H_2O$$

再將 $MgSO_3$ 強制氧化成 $MgSO_4$（水中溶解度高，可直接排入放流水），以降低排放水之 COD。

(b) 海水除硫法

以海水中之 Mg 再加入 $Ca(OH)_2$ 為反應介質來吸收 SO_2，反應式如下：

脫硫 $Mg(OH)_2 + SO_2 \rightarrow MgSO_3 + H_2O$

氧化安定 $MgSO_3 + \frac{1}{2}O_2 \rightarrow MgSO_4$

產生吸收劑 $MgSO_4 + Ca(OH)_2 \rightarrow Mg(OH)_2 + CaSO_4$

5.4 有一個燃煤電廠使用濕式滌除器去除廢氣中 98%的 SO_2，假設電廠發電量為 1000MW，全部熱循環效率為 30%，煤中硫分的重量比為 25%，煤的熱值為 12,500 Btu/lbm，煤的平均分子量為 12，煤灰產生重量比為 10%，該濕式滌除器使用石灰(CaO)將 SO_2 轉化成石膏($CaSO_4 \cdot 2H_2O$)，石灰與 SO_2 反應的化學計量為 1：1，請回答下列問題：(1 But/s=1.055KW，1 ton=2000 lbm)

(1) CaO 的消耗量(tons / h)是多少？

(2) 石膏產生量(tons / h)是多少？ **（90 年專技檢覆）**

解　電廠發電量 $1000MW = 10^6 KW$

熱循環效率 30%，所需之熱值為

$$\frac{10^6}{0.3\times1.055} = 3.1596\times10^6 \text{ Btu / s}$$

所需之煤為

$$3.1596\times10^6 / 12500 = 252.765 \text{ lbm / s} = 909952.6 \text{ lbm / h}$$

$$= 454.98 \text{ tons / h}$$

假設煤之硫含量經燃燒後完全轉化成 SO_2

產生了 SO_2

$$454.98\times0.025/32 = 0.3555 \text{ ton - mole / h}$$

SO_2 去除效率 98%，相當於去除 SO_2

$$0.3555\times0.98 = 0.34834 \text{ ton - mole / h}$$

反應式

$$CaO + SO_2 + \frac{1}{2}O_2 + 2H_2O \rightleftharpoons CaSO_4\cdot2H_2O$$

$$CaO \text{ 消耗量} = 0.34834 \text{ ton - mole / h} = 0.34834\times56$$

$$= 19.51 \text{ tons / h}$$

$$CaSO_4\cdot2H_2O \text{ 產生量} = 0.34834 \text{ ton - mole / h}\times172$$

$$= 59.91 \text{ tons / h}$$

5.5 以 CaO 去除 CO_2 是否可解決全球暖化的問題？ （98 年高考三級）

解 石灰 CaO 溶於水形成 $Ca(OH)_2$，$Ca(OH)_2$ 會與煙道氣中的 CO_2 及 SO_2 反應生成 $CaCO_3$ 及 $CaSO_4$，若可控制排放水中 $CaCO_3/CaSO_4$ 濃度低於自然界可流入海洋之量（以 $CaSO_4$ 而言，其濃度約為 150ppm），且完全溶解，肉眼看不到懸浮微粒，應可直接海洋放流，對於海洋生態應沒有任何影響。唯因需使用大量淡水稀釋，對於水資源日益枯竭的今日，為須審慎考量的課題。

目前，世界上先進國家正傾全力研究經濟有效的 CO_2 捕捉技術，包括液態、固態化學吸收劑及薄膜分離技術等，已知較具可行性之技術有：

(1) CTI(Cansolv Tech Inc.)公司之再生氨氣吸收系統技術：可同時捕捉煙道氣的 CO_2 及 SO_2，已有商用先導工廠營運中，兼具溶劑穩定及低耗能的優點。

(2) 利用 Na_2CO_3（碳酸鈉）、CO_2 和水之間的逆反應，再生濃縮煙道氣中的 CO_2，已完成「乾式碳酸鹽製程」(Dry Carbonate Procoss)先導工廠測試，CO_2 捕捉效率可達 90%以上。

5.6 請說明去除 SO_2 之半乾式洗滌塔(Spray Dryer)之各種操作條件。 （98 年高考三級）

解 去除 SO_2 之半乾式洗滌塔(Spray Dryer)之主要操作條件如下：

項次	操作參數
(1)	液／氣比(L/G ratio)
(2)	吸收液濃度
(3)	煙道氣流速
(4)	煙道氣入口溫度(>130℃)
(5)	煙道氣滯留時間(5~6 sec)
(6)	Ca/S 化學計量比(1.2~1.5)
(7)	出口溫度應高於露點(Dew Point) 12~17℃，以避免煙囪腐蝕(Stack Corrosion)及煙柱浮力不足問題

5.7 請說明石灰石脫硫法之操作問題及防止對策。 （82 年專技檢覆）

解 參見 5-3-1 節說明。

5.8 說明濕式石灰石排煙脫硫吸收塔(Wet Limestone FGD)可能會遇到的問題及其解決之道。 （104 年高考三級）

解 參見 5-3-1 節第五小點說明。

5.9 有一個大型燃煤工業鍋爐，在煙囪排放口出現有「白煙拖尾」現象。此大型燃煤工業鍋爐已經裝設有空氣汙染防制設備，鍋爐排放氣流依序為：鍋爐出口、排煙脫硝系統、靜電集塵器、排煙脫硫系統、煙囪，請說明此「白煙拖尾」現象形成的原因？在保留現有空氣汙染防制設備之需求下，為解決前述白煙問題，請說明應增設的空氣汙染防制設備、增設的位置、增設的理由為何？ **（109 年專技高考）**

解

(1) 會在煙囪排放口出現「白煙拖尾」現象，主要係因煙道氣於脫硫塔被冷卻下來，且濕度隨之增加，排到大氣後受到大氣條件之冷卻影響而產生白煙。

(2) 只要在脫硫塔與煙囪之間增設排煙加熱器（使用排煙脫硝／空氣預熱器出口之熱煙道氣加熱），提高排氣溫度即可解決白煙問題（原因參見 5-4 節說明），整個空氣汙染防制設備配備可改善為如下圖所示。

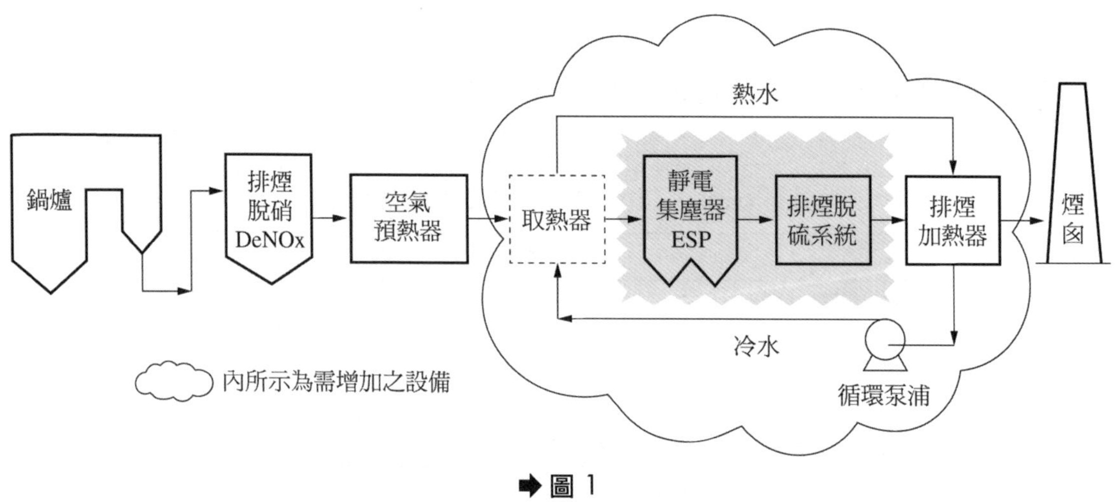

➡ **圖 1**

這樣的改善，除了可以解決白煙問題外，在裝了排氣加熱器後，進入 ESP 之煙道氣溫度會降低至接近 SO_3 露點，煙道氣中的飛灰供了 SO_3 在飛灰表面冷凝的核種從而形成硫酸液滴並與帶鹼性的飛灰中和，之後於 ESP 中捕集去除。

另外由於煙道氣溫度降低，體積減少使進入 ESP 之流速下降、濕度上升及凝結的硫酸液滴也使飛灰粒徑上升並增加其導電性，有利於提高 ESP 之除塵效率。

氮氧化物(NO_x)的控制

Air Pollution Control
Theory and Design

6-1 概　述

一、氮氧化物

NO_x – NO 及 NO_2 之總稱，其中 95%為 NO。

二、NO_x 之影響

1. 直接危害人體健康。
2. 妨害植物生長。
3. 生成光化學氧化物，通稱為煙霧（Smog 是 Smoke 和 Fog 之併稱）。NO_x 在陽光照射下會與碳氫化合物作用生成以臭氧(O_3)為主的氧化物，臭氧會對呼吸器官造成嚴重傷害，吸入 Smog 會刺激肺及加重哮喘，1960 年代末期美國洛杉磯曾發生嚴重的煙霧災害，NO_x 即為元兇。
4. 造成酸雨，NO_x 在大氣中經過一連串的複雜反應，最後可轉化為硝酸。

三、我國現階段 NO_x 排放濃度上限（96 年國家標準）

氣體燃料：150ppm

液體燃料：250ppm

固體燃料：350ppm

6-2 NO_x 成因及防制原理

一、NO_x 成因

在燃燒過程中所產生的 NO_x 主要有下述三種：

1. 熱氮氧化物(Thermal NO_x)：空氣中 N_2 受熱氧化而形成的 NO_x。
2. 燃料氮氧化物(Fuel NO_x)：燃料中有機氮化物轉化而形成的 NO_x。

3. 激態氮氧化物(Prompt NO_x)：燃料經系列反應生成碳氫自由基，再與 N_2 形成會與 O_2 反應而生成 NO_x 的物質，以甲烷為例說明如下：

$$CH_4 \rightarrow CH_3 + H$$

$$N_2 + CH_3 \rightarrow NH_2 + HCN$$

$$HCH + H \rightarrow CN + H_2$$

$$CN + O_2 \rightarrow CO + NO$$

$$NH_2 + O_2 \rightarrow H_2O + NO$$

二、燃料與 NO_x 之產生

1. 以天然氣及輕質油料為燃料時，NO_x 主要來自熱氮氧化物。
2. 以重油為燃料時，燃料氮氧化物約占總 NO_x 量的 50%。
3. 以煤為燃料時，燃料氮氧化物約占總 NO_x 量的 80%。
4. 不同燃料燃燒所生成之 NO_x 種類及其所占百分比如圖 6.1 所示。

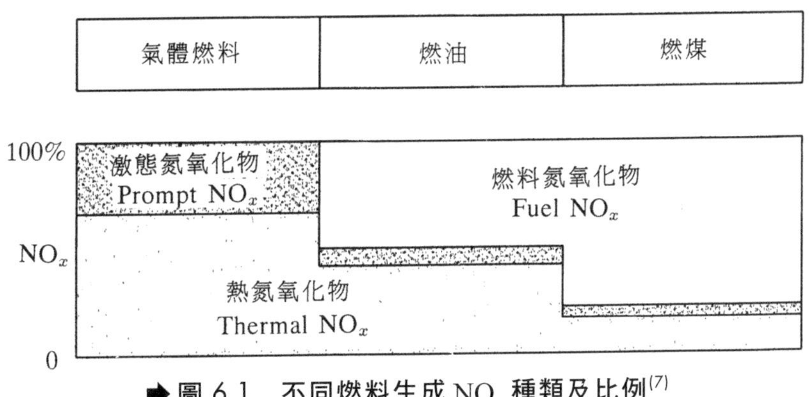

圖 6.1 不同燃料生成 NO_x 種類及比例[7]

三、熱氮氧化物的成因及防制

1. 反應式

在高溫狀態下，且有過剩 O_2 時產生，可能之反應機構如下：

$$O_2 \rightarrow O + O$$

$$N_2 + O \rightarrow N + NO$$

$$N + O_2 \rightarrow O + NO$$

$$H_2O \rightarrow OH + H$$

$$N + OH \rightarrow NO + H$$

2. 影響因素

實驗數據顯示，NO 之濃度受溫度之影響最大，而且受 N_2、O_2 濃度及反應時間影響，關係如下：

$$[NO] = K_1 e^{(-k_2/T)} [N_2][O_2]^{1/2} \cdot t$$

T：燃燒溫度

t：反應時間

3. 防制方法

因此要降低熱氮氧化物可採下列方式：

(1) 降低 N_2 含量：因空氣中 N_2 之體積比達 0.79，控制不易，故不擬控制。

(2) 降低 O_2 含量：可以低過剩空氣法(Low Excess Air, LEA)、分段燃燒法達到此一目的。

(3) 降低最高燃燒溫度：可利用煙氣循環法及低空氣預熱法。

(4) 減少在高溫之停留時間：煙氣循環法。

四、燃料氮氧化物的成因及防制

1. 反應式

燃料中的含氮化合物通常是以卡唑(Carbazole)，吡啶(Pyridine, C_5H_5N)及奎啉(Quinoline)等形態存在。在燃燒時這些物質會分解或氧化為 CN、NH、NH_2 等分子然後再進一步氧化為 NO。

$$\text{Fuel N} \rightarrow \text{HCN} \rightarrow \text{NH} 、 \text{NH}_2 \xrightarrow{O_2} \text{NO}$$

2. 影響因素

除了上述反應外，還有一些反應會阻止或減少 NO 的生成，例如：

$$N + NO \rightleftarrows N_2 + O$$

$$NH + NO \rightleftarrows N_2O + H$$

在氧氣不足的情況下，特別有利於上述反應之進行。另外，與熱氮氧化物相反的是燃料氮氧化物對燃燒區溫度不太敏感，尤其是用煤作燃料時。但是，燃料/空氣的混合狀況對燃料氮氧化物的影響很大，通常混合越好，NO_x 越多。

3. 防制方法

基本上，要減少 Fuel NO_x 的最好方法是將低過剩空氣法、分段燃燒法及改良式燃燒法一併使用。

6-3 NO_x 防制方法

一、前言

可分為下列 4 種：

1. 燃燒前處理：燃料低氮化處理。
2. 操作方式之改良。
3. 燃燒設備改良。
4. 燃燒後廢氣處理。(見 6-4 節)

二、燃料低氮化處理

1. 針對液態燃料，如目前使用之重油及未來可能之煤液化燃料及油頁岩，發展加氫脫氮(Hydrodenitrogenation, HDN)製程，開發新的 HDN 觸媒。
2. 煤炭無法加氫脫氮處理，故盡量採用低氮煤炭。

三、操作方法之改良(Operational Modification)

歸納起來有下列幾種方法：低過剩空氣(Low Excess Air, LEA)、低預熱空氣溫度(Reduced Air Preheat, RAP)、偏異燃燒控制(Fuel Biasing)及燃燒器空氣分配(Burners Out of Service, BOOS)。

1. 低過剩空氣(LEA)

   燃料若能完全燃燒而沒有過剩空氣就不會有 NO_x 生成，為目前較常用之控制技術，其效果端視燃料種類而定。

   對燃料氣／燃料油其 NO_x 主要來自 Thermal NO_x，可減少約 25%NO_x，但對重油及煤炭，因其 NO_x 主要來自 Fuel NO_x，故效果有限，只能減少約 5%。
   根據統計，平均降低 1%之過量氧氣即可減少約之 5ppm 的 NO_x，同時又可提高約 0.4%的燃燒效率。

   以六號燃料油為燃料時，燃燒氣體 NO_x 之濃度約為 200~350ppm，而國內現階段 NO_x 排放濃度上限分別為 150/250/350ppm（氣體／液體／固體燃料），但美國標準為 100ppm，因此若要降至美國標準，則 NO_x 濃度得減少 35~65%以上，僅賴 LEA 法是無法達成此一目標的，必須配合其他方法才可。

   圖 6.2 所示為燃燒氣體中 NO 及 CO 濃度與過量空氣的關係。

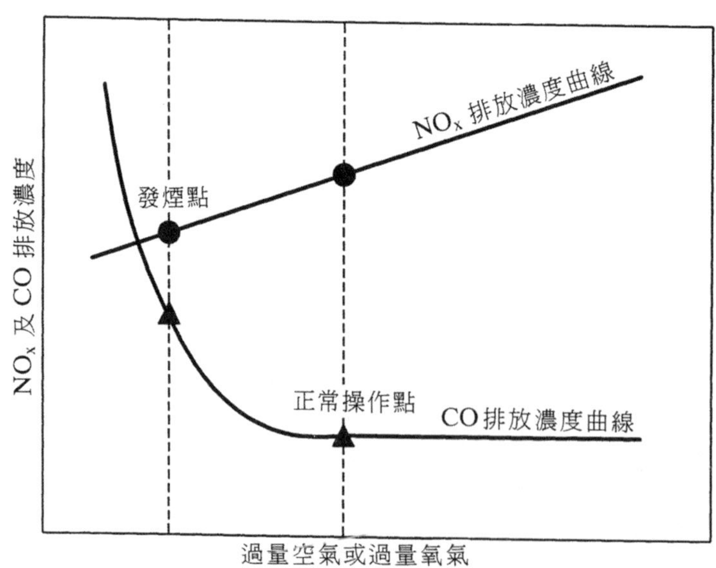

➡圖 6.2　NO, CO 濃度與過量空氣之關係[7]

2. 低預熱空氣溫度(RAP)

工廠之加熱爐為了節約能源通常設有空氣預熱器來加熱一次空氣(Primary Air)，結果使得火焰溫度升高而促進 NO_x 之生成。降低空氣預熱程度可以降低火焰溫度而減少 NO_x，但也會降低能源效率。本法主要是降低 Thermal NO_x，因此對使用燃料氣及輕質燃油之場合較為有效。

3. 偏異燃燒控制(Fuel Biasing)及燃燒器空氣分配(BOOS)（均是分段燃燒法的一種）
   (1) 偏異燃燒控制：在燃料過量之第一次燃燒後再加入補充空氣使剩餘燃料完全燃燒。本法須有較精密的操作技巧，NO_x 約可降低 7%。
   (2) 燃燒器空氣分配：將位於較外圍或較高位置的燃燒器(Burner)之燃料切斷而只供應空氣之操作方式，如圖 6.3 所示，此法通常適用於操作量較大的加熱爐，NO_x 約可降低 35%。

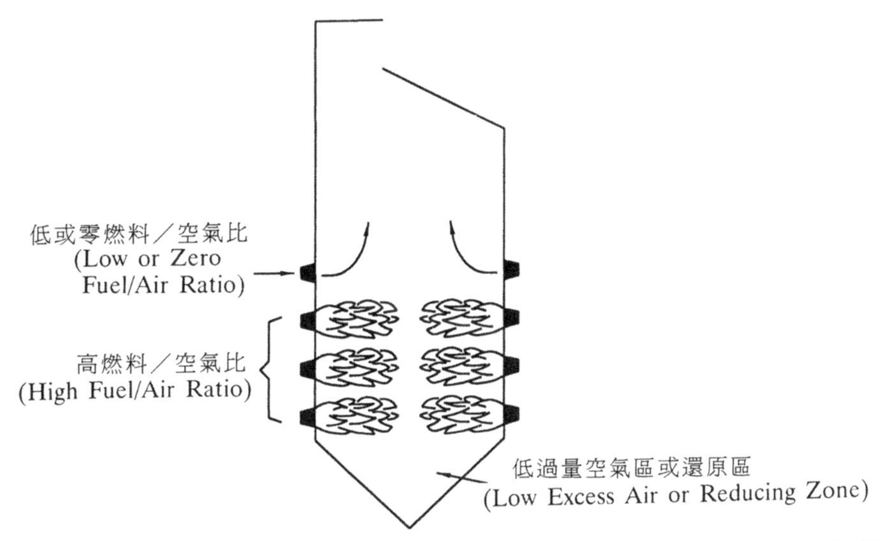

➡圖 6.3 偏異燃燒控制(Fuel Biasing)及燃燒器空氣分配(BOOS)示意圖[7]

   (3) 以這兩種方法操作有下列好處：
      (a) 可降低燃燒室的最高燃燒溫度。
      (b) 減少燃燒區之 O_2 濃度。

可說是一種對降低 Thermal NO_x 及 Fuel NO_x 雙管齊下的方法。低過剩空氣配合分段燃燒法為降低 NO_x 排放濃度相當有效的方法，一般可降低約 40%的 NO_x。

四、燃燒設備改良

主要有下列幾種方法：煙道氣再循環(Flue Gas Recirculation, FGR)、高位置空氣供應(Over Fire Air, OFA)、水或蒸汽注入(Water or Steam Injection)、低 NO_x 燃燒器(Low NO_x Burner, LNB)及廢氣再燃燒(Reburning)，以下加以介紹。

1. 煙道氣再循環(FGR)

   將燃燒後的廢氣再導入加熱爐燃燒，可降低火焰溫度並降低廢氣中含氧量，由於過剩氧氣減少，燃燒時即能有效抑制空氣氮氧化反應(Thermal NO_x)。但是對於燃料氮氧化反應(Fuel NO_x)之抑制較無效果。此法需將廢氣直接導入爐膛內的火焰，而不是只進入爐膛內循環而已，所以需修改加熱爐的部分結構，並增設可耐高溫的鼓風設備，故設備及操作費用較為昂貴。如果有空氣預熱裝置，則除了原有強制送風扇外，亦需增設一臺煙道氣循環風扇。一般而言，循環回去爐膛的廢氣量越多，NO_x 的減量效果越好，但是驅動鼓風機需消耗較多能源。循環風扇可設置在空氣預熱器進口或出口。再循環廢氣量的多寡影響了 NO_x 的降低量，對於較輕質的燃料（例如柴油）如控制廢氣循環量在 25%，可降低 NO_x 約 60%。

2. 高位置空氣供應(OFA)

   此法屬於階段式燃燒(Staged Combustion)的改良方法，亦即先使燃料在空氣不足的狀態下燃燒，然後在燃燒器上方或側方再注入空氣使其完全燃燒。由於在一次燃燒時火焰溫度降低，故可減少 NO_x 的生成。此法通常配合低過剩空氣(LEA)技術可得到更好的效果。

   基本上，階段式燃燒所利用的觀念為：

   燃料中之氮
   - 燃料不足場合下→NO 生成
   - 燃料過量場合下→N_2 生成

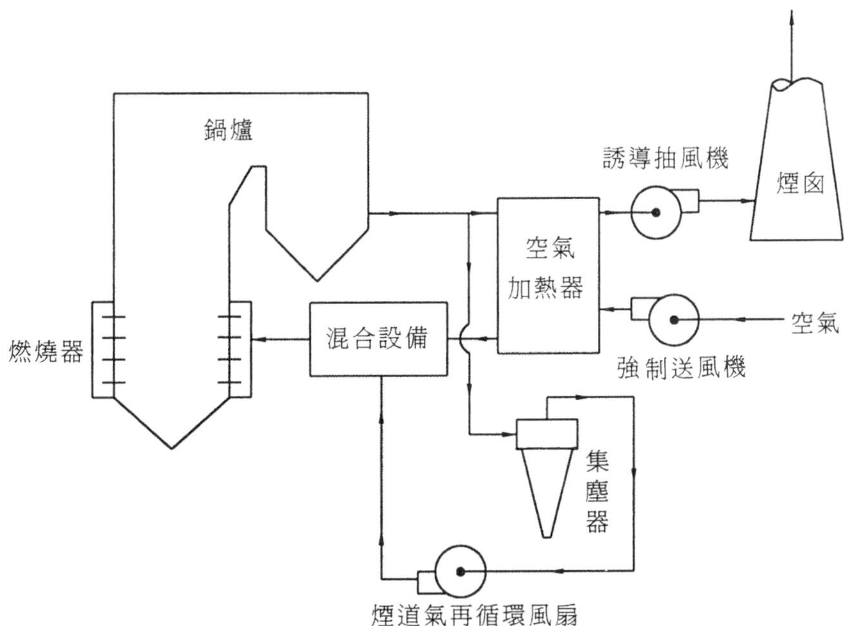

- 對於不含氮之燃料較為有效（如燃料氣、輕質燃油）
- 使用限制
  - 火焰之穩定性 (Flame Stability)
  - 熱通量分布曲線 (Heat Flux Profile)

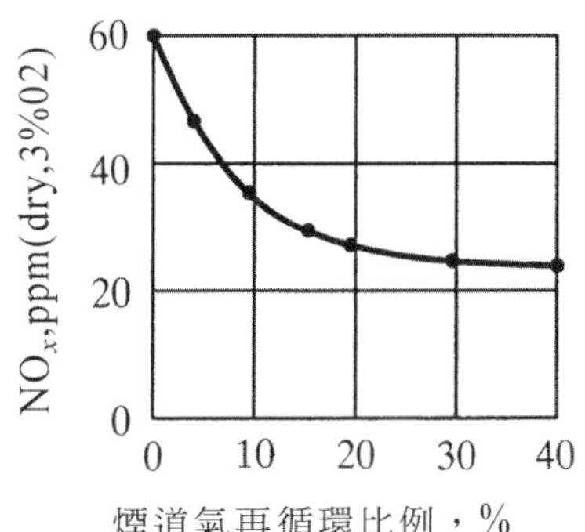

➡ 圖 6.4　煙道氣再循環(FGR)流程圖[7]

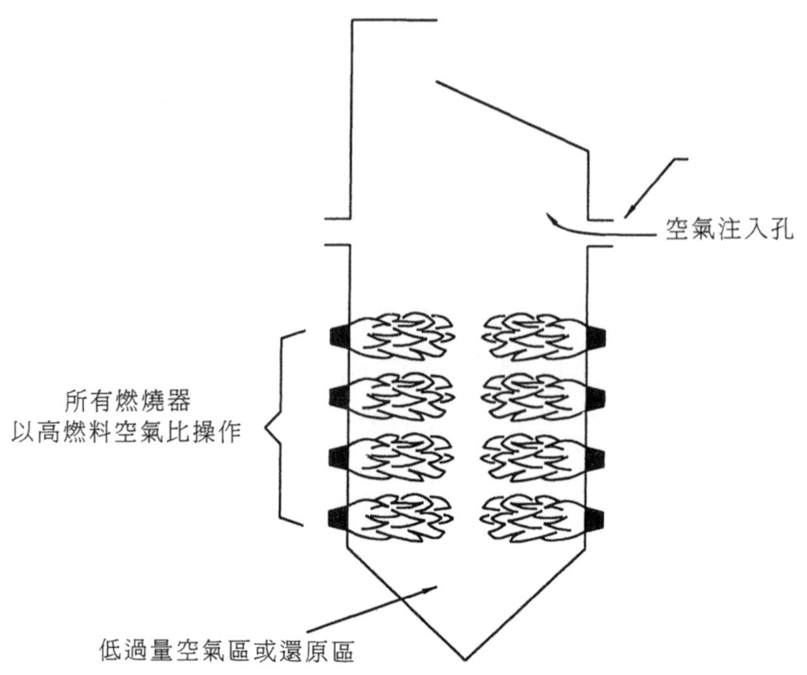

➡ 圖 6.5 高位置空氣供應(OFA)示意圖[7]

3. 水或蒸汽注入

注入水或蒸汽可降低燃燒火焰溫度，故可減少 NO_x 生成。但此法較消耗能源，通常用於氣渦輪機(Gas Turbine)，原因是注入的水及蒸汽最後仍成為廢氣的一部分，可用以推動汽渦輪機的葉輪(Impeller)產生動力，可抵銷耗費能源的不利因素。

4. 低 NO_x 燃燒器(LNB)

(1) 設計觀念

利用特殊設計之燃燒器來達到降低 NO_x 之目的。主要是利用階段式燃燒的原理來設計燃燒器以達到降低燃燒溫度以及調整空氣供應方式以抑制 NO_x 之生成，其設計之理念如圖 6.6 所示。

LNB 設計上有階段式供應空氣(Staged-Air Burner)及階段式供應燃料(Staged-Fuel Burner)兩種。

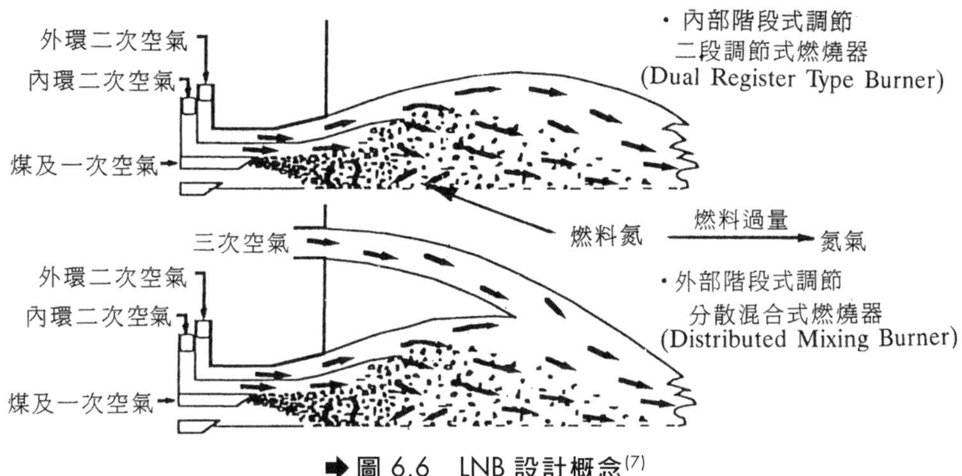

➡ 圖 6.6 LNB 設計概念[7]

(2) 階段式供應空氣燃燒器（圖 6.7）

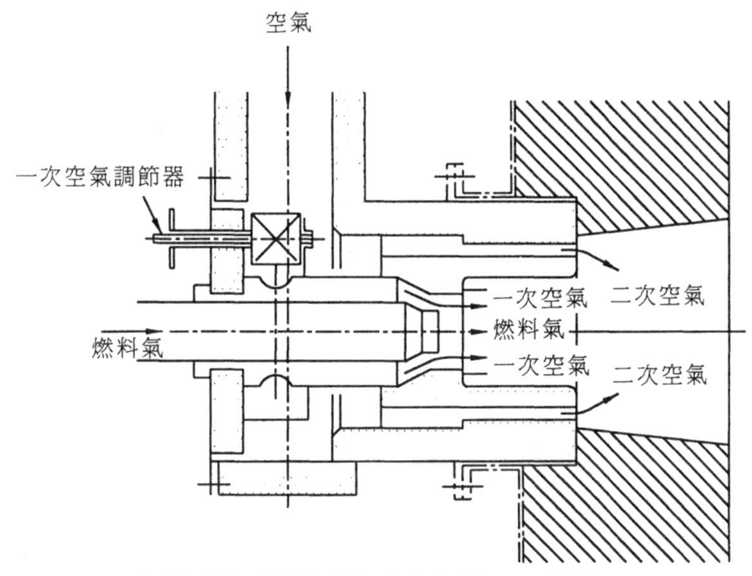

➡ 圖 6.7 階段式供應空氣低 NO_x 燃燒器

燃燒所需空氣分二段供給，第一次供給空氣量為所需空氣量之 20 至 70%，由於氧氣不足及燃燒溫度降低，故可抑制 NO_x 的生成，剩下的空氣則由二次空氣進氣孔注入，使未完全燃燒氣體在稀薄燃料狀態下進行，一方面使燃燒完全且燃燒溫度亦可不致太高，使得 NO_x 之生成可有效予以控制。

(3) 階段式供應燃料燃燒器（圖 6.8）

LNB 因火焰較長，通常只能用在爐膛較深之加熱爐或鍋爐。

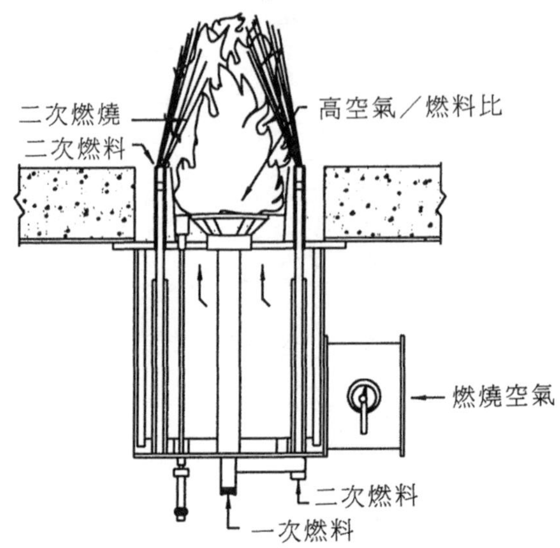

➡ 圖 6.8　階段式供應燃料低 NO_x 燃燒器[7]

5. 廢氣再燃燒(Reburning)

將廢氣再與燃料及空氣接觸，進一步燃燒，可以降低 NO_x 約 50%。使燃料及空氣與廢氣在燃嘴火焰外接觸，該區稱為後燃燒區（並非加入火焰直接燃燒）。這是與廢氣再循環(FGR)不同之處。本法是使燃料及空氣先在主燃燒區完全燃燒，所產生的 NO_x 隨著廢氣與燃料及空氣在後燃燒區接觸後部分再還原成氮氣。主燃燒區的溫度約在 900~1000℃，而後燃燒區的溫度可達到 1300~1540℃，還原反應在此發生。由於本方法效果並不顯著，以天然氣或柴油為燃料的加熱爐由於其 NO_x 產生並不多，故通常不使用本方法。基本上，重質燃料燃燒產生的 NO_x 較多，使用本法可以在較小的投資額下，達到較明顯的效果。

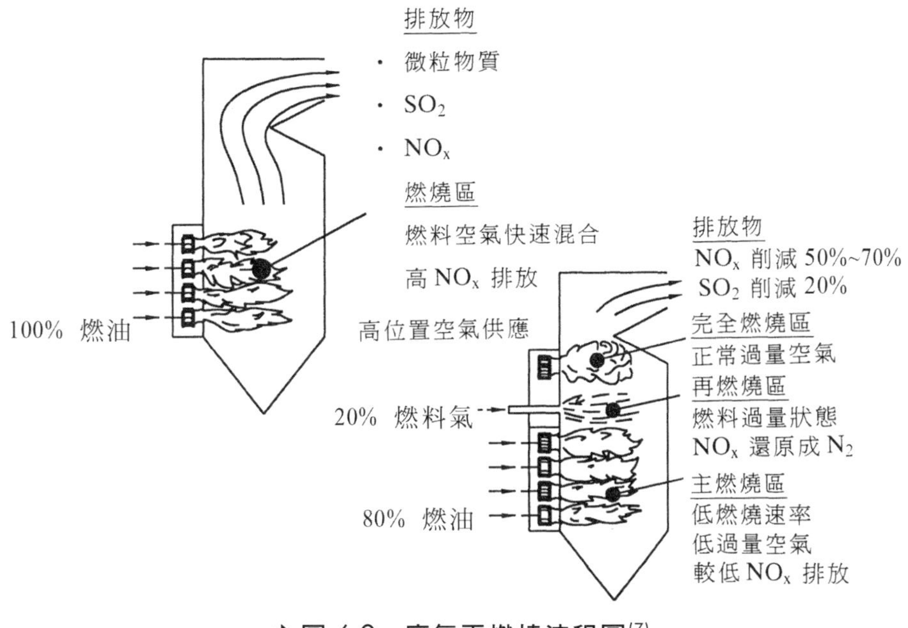

➡圖 6.9 廢氣再燃燒流程圖[7]

燃燒改良對加熱爐操作性能之影響為：

(1) 一氧化碳濃度增加。

(2) 微粒排放量增加。

(3) 可能會有未燃燒完全之炭粒排出。

(4) 爐膛熱吸收分布狀況之改變。

(5) 能源效率之降低。

6-4 燃燒後廢氣處理

燃燒後產生的廢氣可利用化學反應的方法，將 NO_x 轉化成無汙染的氮氣。由於控制燃燒技術僅能減少一部分的 NO_x，要達到大幅度減量，則需要藉助脫硝反應的處理。常用的廢氣脫硝處理技術有：

1. 選擇性無觸媒脫硝反應技術(Selective Noncatalytic Reduction, SNCR)，主要有 NO_x OUT 及 Thermal De NO_x 兩種方式。
2. 選擇性觸媒脫硝反應技術(Selective Catalytic Reduction, SCR)。

一、選擇性無觸媒脫硝反應技術

1. NO_x OUT

為 Nalco Fuel Tech.推出之脫硝方法，其主要反應如下

$$2NH_2CONH_2 + 4NO + O_2 \xrightarrow{1800\sim2000^{\circ}F} 4N_2 + 4H_2O + 2CO_2$$

反應只在相當狹窄的溫度範圍內進行，當反應溫度低於此溫度範圍時，會形成 NH_3，若反應溫度高於此溫度範圍時，NO_x 的還原率會降低。

2. Thermal De NO_x

(1) 反應式

為 Exxon Research and Engineering company 推出之脫硝方法，其主要反應如下：

$$NO_x + NH_3 + O_2 + H_2O + (H_2) \xrightarrow{1600\sim2200^{\circ}F} N_2 + H_2O$$

$$NH_3 + O_2 \rightarrow NO_x + H_2O$$

正常的反應溫度範圍在 1600°F~2200°F 之間，當溫度降低至 1300°F 時，為維持有效的脫硝反應，在注入 NH_3 時需伴隨注入 H_2。而當煙道氣高溫時 $(T > 2200^{\circ}F)$ 注入的 NH_3 反而使 NO_x 增加。

(2) 注意事項

在正常反應過程中，會有少許 NH_3 沒有參與反應而造成 NH_3 的溢出(Slipage)，在低溫下，過剩溢出的 NH_3 會與硫或氯成分反應而形成複雜的鹽類，其反應如下：

(a) 當煙道氣溫度降至 600°F 以下時，NH_3 會與 SO_3 及蒸汽反應生成 $(NH_4)HSO_4$ 及 $(NH_4)_2SO_4$，在商業化加熱爐的實際測試結果顯示，只要定期水洗即可去除硫化物的沉澱物，加熱爐的空氣預熱器並無阻塞或腐蝕的困擾。

(b) 當煙道氣溫低於 250°F 時，NH_3 會與 HCl 反應而形成 NH_4Cl，造成煙囪不透光率增加的不良結果。

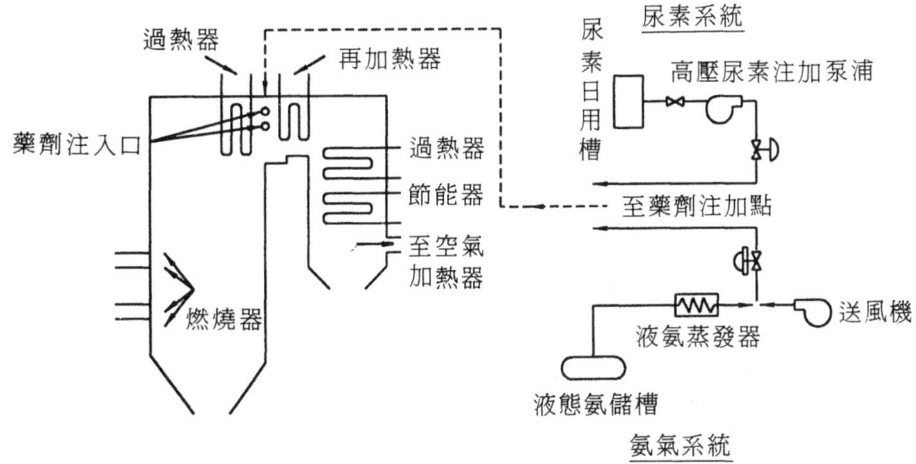

➡圖 6.10 SNCR 配置（尿素系統與氨氣系統）[7]

綜合上述，NH_3 的溢出量最好控制在 10ppm 以下，控制注射位置及注射混合效果對於降低溢出量是兩個重要的因素。

二、選擇性觸媒脫硝反應技術

1. 反應式

本法以 NH_3 為還原劑，經過觸媒將 NO_x 還原為 N_2，其主要反應如下：

$$4NO + 4NH_3 + O_2 \rightleftarrows 4N_2 + 6H_2O \quad (6\text{-}1)$$

$$2NO_2 + 4NH_3 + O_2 \rightleftarrows 3N_2 + 6H_2O \quad (6\text{-}2)$$

由於 NO_x 中 NO 含量達 90~95%，因此第一個反應最重要，所以 NH_3/NO_x 比值應保持在 1 左右。由於 O_2 是必要的，因此至少要維持在 3%以上。為瞭解反應情況，通常須測量反應後廢氣中 NH_3 的含量，稱為氨溢出量(Ammonia Slipage)，其控制量約為 3ppm。

2. 注意事項

常用之觸媒為 TiO_2-V_2O_5 型，其反應溫度約為 600~750°F (315~400°C)，廢氣中之硫化物、鉀、砷容易使觸媒中毒，在操作上須注意：

(1) 盡量避免硫酸銨鹽或硫酸氫鹽的產生。

(2) 鉀會吸附在 V_2O_5 觸媒表面上，須定期以 80°C 熱水清洗再生(1hr)，以恢復觸媒活性。

(3) 若廢氣中含有砷，觸媒活性在 1000 小時操作時間內即可能衰退 50%以上。

(4) 如果使用重質燃油或固體燃料，廢氣中含有較多的灰分，易造成觸媒床堵塞，故需在反應器進口增設靜電除塵設備(EP)。使用輕質油料或燃料氣，則較無灰分的問題，不必再裝置除塵設備。（裝置圖參考圖 6.11）

3. 脫硝反應裝置的設計考慮因素有：

(1) 氣體流量。

(2) 氣體溫度。

(3) 氣體成分：水蒸汽百分比、O_2 百分比、 NO/NO_2 的量、 SO_2 及其他會造成觸媒活性降低之抑制劑含量。

(4) 排放氣體預期 NO_x 濃度及氨溢出量。

(5) 壓降。

(6) 若欲就現有工廠加裝時，須考慮修改之導管方向與尺寸。

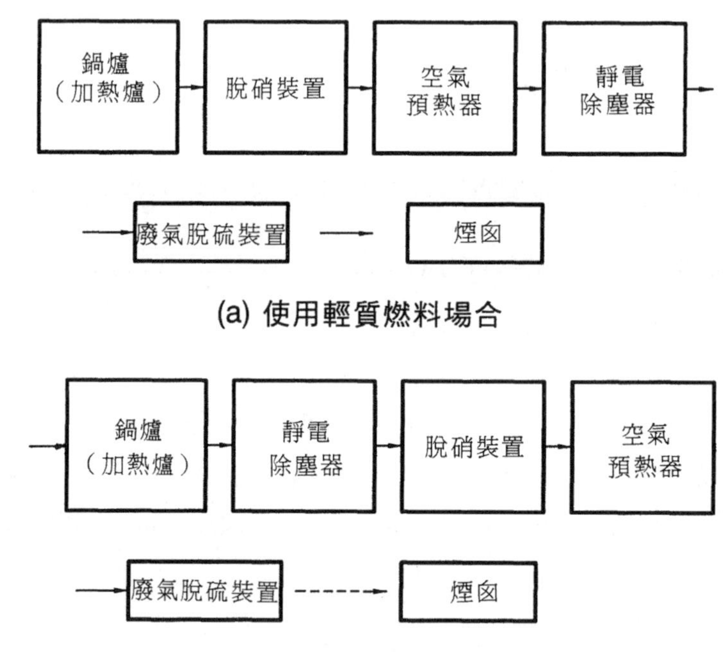

➡圖 6.11　選擇性觸媒脫硝系統(SCR)配置圖

三、SNCR/SCR 與其他脫硝方法之比較

1. SNCR/SCR 與其他脫硝方法比較有如下之優缺點：

優點	缺點
(1) 較高之脫硝率 (2) 容易改裝在現有設備上 (3) 較小安裝空間 (4) 較低安裝費用 (5) 安裝快速 (6) 操作簡單可靠	(1) SCR 反應器媒床發生偏流現象(Channeling)或飛灰堵塞觸媒表面孔洞，導致反應性能降低，操作溫度大於 400°C，可能造成觸媒燒結(Sintering)。 (2) NH_3 注加控制不易，未參與脫硝反應或過剩的 NH_3 可能溢出排至大氣(NH_3 Slipage)。 (3) NH_3 注加管嘴(Nozzle)遭飛灰沖蝕破損，致 NH_3 注加霧化不良，除造成 SCR 脫硝效率降低外，亦可能造成 NH_3 Slipage；可採用 304 不鏽鋼材質提升抗磨性，且可避免鐵屑堵塞注加孔（管嘴）。 (4) 過量 NH_3 會與煙道氣中的 SO_3 反應生成$(NH_4)_2SO_4$及$(NH_4)HSO_3$（具黏稠性），可能在下游空氣預熱器中造成堵塞及腐蝕現象，與 HCl 生成 NH_4Cl 造成煙囪排氣不透光率增加之不良後果。 (5) 被$(NH_4)_2SO_4$ 等鹽類及飛灰阻塞的空氣預熱器會使其差壓上升，導致引風機(IDF)運轉電流上升，降低能源使用效率，增加 CO_2 排放量，須停車清理水洗，影響電廠供電穩定性。在操作管理上可使用清洗設備如吹灰器（使用高壓蒸汽），清除空氣預熱器之阻塞物。 (6) 副產品 N_2O 雖不會形成酸雨，但仍為促進溫室效應的一種化合物。 (7) NH_3 為法定危險性物質，若儲存量超過法定數量(5000Kg)，依法須進行危險工作場所審查作業，經審查合格後才可使用。

2. SNCR 及 SCR 特點如下：

項目	SNCR	SCR
脫硝率	較低（約 80%）	較高（高達 90%）
安裝、操作成本	低	高
二次公害（固體廢棄物）	無	廢觸媒須另作處理
NH_3 需求	NO_x OUT 不需要 Thermal NO_x 需要	需要
製程操作	簡單、可靠	複雜，觸媒壽命難以預測，須定期進行觸媒取樣分析及活性效能測試，必要時更換觸媒以維持良好的反應活性，除了可減少 NH_3 注加量外（降低成本），亦可避免 NH_3 Slipage 及其衍生之空氣預熱器阻塞問題

3. 各種脫硝方法之成本及效果比較（圖 6.12）

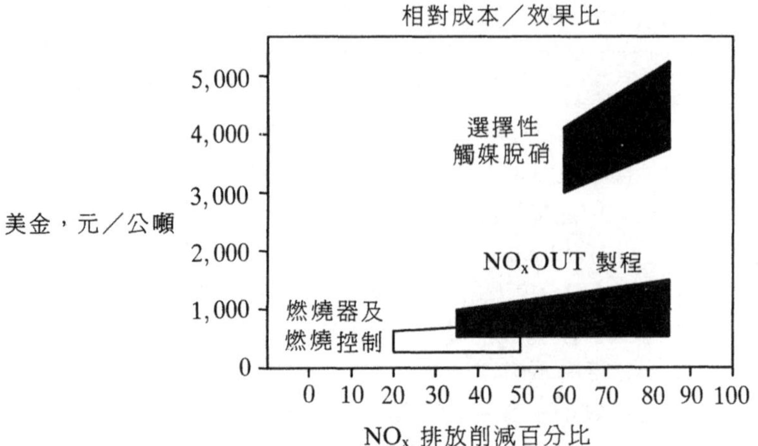

➡圖 6.12　各種脫硝方式其脫硝率與費用關係

【補充說明】

(1) 催化分解法：利用觸媒直接將 NO_x 分解為 N_2 及 O_2，但尚無商業化實績。

(2) 吸收：NO_x 可利用適當的吸收液進行吸收，但其中 NO 與 NO_2 的比例有一定的限制。若使用鹼性吸收液時，最佳的吸收條件為 NO 與 NO_2 的莫耳比為 1：1，因此須先將半數的 NO 氧化成 NO 之（∵NO_x 中 95%為 NO）或在氣體中加 NO_2 調理。另外亦可使用硫酸來吸收 NO，唯目前尚積極研究中。

(3) 吸附：比起其他吸附材，活性碳具有很高的吸附速率和能力，然而除了再生問題外，因煙道氣中含有 O_2，有著火燃燒及爆炸危險。氧化錳及鹼性氧化亞鐵吸附劑具有發展潛力，唯吸附材之損耗為其最大障礙。

6.2 一發電廠煙道廢氣中含有 1000 ppm 的 NO，在一大氣壓及 573 K 下其排放率為 $1000\ m^3/s$。使用選擇性觸媒還原系統去除 75%的 NO，試計算所需之氨(Ammonia)量為多少 Kg/hr？ **（83 年專技檢覆）**

解 NO 於選擇性觸媒還原系統中之反應式如下：

$$4NO + 4NH_3 + O_2 \rightarrow 4N_2 + 6H_2O$$

在 573 K 下，NO 排放率為

$$1000\ \text{ppm} \times 1000\ m^3/s = 1\ m^3/s = 3600\ m^3/hr$$

在 298 K 下，NO 排放率為

$$3600 \times \frac{298}{573} = 1872.25\ Nm^3/hr$$

相當於 $1872.25/24.45 = 76.57\ \text{Kg-mole/hr}$

∵NO 去除率為 75%

依化學計量式，所需之 NH_3 量為

$$76.57 \times 0.75 = 57.45\ \text{Kg-mole/hr} = 976.3\ \text{Kg/hr}$$

6.3 假設有一鍋爐，每小時燃燒 60 公噸之燃料，燃料中含氮 3%，在 1600 K 溫度下燃燒，假設燃料中之 N 全部變成 NO，現擬用 SCR 去除 95%之 NO，請問此工廠每日至少須用多少公斤之氨？ **（85 年專技檢覈）**

解 每小時燃料燃燒後產生之 NO 量為

$$60\times10^3\ \text{Kg}\times0.03/14=128.6\ \text{Kg-mole/hr}$$

SCR 反應式為

$$NO+NH_3+\frac{1}{4}O_2 \rightleftarrows N_2+\frac{3}{2}H_2O$$

∴ NH_3 需要量為

$$128.6\times0.95\times17\ \text{Kg/Kg-mole}\ NH_3\times24\text{hr}$$

$$=49845\ \text{Kg/d}$$

6.4 某電廠排放廢氣中 NO_x 濃度為 800 ppm，廢氣流率在 300°C，1 atm 下為 2×10^6 acfm，若使用 SCR 系統擬去除 75%之 NO_x，試計算每天所需要之氨用量。 **（85 年專技檢覈）**

解 300°C，1 atm 條件下，廢氣流量為 2×10^6 acfm

換算為 0°C，1 atm 條件，廢氣流量為

$$2\times10^6\ \text{acfm}\times\frac{273}{(300+273)}=952880\ \text{cfm}$$

$$=26983\ \text{m}^3/\text{min}$$

NO_x 體積流量相當於（0°C，1 atm 條件下）

$$26983\times800\times10^{-6}=21.6\ \text{m}^3/\text{min}$$

$$=21.6/22.4=0.964\ \text{Kg-mole/min}$$

SCR 反應式為

$$NO + NH_3 + \frac{1}{4}O_2 \rightleftarrows N_2 + \frac{3}{2}H_2O$$

$$NO_2 + 2NH_3 + \frac{1}{2}O_2 \rightleftarrows \frac{3}{2}N_2 + 3H_2O$$

通常 NO_x 中含 NO 90~95%

去除 75% NO_x 所需之保守 NH_3 量為（假設 NO_x 中 90%為 NO, 10%為 NO_2 ）

$$0.964 \times 0.75 \times 0.9 + 0.964 \times 0.75 \times 0.1 \times 2$$

$$= 0.7953 \text{ Kg - mole / min}$$

$$= 19{,}469 \text{ Kg / d}$$

6.5 兩種空氣汙染控制設備之氮氣化物去除效率分別為 60%及 80%，則將其串聯後之總去除效率為多少？ **（94 年高考三級）**

解 經串聯二段處理後，NO_x 於第二段出口之濃度降為

$$(1-0.6)\times(1-0.8) = 0.4 \times 0.2 = 0.08$$

∴總去除效率為 92%

6.6 (1) 何謂熱式氮氧化物(thermal NO_x)？其與燃料式氮氧化物(fuel NO_x)有何不同？

(2) 試列出兩種常用以降低燃燒過程中氮氧化物生成之技術，並分別說明其原理及效率。

(3) 試說明選擇性觸媒還原法(SCR)及選擇性非觸媒還原法(SNCR)之異同。

(84、95 年普考，90 年、96 年高考三級，87 年、91 年專技高考)

解 (1) 請參閱 6-2 節說明。

(2) 請參閱 6-3 節說明，特別要掌握及瞭解有關低過剩空氣(LEA)、低 NO_x 燃燒器(LNB)及 6-4 節燃燒後廢氣處理（SNCR 及 SCR）之控制原理及效率。

(3) 請參閱 6-4 節說明。

6.7 試詳述哪些燃燒控制方法可抑制氮氧化物之生成？（103 年高考三級）

解 抑制 NO_x 生成之燃燒控制方法主要有下列幾種：

(1) 低過剩空氣(Low Excess Air, LEA)法：

對燃氣／燃油系統其 NO_x 主要來自 Thermal NO_x，可減少約 25%NO_x，但對重油及煤炭，NO_x 主要來自 Fuel NO_x，僅能降低約 5% NO_x。

(2) 低預熱空氣溫度：降低空氣預熱程度可降低火焰溫度，而減少 Thermal NO_x 生成，對燃氣及輕質燃油系統較有效。

(3) 偏異燃燒控制(Fuel Biasing)：屬分段燃燒控制，在燃料過量之第一次燃燒後（高燃料／空氣比）再補入空氣使剩餘燃料完全燃燒，約可降低 NO_x 7%。

(4) 燃燒器空氣分配(BOOS: Burner out of Service)：將位於較高位置的燃燒器燃料切斷而只供應空氣之操作方式，亦屬分段燃燒控制，約可降低 NO_x 35%。

6.8 請說明控制工業鍋爐燃燒產生氮氧化物的各種不同型式低氮氧化物燃燒器(Low NO_x Burner)設備內容，並說明這些設備的方法原理。

（109 年專技高考）

解 Low NO_x Burner 主要是利用階段式燃燒方式達到降低燃燒溫度，以及調整空氣供應方式達到抑制 NO_x 生成之目的。在設計上有階段式供應空氣(Staged-Air Burner)及階段式供應燃料(Staged-Fuel Burner)兩種，其方法及原理分別說明如下：

(1) 階段式供應空氣 LNB

燃燒所需空氣分二段供給，第一次供給空氣量為所需空氣量之 20~70%，由於氧氣不足及燃燒溫度降低，故可抑制 NO_x 的生成，剩下的空氣則由二次空氣孔注入，使未完全燃燒氣體在稀薄燃料狀態下完全燃燒，可使燃燒溫度不致太高以有效控制 NO_x 生成。

(2) 階段式供應燃料 LNB

在一次燃料側為高空氣／燃料比狀態下燃燒（i.e.稀薄燃料燃燒），以降低燃燒溫度，抑制 NO_x 生成；二次燃料再由較上方之注入孔補入，此種 LNB 因火焰較長，通常只能用在爐膛較深之加熱爐或鍋爐。

6.9 請比較說明三種控制氮氧化物的方法，並計算如採用 SCR 處理，當處理 900 kg/hr 排放之 NO（假設其處理效率是 90%），每天所需之氨消耗量是多少？

（110 年高考三級）

解

(1) 三種控制 NO_x 的方法

除了使用 Low NO_x Burner 外，另有燃燒後廢氣脫硝處理如 SNCR 及 SCR，詳細說明參見 6-4 節一、二、三說明。

(2) SCR 反應式

$$4NO+4NH_3+O_2 \xrightleftharpoons{TiO_2/V_2O_5} 4N_2+6H_2O$$

NO 分子量為 30 kg/kg-mole

900 kg/hr NO 相當於 30 kg-mole，若處理效率為 90%

NH_3 消耗量為 30/0.9=33.33 kg-mole/hr

每日 NH_3 消耗量=33.33×24×17=13,600 kg/d

MEMO

光化學反應

Air Pollution Control
Theory and Design

7-1 前　言

7-2 光氧化作用中 NO_x 的角色

7-3 碳氫化合物於光化學反應中 NO_x 的角色

7-4 光化學煙霧中刺激物之形成

7-5 光化學煙霧之汙染歷程

歷屆國家考試試題精華

7-1 前言

一、光的特性

工業及交通所排出的汙染物質進入大氣後，在常溫、常壓有陽光的氧化環境中，發生一系列化學變化，而形成新的汙染物質，亦即所謂二次汙染物。其化學反應可分為一般反應與光化學反應，其中以光化學反應最為複雜及重要。

光具有波動性與微粒性，亦即具有電磁波的性質，同時也是由具有能量的微粒或量子所組成。光作用於物質時，帶有能量的量子撞擊物質中的電子，將能量轉移給電子而引起光化學反應。光的波長越短，能量越大，紫外光所具有的能量可使氧分子分解為氧原子。

二、光與大氣層

地球表面大氣中的物質幾乎集中在對流層內，對流層大氣的質量約占整個大氣層質量的四分之三，水氣與 CO_2 幾乎完全集中在此層內。對流層以上，空氣相當稀薄，越高越稀。因此，當陽光射到大氣層時，發生吸收、反射、折射等作用，使陽光不能全部到達地表。

當陽光射到平流層上方的中間層、熱成層（電離層）時，紫外線非常強烈，氧分子被分解成為氧原子，而後又與氧分子結合，形成臭氧。

$$O_2 \xrightarrow{\text{紫外線}} O + O \text{，} O_2 + O \xrightarrow{\text{紫外線}} O_3$$

臭氧形成後，聚集在平流層，形成一層臭氧層，臭氧最集中的高度是 16 到 30Km。臭氧層具有吸收紫外線的能力，其最上部約可吸收太陽紫外線能量的 90%以上。因此，太陽紫外線幾乎全部被高層大氣所吸收而無法達到地面。到達對流層主要為波長 2900Å到 8000Å(0.29~0.8μm)的可見光部分（即紅、橙、黃、綠、藍、紫光）。

大氣汙染物質在可見光作用下進行一系列光化學反應。

7-2 光氧化作用中 NO_x 的角色

一、NO 之氧化

NO_x 自汙染源排出後，NO_x 中之 NO（約占 95%）藉反應氧化成 NO_2

$$2NO + O_2 \rightarrow 2NO_2 \quad \text{(7-1)}$$

NO_x 排出後因與大氣混合致使其濃度明顯降低，若 NO 於大氣中之濃度為 1ppm，其半衰期（百分之五十轉化所需時間）可大於 100 小時，NO 的濃度越低，則半衰期越長。然而，若有 O_3 存在，則即使 NO 在極低的濃度下（例如 0.1ppm），全部氧化所需時間可大幅度地縮短（只需 20 秒）。

二、NO_2 之光化學反應

NO_2 具有高度之光化學反應性。波長小於 0.38μm 之可見光，即可使 N-O 鍵斷裂，藉著反應式(7-1)中所產生之少量 NO_2，即可引起如下之一系列連鎖反應。

$$NO_2 \xrightarrow{hv} NO + O \quad \text{(7-2)}$$

$$O + O_2 + M \rightarrow O_3 + M \quad \text{(7-3)}$$

$$O_3 + NO \rightarrow NO_2 + O_2 \quad \text{(7-4)}$$

其中(7-3)式中 M 為空氣中之 N_2 或 O_2，如同上述（O_3 與 NO 反應極快）(7-2)~(7-4)式反應均是非常快速的，其光分解循環如圖 7.1 所示。

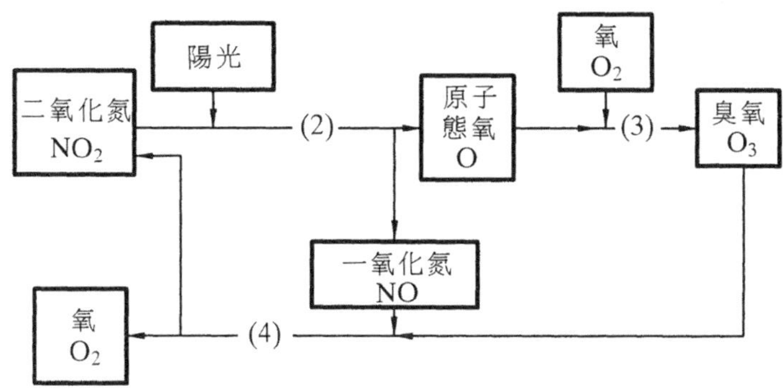

➡ 圖 7.1 大氣的二氧化氮光分解循環[1]

三、NO_2與 O_3之關係

理論上 O_3 之濃度為 NO_2 起始濃度的函數，10ppm 的 NO_2 大約會有 2.7ppm 之 O_3 產生，但事實上，NO_2 濃度通常不大於 10ppm 而 O_3 濃度卻可大於 2.7ppm，甚至於經常可達到 50ppm。可見得一定有某些機制使 NO 氧化成 NO_2 而不消耗 O_3，使 O_3 可逐漸累積。

四、其他反應式

反應可能包括許多其他物質如氮及氧等，這些反應包括下列各式：

$$O + NO_2 \rightarrow NO + O_2$$

$$O + NO_2 + M \rightarrow NO_3 + M$$

$$O + NO + M \rightarrow NO_2 + M$$

$$NO_3 + NO \rightarrow 2NO_2$$

$$NO_2 + O_3 \rightarrow NO_3 + O_2$$

$$NO_3 + NO_2 + M \rightarrow N_2O_5 + M$$

某些物質最後會從一系列的反應中被去除，例如由於大氣中蒸氣水滴的存在我們可得

$$4NO_2 + 2H_2O + O_2 \rightarrow 4HNO_3 \quad \text{(7-5)}$$

NO_2於氣相中亦會水解成

$$3NO_2 + H_2O \rightarrow 2HNO_3 + NO \quad \text{(7-6)}$$

(7-5)、(7-6)二反應式所得之硝酸皆可進一步反應生成硝酸鹽。

7-3 碳氫化合物於光化學反應中 NO_x 的角色

7-2 節中，(7-2)~(7-4)光化學反應式動力學方程式可表示為：

$$[O_3]=\frac{KI[NO_2]}{[NO]} \quad \text{......} \quad (7\text{-}7)$$

式中，I 表示光線之強度。

大氣反應複雜性之增加乃是因碳氫化合物之存在而引起，首先，由反應式(7-2)所形成之 O（氧原子）小部分可與許多有機化合物反應生成自由基(Free radical)

O+烯烴化合物(Olefins,Cn $H_{2n}(n\geq 2)$)→R・+RO・ ...... (7-8)

而反應式(7-3)所形成之 O_3 亦可與碳氫化合物反應生成自由基及醛類(RCHO)。

O_3 +RCH=CHR→RCHO+RO・+HCO・ ...... (7-9)

(7-9)式中所生成之醛類本身即為一種汙染物。自由基再進行下列反應：

R・+ O_2→ROO・(過氧基生成) ...... (7-10)

ROO・+NO→NO_2+RO・ ...... (7-11)

ROO・+ O_2→RO・+ O_3 ...... (7-12)

RCO_3・+ NO_2→PAN, PBN ...... (7-13)

反應式(7-11)除了增加$[NO_2]$濃度外，亦減少了 NO 於(7-4)式中與 O_3 反應的機會，因而提供了一個增加 O_3 濃度的機程。另外透過反應式(7-12)亦可使 O_3 之濃度增加。NO_2 則與碳氫化合物自由基 RCO_3 反應生成光化學汙染物如過氧硝酸乙醯酯(PAN)。

NO_2 受陽光照射所生成之 NO 大部分與 R-O-O・自由基作用（圖 7.2 上層路線），因此與 O_3 反應者較少（下層路線），亦即 NO 消耗 O_3 之作用被破壞了，O_3 濃度因而增加，同時 NO 與 R-O-O・反應亦使 NO_2 之濃度增加了。此一光化學反應模型所作之預測結果與圖 7.3 在時間上相符，光化學煙霧(Photochemical Smog)形成之反應體系請參考圖 7.4。

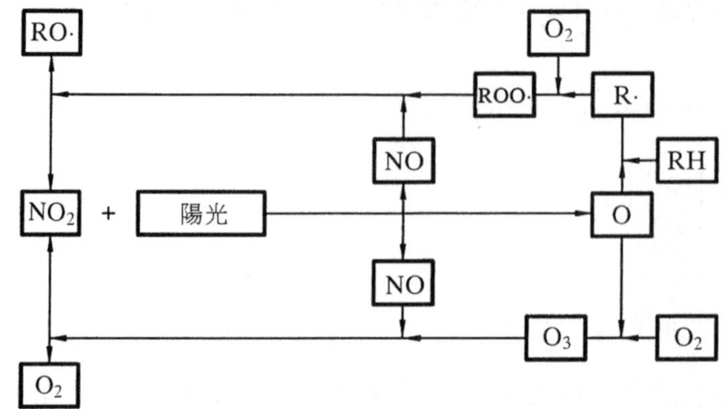

圖 7.2　碳氫化合物與二氧化氮光分解循環之交互作用[1]
（參考資料：NAPCA 光化學氧化物之空氣品質標準，AP-63HEW1970）

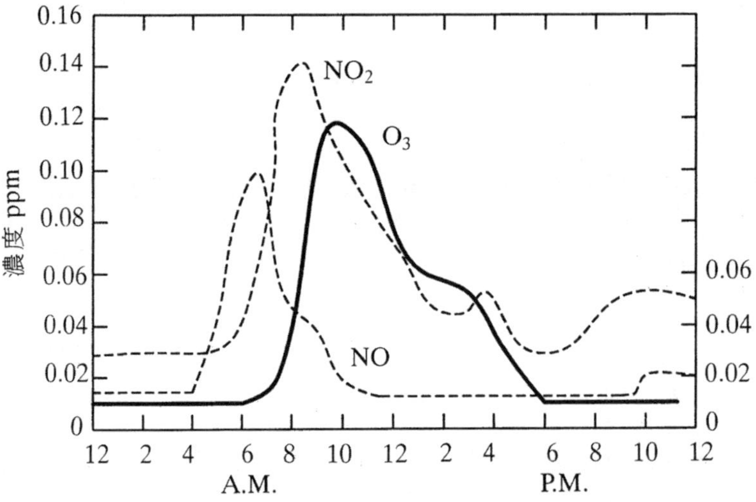

圖 7.3　洛杉磯某日 NO，NO_2 與 O_3 濃度之變化曲線[1]
（參考資料：NAPCA，光化學氧化物之空氣品質標準，AP-63 華盛頓特區：HEW1970）

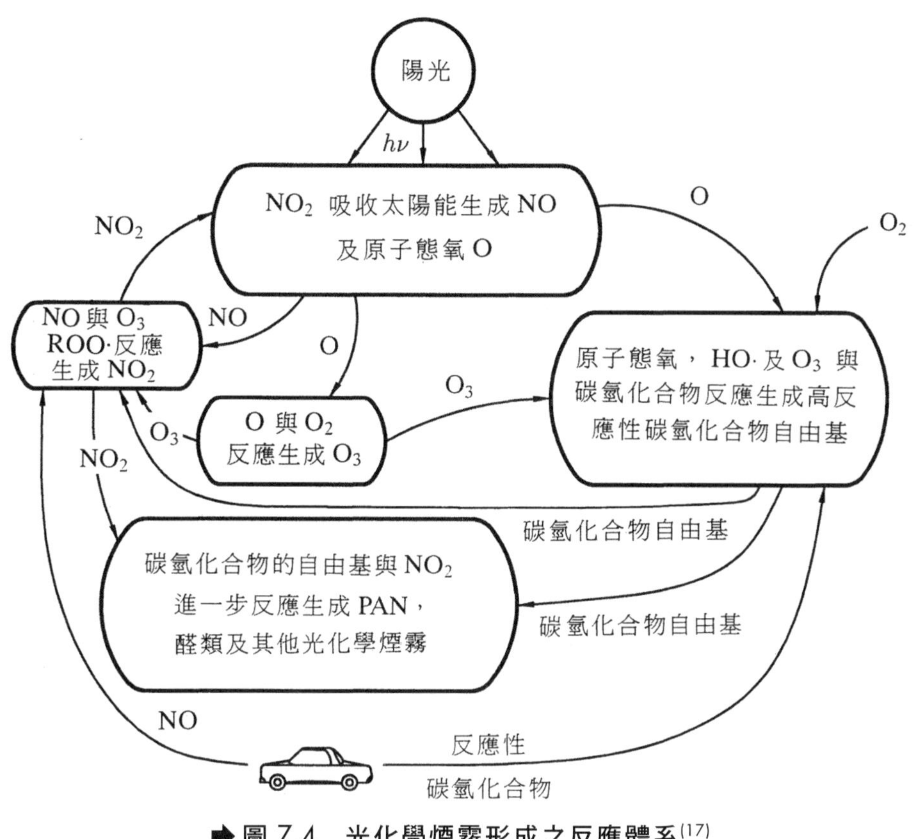

➡ **圖 7.4 光化學煙霧形成之反應體系**(17)

時至今日，光化學反應之反應機構仍未充分明瞭，這可由最近科學家企圖藉降低碳氫化合物排放以達到控制 O_3 的目的無法成功得到證明；他們的想法是，如果降低碳氫化合物的量，O_3 將與 NO 發生反應因而降低其濃度。因此僅控制碳氫化合物排放是不夠的，必須將光化學煙霧形成過程的所有初級汙染物悉數控制才行。光化學煙霧的綱要請參考歷屆國家考試試題精華 7.1。

7-4 光化學煙霧中刺激物之形成

一、醛的形成

$$O_2 + \underset{1,3丁二烯}{CH_2 = CH - CH = CH_2} \xrightarrow{hv} \underset{丙烯醛}{CH_2 = CH - CHO} + \underset{甲醛}{HCHO}$$

醛類對眼睛具刺激性。

二、過氧硝酸乙醯酯(PAN, Peroxyl Acetyl Nitrite)的形成

$$CH_3 - \overset{\overset{\displaystyle O}{\|}}{C} - OO\cdot + NO_2 \rightarrow CH_3 - \overset{\overset{\displaystyle O}{\|}}{C} - OONO_2$$

PAN 為強烈的眼睛刺激物，並能傷害植物。

三、PBN(Peroxyl Benzoyl Nitrite)

$$C_6H_5 - \overset{\overset{\displaystyle O}{\|}}{C} - O - O\cdot + NO_2 \rightarrow C_6H_5 - \overset{\overset{\displaystyle O}{\|}}{C} - O - O - NO_2$$

其對眼睛之刺激較 PAN 強 100 倍。

四、酸霧形成

此外，SO_2 經過波長 2,900 到 4,000Å可見光作用下，也可發生光化學反應而形成 SO_3。

$$SO_2 \xrightarrow{hv} SO_2^*$$
$$SO_2^* + \frac{1}{2}O_2 \rightarrow SO_3$$
$$H_2O + SO_3 \rightarrow H_2SO_4 \qquad （酸霧形成）$$

7-5 光化學煙霧之汙染歷程

圖 7.5 所示為某都市市中心一日中大氣汙染物濃度變化圖，說明如下：

時段	現象	發生原因
清晨至上午 8 時	(1) NO 及 HC 濃度之增加 (2) NO_2 快速生成	(1) 起因於交通量之增加 (2) 因 NO 與 HC 反應之結果
上午 8 時至午後不久	NO_2 濃度達高峰後逐漸降低，NO 濃度降至最低，光化學氧化物濃度逐漸增加而於午後不久達到最大值，須特別注意的是 NO 之消失與光化學氧化物濃度的上升在時間上彼此一致	NO_2 與 HC 發生光化學反應，形成光化學汙染物（如 PAN）而消耗 NO_2
下午 4 時至 5 時	NO 濃度稍微增加	午後之交通量釋出的結果

HC：不飽和碳氫化合物（即具有雙鍵（反應性）之碳氫化合物）

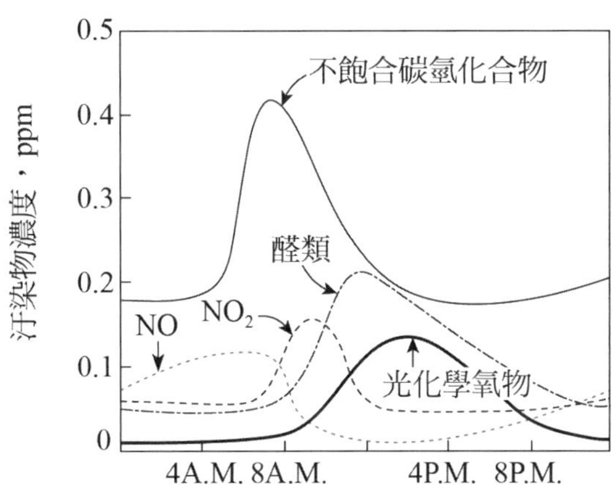

➡ 圖 7.5 某都市市中心一日中大氣汙染物之濃度變化圖[17]

歷屆國家考試試題精華

7.1 討論光化學煙霧(Photochemical Smog)如何生成。 （80 年環工專技高考）

解 工業、交通所排出之 NO_x、SO_x 及 HC 在大氣特定條件下發生一系列化學變化而形成光化學煙霧，其形成機程如下示：

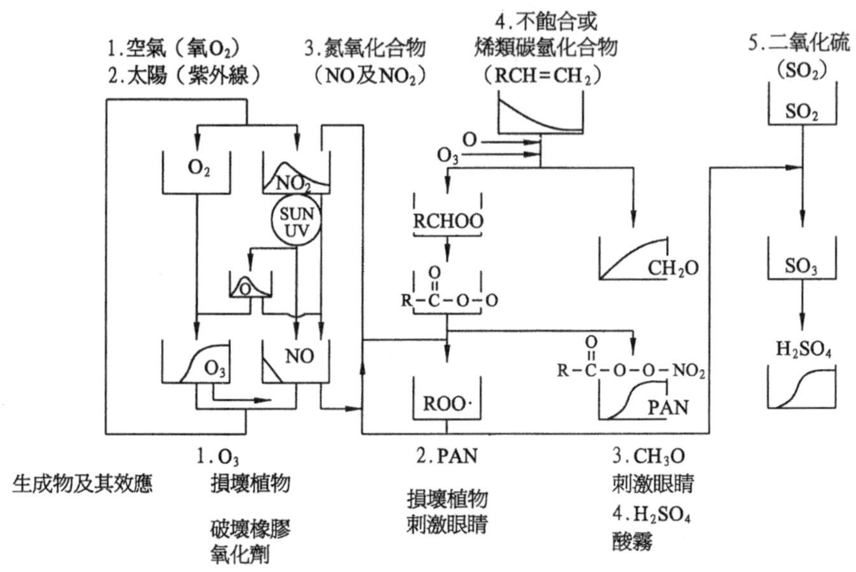

圖 1 光化學煙霧綱要

7.2 臭氧發生原因對人體健康有何影響？臭氧層破壞成因與影響？如何控制及改善臭氧過多或過少之弊端？ （環工普考）

解

(1) 臭氧發生原因：NO_x 及碳氫化合物等汙染物於大氣中依下列光化學循環模式進行光化學反應而生成 O_3。

(2) O_3 是一種高度刺激性和高度氧化性的氣體，僅數 ppm 即可導致肺充血、水腫及出血。人類暴露在 $2500\mu g/m^3$ (1.28ppm)之臭氧濃度一小時，即可能降低最大呼吸容量。O_3 暴露的病徵是初期出現喉嚨乾燥，接著頭痛，失去方向感，呼吸不規則。

(3) 臭氧層之破壞乃是由於氟氯碳化合物於平流層中受紫外線之照射而釋出對臭氧具有破壞力的氯原子所引起的（參考 8-7 節）。臭氧層之破壞會導致較多量的紫外線進入對流層，造成人類在健康上（如罹患皮膚癌）之危害，並會導致全盤性的氣候變化。

(4) O_3 濃度之控制，除了主要控制碳氫化合物之排放外，對於其他初級汙染物如 NO_x 濃度之降低亦應悉數控制才能畢竟其功。

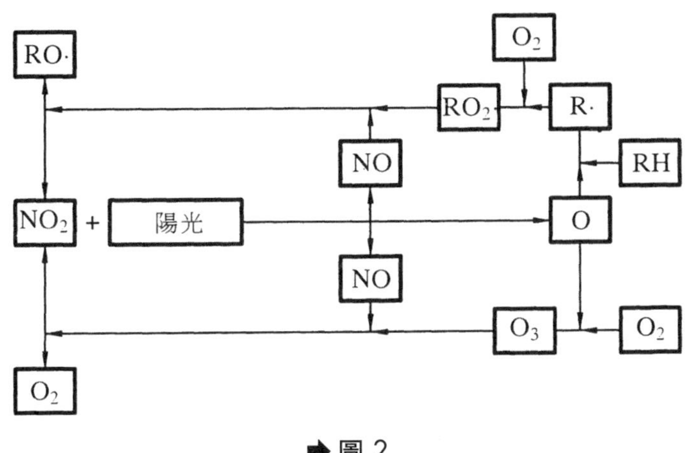

➡圖 2

7.3 光化學二次汙染物之成因如何？影響如何？如何循環？ **（環管高考）**

解 (1) 光化學二次汙染物之成因為工業、交通所排出之 NO_x、SO_x 及碳氫化合物在大氣特定條件下發生一系列化學反應所形成的。

(2) 光化學二次汙染物中之 O_3、PAN 及醛類均為人類眼睛及呼吸系統刺激物，O_3 及 PAN 更會損壞植物；光化學二次汙染物所形成的光化學煙霧更會造成能見度的降低。

(3) 光化學二次汙染物之循環請參考圖 7.2。

7.4 簡答氮氧化物光分解循環 **（歷屆考題）**

解 參閱 7-2 節反應式(7-2)~(7-4)及圖 7.1。

7.5 空氣中常發生 $2NO+O_2 \xrightarrow{K} 2NO_2$，空氣中濃度為 10,000ppm，其半衰期為 36sec，若其濃度為 1.00ppm 時，其半衰期又是多少？ **（歷屆考題）**

解 假設反應式 $2NO+O_2 \xrightarrow{K} 2NO_2$

反應動力方程式可表示為

$$-\frac{d[NO]}{dt}=K[NO]^2[O_2]$$

因在大氣中$[O_2]$之濃度可視為一常數，故上式可改為

$$-\frac{d[NO]}{dt}=K'[NO]^2$$

積分可得

$$\left.\frac{1}{[NO]}\right|_{C_0}^{C}=K't\Big|_{t_0}^{t}$$

由題意，當 C=5,000ppm， $C_0=10,000$ppm 時， $t-t_0$=36sec

$$\frac{1}{5,000}-\frac{1}{10,000}=K'\cdot 36$$
$$\Rightarrow\frac{1}{10,000}=K'\cdot 36$$
$$\Rightarrow K'=\frac{1}{360,000}1/\sec$$

當 C=0.5ppm， C_0=1ppm 時

$$\frac{1}{0.5}-\frac{1}{1}=\frac{1}{360,000}(t-t_0)$$
$$\Rightarrow 1=\frac{1}{360,000}(t-t_0)$$
$$\Rightarrow t-t_0=360,000\sec=100\text{hr}$$

所以半衰期為 100 小時。

7.6 以 NO-NO_2-O_3 cycle 說明低層大氣環境中 O_3 濃度增加之原因。

（臺大環工所）

大氣中之 NO_2 受陽光照射產生 NO 及 O，其中 O 與大氣中有機化合物 RH，O_2 進一步反應生成 R-O-O·，R-O-O·具有兩個功能：

(1) 與 NO 反應生成 NO_2，阻止了 NO 與 O_3 反應而消耗 O_3 之機會。

(2) 與 O_2 反應生成 O_3，因而 O_3 濃度會增加。

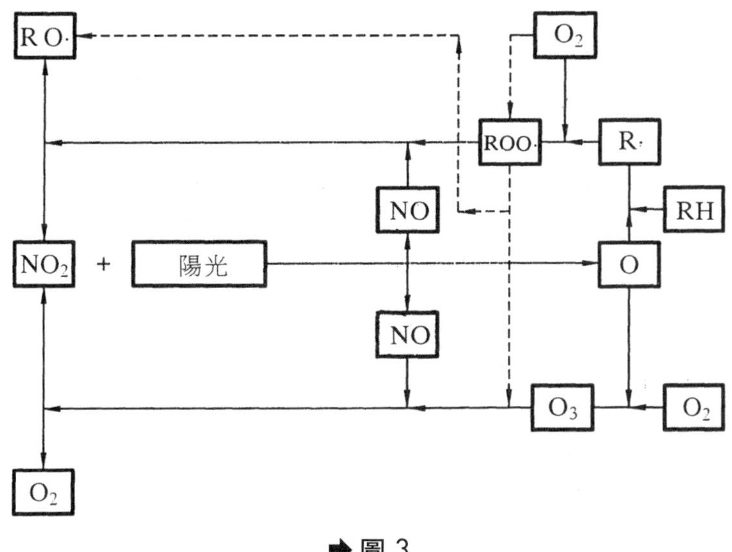

➡圖 3

7.7 請說明在光化反應中，氮氧化物扮演之角色。 （83 年高考二級）

解 在光化學反應中，由於烯烴類(olefins)碳氫化合物之存在，使得 NO_x 扮演的角色更形複雜，其主要反應如下：

(1) $NO_2 \xrightarrow{hV} NO + O$

(2) $O + Olefins \longrightarrow R\cdot + RO\cdot$

（(1)、(2)：下圖之上層路徑）

(3) $R\cdot + O_2 \longrightarrow ROO\cdot$

(4) $ROO\cdot + NO \longrightarrow NO_2 + RO\cdot$

(5) $O + O_2 + M \longrightarrow O_3 + M\ (M：N_2\ \text{or}\ O_2)$

(6) $O_3 + NO \longrightarrow NO_2 + O_2$

（(5)、(6)：下圖之下層路徑）

反應(4)式除了增加 NO_2 濃度外，亦減少了 NO 於(6)式與 O_3 反應之機會，使 O_3 濃度增加，NO_2 另外會與碳氫化合物自由基 RCOOO 反應生成光化學汙染物如 PAN。

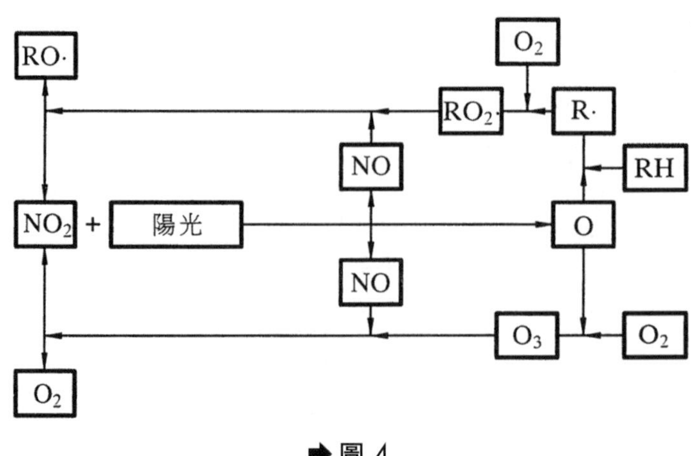

➡圖 4

7.8 請繪圖說明都會區大氣中 NO、NO_2、O_3 之日間逐時濃度變化趨勢圖。另請列出其光化學反應式並證明$[O_3]$和$[NO_2]/[NO]$成正比例關係。

（94 年高考三級）

解 (1) NO_2具有高度光化學反應性，波長小於$0.35\mu m$之可光，即可使 N-O 鍵斷裂，其光化學反應如下：

$$NO_2 \xrightarrow{hv} NO + O \quad \text{......(a)}$$

$$O + O_2 + M \rightarrow O_3 + M \quad \text{......(b)}$$

$$O_3 + NO \rightarrow NO_2 + O_2 \quad \text{......(c)}$$

(1)~(3)光化學反應式動力學方程式可表示為

$$[O_3] = \frac{KI[NO_2]}{[NO]} \quad \text{......(d)}$$

式中 I 表示光線之強度，$[O_3]$和$[NO_2]/[NO]$成正比例關係。

(2) 在反應性碳氫化合物存在下，反應式(1)所形成之氧原子會與其反應生成自由基(R·, RO·, ROO·)

$$O + \text{烯烴化合物} \rightarrow R\cdot + RO\cdot \quad \text{......(e)}$$

$$R\cdot + O_2 \rightarrow ROO\cdot \quad \text{......(f)}$$

$$ROO\cdot + NO \rightarrow RO\cdot + NO_2 \quad \cdots\cdots (g)$$

$$ROO\cdot + O_2 \rightarrow RO\cdot + O_3 \quad \cdots\cdots (h)$$

反應式(g)除了增加$[NO_2]$之濃度外，亦減少了 NO 於(c)式中與 O_3 反應之機會，再加上反應式(h)，使 O_3 之濃度增加。都會區大氣中 NO、NO_2、O_3 之日間逐時濃度變化趨勢圖參見圖 7.3。

7.9 解釋下列名詞：

(1) 過氧硝酸乙醯酯(Peroxyl Acetyl Nitrite)

(2) 酸雨 **（84 年高考二級）**

解 (1) PAN：光化學反應二次汙染物，為碳氫化合物的過氫化自由基與 NO_2 反應所生成，反應式參見 7-4 節說明。

(2) 酸雨：工業或交車輛所排出之 SO_x 及 NO_x 於大氣中進行一系列的轉化作用，最後與水蒸汽或降雨結合，產生硫酸及硝酸等酸雨。

7.10 請繪圖說明氮氧化物加入碳氫化物之光化學反應循環。**（106 年高考三級）**

解 請參照題 7.7 解答說明。

7.11 臭氧近年已超越 PM2.5，成為空品不良主要指導汙染物。請說明臭氧的汙染特性、形成機制及控制方法。 **（110 年高考三級）**

解 為題 7.2 類題，請參見題 7.2 項次(1)、(2)、(4)說明。

MEMO

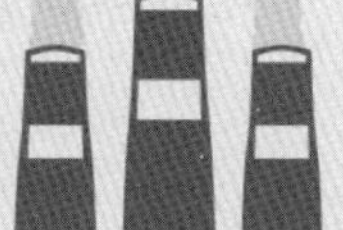

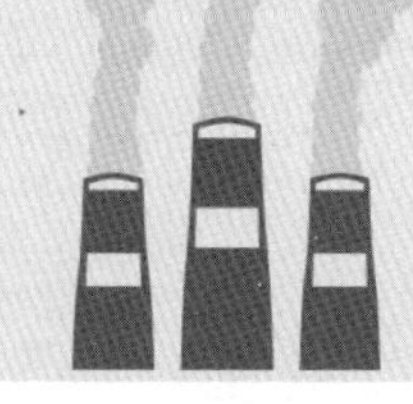

溫室效應與臭氧層破壞問題

Air Pollution Control
Theory and Design

8-1 溫室效應發生原因

一、概說

到達地球的太陽能中約有 30%被反射，其餘都被地球表面吸收而轉換成熱量，然後再以紅外線的型態將此熱量放射出去。由於 CO_2 具有吸收紅外線的特性，因此大氣中的 CO_2 濃度增加後，本來要輻射到太空中的紅外線卻被 CO_2 吸收而轉換成熱量，使地球氣溫上升。

二、導致大氣中 CO_2 濃度增加的原因

1. 因經濟成長、工業發展使化石燃料之使用大幅度增加。
2. 熱帶雨林之破壞，森林面積減少。
3. 人口增加，人口增加及其附帶的畜牧業發達所導致之 CO_2 排放量的增加，約可與能源節約或燃料轉換所降低之 CO_2 排放量相抵銷。
4. 能源結構之改變。

8-2 京都議定書

1997 年京都議定書（正式名稱為「聯合國氣候變化綱要公約第三次締約國大會」）為解決溫室氣體所造成的氣候變化踏出重要的一步，其重點包括：

1. 減量期程與目標值：工業國將人為排放之六種溫室氣體換算為二氧化碳總量，與 1990 年相較，平均削減值 5.2%。減量期程為 2008~2012 年，並以此 5 年的平均值為準。
2. 六種溫室氣體中，CO_2、CH_4、N_2O（氧化亞氮）管制基準年為 1990 年，而 HFCs（氟氯碳化物）、PFCs（全氟碳化物）與六氟化硫 SF_6 為 1995 年。（註：六種溫室氣體之全球暖化潛勢 GWP 如下表，此非議定書重點，僅供參考）

表 8.1

溫室氣體種類	全球暖化潛勢(GWP)
CO_2	1
CH_4	23
N_2O	296
HFCs	12~12,000
PFCs	5,700~11,900
SF_6	22,200

3. 碳排放權交易制度：允許締約國彼此間可以進行排放交易。
4. 森林吸收溫室氣體之功能予以考量：1990 年以後所進行之植林及森林採伐之二氧化碳吸收或排放之淨值，可包括於削減量之內。
5. 聯合執行機制：容許工業國家為各自的減排目標合作。
6. 成立「清潔發展機制」：由工業國對開發中國家提供技術及財務協助，進行溫氣氣體減量計畫，所削減之數量由雙方分享。

由於京都議定書之限制二氧化碳排放，會直接衝擊各國之能源配比與產業結構，影響經濟發展，甚至危及其國際競爭力；雖然我國並非聯合國會員，無法簽署京都議定書，並無減量責任。但依據往年國際環保公約之經驗，若不遵守恐會遭受貿易制裁；再加上歐盟曾提案將南韓列入「新興工業國」以做為管制對象，因此同為亞洲四小龍的我國亦以積極的態度面對此一議題。

8-3 哥本哈根會議

京都議定書的減排協議將於 2012 年屆滿，於 2009 年 12 月在哥本哈根舉行的「聯合國氣候變化綱要公約第 15 次締約國會議」決定 2012~2017 年全球減排協議。於會前，科學家報告了幾項因溫室氣體所導致的氣候變遷問題指標：

1. 海平面上升：IPCC（聯合國政府間氣候變遷問題小組）指出，自 1961~1990 年期間，海平面上升速度為 1.8mm／年，但自 1991 年以來，上升速度為 3.1mm／年；預計到 2100 年，海平面將較目前上升 18~59 公分。
2. 海洋酸化：海洋吸收越多 CO_2，海水酸度就越高，影響珊瑚、微生物和貝類動物，會嚴重影響生態多樣性和漁業。
3. 北極冰量：Greenland 自 2000 年迄今已流失 1.5 兆噸的水，造成海平面上升 0.75mm。
4. 南極暖化：過去 50 年南極溫度上升 2.5℃，是全球平均的 6 倍。
5. 冰河面積縮小。
6. 永凍層溶化導致北西伯利亞多個湖泊沼氣排放量大幅度上升（沼氣主要成分為 CH_4，其 GWP 為 CO_2 的 23 倍）。
7. 四季轉移：部分鳥類和魚類因氣溫上升而改變棲息地。
8. 降雨量改變：1900~2005 年間，南北美洲東部、歐洲北部及中北亞的降雨／降雪量明顯增加；非洲南部和部分南亞的降雨／降雪量則減少。

哥本哈根會議最後決議：

1. 並未能確定各國的減排目標。
2. 保持全球平均溫度較工業化時代的升幅不超過 2℃，長期目標設定為 1.5℃以內。
3. 發達國家在 2010~2012 年間提供 300 億美元用於協助發展中國家應對氣候變化，如使用可再生能源、保護森林、適應氣候災難等。

8-4 巴黎氣候協定

2015 年 12 月 12 日於巴黎氣候高峰會通過巴黎協定，協定共 32 頁、29 條內文，2016 年 4 月至 2017 年 4 月簽署，2020 年生效。主要內容摘要如下：

1. 預定目標：將地球溫升控制在較工業化時代高 2℃以內，並朝 1.5℃努力。
2. 氣候融資：2020 年開始，富裕國家每年提供 1000 億美元，協助開發中國家對抗全球暖化；2025 年重新檢討金額。

3. 已開發國家持續「帶頭」碳減排，開發中國家努力並與時並進減排。計畫 2050 年起快速減排，讓人類活動與「碳匯」所能捕捉的碳量達平衡狀態。
4. 檢討機制：每五年定期檢討，第一次減碳成績檢討設定在 2023 年，每次檢討各國需更新與提高承諾。
5. 責任分攤：已有 185 國（締約國共 195 國）繳交 INDC（自願減量計畫），涵蓋全球 98%排碳量。

8-5 因應措施

我國因應措施如下：

1. **削減 CO_2 的排放量**
   (1) 將含碳量較高的化石燃料轉換成含碳量較低的石化燃料。
   (2) 推廣使用乾淨能源，如太陽能、風力、海水溫差發電，核能發電等。
   (3) 對於汽車、家電用品、照明設備設定能源消耗的標準，亦即提高能源使用效率。
   (4) 對於工業用電大戶，強制一定比率之電力耗用需使用綠能。
2. **改善產業結構**

   其方向為「二高、二低、二大」：
   (1) 二高：高附加價值，高科技。
   (2) 二低：低汙染，低能源密集。
   (3) 二大：產業關聯效果大，市場發展潛力大。
3. **節約能源，提高能源使用效率，減少能源生產過程及電力傳輸所發生之損耗。**
4. **發展低碳經濟及再生能源，開發碳捕捉技術**(CCS:Carbon Capture and Storage)**，參見** 10-3-1 **說明。**
5. **造林工作**：估計每公頃森林平均每年可吸收 37 公噸的二氧化碳，另可防止土壤侵蝕，減少土石流或季節性水患發生機率。
6. 為因應全球氣候變遷，制定氣候變遷調適策略，降低與管理溫室氣體排放，善盡共同保護地球環境之責任，並確保國家永續發展，立法院於 2015 年 6 月 15 日通過「溫室氣體減量及管理法」，主要重點為：

(1) 國家溫室氣體 2050 年排放量降至 2005 年排放量之 50%以下。
(2) 訂定再生能源中長期目標，逐步降低化石燃料依賴之中長期策略。
(3) 溫室氣體排放額度之核配逐步從免費核配修正為配售方式。
(4) 推動進口化石燃料之稅費機制。
(5) 以每 5 年為一個階段進行管制，各階段管制目標應於下一階段開始前二年提出。
(6) 減量對策：
  (a) 經中央主管機關公告之排放源，應每年進行排放量盤查，其排放量清冊及相關資料應每三年內經查驗機構查證，並登錄於指定資訊平臺其開立之排放源帳戶。
  (b) 中央主管機關為獎勵溫室氣體減量，得針對排放源或事業訂定效能標準。
  (c) 中央主管機關應參酌聯合國氣候變化綱要公約與其協議或相關國際公約決議事項，因應國際溫室氣體減量規定，實施溫室氣體總量管制及排放交易制度。

8-6 臭氧層之破壞

一、概說

自從 1986 年美國航空太空總署發表南極上空的臭氧分布圖後，臭氧洞之名因此不脛而走，很多人開始擔心臭氧洞可能是臭氧層被破壞的前兆，而經歷年的研究顯示，大氣中氟氯碳化合物濃度的增加會影響臭氧洞已是不容否認的事實。臭氧層可遮斷太陽光中有害的紫外線，如果繼續排放氟氯碳化合物使臭氧層被破壞，紫外線的輻射量就會增加，將導致皮膚癌及白內障的罹患率增加，並產生氣候變化。

二、國際保護措施

國際間為了限制氟氯碳化合物之生產和消費，已於 1987 年 9 月通過了「臭氧層保護條約協定書」。被列為限制對象的氟氯碳化合物計有五種，分別是 CFCl1,12,113,114,115。協定書中即規定於 1999 年將這些物質的消耗量限制在 1986 年的一半以下。該協定書自 1989 年 1 月 1 日生效，凡是不加入的國家都會受到嚴重制裁，因而受到全球的重視。由於臭氧層的破壞速度實在太快了，1992 年 11 月「蒙特婁議定書」第四次大會進一步決議在 1996 年 1 月 1 日全面禁用氟氯碳化合物。

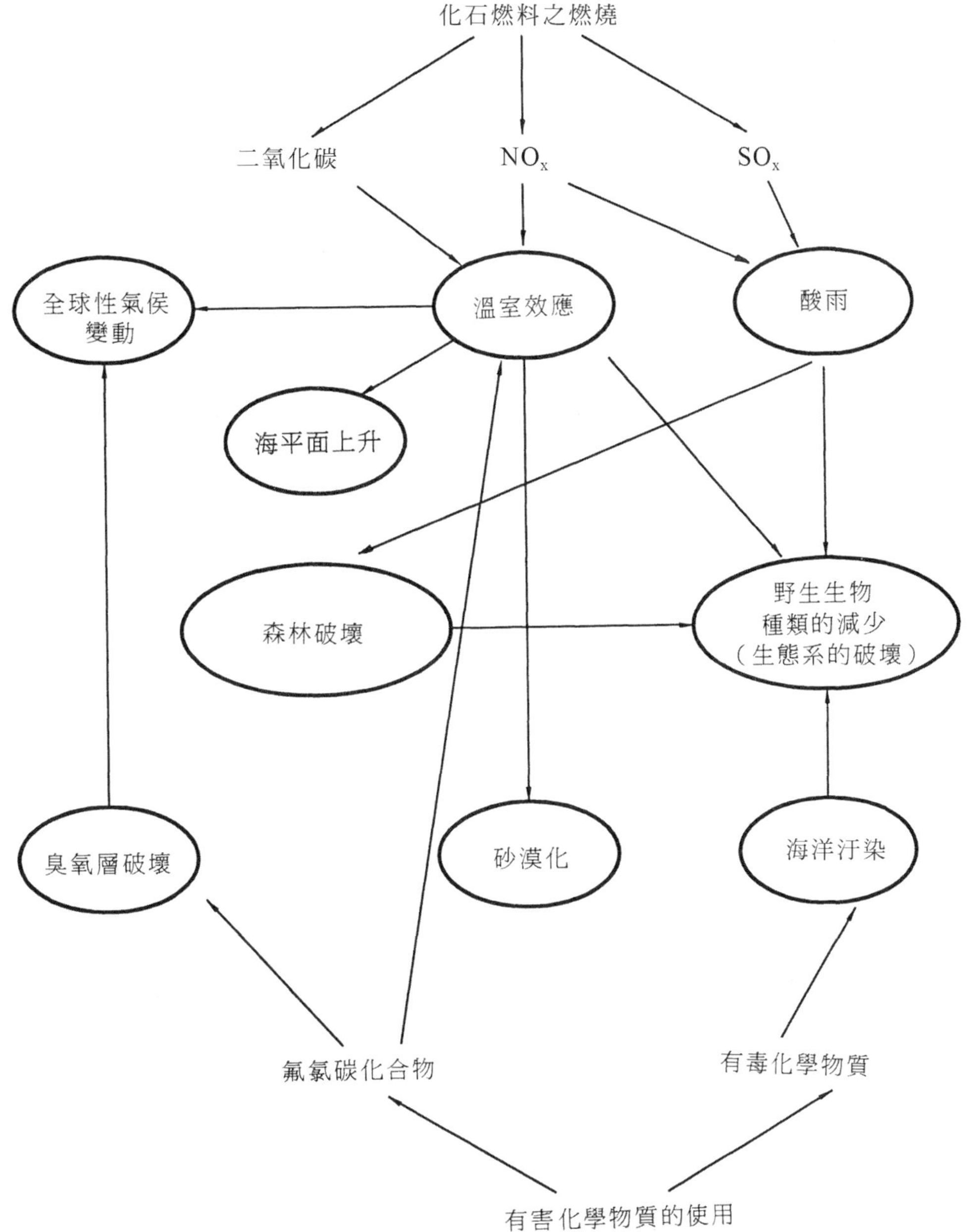

➡圖 8.1　主要地球環境問題之相互關係

8-7 氟氯碳化合物(CFC)及替代品之用途及性質

一、氟氯碳化合物之用途

表 8.2 為氟氯碳化合物之用途介紹。

表 8.2

CFC 之用途	對象	CFC 種類
1. 清洗	半導體基板，軟片	CFC113（其表面張力很低，可滲入表面極細小的縫隙中）
2. 冷媒	冷氣機、電冰箱、冰水機	CFC11,CFCI2,CFC22
3. 發泡劑	PU 發泡（為一種隔熱、隔音材）	CFC11,CFC12
4. 推進劑	噴霧器	CFC11,CFC12

二、CFC 及 HCFC 化合物之性質及編號原則

CFC 及 HCFC 化合物的編號是依據杜邦公司的「加 90 規則」。即將編號加上 90 後所得的數字之個位數表示分子中氟的數目，十位數為氫的數目，百位數為碳的數目。當同一個編號有一種以上之化合物時，則加上 a, b ,c 以資區別。各種 CFC 及 HCFC 之編號，化學式及性質如下頁表 8.3 所示。

三、HCFC 之特性

CFC 之替代品 HCFC 分子中同時含有氯和氫，在對流層中會放出氯化氫而分解，只殘留一小部分繼續上升到平流層，對臭氧層之破壞力還不到 CFC11 的 1/20。其缺點為若其中氫的含量過多時，即具有可燃性，使用上須特別注意。目前最熱門的 HCFC 產品為不含氯之 HCFC134a，不僅對臭氧層沒有破壞力，而且和被取代的 CFC12 在物理性質上也很類似。

表 8.3

CFC/HCFC 編號	化學式	沸點(℃)	臭氧層破壞力
CFC11	CCl_3F	24	1.0
CFC12	CCl_2F_2	–30	0.9
CFC113	CCl_2FCClF_2	48	0.8
HCFC22	$CHClF_2$	–41	0.05
HCFC123	$CHCl_2CF_3$	29	0.05 以下
HCFC141b	CH_3CCl_2F	32	0.05 以下
HCFC142b	$CH_3CCl_2F_2$	–9	0.05 以下
HCFC134a	CH_2FCF_3	–26	0

8-8 氟氯碳化合物破壞臭氧層之機制

氟氯碳化合物是非常安定的化學物質，不容易分解，一旦被釋放出來後，就會上升至平流層中，而臭氧層就是在平流層中，一段臭氧濃度比較高的區域。

上升至 25Km 左右氟氯碳化合物因紫外線(UV)的照射，行光分解反應而釋出具有破壞力的氯原子。氯原子的反應性非常高，它先與臭氧(O_3)反應變成氧化氯(ClO)，氧化氯再和氧原子反應，而放出破壞臭氧的氯原子。整個過程可寫成

$$O_3 \xrightarrow{UV} O_2 + O, \qquad O_2 + O \rightarrow O_3 \quad \cdots\cdots (8\text{-}1)$$

$$Cl + O_3 \rightarrow ClO + O_2 \quad \cdots\cdots (8\text{-}2)$$

$$ClO + O \rightarrow Cl + O_2 \quad \cdots\cdots (8\text{-}3)$$

反應式(8-2)~(8-3)是一個氯原子催化的連鎖反應，每個氯原子在失去活性以前，約可破壞十幾萬個臭氧分子，如下圖所示：

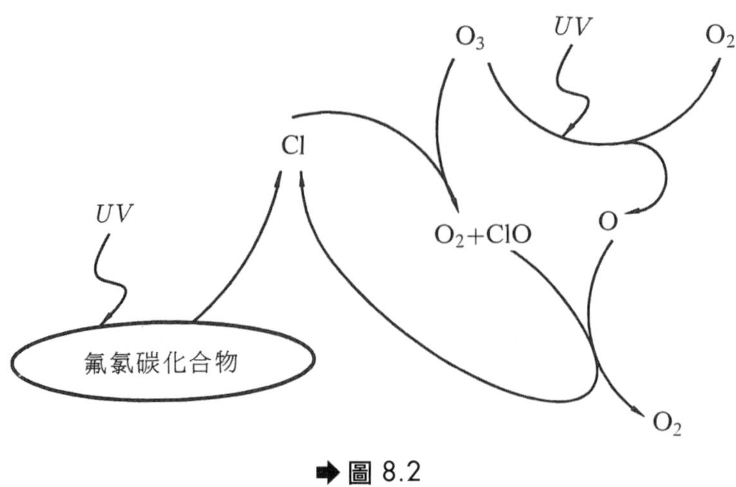

➡ 圖 8.2

8-9 碳中和(Carbon Neutralization)

一、國際能源總署(IEA)「2050 淨零排放：全球能源部門路徑圖」（2021 年 5 月發布）

要達到 2050 淨空目標之國際行動方案包括提高能源效率，大規模部署再生能源、電氣化取代化石燃料設備、生質燃料應用、發展碳捕捉、封存與再利用技術(CCUS)、發展氫能等，各階段目標如下：

1. 2021 年停止核准未使用「碳捕捉」技術的燃煤電廠開發。
2. 2025 年禁售化石燃料鍋爐。
3. 2030 年所有新建築物可以零碳排，電動車占全球新售車 60%，低碳氫(Low-Carbon Hydrogen)產量達 1.5 億噸，電解製氫達 850GW。
4. 2035 年停售燃油車。
5. 2040 年淘汰所有無「碳捕捉」的燃油／燃煤電廠，全球電力供應達到零碳排；50%的航空燃料為低碳排。
6. 2050 年全球低碳氫氣產量達 4.35 億噸，電解製氫達 3,000GW；70%的電力來自太陽能和風力發電。

建議採取之 7 項減碳途徑和技術有：1.提高能源使用效率；2.改變行為；3.以再生能源取代化石燃料；4.電力化，如電動車取代燃油車；5.發展氫能；6.碳捕捉、封存及再利用(CCUS)；7.生質能；約 55%的溫室氣體是從能源的生產與使用而來，因此能源轉型是氣候變遷議題中最重要的一部分，未來太陽能、風力、生質能、核能會逐步取代燃煤、石油及天然氣等化石能源。

二、聯合國氣候變化綱要公約第 26 次締約國會議 (COP 26, Conference of the Parties)

這是自 2015 年「巴黎氣候協定」第一次檢視減碳目標否達成，會議主要重點為：

1. 各國再提出更有企圖心的減碳目標與保證（2030 年增加減排幅度及 2050 年實現碳中和）。
2. 碳市場交易規劃檢討制定。

為達成減碳目標，世界各國近年來開始推行碳定價系統，主要可分為下列兩種：

1. **碳交易**(ETS, Emission Trade System)

是一種採用「總量管制與排放交易」的運作方式，由政府進行總量控管以確保能達成減排目標，歐盟及中國均以碳交易市場方式進行碳排控管。

2. **徵收碳稅**(Carbon Tax)

2021 年 7 月歐盟宣布自 2023 年開始實施碳邊境稅(CBAM, Carbon Border Adjustment Mechanism)徵收碳稅，初期針對水泥、肥料、鋼鐵、鋁及進口電力等碳密集商品，需申報其進口產品的排放量；自 2026 年後則需先經揭露、認證等程序，方可進入歐盟市場。

因應國際各項減碳政策，行政院會於 2022 年 4 月 21 日通過「溫室氣減量及管理法」修正草案，並將名稱修改為「氣候變遷因應法」，除將 2050 年淨零排放入法，也將分階段，由大至小碳排源頭徵收碳費，最快 2024 年起實施。（估計會參考新加坡碳費，約在 100~200NT$／公噸之間）

我國的減碳目標：基準年 2005 年（CO_2 年排放量 2.686 億噸），2030 年溫室氣體減量目標 30%，2050 年達碳中和；策略為減煤、增氣、展綠、非核，預計在 2025 年達到能源結構為 20%綠能、30%燃煤及 50%燃氣的目標。2050 年達到再生能源 60~70%、氫能 9~12%、火力(CCUS)20~27%及水力發電 1%的目標。

三、溫室氣體排放的範疇區分

依據 ISO 14064-1(2018)及 GHG Protocol (2018)，溫室氣體排放可分為三個範疇，其對應之減排努力方向如表 8.4 所示：

表 8.4 溫室氣體排放範疇

	ISO 14064-1 (2018)	GHG Protocol (2018)	減排努力方向
範疇一 (Scope 1)	直接溫室氣體排放（組織邊界內由組織擁有或控制的溫室氣體源）	直接溫室氣體排與移除 (Category 1)	(1) 使用再生能源 (2) 使用生質能(Biomass) (3) 使用替代燃料（氫能、氨能） (4) 碳捕捉封存及再利用 (CCUS) (5) 碳交易 (6) 開發 Biofuel (Renewable fuel)
範疇二 (Scope 2)	輸入能源之間接溫室氣體排放（組織邊界內輸入電力、熱能及蒸汽間接溫室氣體）	輸入能源之間接溫室氣體排放 (Category 2)	
範疇三 (Scope 3)	供應鏈或運輸所造成之間接溫室氣體排放	Category 3：運輸造成之間接溫室之氣體排放 Category 4：組織使用產品造成之溫室氣體排放 Category 5：使用來自組織之產品造成的間接溫室氣體排放 Category 6：其他	(1) 規範上游（供應商）及下游需求（消費者） (2) 低碳化相關新市場及認證體系

四、氫能

氫氣熱值極高(14.2MJ/kg)，且燃燒不會產生 CO_2，因此在未來能源轉型及達成碳中和目標上，扮演重要角色。氫氣依據其產出來源可分為下列幾種：

1. **褐氫**(Brown Hydrogen)

   由煤炭經水煤氣反應產成合成氣(Synthetic Gas)所產製之氫氣稱之。

2. **灰氫**(Grey Hydrogen)

   由天然氣經蒸汽重組(Steam Reforming)所產製之氫氣，或由鹼廠電解、丙烷脫氫、輕油裂解廠、芳香烴重組工場所產生之氫氣副產品，均稱為灰氫。

3. **藍氫**(Blue Hydrogen)

   上述褐氫、灰氫產出單元配合 CCUS 者稱之。

4. **綠氫**(Green Hydrogen)

使用不會排碳的綠能（風電、太陽電、水力發電等）電力電解水所產出的氫氣稱之（沒有碳足跡）。

氫能在應用上的困難主要在於氫氣生產及運輸成本過高且又有安全的疑慮，目前常轉為氫的化合物進行運輸及使用，日本某業者係採用如下之運輸方式

Toluene（甲苯）$+3H_2 \rightarrow$ Methyl Cyclo Hexane $\rightarrow$ Toluene $+3H_2$

（以甲基環已烷運輸，到達目的地後再以重組反應產出氫氣，甲苯則循環使用）

另外 CCUS 目前操作成本約 100~120US$/t-$CO_2$，只能期待未來技術更成熟以降低成本，否則將大幅墊高電價，而且碳捕捉／封存需要合適的地質結構，以臺灣到處是斷層的狀況，如何封存是一個很大的問題。

氫能的供應及應用概念圖如圖 8.3 所示：

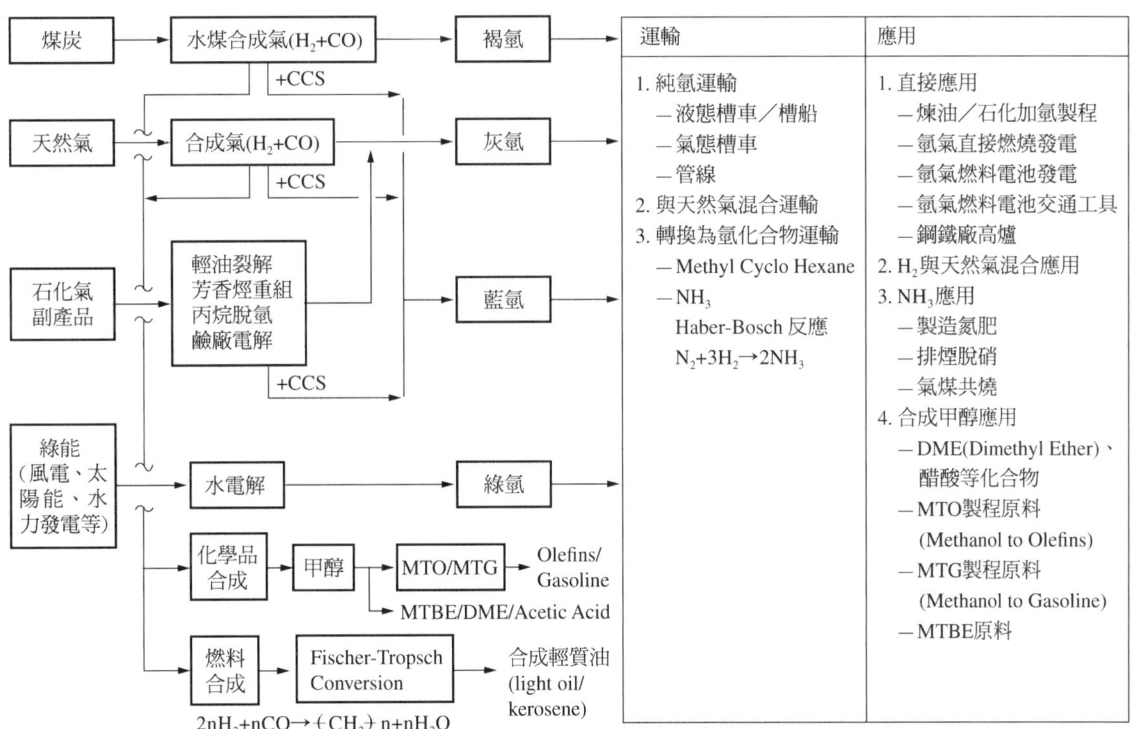

➡圖 8.3　氫能的供應及應用概念圖

五、氨煤混燒

氨除了做為肥料及化學品的製造原料外，也與氫氣一樣被視為未來的能源，主要是因其燃燒產物不含 CO_2。日本電力公司 JERA 與石川島播摩重工(IHI)於 2021 年在日本中部 Hekina 電廠進行 20%氨煤混燒試驗，以減少 CO_2 排放，未來（2029 年）計畫將混燒比例提高到至少 50%。

氨煤混燒後所產生的 NO_x 可經 SCR 反應還原為 N_2，由於氨之價格僅約煤炭之二倍，但由於其較低之 CO_2 排放量，故所需支付之碳稅較低，因而發電之單位成本僅比純燃煤發電高約 20~25%。

六、生質能

配合發電廠低碳能源轉型，除了以液化天然氣(LNG)取代煤炭外，亦可以生質能與煤炭混燒來達到減少碳排的目的。主要是將東南亞棕櫚／椰子收穫後的廢棄果殼，以蒸汽爆碎技術將其半炭化再經除鹼及固形化處理，得到黑色顆粒(Black Pellet)，其熱值約為 5,000kcal/kg，可以 10~20%的比例與煤炭混燒作為發電廠燃料。這種應用模式，係基於碳於大自然之循環；因為棕櫚／椰子樹在生長過程透過光合作用吸收二氧化碳，而果殼若未回收，在腐化過程會產生沼氣（甲烷），其溫室氣體暖化潛勢（參見表 8.1）是二氧化碳的 23 倍。

歷屆國家考試試題精華

8.1 說明地表大氣溫室效應形成之原因。

（提示：incoming radiation,outgoing radiation,wavelength）

（臺大環工所）

解 到達地球的太陽輻射能中約有 30%被反射，其餘 70%被地球表面吸收而轉化成熱，然後再以紅外線的型態將此熱放射出去。由於CO_2具有吸收紅外線的性質，其能量吸收帶約在 2.7μm，4.3μm，12μm，18μm 波長範圍。因此大氣中的CO_2濃度增加後，原本要輻射到太空中的紅外線卻被CO_2吸收而轉換成熱量，使地球之氣溫上升。

8.2 說明臭氧層對地球之重要性，及近來引起全球性重視之臭氧層遭破壞的可能原因。 **（臺大環工所入學試題，82 年高考一級）**

解 (1) 臭氧層可阻隔太陽中之紫外線入侵至對流層，使人類不致遭受皮膚癌及白內障之危害，地球氣候也不致於產生全盤性變動。

(2) 臭氧層破壞之元凶為氟氯碳化物，因氟氯碳化合物為相當穩定的化合物，一經排放，即會上升至平流層中因紫外線之照射而釋出具有破壞臭氧能力之氯原子，其反應機制如下：

$$O_3 \xrightarrow{UV} O_2 + O，O_2 + O \rightarrow O_3 \quad \cdots\cdots(a)$$

$$Cl + O_3 \rightarrow ClO + O_2 \quad \cdots\cdots(b)$$

$$ClO + O \rightarrow Cl + O_2 \quad \cdots\cdots(c)$$

反應式(a)~(c)是一個氯原子催化的連鎖反應，每個氯原子在失去活性以前，約可破壞十幾萬個臭氧分子。

8.3 請簡要說明京都議定書之主要內涵。又因應此一國際公約，我國可採取的積極作為有哪些選項？ **（94 年高考三級）**

解 參見 8-2 及 8-4 節說明。

8.4 說明影響地球溫室效應之主要五種氣體。 （82 年高考一級）

解 主要溫室效應氣體為 CO_2, CO_4, N_2O 、氟氯碳化合物、全氟碳化合物及 SF_6 。

8.5 NO 與 CFCs 與臭氧層(Stratosphere Ozone Layer)的破壞方式有何差別？ （104 年高考三級）

解 (1) CFCs 會上升至平流層中，因紫外線之照射而釋出具有破壞臭氧能力之氯原子，其反應機制如下：

$$O_3 \xrightarrow{UV} O_2 + O \text{，} O_2 + O \rightarrow O_3 \quad \cdots\cdots(a)$$

$$Cl + O_3 \rightarrow ClO + O_2 \quad \cdots\cdots(b)$$

$$ClO + O \rightarrow Cl + O_2 \quad \cdots\cdots(c)$$

反應式(a)~(c)是一個氯原子催化的連鎖反應，每個氯原子在失去活性前，約可破壞十幾萬個臭氧分子。

(2) NO 與臭氧反應機制如下：

$$O_3 \xrightarrow{UV} O_2 + O \quad \cdots\cdots(d)$$

$$NO + O_3 \longrightarrow NO_2 + O_2 \quad \cdots\cdots(e)$$

$$NO_2 + O \longrightarrow NO + O_2 \quad \cdots\cdots(f)$$

反應式(e)、(f)中，NO 在反應前後未發生變化，相當於 O_3 在 NO 的催化下生成 O_2，因而造成臭氧層的破壞。

8.6 (1) 試列出五種「溫室氣體減量及管理法」所定義之溫室氣體及化學式。

(2) 試說明「碳匯」及「碳匯量」之意義。 （105 年高考三級）

解 (1) 五種溫室氣體及其化學式：

二氧化碳：CO_2

甲烷：CH_4

氧化亞氮：N_2O

六氟化硫：SF_6

氫氟碳化物：HFCs

(2) 碳匯(Carbon Sink)，是指將 CO_2 或其他溫室氣體自排放單元或大氣中持續分離後，吸收或儲存之樹木、森林、土壤、海洋、地層、設施或場所。碳匯量是溫室氣體排放權交易的權量數值。

MEMO

微粒物質之收集

Air Pollution Control
Theory and Design

9-1 前　言

一、微粒物質(Particulate Matter)

乃是指任何以固態或液態存在大氣中之物質。人為空氣汙染物中，約有 10%是以微粒型態存在的。

二、微粒物質之專門用語及其定義

參見表 9.1。

三、微粒物質之潛在危害

1. 對肺部構成健康上的威脅。
2. 降低能見度。
3. 增多雲霧及降雨量。
4. 增進大氣中化學反應。
5. 減少太陽輻射量而引起環境溫度及植物生長之變化。

表 9.1　微粒物質相關專門用語與定義

用語	定義
微粒 (Particulate Matter)	任何存在於大氣中或氣流中之固態或液態物質。
氣霧(Aerosol)	微小之固體或液體顆粒擴散在氣體介質中，如煙(Smoke)、霧(Fog)、靄(Mist)等。
灰塵(Dust)	大於膠體(Colloidal)的固體粒子，可暫時浮游於空氣或其他氣體中。
飛灰(Flyash)	為一種細小的灰塵粒子，夾雜於燃料燃燒所產生的氣體中。
霧(Fog)	可見之氣霧(Aerosol)，其分散相(Dispersed Phase)為液體，通常因凝結作用而產生。
燻煙(Fume)	指由氣態物質凝結所產生的固體粒子，主要指粒徑小於 1μm 者。
靄(Mist)	指體積較大的液體粒子，其大小足以開始沉降。
煙(Smoke)	由於不完全燃燒所產生的微細塵霧，主要成分為碳或其他可燃物質。
煤煙(Soot)	碳顆粒之凝聚體(Agglomeration)，由含碳物質不完全燃燒所產生。
艾肯核子 (Aitken Nuclei)	指粒徑小於 0.1μm 的微粒，為雨及霧之凝結核心(Condensation Nuclei)，在工業區內，此種微粒的濃度可做為空氣汙染程度的指標。
霧粒(Haze Particles)	與光波波長相近的灰塵，粒徑介於 0.38μm 至 0.76μm 之間。會干擾光線的傳遞而使能見度降低。

四、微粒的特性

一般而言，空氣傳播之微粒大小介於 0.001 至 500μm 之間，而大部分（約 75%）之粒徑大小在 0.1 至 10μm 之間，而其中又有約 50wt%的粒徑在 0.1 至 2μm 之間。粒徑低於 0.1m 之微粒其顯現之作用與分子類似，因而具有與氣體分子碰撞引起大幅度自由運動的特徵。大於 1μm 而小於 10μm 的顆粒會在空氣中懸浮，但大於 10μm 的顆粒則具有很明顯的沉降速率。

五、細懸浮微粒 $PM_{2.5}$

1. 所謂 $PM_{2.5}$ 係指漂浮在空氣中類似灰塵之懸浮微粒，其粒徑小於或等於 2.5 微米(μm)者，其直徑相當於人類頭髮粗細(60μm)的 1/25，花粉(30μm)的 1/12。我國對 $PM_{2.5}$ 的關注起步較晚，環保署自 2006 年才增設 $PM_{2.5}$ 自動監測站並開始探討 $PM_{2.5}$ 的濃度($\mu g/m^3$)、成分、物理及化學性質。依據環保署的資料顯示，臺灣 $PM_{2.5}$ 的來源，36%來自汽／機車排放，27%來自境外（大陸），12%來自太陽光化學反應及地面揚塵，25%來自工業。
2. $PM_{2.5}$ 生成來源：可分為原生性及衍生性，皆可能由人為或自然界產生。原生性 $PM_{2.5}$ 主要的化學組成與來源分別為海鹽飛沫；裸露地表經風力作用所揚起的灰塵、鍋爐及機動車輛引擎之燃燒排放；衍生性 $PM_{2.5}$ 則係指被釋出之非 $PM_{2.5}$ 化學前驅物如 NO_x、SO_x 及 VOC 等在大氣環境中經一系列複雜的化學變化與光化學反應後成為 $PM_{2.5}$ 微粒，主要為硫酸鹽、碳酸鹽及銨鹽。
3. 環保署於 2020 年 9 月 18 日修正公告之空氣品質標準， $PM_{2.5}$ 空氣品質標準 24 小時值為 35$\mu g/m^3$，年平均值為 15$\mu g/m^3$。
4. $PM_{2.5}$ 防制策略：$PM_{2.5}$ 可能對身體健康造成危害，政府已針對烏賊車之取締及限制二行程機車使用等汽／機車汙染加強管制；對於使用燃煤的企業，政府也應參考歐美燃煤排放標準訂定國內環保標準（事實上較歐美先進國家更為嚴格），並要求廠商加強改善或增設製程及防制設備（一般燃煤電廠可在排煙脫硫設備及煙囪之間增設濕式靜電集塵器，除了可加強捕集 $PM_{2.5}$ 微粒外（效率可達 90%以上），亦可補捉煙道氣中 SO_3 霧滴及硫酸鹽類等 $PM_{2.5}$ 前驅物）以降低排放，一味限縮或禁用燃煤，並非解決問題的方法。（我國發電量燃煤配比目前約 41%、美國 40%、日本 32%、韓國 45%、澳洲 65%、英國 41%、德國 47%；在重視環保及國民健康的歐美日等先進國家及與我國在產業上相當競爭的韓國，其燃煤比例均超過或與臺灣相當，但皆未有禁止或限制燃煤之提議）

總結 $PM_{2.5}$ 防制對策主要有下列三個面向：

(1) 移動汙染源管制
 (a) 加強柴油車及油品管制
 (b) 加快汰換二行程機車
 (c) 補助推廣電動車等低碳車輛及擴展電池充電站
 (d) 建構低碳運輸系統

(2) 固定汙染源管制
 (a) 推廣低汙染燃料
 (b) 燃料使用管制或加嚴排放標準（微粒物質／SOx / NOx 等）
 (c) VOC 逸散加強管制
 (d) 落實法規執行及加強稽查

(3) 逸散汙染源管制
 (a) 降低道路揚塵
 (b) 加強露天燃燒管制
 (c) 加強營建工地管理

六、微粒的防制

圖 9.1 顯示各種不同粒徑的汙染物及其適用之控制設備，基本上，較大的粒子通常來自粉碎、研磨等減少粒徑之操作或固體燃料之燃燒，且粒子粒徑之分布較為寬廣；而較小的粒子則通常來自蒸發－凝結、升華－凝結等操作，例如氣體、液體燃料之燃燒及化學反應。

（一）防制設備之選擇

不同粒徑的汙染物決定不同的防制設備，選用防制設備時應考量之因素有

1. 顆粒大小及其重量分布。
2. 所要處理的廢氣量及其微粒負荷。
3. 廢氣的溫度及濕度。
4. 集塵效率。
5. 微粒是否有回收價值。
6. 操作及建造成本。

(二)處理效率

當粒徑分布較為寬廣時，基於成本之考量，可先以較便宜之除塵設備除去較粗顆粒以降低其後高效率分離器的微粒負荷。此類串聯組合式除塵設備的處理(分離)效率可以表示為：

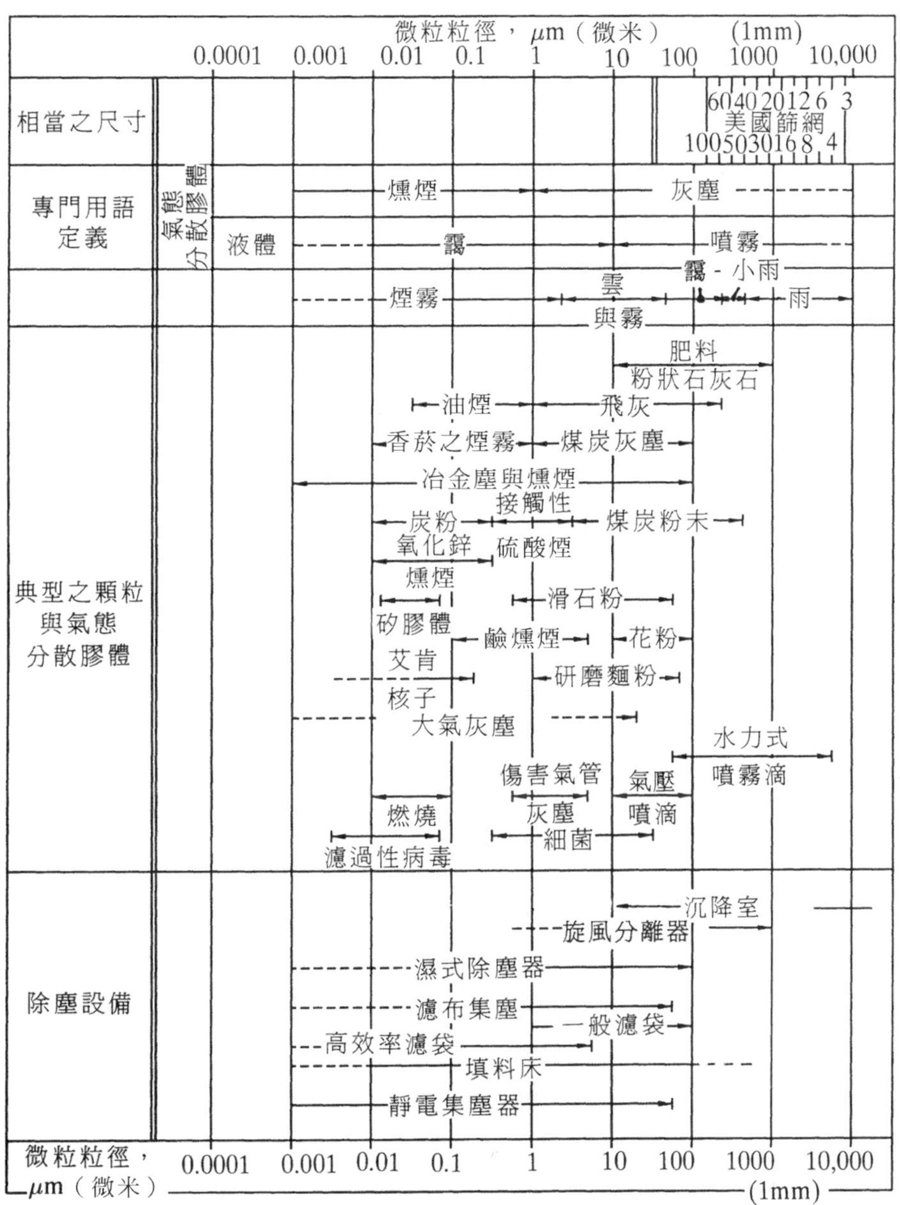

➡ **圖 9.1　顆粒特性及其分散膠體**

(參考資料：C.E. Lapple., Stanford Research Institute Journal 5,1961.)

$$\eta_T = \eta_1 + \frac{\eta_2(100-\eta_1)}{100} \quad \cdots\cdots (9\text{-}1)$$

$$\eta_T = [1-(1-\eta_1)(1-\eta_2)\cdots(1-\eta_n)]\times 100\% \quad \cdots\cdots (9\text{-}2)$$

式中 η_T=目標分離效率，總分離效率

η_1=第一個分離器之分離效率

η_2=第二個分離器之分離效率

η_n=第 n 個分離器之分離效率

練習 9.1

廢氣處理後要求 98.5%之效率，已知靜電集塵器之前，旋風分離之效率為 60%，求靜電集塵器之效率。 **（歷屆考題）**

解 利用(9-1)式計算

$$98.5 = 60 + \eta_{E_p} \times \frac{(100-60)}{100}$$
$$\to 38.5 = \eta_{E_p} \times 0.4$$
$$\to \eta_{E_p} = 96.25\%$$

利用(9-2)式計算

$$98.5 = [1-(1-0.6)(1-\eta_{E_p})]\times 100\%$$
$$\to 0.015 = 0.4(1-\eta_{E_p})$$
$$\to 1-\eta_{E_p} = 0.0375$$
$$\eta_{E_p} = 0.9625 = 96.25\%$$

9-2 微粒動力學(Particle Dynamics)

微粒在運動過程中受到下列力之影響：

1. 重力(Gravitational Force)。
2. 離心力(Centrifugal Force)。
3. 浮力(Buoyancy Force)。
4. 拖曳力(Drag Force)。

一、終端速度之推導

當重力與浮力及拖曳力平衡時，粒子將以終端速度(Terminal Velocity)移動。

粒子的沉降力 F_g 為粒子重力與浮力之差

$$F_g = \frac{\pi}{6} d_p^3 (\rho_p - \rho_g) g \qquad (9\text{-}3)$$

式中 d_p ：粒子的直徑，m

ρ_p, ρ_g ：粒子，氣體的密度， Kg/m^3

g ：重力加速度， m/s^2

粒子沉降之反向力為拖曳力 F_D ，可表示為

$$F_D = \frac{C_D A_p v^2 \rho_g}{2} \qquad (9\text{-}4)$$

式中 C_D ：拖曳係數

A_p ：粒子在運動方向之投影面積， $\frac{\pi}{4} d_p^2$

v ：粒子運動速度

ρ_g ：氣體密度

當 $F_g = F_D$ 時，粒子以終端速度 u_t 運動，所以

$$\frac{\pi}{6}d_p^3(\rho_p-\rho_g)g=\frac{C_D u_t^2\rho_g}{2}\cdot\frac{\pi}{4}d_p^2=\frac{C_D\rho_g d_p^2\pi}{8}u_t^2$$

$$\Rightarrow u_t=\sqrt{\frac{4gd_p(\rho_p-\rho_g)}{3C_D\rho_g}} \quad \text{(9-5)}$$

式中 C_D 為雷諾數(Reynolds Number,Re= $d_p\rho_g u_t/\mu_g$)的函數

$C_D = 24/Re$ for Re<2 .... (9-6)

$C_D = 18.5/(Re)^{0.6}$ for 2<Re<500 .... (9-7)

$C_D = 0.44$ for Re>500 .... (9-8)

當 Re<2 時

$$u_t=\frac{gd_p^2(\rho_p-\rho_g)}{18\mu_g} \quad \text{(9-9)}$$

$$F_D=3\pi d_p\mu_g u_t \quad \text{(9-10)}$$

μ_g：氣體黏度

二、康寧漢校正係數

對於 d_p<40μm 的粒子，u_t 以(9-9)式計算誤差很小，但當 $d_p<4\mu$m時粒子之運動受到氣體分子運動的影響，必須以康寧漢校正係數(Cunningham Correction Factor) K_c 校正之

$$K_c=1+\frac{2\lambda}{d_p}\left[1.257+0.4e^{-0.55d_p/\lambda}\right] \quad \text{(9-11)}$$

λ：氣體分子平均自由徑（Mean Free Path，室溫下之空氣為 0.0652 μm）

$$u_t=\frac{K_c gd_p^2(\rho_p-\rho_\delta)}{18\mu_g} \quad \text{(9-12)}$$

$$F_D=(3\pi d_p\mu_g u_t)/K_c \quad \text{(9-13)}$$

在常壓下，對於 $d_p > 1\mu m$ 之粒子

$$K_c = 1 + \frac{0.00973\sqrt{T}}{d_p} \quad \cdots\cdots (9\text{-}14)$$

T：絕對溫度，°K 。

三、粒子在其他力場之終端速度

若粒子所承受之外力為離心力時，(9-12)式中之重力 g 可以離心力 V^2/r 替代

$$u_t = \frac{K_c d_p^2(\rho_p - \rho_g)}{18\mu_g}\left(\frac{v^2}{r}\right) \quad \cdots\cdots (9\text{-}15)$$

式中 r：粒子旋轉半徑；

v：於旋轉半徑之切線速度。

若粒子在電場 E 中移動，且帶電荷 q，則拖曳力與靜電力平衡時

$$F_D = qE = \frac{3\pi d_p \mu_g u_t}{K_c} \quad \cdots\cdots (9\text{-}16)$$

$$u_t = K_c qE / 3\pi d_p \mu_g \quad \cdots\cdots (9\text{-}17)$$

9-3 微粒物質的特性

微粒物質控制設備之效率與欲去除之微粒特性有密切關係，其中尤以粒徑大小及其分布之影響最大。

一、粒徑大小之表示方式

(一) 依尺寸大小

微粒之大小可以其粒徑大小表示，唯對於非圓形或不規則形狀之微粒物質，可以下列方式表示其大小尺度。

1. Feret 直徑：微粒投影形狀中，邊與邊之最大距離。
2. 馬丁(Martin)直徑：將微粒之投影面積分割為兩個相等面積之投影部分，則此分割直徑之長度即稱馬丁直徑。
3. 等圓直徑：與微粒投影面積相同的圓形所對應之直徑即稱為等圓直徑，又可稱為投影面積之相當直徑(Equivalent Diameter)。
4. 通常 Feret 直徑>等圓直徑>馬丁直徑。
5. 須注意若粒子之投影方向不同，所測得的直徑也隨之改變，因此在作此測試時，必須使每一粒子之投影方向相同，而且必須由多組數據取其平均值作為直徑，所得到的數值才具有代表性。

（二）依沉降速度

亦可以粒子之沉降速度來定義該粒子的直徑。若兩個不同粒子具有相同的沉降速度，則不論其真實直徑大小、組成和形狀，均認定它們具有相同的直徑。下列兩種定義最常使用：

1. 氣動直徑(Aerodynamic Diameter)：當粒子和某一個單位密度之圓球粒子具有相同的氣動特性時，則此單位密度圓球之直徑即為該粒子之氣動直徑。也就是說無論粒子之形狀或密度為何，只要它們的沉降速度相同，則這些粒子之氣動直徑均相等。

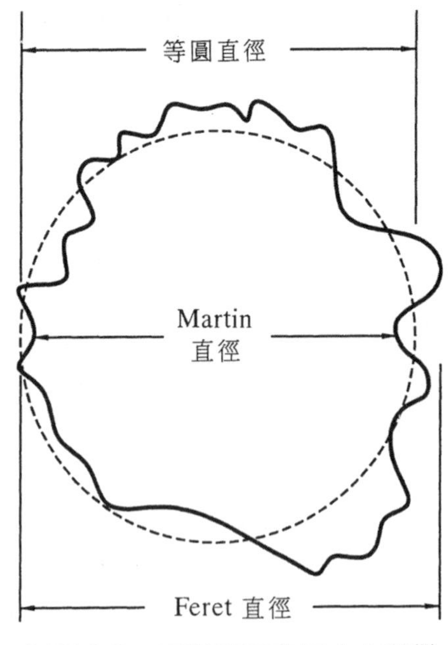

➡圖 9.2　三種粒子直徑之定義[9]

2. Stokes 直徑：當一個粒子和一圓球粒子之密度及沉降速度相同時，則此圓球之直徑便稱為該粒子之 Stokes 直徑。Stokes 直徑和氣動直徑之差異在於 Stokes 直徑要求兩粒子密度要相同，而氣動直徑則無此要求。

(三) 粒徑與來源之關係

廢氣中微粒物質之粒徑與其來源有密切關係，通常由機械研磨、粉碎等作用產生之微粒物質，其粒徑一般皆較大，包括塵粒、水滴、粉末等；若由化學反應所產生之微粒物質，則其粒徑一般皆較小，如煙、燻煙、酸霧等。

二、微粒粒徑之分布

典型的微粒粒徑分布，如圖 9.3(a)所示。圖 9.3(b)係繪於半對數座標紙上，其縱座標為微粒尺寸的頻率，橫座標為微粒粒徑，其曲線類似高斯分布；此粒徑分布再繪於對數－或然率座標中，可得一直線如圖 9.3(C)，即為對數常態(Log-Normal)分布。

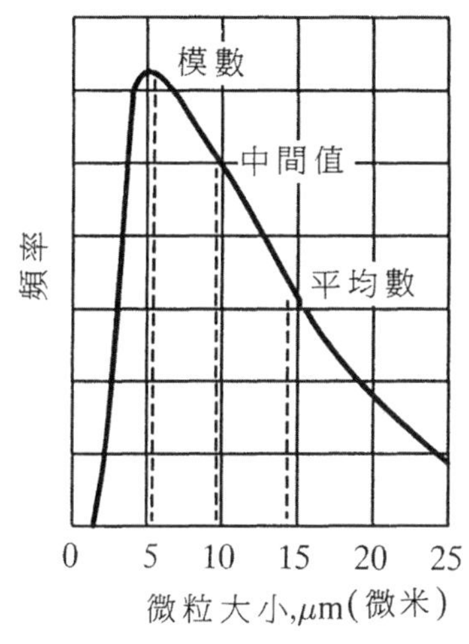

(a) 微粒大小分布曲線（普通座標）

頻率
1 10 100
微粒大小,μm(微米)

(b)微粒大小分布曲線（半對數座標）

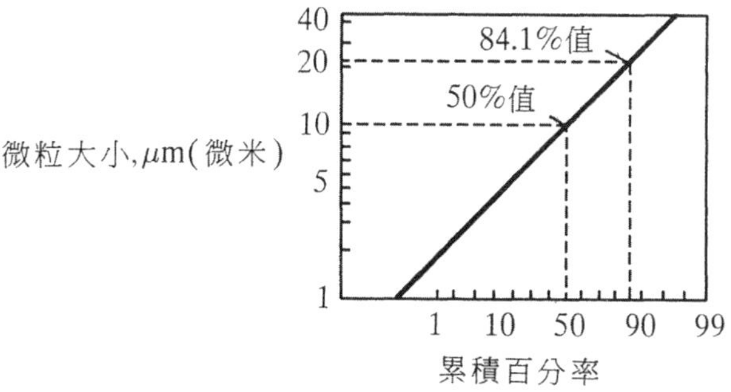

(c) 微粒大小（對數－或然率座標）圖

➡圖 9.3 微粒粒徑分布區[2]

9-4 初級分離方法

較粗大的微粒物質可以初級分離法先行去除，基本上，初級分離設備是利用下列方法而達到分離的目的。

1. 降低氣體速度。
2. 改變流動方向。
3. 微粒與擋板之撞擊作用。

9-4-1 重力沉降室(Gravity Settling Chamber)

一、基本定理推演

圖 9.4 所示為重力沉降室，氣體在此室內之停留時間，θ

$$\theta = \frac{V}{Q} = \frac{LBH}{Q} = \frac{LBH}{BHU} = \frac{L}{U} \quad \text{(9-18)}$$

式中 U 為氣體的直線速度，V 為沉降室內部體積。

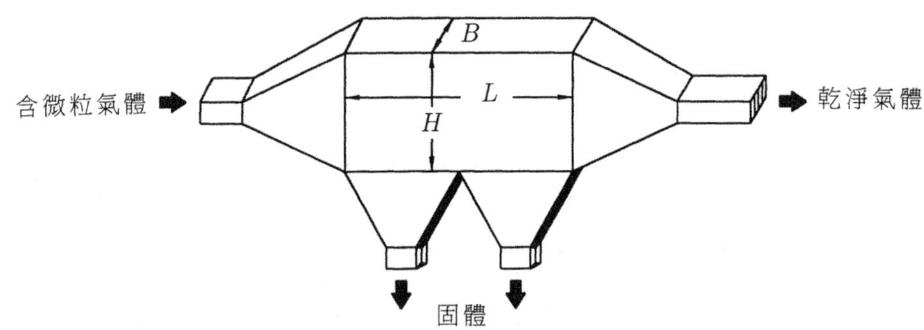

圖 9.4 重力沉降室及其長寬高尺寸[3]

在停留時間內，微粒物質在室內垂直方向之沉降距離，h

$$h = u_t\theta = \frac{gd_p^2(\rho_p - \rho_g)}{18\mu_g}\frac{L}{U} \quad \text{(9-19)}$$

二、重力沉降室之效率

可定義為

$$\eta = \frac{h}{H} = \frac{g d_p^2(\rho_p - \rho_g)L}{18\mu_g UH} \quad \text{(9-20)}$$

三、改良式沉降室

（一）原理

當 h＝H 時，重力沉降室可分離之最小粒徑為

$$(d_p)_{min} = \left[\frac{18\mu_g UH}{g(\rho_p - \rho_g)L}\right]^{1/2} = \left[\frac{18\mu_g Q}{g(\rho_p - \rho_g)LB}\right]^{1/2} \quad \text{(9-21)}$$

由(9-20)及(9-21)式可知，$(d_p)_{min}$ 隨著 H/L 比值之降低而降低，且效率亦隨之提高。因而在構造上，與其建造一個低且長的重力沉降室，不如在沉降室內加裝隔板，如圖 9.5 所示。

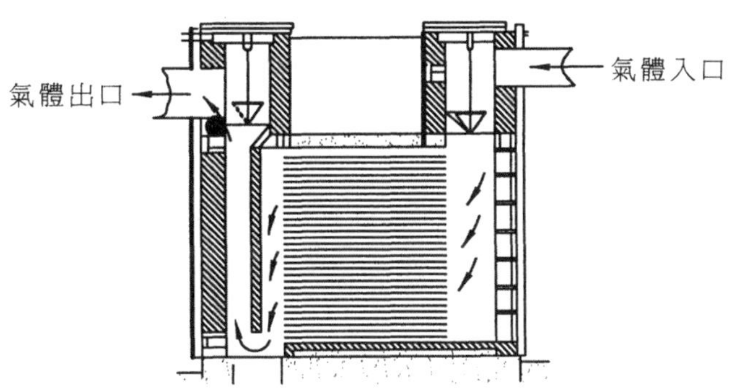

圖 9.5 改良式（多層收集板）重力沉降室[3]

（二）構造

這種改良式的沉降室含有多個水平或傾斜的收集板，其間距約為 10~30 公分，通常可去除粒徑約 15μm 的粒子。其優點為占地面積較小，缺點為清洗不易，但設計上可使收集板傾斜或不時轉動收集板或以水沖洗克服之。

(三)沉降效率

假設改良式重力沉降室內有 N 個收集板，則

$$\eta = h/\left[H/(N+1)\right] = \frac{gd_p^2(\rho_p-\rho_g)}{18\mu_g}\times\frac{L}{U}/(H/(N+1))$$

$$= \frac{gd_p^2(\rho_p-\rho_g)(N+1)L}{18\mu_g UH}$$

$$= \frac{gd_p^2(\rho_p-\rho_g)(N+1)BL}{18\mu_g UBH}$$

$$= \frac{gd_p^2(\rho_p-\rho_g)(N+1)BL}{18\mu_g Q} \quad \text{.......... (9-22)}$$

當 $\eta = 1$ 時，可求得 $(d_p)_{min}$

$$(d_p)_{min} = \left[\frac{18\mu_g Q}{g(\rho_p-\rho_g)LB}\times\frac{1}{N+1}\right]^{1/2} \quad \text{.......... (9-23)}$$

(四)與其他種類的集塵設備比較，重力沉降室優缺點

優　點	缺　點
1. 建造、操作成本低	1.　占地面積較大
2. 壓降低	2.　收集效率較低
3. 構造簡單、操作簡單	
4. 乾式收集，沒有水處理的問題	

(五)設計上應注意事項

因沉降室內之亂流會導致粒子沉降速度計算之偏差，再加上已收集在板面上粉塵之再飛揚問題(Reentrainment)，效率之計算修正如下式較可符合工程設計之要求。

$$\eta = \left(\frac{h}{H}\right)\frac{1}{2} = \frac{gd_p^2(\rho_p-\rho_g)}{36\mu_g UH} \quad \text{.......... (9-24)}$$

$$(d_p)_{min} = \left[\frac{36\mu_g UH}{g(\rho_p - \rho_g)L}\right]^{1/2} = \left[\frac{36\mu_g Q}{g(\rho_p - \rho_g)BL}\right]^{1/2} \quad \text{(9-25)}$$

若進料氣體之粒徑分布寬廣，則效率計算如下

$$\eta_{av} = \sum \eta_i w_i \quad \text{(9-26)}$$

η_i：單一粒徑之收集效率；

w_i：所對應之粒徑重量百分比。

四、重力沉降室效率另一種計算方法

將氣流看成完全混合而在收集盤周圍有一層流層(Laminar Layer)，各種大小粒子連續地向下沉降到此層流層且並不會再回到亂流區中，如圖 9.6 所示。

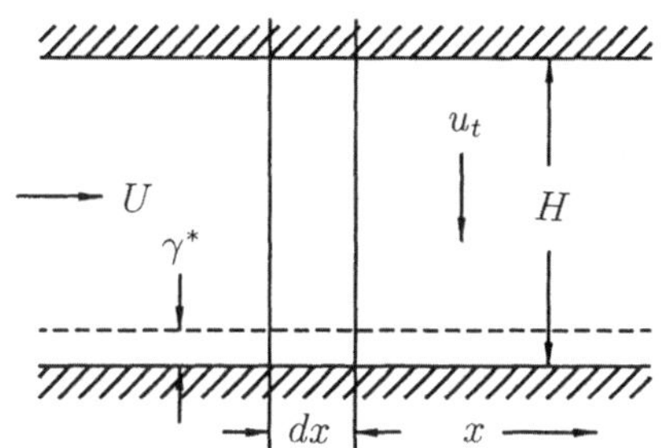

圖 9.6 重力沉降室中微粒分離示意圖[1]

流經 dx 距離到達層流層被去除之粒子分數為 $\frac{dN_p}{N_p}$，所需時間 $t = \frac{dx}{U}$，同一時間內，粒子下降之垂直最大距離 $y = t \cdot u_t$

$$\Rightarrow y = \frac{u_t dx}{U}$$

y/H=已達層流層且因此由主氣流被除去之粒子分數，所以

$$\frac{dN_p}{N_p} = \frac{y}{H} = \frac{-u_t dx}{UH} \quad \text{(9-27)}$$

積分可得

$$\ln N_P = \frac{-u_t x}{UH} + \ln C$$

$x = 0$時 $N_P = N_{p0}$，$x = L$時 $N_p = N_{pL}$，所以

$$N_{pL} = N_{po} \cdot \exp\left[\frac{-u_t L}{UH}\right]$$

收集效率

$$\eta = 1 - \frac{N_{PL}}{N_{p0}} = 1 - \exp\left[\frac{-u_t L}{UH}\right] \quad \text{(9-28)}$$

假設沉降室之寬為 B

$$\eta = 1 - \exp\left[-\frac{u_t LB}{UHB}\right]$$

$$= 1 - \exp\left[-\frac{u_t A}{Q}\right]$$

$$= 1 - \exp\left[\frac{-u_t}{(Q/A)}\right] \quad \text{(9-29)}$$

式中 Q=氣體流量；

A=收集盤面積。

此處因已假設系統為亂流狀態，故終端速度 u_t 仍以

$u_t = \dfrac{g d_p^2(\rho_p - \rho_g)}{18\mu_g}$ 計算，分母不取 36。

練習 9.2

一火力發電廠煙道氣流量為 1000 m^3/min，所含微粒之粒徑分布 1 至 100μm，若欲以多層板式的重力沉降室進行初步的分離；該沉降室含有 24 層板，間距為 30 公分，長、寬均為 5m。試計算該沉降室所能除去的最小微粒粒徑。(氣體密度=0.001g/ cm^3，氣體黏度=0.035cp，粒子密度=2.2g/ cm^3)

解 由(9-23)式

$$(d_p)_{min} = \left[\frac{18\mu_g Q}{g(\rho_p - \rho_g)LB} \times \frac{1}{(N+1)}\right]^{1/2}$$
$$= \left[\frac{18\times(0.035\times10^{-2})(1000\times10^6)}{981\times2.2\times60\times500\times500} \times \frac{1}{(24+1)}\right]^{1/2}$$
$$= 2.78\times10^{-3}\text{cm}$$
$$= 27.9\ \mu\text{m}$$

練習 9.3

收集直徑 50μm，密度 2.0g/ cm^3 之微粒，為達 90%的收集效率，試計算所需之重力沉降室的長度。氣體流速為 0.5m/s 且沉降室高度為 3m。

解 考慮沉降微粒再飛揚之問題存在，且在室溫下操作 $\mu_{air} = 1.85\times10^{-4}\text{g/cm}-\text{s}$。

由(9-24)式

$$\eta = \frac{gd_p^2(\rho_p - \rho_g)L}{36\mu_g UH} = 0.9 = \frac{981\cdot(50\times10^{-4})^2(2.0)L}{36\times(1.85\times10^{-4})\times50\times300}$$

所以 L=2039cm=20.39m

9-4-2　微粒沉積器(Solid Traps)

一、原理

主要是利用固體有較大的慣性，並在沉積器內改變流動方向而到與氣體分離的目的。常用於微粒負荷較高(High Dust Load)及較小流量之場合，例如冶礦爐(Metallurgical Furnace)出口即經常裝設此類沉積器，如圖 9.7 及 9.8 所示。

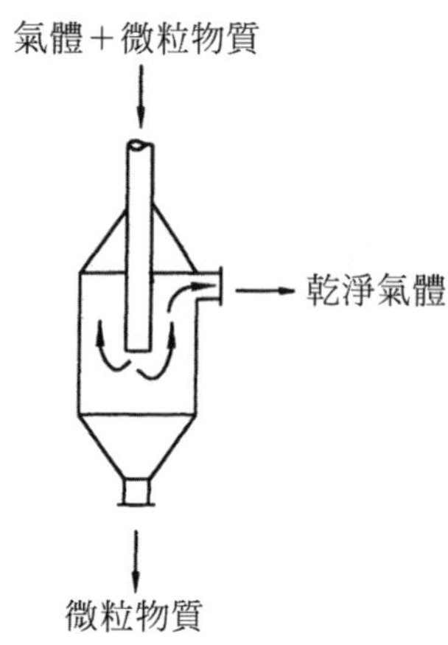

➡圖 9.7　利用流體轉向原理分離微粒之沉積器[3]

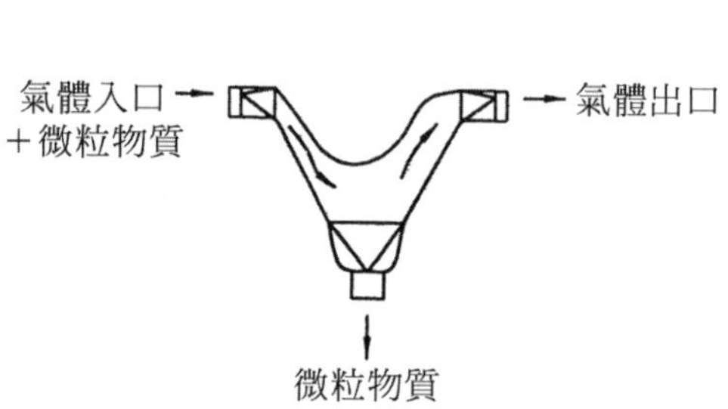

➡圖 9.8　利用流動方向改變分離微粒之沉積器[3]

二、其他集塵器

其他利用相同原理的集塵器尚有如圖 9.9 所示的擋板式集塵器，亦利用固體有較大之慣性而撞擊沉積在擋板表面。

以上所述之集塵器其分離界限徑約在 20~40μm 之間，壓力損失很小，約在 20~30mm 水柱程度。

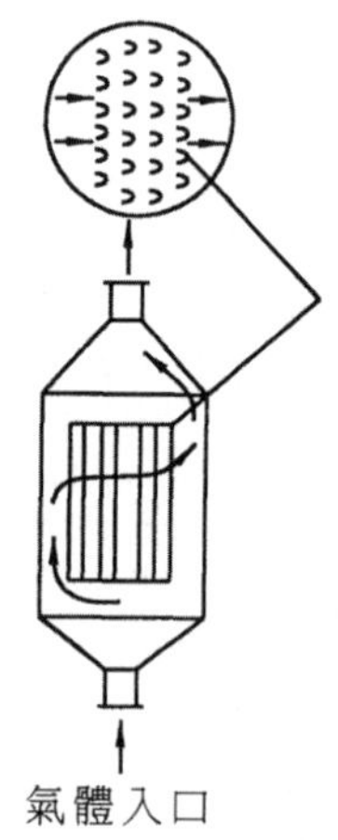

➡圖 9.9　檔板式集塵器[3]

9-5 旋風分離器(Cyclone Separator)

一、原理

旋風分離器為最受歡迎且經濟有效之微粒物質控制設備，可廣泛應用於前處理設備以去除較大之顆粒物再予以進一步處理。標準尺寸之旋風分離器如圖 9.10 所示，髒空氣由偏離中心線之方向吹入圓錐形之柱狀體而於圓錐內造成強烈旋轉，較重之顆粒碰撞到柱狀體之牆壁，由於摩擦作用而使速度減慢，再由圓錐底部排出。在圓柱體中間之乾淨氣體則由頂部排出。

乾淨氣體
方型螺旋進氣口
渦流產生器
廢氣
小旋渦
渦心
主渦流
圓柱體
錐體
粉塵

A B A
乾淨氣體
廢氣 H C S_f D_e L D_c Z
A
A-A 視圖
粉塵

$C = D_c/4$
$B = D_c/4$
$D_e = D_c/2$
$H = D_c/2$
$L = 2D_c$
$S_f = D_c/8$
$Z = 2D_c$
$A =$ 通常為 $D_c/4$

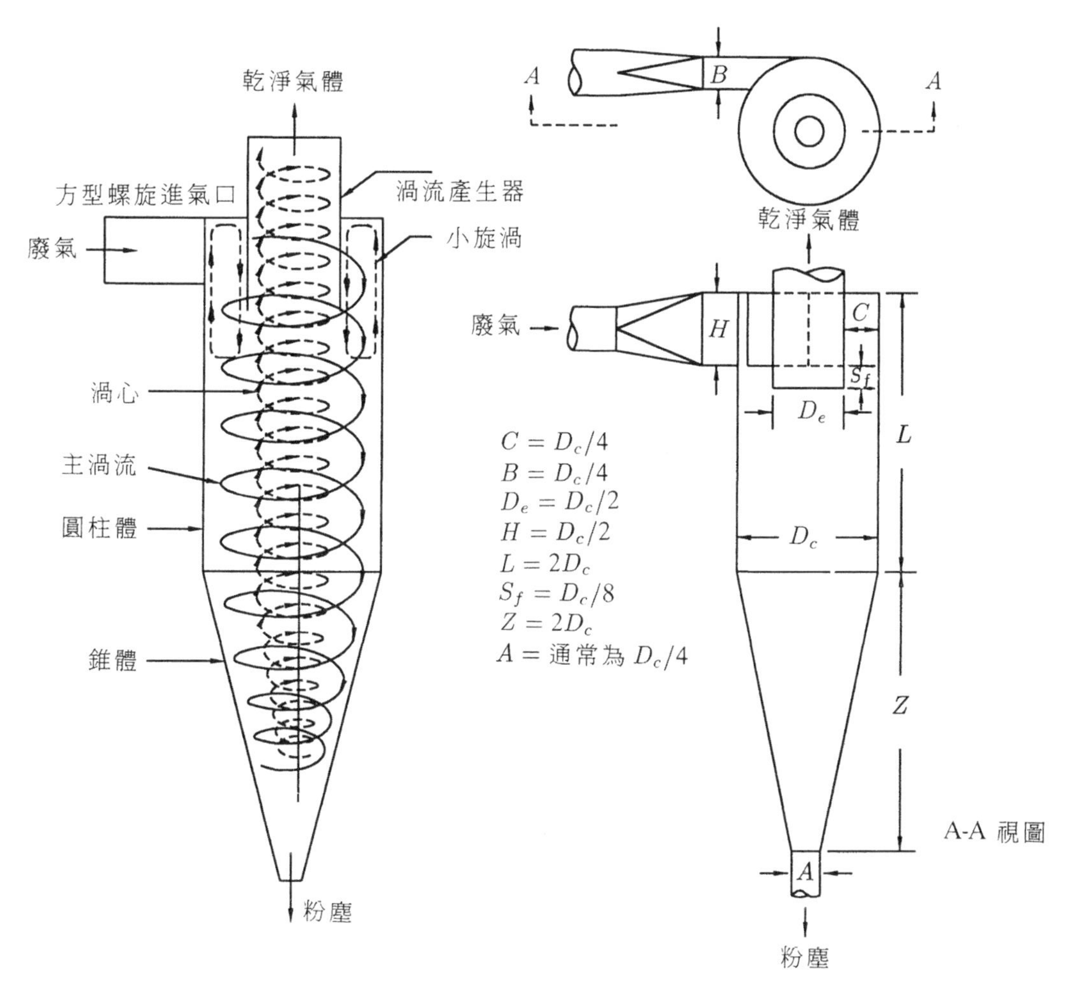

➡ 圖 9.10 旋風分離器及其標準尺寸[1,3]

二、基本定理推導

氣體進入旋風分離器後，氣體之切線速度隨著逐漸接近軸心而增加，在靠近牆壁的地方，淨氣體移動方向為向下；而在靠近軸心的地方，淨氣體移動方向為向上，因此必存在一點使氣體向上及向下移動彼此平衡而使氣體垂速度(Vertical Velocity)為零。此時微粒物質各有一半的機會沉降或逸出，因此定義截留直徑(Cut Diameter)，d_{pc} 為 50%顆粒可被去除之顆粒直徑

$$d_{pc}=\left[\frac{9\mu_g B}{2\pi N V_i(\rho_p-\rho_g)}\right]^{1/2} \quad \text{(9-30)}$$

式中 μ_g ：氣體黏度，g/cm-sec

B ：入口寬度，cm；

N ：氣體在旋風分離器內之有效轉數，一般為 4 或 5

V_i ：氣體入口速度，cm/s

ρ_p ：粒子密度，g/cm^3

ρ_g ：氣體密度，g/cm^3

(9-30)式推導如下：

設 R_0=旋風分離器之外半徑

R_i=旋風分離器之內半徑

R^*=使 d_p 大小的粒子在 N 轉中達到外壁之最小半徑

則分數收集效率 η_d (Fractional Efficiency)

$$\eta_d=\frac{R_0-R^*}{R_0-R_i}=\frac{R_0-R^*}{B} \quad \text{(9-31)}$$

式中 R_0-R_i 亦即旋風分離器矩形入口的寬度 B。

由(9-15)式

$$V_R=\frac{(\rho_p-\rho_g)d_p^2}{18\mu_g}\left(\frac{V_i^2}{R}\right)=\frac{(R_0-R^*)}{\Delta t} \quad \text{(9-32)}$$

式中 V_R ：徑向速度

R： R_0與 R_i之平均半徑

V_i ：入口速度，即切線速度

R_0-R^* ：粒子被移除前之移動距離

Δt ：粒子滯留外旋渦之時間

$$\Delta t = \frac{2\pi RN}{V_i} \quad (9\text{-}33)$$

代入(9-32)式

$$R_0 - R^* = V_R \Delta t = \frac{\pi N(\rho_p - \rho_g) d_p^2 V_i}{9\mu_\delta} \quad (9\text{-}34)$$

代入(9-31)式

$$\eta_d = \frac{\pi N(\rho_p - \rho_g) d_p^2 V_i}{9\mu_g B} \quad (9\text{-}35)$$

當 $\eta_d = 0.5$時有截留直徑(Cut Diameter)， d_{pc} 如(9-30)式所示：

$$d_{pc} = \left[\frac{9\mu_g B}{2\pi N V_i(\rho_p - \rho_g)} \right]^{1/2}$$

當 $\eta_d = 1.0$時，可得旋風分離器可分離之最小顆粒粒徑 $(d_p)_{min}$

$$(d_p)_{min} = \left[\frac{9\mu_g B}{\pi N V_i(\rho_p - \rho_g)} \right]^{1/2} \quad (9\text{-}36)$$

三、分離總效率

Lapple 將類似比例的旋分離器數據歸納整理而得到如圖 9.11 的曲線，由此圖可求出單一顆粒之分離效率，旋風分離器之總效率可以(9-26)式求得：

$$\eta = \sum \eta_i w_i$$

比較(9-31)式、(9-35)式可發現旋風分離收集效率有如下關係：

$$\eta \propto \frac{\text{離心力}}{\text{牽曳力}} \propto \frac{N\rho_p d_p^2 V_i}{R\mu_g} \quad \text{(9-37)}$$

所以，旋風分離器效率隨下列因子而增加：

(1)粒徑　(2)粒子密度　(3)氣體入口速度　(4)旋轉數

(5)集塵器機體長度（長度長則旋轉數高）　(6)器壁之光滑度

反之與下列因子成反比：

(1)氣體黏滯力（氣體之黏滯力隨溫度之增加而增加）　(2)集塵器直徑

(3)氣體入口面積

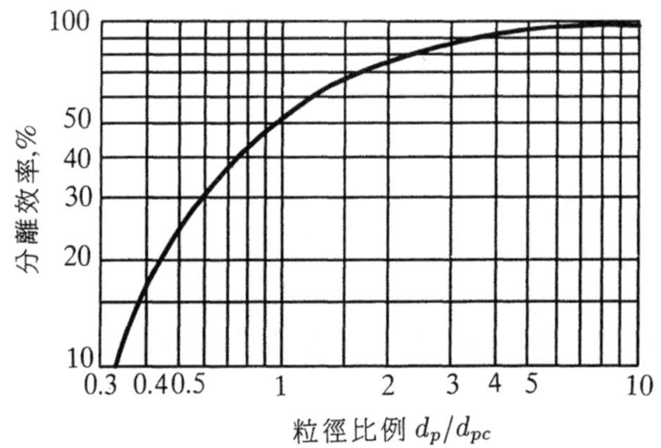

➡ 圖 9.11　旋風分離器分離效率與粒徑比例之關係[1]

（參考資料：C.E. Lapple.,「Processes Use Many Collection Types.」Chem. Eng. 58(May1951)；145）

一般旋風分離器的壓降是以氣體入口速度水頭的數目(No. of inlet velocity head)來計算，可表示為

$$\Delta P = k\rho_g V_i^2 \quad \text{(9-38)}$$

一般可以下列經驗式算出

$$\Delta P = \frac{3950KQ^2P\rho_g}{T} \quad \text{(9-39)}$$

式中 ΔP ：壓降，公尺水柱

Q：氣體流量， m^3/sec

P：絕對壓力，atm

ρ_g ：氣體密度， Kg/m^3

T：溫度，°K

K 值：因子，為旋風分離器直徑的函數

表 9.2

旋風分離器直徑，英吋	K
29	10^{-4}
16	10^{-3}
8	10^{-2}
4	10^{-1}

旋風分離器之分離效率為壓降之函數，壓降越大則分離效率越高，如圖 9.12 所示。縮小氣體排出管之直徑會使系統壓降升高，因而分離效率亦隨之提高，如圖 9.13 所示。一般氣體排出管之直徑約為本體直徑之 0.4 倍，另外縮小本體直徑亦可使壓降提高。

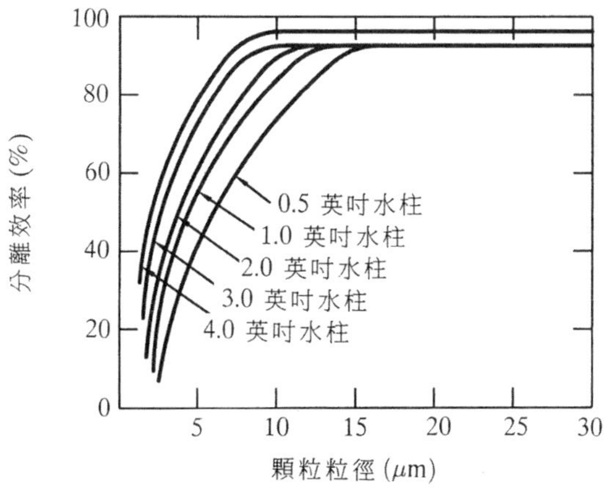

➡ 圖 9.12 多管式旋分離器操作之特性曲線[18]

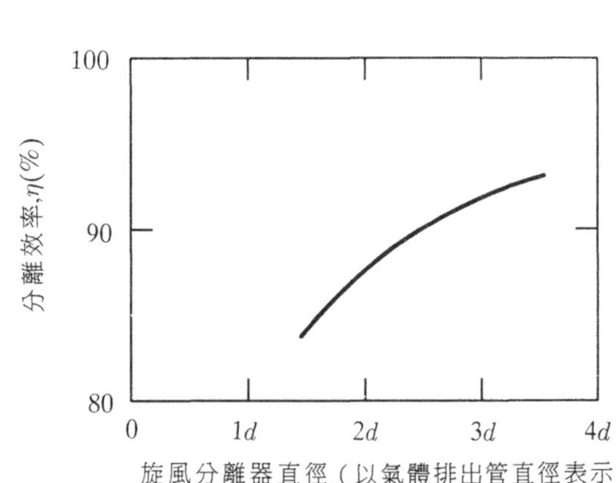

➡ 圖 9.13 氣體排出管尺寸對分離效率之影響[18]

四、旋風分離器之設計步驟

1. 選定一標準尺寸並估算容許壓降（以 cm 水柱表示）。
2. 決定可損失之速度水頭，第一次計算可取 8。
3. ΔP（cm 水柱）／氣體密度$(g/cm^3)=\Delta P$（cm 氣體）$=8\cdot\left(\frac{V_i^2}{2g_c}\right)$，故可求得 V_i。
4. 氣體流量 Q，入口面積 $D_c^2/8$（參考圖 9.10，$B\times H=\frac{D_c^2}{8}$）

$$V_i=\frac{Q}{(D_c^2/8)}$$

因 V_i，Q 已知，可求得 D_c，B。

5. 利用(9-30)式求得 d_{pc}。
6. 求 d_p/d_{pc} 比值，再由圖 9.11 求得對應之分離效率 η_i。

或者以下式估算 η_i

$$\eta_i=1-\frac{1}{1+\left(d_p/d_{pc}\right)^2} \quad \text{(9-40)}$$

亦可獲得滿意的結果。

7. 由顆粒之粒徑分布，利用(9-26)式計算平均效率。
8. 若平均效率不符合要求，可考慮多管式旋風分離器，以提高收集效率。

五、其他狀況下之效率計算

當在設計狀況以外之情形下運轉時，旋風分離器的效率可以下列公式計算之。

氣體流量改變時 $$\frac{100-\eta_a}{100-\eta_b}=\left(\frac{Q_b}{Q_a}\right)^{0.5} \quad \text{(9-41)}$$

氣體黏度改變時 $$\frac{100-\eta_a}{100-\eta_b}=\left(\frac{\mu_b}{\mu_a}\right)^{0.5} \quad \text{(9-42)}$$

氣體密度改變時 $$\frac{100-\eta_a}{100-\eta_b}=\left(\frac{\rho_p-\rho_{gb}}{\rho_p-\rho_{ga}}\right) \quad \text{(9-43)}$$

當氣體粒子負荷變化不大時 $\frac{100-\eta_a}{100-\eta_b}=\left(\frac{C_b}{C_a}\right)^{0.183}$ .... (9-44)

式中 Q：體積流率

ρ_g ：氣體密度

C：單位體積氣體之微粒濃度（一般微粒濃度在 100g/m^3 以上時適用旋風分離器）

練習 9.4

廢氣流量為 60 m^3 /min，含密度 2g/ cm^{3}的粉塵，粉塵粒徑分布如下所示：

粒徑 μm	平均粒徑 μm	重量百分比 wt · %
<5	2.5	15
5-10	7.5	15
10-30	20	30
30-50	40	20
>50	50	15

若選用標準規格的旋風分離器，且有效轉數為 5。粉塵粒徑及其分離效率如下表。

d_D/d_{DC}	0.2	0.3	0.5	0.7	1.0	1.5	2.0	3.0	5.0	7.0	10
分離效率，%	4	8	20	33	50	69	80	90	96	98	99

氣體溫度=80℃

氣體密度=0.00095g/ cm^3

氣體黏度=0.02cp

旋風分離器入口寬度 B= D_c / 4

旋風分離器入口高度 H= D_c / 2

旋風分離器入口速度損失水頭(Inlet Velocity Head Loss)=8

旋風分離器壓降=7.5cm 水柱

(1) 若採用單一旋風分離器，試設計其規格及分離效率。

(2) 若採用 20 個相同大小的旋風分離器並聯操作，且假設壓降比 7.5cm 水柱少了 10%。試設計其規格及分離效率。

 (1) 單一旋風分離器

氣體體積流量 $Q = 60\ m^3/min = \dfrac{60 \times 10^6}{60} = 10^6\ cm^3/s$

氣體密度=0.00095 g/cm^3

速度損失水頭=7.5 cm 水柱

$= \dfrac{7.5}{0.0095} = 7894.75\ cm$ 氣體

=入口速度水頭×8

旋風分離器內徑= D_c

入口面積 $= B \times H = D_c^2/8$

入口速度 $V_i = \dfrac{8Q}{D_c^2}$

入口速度水頭 $= \dfrac{V_i^2}{2g} = \dfrac{7894.75}{8}$

所以

$$V_i = \left(\frac{7894.75 \times 2 \times 981}{8}\right)^{1/2} = 1391.47\ cm/s = 13.915\ m/s$$

$$D_c = \left(\frac{8Q}{V_i}\right)^{1/2} = \left(\frac{8 \times 10^6}{1391.47}\right)^{1/2} = 75.82\ cm\text{（取76 cm）}$$

入口寬度 $B = D_c/4 = 19\ cm$

入口高度 $H = D_c/2 = 38 cm$

$$d_{pc} = \left[\frac{9\mu_g B}{2\pi N V_i(\rho_p - \rho_g)}\right]^{1/2} = \left[\frac{9 \times 0.02 \times 10^{-2} \times 19}{2\pi \times 5 \times 1391.5 \times 2}\right]^{1/2}$$

$$= 6.25 \times 10^{-4} cm = 6.25\ \mu m$$

平均粒徑, d_p	d_p / d_{pc}	分離效率,% η_i	重量比例 W_i	$\eta_i W_i$
2.5	0.4	15	0.15	2.25
7.5	1.2	58	0.15	8.70
20	3.2	91	0.30	27.30
40	6.4	97	0.25	24.25
50	8.0	98	0.15	14.70

$\sum \eta_i W_i = 77.2$

平均分離效率=77.2%

(2) 多管式旋風分離器

每個單元之積流量

$$Q = \frac{60 \times 10^6}{60 \times 20} = 5 \times 10^4 \text{ cm}^3 / \text{s}$$

速度損失水頭=7.5×0.9=6.75 cm 水柱

$$= \frac{6.75}{0.00095} = 7105.3 \text{ cm 氣體}$$

入口速度

$$V_i = \left(\frac{7105.3 \times 2 \times 981}{8} \right)^{1/2} = 1320.1 \text{ cm/s}$$

入口面積 $\frac{Q}{V_i} = \frac{5 \times 10^4}{1320.1} = 37.88 \text{ cm}^2$

$$\frac{D_c^2}{8} = 37.88$$

$$\rightarrow D_c = 17.41 \text{ cm}$$

$$\rightarrow B = D_c / 4 = 4.35 \text{ cm}$$

$$\rightarrow H = D_c / 2 = 8.7 \text{cm}$$

$$d_{pc} = \left(\frac{9 \times 0.02 \times 10^{-2} \times 4.35}{2\pi \times 5 \times 1320.1 \times 2} \right)^{1/2}$$

$$= 3.07 \times 10^{-4}\ \text{cm} = 3.07\ \mu\text{m}$$

平均粒徑, d_p	d_p / d_{pc}	分離效率，% η_i	重量比例 W_i	$\eta_i W_i$
2.5	0.817	40	0.15	6.0
7.5	2.45	85	0.15	12.75
20	6.536	98	0.30	29.40
40	13.07	99	0.25	24.75
50	16.34	99	0.15	14.85

$\sum \eta_i W_i = 87.75$

平均分離效率=87.75%

9-6 微粒收集機程及微粒分離氣體動力學

一、收集機程

六種應用於分離微粒的機程分別為重力沉降、離心衝擊、慣性衝擊(Inertial Impaction)、直接截取(Direct Interception)、擴散(Diffusion)及靜電吸引。如圖 9.14 所示。

說明如下：

1. 慣性衝擊：質量較重的微粒由於其較大的慣性，於接近阻擋物時，並不會沿著流線(Streamline)運動而偏向撞擊阻擋物。
2. 直接截留：對於較大的微粒，在層流的條件下，流線接近阻擋物時，當與阻擋物的距離等於微粒之半徑時，則此微粒將與阻擋物接觸而以凡得瓦爾力附著於阻擋物上。

3. 擴散：當微粒很小時，擴散就成為主要的控制機制。因為與氣體分子發生碰撞，小的微粒不再沿著流線前進，產生布朗運動，增加微粒與收集面的接觸機會。
4. 靜電吸引：除了影響微粒之累積外，亦會影響阻擋物之清潔及收集效率。
5. 重力沉降：影響程度較小，只有在低速氣流時才會考慮到此種效應。

另微顆粒電荷之強弱及相對濕度亦有關，電荷來源可能是微粒和阻擋物（如濾粒）之間的靜電摩擦或在達到阻擋物前微粒間彼此摩擦所造成的。

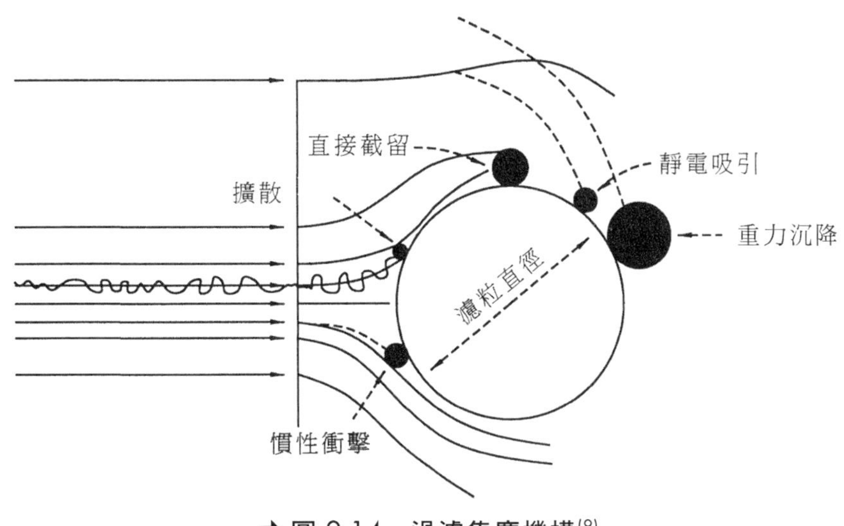

➡ 圖 9.14 過濾集塵機構[9]

二、定理推演

如圖 9.14 所示，微粒接近小水滴而發生慣性撞擊，在小水滴上游之某距離處，微粒離開氣流的流線而向小水滴前進。此時微粒受到本身慣性力及周圍氣流牽引力的作用（假設重力，靜電吸引力均可忽略），這兩種作用力互相牽制的影響，使微粒終於達到與小水滴相對靜止的狀態。此段微粒由離開流線至與小水滴相對靜止時所運動的距離，稱為停止距離 X_s (Stopping distance)，若 X_s 大於從微粒離開流線之點至小水滴本來的距離，慣性衝擊即會發生。定義衝擊數 N_I：

$$N_I = \frac{X_s}{D} \qquad (9\text{-}45)$$

式中 X_s：停止距離

D：水滴直徑

微粒及水滴間之碰撞效率與衝擊數的 N_I 有關。由微粒之作用力平衡關係，我們可得

$$F_{慣性力} + F_{牽引力} = 0$$

或

$$m_p \frac{dV_p}{dt} + 3\pi V_p \mu_g d_p = 0 \qquad （F_{牽引力} 公式參見(9\text{-}10)式）$$

式中 V_p：微粒對於液滴之相對速度

m_p：微粒重量，$\frac{\pi d_p^3}{6}\rho_p$

μ_g：氣體黏度

上式可改寫為

$$\frac{\pi d_p^3}{6}\rho_p \frac{dV_p}{dx}\frac{dx}{dt} + 3\pi V_p \mu_g d_p = 0$$

$$\rightarrow \frac{\pi d_p^3 \rho_p}{6} V_p \frac{dV_p}{dx} + 3\pi V_p \mu_g d_p = 0$$

$$\rightarrow -\frac{d_p^2 \rho_p}{18\mu_g} dV_p = dx$$

積分

$$-\int_{V_{p,0}}^{0} \frac{d_p^2 \rho_p}{18\mu_g} dV_p = \int_0^{X_s} dx$$

左項乃從最初微粒對於氣流之相對速度 $V_{p,0}$ 到 0 積分，而右項乃從 0 至停止距離 X_s 之積分，積分結果為

$$X_s = \frac{V_{p,0} d_p^2 \rho_p}{18\mu_g} \qquad (9\text{-}46)$$

代入(9-45)式

$$N_I = \frac{V_{p,0} d_p^2 \rho_p}{18\mu_g D}$$

$$= \left(\frac{g d_p^2 \rho_p}{18\mu_g}\right) \cdot V_{p,0} / (gD)$$

$$= \frac{u_t V_{p,0}}{gD} = \frac{u_t (V_{up} - V_d)}{gD} \quad \cdots\cdots (9\text{-}47)$$

式中 u_t ：微粒之終端速度

$V_{p,0}$ ：氣流對液滴之相對速度 $= V_{up} - V_d$

衝擊收集效率隨著衝擊數 N_I 之增加而增大，如圖 9.15 所示。

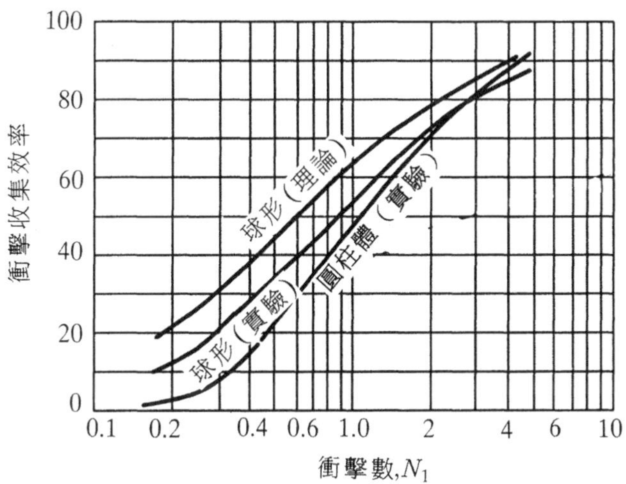

➡ 圖 9.15　衝擊收集率與衝擊數之關係[1]

三、液滴大小與除塵效率之關係

由於微粒微徑極為微小，故可視其流速與氣體流速相同，被噴射而出的液滴大小，其與氣流之相對速度，討論如下：

1. 對文氏洗滌器而言，較小的液滴比較大的液滴更易被加速至氣體的速度，故較小的液滴其與氣體（微粒）的相對速度也較小，而較大的液滴其與氣體（微粒）的相對速度則較大。因而由(9-47)式可知，必有一最適當的液滴直徑存在，使除塵效率為最大。

2. 對逆流式噴水式洗滌器而言，較小的液滴其下降速度(V_d)較慢，因而與氣體（微粒）的相對速度也較小；而較大的液滴其下降速度(V_d)較快，與氣體（微粒）的相對速度則較大。同樣也存在一最適當的液滴直徑，使除塵效率最大，如圖 9.16 所示。

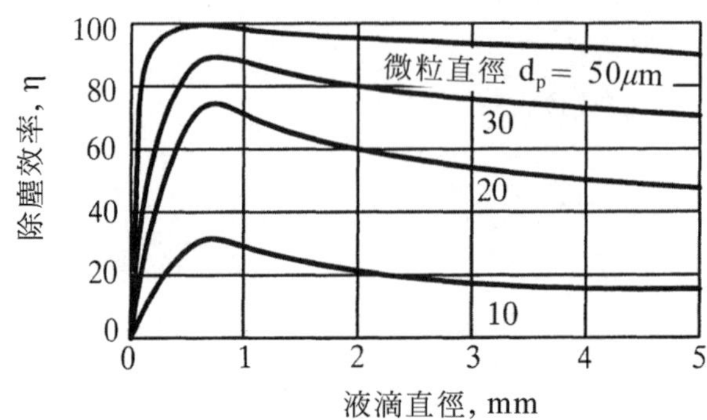

➡圖 9.16　重力場上液滴直徑與除塵效率之關係[10]

9-7 濕式集塵器

一、濕式集塵器之種類

1. 噴水式洗滌器（有或無衝擊調節板）。
2. 旋風式洗滌器（濕式旋風分離器）。
3. 文氏洗滌器。
4. 填充塔及 MU-SSPW 洗滌塔（參見 10-3 節），但主要用於氣體吸收，兼具氣體吸收及去除微粒物質雙重功能。

二、與乾式集塵器比較，有如下之缺點

1. 所產生之濕泥的處理問題。
2. 水存在對於設備、管件材質的腐蝕問題。
3. 如 9-6 節所示，為獲得高的收集效率，須使液體分散良好，因此需要較高的動力輸入量。

9-7-1 文氏洗滌器

一、構造及功能

文氏洗滌器(Venturi Scrubber)可以有效去除廢氣中直徑小於 2μm 的微粒物質，其除塵效率和靜電集塵器及袋濾室相當。由於文氏洗滌器使用多量的水，可以防止易燃物質著火，並具有吸收腐蝕性氣體的功能，較靜電集塵器及袋濾室更適用於可燃性或有害氣體的處理。

典型的文氏洗滌器（圖 9.17），是由兩個錐體組合而成，錐體交接部位（喉部）面積較小，便於氣、液體之加速及混合。廢氣由頂部進入，和洗滌液相遇，流經喉部時，由於截面積縮小，高速氣體將洗滌液噴成霧狀而達到慣性衝擊去除微粒物質的目的。流體通過喉部後，速度降低，經氣液分離器作用，乾淨氣體由頂端排出，而混入液體中的微粒物質則隨液體由氣液分離器底部排出。

文氏洗滌器的除塵效率與其喉部壓差有關，喉部通常設有調節裝置，視氣體流量變化而調整，以維持固定的壓差及流速。壓差通常控制在 75~250cm（30~100 英吋）水柱之間，喉部氣體流速約 30~180m/sec(100~600ft/sec)之間，洗滌水用量 0.3~3 L/m^3 排氣(2~20 gal/1000 ft^3)。

二、壓差及除塵效率

壓差係指氣體進入文氏洗滌器喉部前後的壓力差，主要是由於流體（氣、液體）通過喉部產生的摩擦力及加速液體所喪失的動能。

Calvert 假設液體加速是造成能量損失的主要原因（即不考慮摩擦力的影響），壓差應和喉部流速平方成正比。

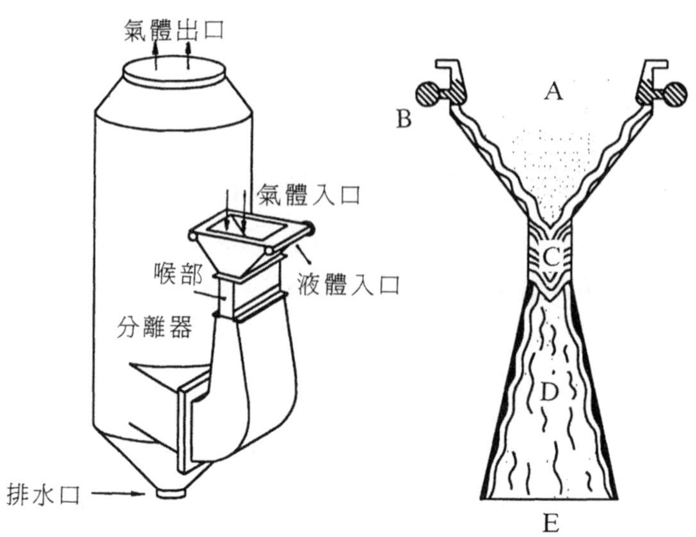

➡圖 9.17　連接旋風分離器之文氏洗滌器之操作原理[18]

註：A. 廢氣進入文氏洗滌器在收縮截面處被加速
B. 洗滌液均勻地導入收縮截面上，且由於重力及速度壓力而使液體朝向喉部流動（此特性使收縮截面保持潮濕且連續沖洗，以消除粉塵堆積）
C. 廢氣及洗滌液進入喉管，在高能量與極端之擾動狀態下混合（喉管長度提供了充分混合所需要的時間）
D. 氣體及液滴進入擴張階段，此處再進行進一步碰撞與緊縮而產生更大的液滴
E. 氣體通往氣液分離器，在氣液分離器中液滴自氣流中被移除並收集

$$\Delta P = 1.02 \times 10^{-3} V_t^2 (L/G) \quad \text{(9-48)}$$

式中 ΔP = 壓差，（cm 水柱）

L/G=液體流量與氣體流量之比例（L，G 應以相同單位表示）

V_t =喉部氣體速度，cm/s

Calvert 公式可以準確預測低液/氣流量比(5gal/1000 ft^3)時的壓差，但是當液／氣流量比達到 12gal/1000 ft^3 時，實測數值約為(9-48)式所預測的 80%。

Hesketh 發現壓差不僅和流速平方成正比，而且與氣體密度、喉部截面積有關

$$\Delta P = \frac{V_t^2 \rho_g A_t^{0.133}}{507}[0.56 + 0.125(L/G) + 2.3 \times 10^{-3}(L/G)^2] \quad \text{(9-49)}$$

式中 ΔP =壓差（英吋水柱）

ρ_g =氣體密度(lb/ft^3)

A_t =喉部截面積(ft^2)

V_t =喉部氣體速度(ft/s)

L/G=液體氣體流量比$(gal/1000\,ft^3)$

此公式準確預測 150~300 ft/s 流速下的壓差。圖 9.18 為文氏洗滌器的實測壓差與 Calvert 公式及 Hesketh 公式之計算值比較圖。Calvert 公式計算的壓差比實測值約高 10~20%，Hesketh 公式則較不適用於高流速(V_t >350 ft/s)的狀況。

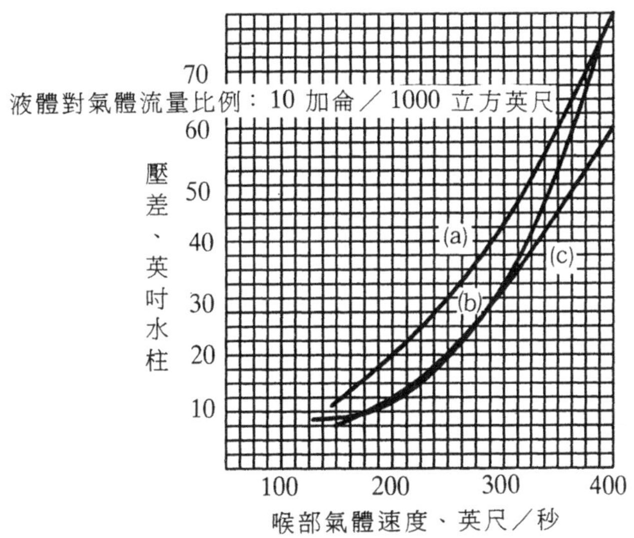

圖 9.18　文氏洗滌器氣體速度和壓差關係

(a)Calvert 公式；(b)實際測試數據；(c)Hesketh 公式[4]

三、穿透率 (P_t) 及去除效率

單一粒徑的穿透率 $P_t(d_p)$

$$P_t(d_p) = 1 - \text{去除效率} = 1 - \eta(d_p) \quad \text{(9-50)}$$

當去除效率接近 100%時，Calvert 關係式為

$$P_t(d_p) = \exp\left[\frac{-6.1\times10^{-9}\rho_L\rho_p K_c d_p^2 f^2 \Delta P}{\mu_g^2}\right] \quad \text{(9-51)}$$

式中 ΔP =壓差（cm 水柱），參見(9-48)式

ρ_L =液體密度(g/cm^3)

ρ_p =微粒密度(g/cm^3)

K_c =康寧漢校正係數，參見(9-14)式

d_p =粒徑，μm

f =實驗係數，介於 0.1~0.4 之間

μ_g =氣體黏度，g/cm-s

Hesketh 之研究結論顯示，去除大於 5μm 的微粒，文氏洗滌器有 100%效率，而對於粒徑小於 5μm 微粒的總穿透率，可表示如下：

$$P_t = \int_0^{5\mu m} P_t(d_p) f(d_p) d(d_p) = \frac{C_0}{C_i} = 3.47(\Delta P)^{-1.43} \quad \text{(9-52)}$$

式中 P_t =總穿透率=1–總去除率

$P_t(d_p)$ =直徑為 d_p 的微粒穿透率

$f(d_p)$ =直徑為 d_p 的微粒之重量百分比

C_0 =文氏洗滌器逸出直徑小於 5μm 微粒之重量濃度

C_i =進入文氏洗滌器直徑小於 5μm 微粒之重量濃度

ΔP =壓差（英吋水柱），參見(9-49)式

總穿透率指未為文氏洗滌器收集去除的微粒物質的百分比

$$P_t = \int_0^{\infty} P_t(d_p) f(d_p) d(d_p) = \sum [1-\eta(d_p)] f(d_p) \quad \text{(9-53)}$$

一定大小的微粒去除效率和喉部流速的關係可以由實驗方法取得，如果將不同大小微粒物質在不同流速（或壓差）下的去除效率對微粒直徑繪圖，則可得到類似圖 9.19 的效率圖，因此只要微粒物質的顆粒大小分布已知，由效率圖即可求得總去除效率。

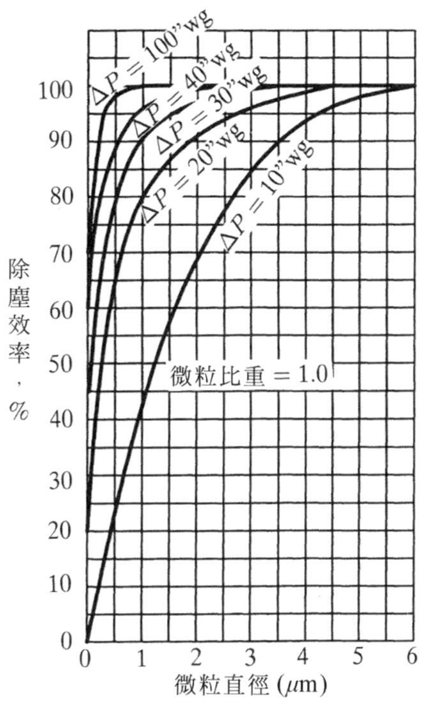

➡ 圖 9.19　文氏洗滌器的除塵效率（W.G：水柱壓力）[4]

對 Calvert 公式而言，文氏洗滌器之去除效率可表示為

$$\eta = 1 - \exp(-N_T) \quad \text{(9-54)}$$

$$N_T = \frac{6.1\times10^{-9}\rho_L\rho_p K_c d_p^2 f^2 \Delta P}{\mu_g^2} \quad \text{(9-55)}$$

四、設計步驟與範例

1. 設計步驟

(1) 由進氣中微粒物質質量分布曲線及去除效率（如圖 9.19）計算總穿透率，求出壓差與總穿透率之關係。

(2) 根據進氣微粒負荷及排氣許可標準求得許可穿透率。

(3) 比較(1)、(2)之結果即可求得所需之壓差，再利用(9-49)式即可求得不同液／氣流量比(L/G)下，截面積的大小。

練習 9.5

假設每立方公尺乾燥進氣中含 5000mg 粉塵，其微粒粒徑分布如表 9.3 所示，許可排放粉塵含量為 $60 mg/m^3$，試求所需壓差。假設所用之文氏洗滌器之效率曲線如圖 9.19。

表 9.3　穿透率計算[4]

微粒直徑 (μm)	重量百分比		分穿透率，$P_t(d_p)$			
			$\Delta P = 10''$ 水柱	$\Delta P = 20''$ 水柱	$\Delta P = 30''$ 水柱	$\Delta P = 40''$ 水柱
>6	0.85	×	0=0	0=0	0=0	0=0
5~6	0.036	×	0.01=0.0036	0=0	0=0	0=0
4~5	0.098	×	0.03=0.00294	0=0	0=0	0=0
3~4	0.162	×	0.1=0.0162	0.02=0.00324	0=0	0=0
2~3	0.238	×	0.21=0.04998	0.06=0.01428	0.01=0.00238	0=0
1.5~2	0.183	×	0.33=0.06039	0.12=0.02196	0.04=0.00732	0.01=0.00183
1.0~1.5	0.164	×	0.45=0.0738	0.17=0.02788	0.07=0.01148	0.025=0.0041
0.5~1	0.024	×	0.63=0.01512	0.27=0.00648	0.15=0.0036	0.06=0.00144
0~0.5	0.010	×	0.86=0.0086	0.46=0.0046	0.32=0.0032	0.18=0.0018
	總穿透率	=	0.23063	0.07844	0.02798	0.00917

解

(1) 利用圖 9.19 粒徑分布可求得在不同壓差下之總穿透率如表 9.2

(2) $\text{許可穿透率} = \dfrac{\text{許可排放粉塵含量}}{\text{進氣粉塵含量}} = \dfrac{60}{5000} = 0.012$

(3) 所需壓差必高於

$$30 + \frac{0.02798 - 0.012}{0.02798 - 0.00917} \times (40 - 30) \doteqdot 38.5 \text{ 英吋水柱}$$

練習 9.6

水與氣流以 1.0 $1/m^3$ 之比例導入文氏洗塵器之喉部，氣體速度為 400ft/s，其密度為 0.072 lb/ft^3，溫度為 170°F，喉部截面積為 125 平方英吋，f=0.25，$\rho_p = 1.5 g/cm^3$。就 1μm 顆粒計算(1)壓力損失，(2)穿透率。

解 (1) 壓力損失計算

(a) Calvert 公式（9-48 式）

$$V_t = 400 ft/s = 12,192\ cm/s$$

$$L/G = 1.0\ \ell/m^3 = 0.001\ m^3/m^3$$

所以

$$\Delta P = 1.02 \times 10^{-3}(12,192)^2 \times 0.001$$

=151.6cm 水柱=59.7 英吋水柱

(b) Hesketh 公式（9-49 式）

$$L/G = 1.0\ \ell/m^3 = 7.481\ gal/1000ft^3$$

$$\Delta P = \frac{(400)^2(0.072)(125/144)^{0.133}}{507}$$

$$\times[0.56 + 0.125(7.481) + 2.3 \times 10^{-3}(7.481)^2]$$

= 37.6 英吋水柱

(2) 穿透率計算

(a) Calvert 公式

由(9-14)式，$K_c = 1 + \frac{0.182}{d_p} = 1.182$

T=170°F 時，

μ_{air} =0.0748Kg/m-hr=2.08× 10^{-5} Kg/m-s

=2.08× 10^{-4} g/cm-s

(9-51)式

$$P_t = \exp\left[\frac{-6.1\times10^{-9}(1)(1.5)(1.182)(1)^2(0.25)^2(151.6)}{(2.08\times10^{-4})^2}\right]$$

$$= \exp[-2.369] = 0.0936 = 9.36\%$$

(b) Hesketh 公式（9-52 式）

$$p_t = 3.47(\Delta P)^{-1.43} = 3.47(37.6)^{-1.43} = 0.0194 = 1.94\%$$

由本例可知，Calvert 及 Hesketh 兩種模式算出之答案有相當的差異。

9-7-2 其他濕式集塵器之設計

一般而言，噴水式洗滌器(Spray Scrubber, Gravity Scrubber)及填充塔洗滌器之分離效率可以表示為

$$\eta = 1 - \exp[-N_T] \qquad (9\text{-}56)$$

式中，N_T 為輸送單位的數目(No. of Transfer Units)。

一、填充塔洗滌器

$$N_T = \left(\frac{Vd_p}{18\mu_g D}\right)\left(\frac{22h_T}{D_T}\right) \qquad (9\text{-}57)$$

式中 V=液滴與氣體之相對速度

d_p =粉塵粒徑

D=液滴直徑

h_T 填充床的高度

D_T 填充床內徑

二、逆流式噴水式洗滌器（公式推導參見歷屆國家考試試題 9.15）

$$N_T = \frac{3Q_L \eta_T u_T h_T}{2Q_G DV} \quad \text{(9-58)}$$

式中 Q_L ：液體之體積流量

Q_G ：氣體之體積流量

η_T ：目標分離效率(Target Efficiency)

u_t ：微粒的終端速度

h_T ：洗滌器的有效高度

D：液滴直徑

V：液滴與氣體之相對速度

三、橫流式(Cross-Flow)噴水式洗滌器

$$N_T = \frac{3Q_L h_T \eta_T}{2Q_G D} \quad \text{(9-59)}$$

(9-58)，(9-59)式中的 η_T 可以下列公式求得

$$\eta_0 = 6Sc^{-2/3}Re^{-1/2} + 3\left(\frac{d_p}{D}\right)^2 Re^{1/2} \quad \text{(9-60)}$$

式中 Sc ：施密特數(Schmidt Number, $Sc = \frac{\mu_g}{D_M \rho}$)

μ_g ：氣體黏度

D_M ：微粒之擴散係數（表 9.4）

ρ_g ：氣體密度

Re：Reynolds Number，$Re = \frac{Du\rho_g}{\mu_g}$

D：液滴直徑

u：氣體在洗滌器中之流速

η_0：單一液滴之目標效率

(9-60)式所求之目標效率(Target Efficiency)為單一液滴效率，在洗滌器中充滿液滴，η_0 應校正如下：

$$\eta_T = \eta_0[1 + 4.5(1-\varepsilon)] \quad \text{(9-61)}$$

式中 ε = 洗滌器中之空隙度 $= \dfrac{Q_G - Q_L}{Q_G}$

Q_G, Q_L = 氣、液體量

表 9.4 微粒的擴散係數[3, 10]

粒徑(μm)	擴散係數，$D_M(cm^2/s)$
1	2.7×10^{-7}
0.5	6.4×10^{-7}
0.1	6.5×10^{-6}
0.01	4.4×10^{-4}
0.001	4.1×10^{-2}

練習 9.7

有一高 5m，長寬各 2m 的橫流式重力洗滌器(Cross-flow Gravity Scruber)處理一 $200\,m^3/hr$ 的廢氣，耗水量為 $4\,m^3/hr$。噴灑水滴之平均直徑為 55μm。假設廢氣中顆粒大小均勻，平均粒徑為 1μm，計算此洗滌器之效率。

（氣體密度 $\rho_g = 0.0011\,g/cm^3$，黏度 $\mu_g = 0.02cp$ ）

解 氣體速度

$$\mu = \frac{200\times10^6}{2\times5\times10^4\times3600} = 0.556\,cm/s$$

$$Re = \frac{\mu\rho_g D}{\mu_g} = \frac{0.556\times550\times10^{-4}\times0.0011}{0.02\times10^{-2}} = 0.1682$$

由表 9.4，$1\mu m$ 粒子之擴散係數 $D_M = 2.7\times10^{-7}cm^2/s$

$$Sc = \frac{\mu_g}{D_M\rho_g} = \frac{0.02\times10^{-2}}{2.7\times10^{-7}\times0.0011} = 6.734\times10^5$$

由(9-60)式

$$\eta_0 = 6(6.734\times10^5)^{-2/3}(0.1682)^{-1/2} + 3\left(\frac{1}{550}\right)^2(0.1682)^{1/2}$$
$$= 1.908\times10^{-3}$$

洗滌器中之空隙度 ε

$$\varepsilon = \frac{Q_G - Q_L}{Q_G} = \frac{200-4}{200} = 0.98$$
$$\eta_T = 1.908\times10^{-3}[1+4.5(1-0.98)]$$
$$= 2.08\times10^{-3}$$

由(9-59)式

$$N_T = \frac{3Q_L h_T \eta_T}{2Q_G D}$$
$$= \frac{3\times4\times2\times2.08\times10^{-3}}{2\times200\times550\times10^{-6}} = 0.226$$

分離效率

$$\eta = 1-\exp(-N_T) = 1-\exp(-0.226) = 0.2023 = 20.23\%$$

9-7-3 濕式洗滌器之收集效率及壓降－接觸功率理論

濕式洗滌器在設計上須考量之項目通常為那些會影響收集效率及壓降的參數。收集效率為微粒直徑之函數，且通常可以 Johnstone 方程式表示之

$$\eta = 1-\exp[-K(L/G)\sqrt{\psi_I}] \quad \text{(9-62)}$$

其中

η =直徑 d_p 微粒之收集效率

L/G=液／氣比，gal/1000acfm

ψ_I =慣性衝擊參數= $K_c\rho_p V_t d_p^2 / 18D\mu_g$

K_c =康寧漢校正係數（參見(9-11)式）

ρ_p =微粒密度，lb / ft^3

V_t =文氏洗滌器喉部之氣體速度，ft/sec

d_p =微粒直徑，ft

D=液滴直徑，ft

對於水－空氣系統之文氏洗滌器

$D=(16,400 / V_t)+1.45(L / G)^{1.5}$（D 單位為 μm）............ (9-63)

μ_g =氣體黏度，lb/ft · sec

K=與系統幾何形狀及操作條件有關之校正係數，通常在 0.1~0.2 之間

壓力降與系統之馬力需求及風扇之尺吋有關，通常可表示為：

$$\Delta P = K'V_t^2(L / G) \qquad (9\text{-}64)$$

其中

ΔP =壓力降，英吋水柱

K' =校正係數，一般為 0.00005

在實務上，可利用接觸功率(Contact Power)理論來設計濕式洗滌器。接觸功率理論定義為

$$P_T = P_G + P_L \qquad (9\text{-}65)$$

其中

P_T =總接觸功率，hp/1000acfm

P_G =氣體流經洗滌器之輸送功率，hp/1000acfm

P_L =液體霧化功率(hp/1000acfm)

P_G 及 P_L 可分別以下列公式估算

$$P_G = 0.1575\Delta P \quad \text{(9-66)}$$

其中

ΔP =洗滌器之壓降，英吋水柱

$$P_L = 0.538P(L/G) \quad \text{(9-67)}$$

其中

P=液體入口壓力，psi

L=液體流量，gal/min

G=氣體流量，ft^3/min

洗滌器之收集效率與接觸功率之關係為

$$\eta = 1 - \exp[-N_T] \quad \text{(9-68)}$$

$$N_T = \alpha P_T^{\beta} \quad \text{(9-69)}$$

其中

N_T =輸送單位數目

α, β ：與微粒物質之種類有關，如表 9.5 所示。

表 9.5 (9-69)式之 α, β 參數

氣霧(Aerosol)	洗滌器種類	α	β
石灰粉塵(Lime Dust)	文氏洗滌器及旋風噴霧分離器	1.47	1.05
滑石粉(Talc Dust)	文氏洗滌器	2.97	0.362
磷酸酸霧	文氏洗滌器	1.33	0.647
鑄造工廠熔鐵爐粉塵	文氏洗滌器	1.35	0.621
煉鋼爐燻煙	文氏洗滌器	1.26	0.569
滑石粉	旋風分離器	1.16	0.655
矽鐵爐燻煙 (Ferrosilicon Furnace Fume)	文氏洗滌器及旋風噴霧分離器 (Cyclonic Spray)	0.870	0.459
具臭味之氣霧(Odorous Mist)	文氏洗滌器	0.363	1.41

9-8 袋濾室(Bag House)

袋濾室可去除排氣中 99.9%的微粒，微粒直徑可低至 1μm。由於其構造簡單，除塵效率高，因此普遍用於金屬冶煉、水泥、石灰、化學、食品製藥等工業製程及垃圾焚化爐排氣處理系統中。袋濾室之微粒收集機程；大於 1μm 的微粒主要由慣性衝擊及直接截留收集，0.001μm 至 1μm 間的微粒主要由擴散及靜電吸引力去除。

一、濾袋及纖維材料

濾袋是由天然或人造纖維編織或針織的筒管，直徑 15~45 公分之間，管長在 3~12 公尺之間，管長直徑比在 10~30 之間。纖維材質的選用必須考慮下列因素：

1. 廢氣溫度：應在露點(Dew Point)以上並在濾袋材質可忍受溫度以下。
2. 微粒特性及粒徑分布：微粒粒徑分布不但會影響塵餅(Cake)之孔隙率，也會影響濾袋纖維之磨耗程度。由較小粒徑微粒所形成的塵餅之孔隙率較低，會使氣流通過塵餅之壓力損失增加，具磨損性的大顆粒微粒則會減少濾袋壽命。因此大粒徑微粒太多時，應於袋濾室前設置一機械集塵器以防止粒徑大於 10μm 的微粒進入袋濾室中。如果鍋爐或燃燒爐之燃燒控制不佳，則廢氣微粒可能會含有高量的碳使袋濾室有著火的潛在危險，因此除了須選用不可燃的纖維材質外，袋濾室的設計也要考慮防火措施，例如：
   (1) 連續去除已收集的粉塵
   (2) 限制進入漏斗的空氣量
   (3) 裝置火焰檢知系統
3. 廢氣組成：纖維材質耐酸、鹼性之考量。
4. 濾袋型式及清潔方式：濾袋清潔方式可分為下列三種。
   (1) 機械震盪法(Mechanical Shaking)：將懸掛濾袋之連桿上下左右搖動，將附著於濾袋內壁的微粒震落。通常使用編織纖維濾袋，但不宜採用質輕及透氣率低的纖維（如玻璃纖維）。氣體表面速度（即廢氣總流量除以總濾布表面積，亦稱為 A/C 比）一般為 1~3cm/s(2~6ft/min)。
   (2) 反向噴氣式(Reverse Jets)：利用空氣反向流動，以清除袋上的微粒。此型所用濾袋之纖維質料可以用織布或不織布(Woven or Felt)。氣體表面速度一般為 0.5~1.5cm/s(l~3ft/min)。

(3) 脈動噴氣式(Pulse Jets)：利用高速及高壓空氣以脈動方式噴入濾袋內以膨脹濾袋，同時產生由內向外的氣流以清除附著於濾袋外層的微粒。此型較常用之濾布為不織布或針織纖維製成的濾布。脈動噴氣式袋濾室的 A/C 比較前兩者高，一般為 2.5~7.5cm/s(5~15ft/min)。

5. 熱穩定性。

6. 操作經驗及測試數據。

7. 價格。

表 9.6 所示為多種濾袋之纖維材質特性及相對價格比較。

表 9.6 濾袋纖維特性(4,8,9)

商業名稱	化學成分	操作溫度(℃)		耐腐蝕性		抗磨性	可燃性	相對價格	其他特性
		長期（月）	短期（分）	酸	鹼				
奧龍	聚丙烯腈	120	150	A~B	C	C	是	2.75	－
棉	天然纖維	70	120	E	B~C	B	是	1.0	－
聚乙烯	聚乙烯	65	100	A	A	B	是	2.0	會與有機化合物反應
聚丙烯	聚丙烯	85	100	A	A	A	是	1.75	抗化學性強
達克龍	聚酯纖維	120	135	B	B~C	A	是	2.8	易於高溫及潮濕狀況下退化
耐龍	聚醯胺	90	120	C	A	A	是	2.5	－
Nomex	芳香烴系聚醯胺	215	230	C	A	A~B	否	8.0	抗熱性特佳
特氟龍 (Teflon)	聚氟乙烯	230	285	A	A	C	否	30.0	價格昂貴
玻璃纖維	玻璃纖維	260	340	B~C	C	D~E	否	5.5	耐磨損力差

*（A 為最佳，B,C,D 次之，E 為最差）

*表中短期操作溫度表示在這個溫度下，可能導致濾布惡化，過濾失效。

二、壓差

濾袋壓差可以下式表示

$$\Delta P = \Delta P_f + \Delta P_c \quad \text{(9-70)}$$

式中 ΔP =總壓差，達 25~30cm 水柱時，即須清潔濾布

ΔP_f =濾布的壓差，乾淨濾布壓差約為 1.25cm 水柱

ΔP_c =濾餅的壓差，隨操作時間而逐漸增加

通過濾布及濾餅的壓差可由達西(Darcy)方程式表示，其一般式為：

$$\frac{\Delta P}{x} = \frac{\mu_g V}{K} \quad \cdots\cdots (9\text{-}71)$$

式中 K：濾布或濾餅的可透氣率

V：氣體表面速度，即 A/C 比

μ_g ：氣體黏度

x ：濾布或濾餅厚度

所以

$$\Delta P = \Delta P_f + \Delta P_c = \frac{x_f \mu_g V}{K_f} + \frac{x_C \mu_g V}{K_c} \quad \cdots\cdots (9\text{-}72)$$

式中下標 f,c 分別表示濾布(Filter)及濾餅(Cake)。

在時間 t 內，所收集的微粒量可表示為

$$(VA)(t)(L_d) = \rho_p (Ax_c) \quad \cdots\cdots (9\text{-}73)$$

式中 A=濾袋的面積

L_d =微粒負荷

ρ_p =微粒密度

(9-72)式中

$$\Delta P_c = \frac{x_c \mu_g V}{K_c} = \frac{VL_d t}{\rho_p}\left(\frac{\mu_g V}{K_c}\right) = \frac{(L_d) t \mu_g}{K_c \rho_p} V^2 \quad \cdots\cdots (9\text{-}74)$$

式中，對特定氣流及微粒，μ_g，ρ_p，K_f，K_c應為定值，我們可將之總括為阻抗參數 R_c 及 R_f。

$$R_c = \frac{\mu_g}{K_c \rho_p} \quad \text{(9-75)}$$

$$R_f = \frac{x_f \mu_g}{K_f} \quad \text{(9-76)}$$

(9-72)式可簡化成

$$\Delta P = \Delta P_f + \Delta P_c = R_f V + R_c V^2 (L_d) t \quad \text{(9-77)}$$

三、袋濾室洩漏發生原因及位置

當袋濾室出口的微粒粒徑分布與入口微粒粒徑分布相差不多時，表示已有洩漏發生，其可能原因及位置如下：

1. 濾袋被旁路(Bypass)
2. 焊接處有裂縫
3. 封口之襯墊劣化
4. 濾袋有破洞

濾袋破洞之偵測方式：

(1) 在出口加裝偵測器

(2) 破洞找法

(a) 肉眼

(b) 利用追蹤劑(Tracer)及紫外線掃描：以感光劑粉末做為追縱劑加入濾袋內，然後以紫外線掃瞄定位。

(c) 若找不到破洞，可能是因焊接不良或封口襯墊劣化造成的氣密不佳所導致之洩漏。

四、設計步驟

1. 選擇濾袋材質：考慮操作溫度、耐酸鹼性、成本。
2. 處理氣體是否須先預冷，預冷有 3 種方式：
   (1) 以外部空氣稀釋冷卻（計算時，25℃的空氣密度=0.0739lb/ ft^3 =1.183Kg/ m^3 ，比熱 C_p =0.24BTU/lb℉=0.24Kcal/Kg℃）：為最簡單的方法，但會增加袋濾室之處理量，亦即處理設備會增大。圖 9.20 顯示以 300°K 空氣稀釋冷卻，使氣流溫度降至 560°K 所需要增加的袋濾室容量。
   (2) 輻射冷卻：通常於風管上設置鰭片(Fin)以增大熱傳面積，雖然袋濾室容量不致增加，但風管長度須增加（系統壓降也隨之增加）而需額外的投資費用。圖 9.21 表示氣流溫度下降與風管長度的函數關係，其中氣流起始溫度為 1150°K，若廢氣溫度超過 1150°K，則風管須使用特殊材質，較不經濟。另外亦可考慮廢熱回收設備（如廢熱鍋爐或節熱器）(Economizer)回收廢熱並達到預冷的目的，通常可假設熱傳係數 U 值為 10BTU/hr· ft^2 ·°F，再求出對數平均溫差(LMTD)即可計算廢熱回收設備之熱傳面積。

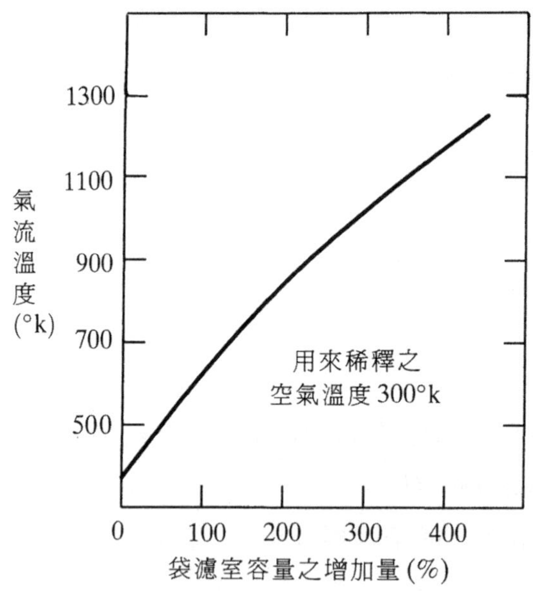

➡圖 9.20　以 300°K 空氣稀釋冷卻熱廢氣至 560°K 後袋濾室所需增加之容量[9]

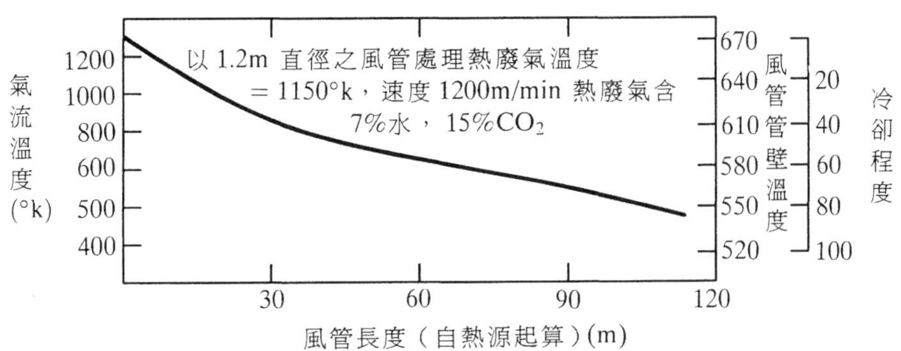

➡ 圖 9.21　利用輻射冷卻熱廢氣之效果[9]

(3) 蒸發冷卻法：將水直接注入廢氣中，由於水分之蒸發吸收了高溫氣流中之一部分熱量，故可使廢氣溫度降低。圖 9.22 顯示由於蒸發冷卻所造成的袋濾室容量之增加量（冷卻至 560°K）。

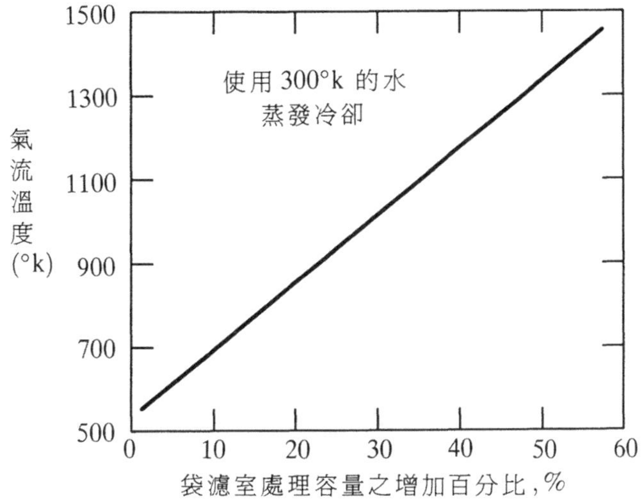

➡ 圖 9.22　利用蒸發冷卻方式所需增加之袋濾室容量[9]

以上 3 種方法均須核算冷卻後氣體之露點溫度。

3. 計算濾袋表面積

$$A = \frac{Q}{V}$$

V：氣體表面速度，即 A/C 比，依洗袋方式之不同數值不一，一般取下列範圍進行設計：

機械振盪式：1~3cm/s(2~6ft/min)

反向噴氣式：0.5~1.5cm/s(1~3ft/min)

脈動噴氣式：2.5~7.5cm/s(5~15ft/min)

4. 濾袋尺寸及袋濾室隔間(Compartment)設計

一般振盪式及反向噴氣式之濾袋其直徑在 6~18 英吋(15~45cm)之間，長度在10~40 英呎(3~12m)之間。相對之下，脈動噴氣式之濾袋比較小，其直徑在 4~6 英吋(10~15cm)之間，長度 10~25 英呎(3~7.5m)。隔間之設計一般以較小型且多數目之隔間為佳，可以 8~80Bags/Compartment 進行設計。

5. 決定過濾及清潔之週期〔利用(9-77)式〕

練習 9.8

有一煉鋼爐，其每日產能為 320 ton，每日煉鋼時間為 9hr，其排氣測定結果為每熔一噸鋼排放 7.2 lb 之粉塵，廢氣量為 62,000 scfm（乾基 68°F，29.92 inHg），廢氣溫度為 1350°F，排氣標準為 0.01grains/acfm at 450°F，濕度 8%，請設計一 fabric filter 來處理此廢氣。1 lb=7,000 grains 溫度 36°F時，氣體之黏滯性為1.24×10^{-4} lb/ft-sec，廢氣比熱為 0.25 BTU/lb°F，密度=0.0808 lb/ ft^3。 **（80 年環工高考）**

解 (1) 基本計算

廢氣流量 $Q = 62{,}000\times\frac{1{,}350+460}{68+460}\times\frac{1}{1-0.08} = 231{,}020\ \text{acfm}$

排放粉塵量 $320\times7.2/9 = 256\ \text{lb}/\text{hr}$

微粒負荷 $= \frac{256\times7{,}000}{231{,}020\times60} = 0.1293\ \ \text{grains/acfm at } 1{,}350^\circ\text{F}$

穿透率= $0.01\times\left(\frac{450+460}{1{,}350+460}\right)/0.1293 = 0.039$

∴集塵效率=(1−0.039)×100%=96.1%

(2) 濾袋材質選擇

T=450°F=232℃，參考表 9.6，選用玻璃纖維材質濾袋。

(3) 處理氣體預冷

(a) 以新鮮空氣稀釋

$$\text{廢氣重量} = 231{,}020 \times \left(\frac{36+460}{1{,}350+460}\right) \times 0.0808$$

=5,115 lb/min

微粒重量=256/60=4.3 lb/min

∴熱負荷=(5,115+4.3)×0.25×(1,350−450)

$$= 1.152 \times 10^{6} \ \ \text{BTU/min}$$

（假設微粒比熱與氣體相同）

以 300°K（27℃；81°F）空氣稀釋，所需空氣量

$$\frac{1.152 \times 10^{6}}{0.25(450-81)} = 12{,}488 \ \ \text{lb/min}$$

（空氣 C_p 值通常不隨溫度而變）

相當於

$$\frac{12{,}488 \times (450+460)}{(36+460)(0.0808)} = 283{,}560 \,\text{acfm at } 450^{\circ}\text{F}$$

$$\text{廢氣流量} = 231{,}020 \times \frac{450+460}{(1{,}350+460)}$$

=116,150acfm at 450°F

∴稀釋空氣量約為廢氣流量之 2.45 倍，

亦即濾袋面積將增加 2.45 倍

由圖 9-20 亦可查得類似結果

廢氣溫度 1,350°F=732℃=1,005°K

冷卻至 560°K 時，袋濾室容量增加（由圖 9-20 可查得）為 205%

現欲將廢氣冷至 450℉(232℃,505°K)

則需增加濾袋容量為

$$205\times\frac{(1{,}005-505)}{(1{,}005-560)}=230\%$$

(b) 輻射冷卻（以 81℉空氣冷卻）

$$\text{LMTD}=\frac{(1{,}350-81)-(450-81)}{\ln[(1{,}350-81)/(450-81)]}=729^{\circ}\text{F}$$

假設 U 值 $=10\dfrac{\text{BTU}}{\text{hr-ft}^{2}{}^{\circ}\text{F}}$

熱傳面積 A $=\dfrac{\text{熱負荷(Heat Duty)}}{\text{U(LMTD)}}=\dfrac{1.152\times10^{6}\times60}{10\times729}$

$=9{,}481\ \text{ft}^2$

(c) 蒸發冷卻法

1 公斤水蒸發所吸收之熱量(30℃)

=1 Kg×1 Kcal/Kg℃×(100−30)+540Kcal/Kg×1Kg

=610 Kcal/Kg=1,097 BTU/lb

所需水量 $=\dfrac{1.152\times10^{6}}{1{,}097}=1{,}050\ \text{1b/min}$

水蒸汽於 450℉之密度

$=\dfrac{PM}{RT}=\dfrac{1\times18}{0.73\times(450+460)}=0.0271\ \text{1b}/\text{ft}^{3}$

∴排入廢氣中之水蒸汽有 1,050/0.0271=38,745 ft^3/min

∴水蒸汽量約為廢氣量之 38,745/116,150=33.4%

由圖 9.22 亦可查得類似結果

所需增加濾袋容量 $=30\%\times\dfrac{1005-505}{1005-560}=33.7\%$

∴袋濾室處理氣體流量 38,745+116,150=154,895 ft^3/min

此時相對濕度(vol%)為

$$\frac{38,745+231,020\times\dfrac{450+460}{1,350+460}\times 0.08}{154,895}=31\%$$

絕對濕度為

$$\frac{231,020\times\dfrac{910}{1,810}\times 0.08\times 0.0271+1,050}{5,115-231,020\times\dfrac{910}{1,810}\times 0.08\times 0.0271}$$

$=0.268$ lbH_2O/lb dry gas

由濕度表(Psychrometric Chart)查得露點溫度=150℉

以上(a)~(c)之各種預冷方式應經經濟及工程可行性評估後才可定案，本例採用(c)進行袋濾室之設計。

(4) 計算濾袋表面積，A

$V=2ft/min$

廢氣+水蒸汽流量=154,895 ft^3/min

$$A=\frac{154,895}{2}=77,448ft^2$$

(5) 選用濾袋內徑=12″，L=32ft，每個 Compartment 60 個濾袋

$$\frac{77,448}{\pi\times\dfrac{12}{12}\times 32\times 60}=12.84\ \text{Compartment}$$

選用 14 個 Compartment，13 個操作，1 個清潔。入口溫度為 450℉，出口溫度應控制在 200℉（露點溫度為 150℉）以上。

9-9 靜電集塵器(Electrostatic Precipitator)

一、優點

靜電集塵器可有效去除排氣中所含的粉塵及煙霧，而且具有下列優點：

1. 具處理高氣體流量之能力。
2. 對次微米粒子（Submicron，粒徑小於 1μm 者）移除效率亦高。
3. 壓降低，下游抽風機能量需求較低。（壓降一般為 0.1 至 0.5 吋水柱）
4. 可處理高溫廢氣。（典型乾式靜電集塵器可處理 370℃的廢氣）
5. 對乾式集塵器而言，可直接回收粉塵中有價物質，不產生廢水。

因而為工業界廣泛使用，尤其是水泥廠及發電廠去除排氣飛灰的主要設備，也常見於煉油區或石化廠流動床反應器中回收觸媒單元或聚氯乙烯等塑膠粉體儲存系統中。

靜電集塵器如圖 9.23 所示。

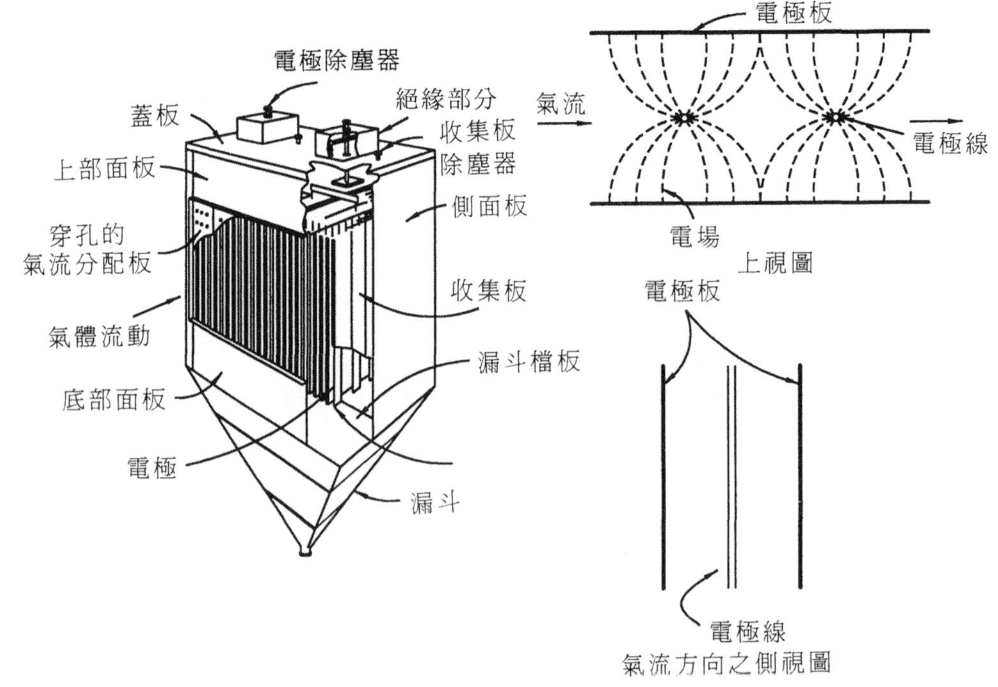

➡ 圖 9.23　乾式靜電集塵器

二、原理

靜電集塵器係利用電力使微粒物質荷電後通過電場而達到去除之目的，其作用過程可分為下列幾個階段：

1. 氣體離子化。
2. 使氣流中之微粒物質荷電並游向電極板。
3. 荷電粒子沉降於電極板上。
4. 以拍擊或震動方式清除集板上沉降之微粒物質。

9-9-1 微粒之游動速度(Drift Velocity)

微粒物質在電場中荷電主要有下列兩個機程：

一、撞擊荷電(Bombardment Charging)

離子化之氣體與微粒碰撞，通常粒徑大於 0.5μm 的微粒是以此種方式荷電。

理論上，供給大於 0.5μm 且粒徑為 d_p 的微粒之受限電荷(Limited Charge) q 為

$$q=\left(\frac{3\varepsilon}{\varepsilon+2}\right)\pi\varepsilon_0 E_c d_p^2$$

$$=P\pi\varepsilon_0 E_c d_p^2 \quad \text{(9-78)}$$

式中 ε =微粒之介電常數

ε_0=Permittivity，8.854×10^{-12} 庫侖/伏特－米，C/V-m

E_c=電場強度，V/m（伏特／公尺）

$P=\dfrac{3\varepsilon}{\varepsilon+2}$，因一般微粒之介電常數在 2~8 之間，故 P 在 1.5~2.4 之間

靜電力 F_E

$$F_E=qE_p=P\pi\varepsilon_0 E_c E_p d_p^2 \quad \text{(9-79)}$$

式中 Ep：集塵電場強度

由 9-2 節中(9-13)式於史脫克流場(Stoke's Flow Region)內微粒之拖曳力 F_D

$$F_D = 3\pi d_p \mu_g W / K_c \quad (9\text{-}80)$$

式中 W：微粒於電場中之游動速度(Drift Velocity)，或稱飄移速度

當 $F_E = F_D$ 時即可求得游動速度 W

$$W = \frac{P\varepsilon_0 E_C E_p d_p K_c}{3\mu_g} \quad (9\text{-}81)$$

$$= \frac{2.95\times 10^{-12} PE_c E_p d_p}{\mu_g} K_c \quad (9\text{-}82)$$

式中 W：Drift Velocity,m/s

μ_g ：氣體黏度，Kg/s · m

d_p ：微粒粒徑，m

E_c, E_p ：電場強度，V/m

二、擴散荷電(Diffusion Charging)

通常粒徑小於 0.1μm 的微粒是以此種方式荷電，其受限電荷為

$$q = 10^8 (d_p) e \quad (9\text{-}83)$$

式中 e=電子電荷(Electronic Charge)，1.6×10^{-19}C（庫侖）

$$F_E = qE_p = 10^8 (d_p) e (E_p) \quad (9\text{-}84)$$

當 $F_E = F_D$ 時，可求得游動速度 W

$$W = \frac{10^8 d_p e E_p K_c}{3\pi \mu_g d_p}$$

$$= \frac{1.7\times 10^{-12} E_p K_c}{\mu_g} \quad (9\text{-}85)$$

在常溫常壓(25° &1 atm)下，空氣之黏度為1.67×10^{-5} Kg/m-s。對於粒徑大於 0.5μm 的微粒，由(9-81)式可看出游動速度與粒徑及電場強度的平方（假設 E_p 與 E_c 相等）成正比，而與氣體黏度成反比。而對於粒徑小於 0.1μm 的微粒，游動速度卻與粒徑無關，而與電場強度成正比，與氣體黏度成反比。由附錄 B-3 可看出，空氣在 500°K 時之黏度約為 300°K 時的 1.5 倍，因此，游動速度對溫度變化非常敏感。

9-9-2 微粒物質之電阻係數與收集效率之關係

一、電阻係數

微粒物質之電阻係數為靜電集塵器操作的重要特性之一，一般工業粉塵的電阻係數在10^{-3}至10^{14} ohm-cm 之間。

1. 當電阻係數小於10^4 ohm-cm 時：電荷會由收集的粉塵層快速地流至收集板上，因而沒有足夠之電荷使收集的塵粒保持聚集狀態，使粉塵再飛揚(Reentrainment)至氣流中，影響收集效率。
2. 當電阻係數大於10^{14} ohm-cm 時：可能造成反電暈(Back Corona)或反離子化(Back Ionization)效應。

二、反電暈效應

發生於粉塵層之電壓下降大於介電強度時，粉塵層上所罩住的空氣因大的電壓降而離子化，所形成之正離子可能由集塵板移開並中和接近集塵板處的離子化微粒，因而減少微粒的收集量並可能導致粉塵層發生火花而將收集的粉塵吹回氣流中，降低集塵器的收集效率。

三、溫度與濕度之影響

靜電集塵器對於電阻係數介於10^4至10^{10} ohm-cm 的粉塵收集效果最佳，而大部分的工業粉塵的電阻係數都在此範圍之內。氣體之溫度及濕度對於粉塵之電阻係數有很大的影響。自圖 9.24 可看出，當濕度降低時，曲線之頂端將移至較低的溫度處，對於相當乾燥的粉塵，電阻係數頂點一般在 300℉(150℃)左右。且隨著濕度之增加，粉塵的電阻係數降低。

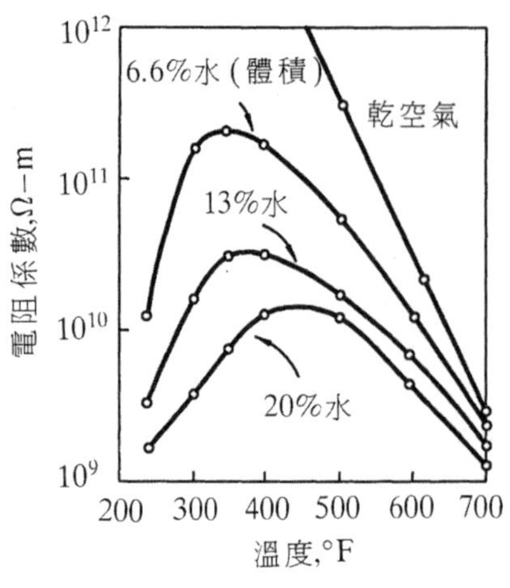

(a)水泥窯灰經濕度調整之情形

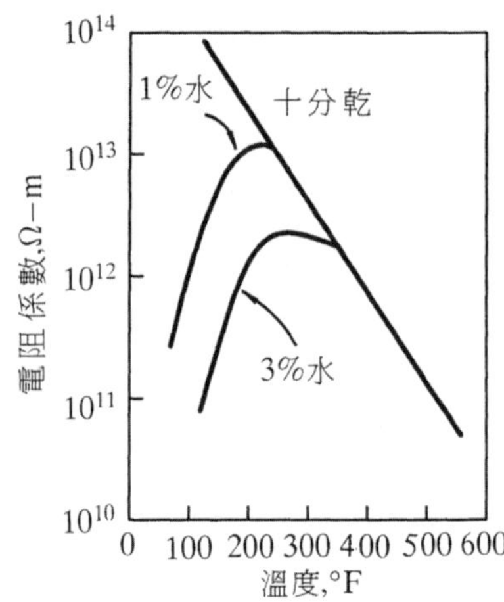

(b)氣體濕度對飛灰電阻係數的影響

➡圖 9.24　溫度、濕度對微粒電阻係數的影響[1]

(參考資料:H. J. White. "Resistivity Problems in Electrostatic Precipitation"J. Air Pollu. Control Assoc. 24(April 1974):314)

四、調整劑之應用

氣流中微粒之電阻係數可利用調整劑(Conditioning Agents)調整之，通常使用之調整劑有 SO_3 及 NH_3，因其被微粒物質吸收時，其作用即相當於電解質，可大大降低電阻係數，如圖 9.25 所示。煤灰之電阻係數即為煤的硫含量之函數，如圖 9.26 所示，通常使用 SO_3 以促進低硫燃料之集塵性能，SO_x 之排放量並不會因為 SO_3 之添加而增大，因 SO_3 可被收集之微粒吸收而去除之。

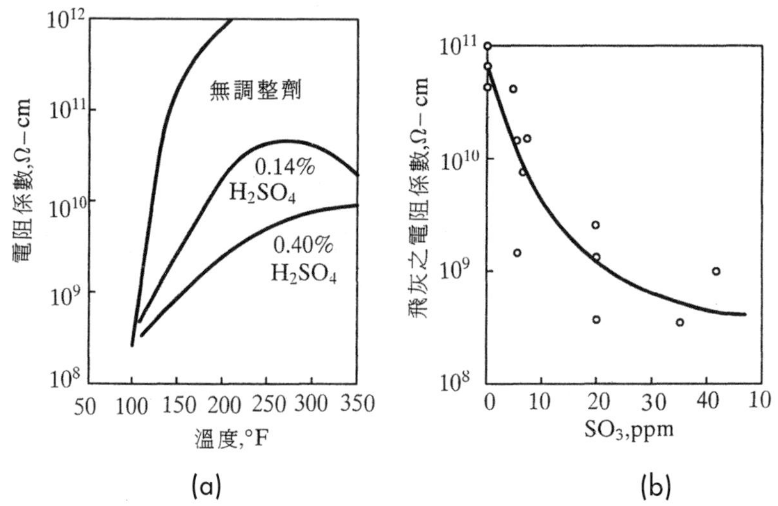

➡圖 9.25　飛灰中噴入(a) H_2SO_4 燻煙(b) SO_3 調整劑對電阻係數的影響。[1]

(參考資料：H. J. White."Resistivity Problems in Electrostatic Precipitation" J. Air Pollu. Control Assoc. 24(April 1974)：314.)

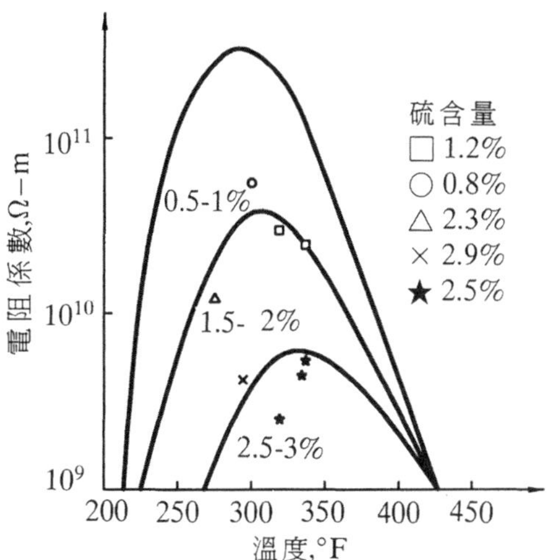

➡ **圖 9.26 煤硫含量對飛灰電阻係數之影響**[(1)]

（參考資料：D. E. Selzler and W. D. Watson, Jr."Hot versus Enlarged Electrostatic Precipitation of Fly Ash". J. Air Pollu. Control Assoc. 24(February 1974)：115.）

9-9-3 靜電集塵器收集效率之計算

一、收集效率

去除特定大小微粒物質所需之靜電集塵器通道長度可由已知之游動速度估算。當微粒移動至收集電極所需之時間小於等於氣體與微粒通過靜電集塵器所需之時間時，集塵器對該微粒物質的收集效率即為 100%，靜電集塵器之通道長度可以下式求出

$$\frac{S}{W}=\frac{L}{V_g} \qquad \text{(9-86)}$$

式中 S=電極與集塵板之距離

W=游動速度

L=集塵板長度

V_g=氣流在通道中之速度

靜電集塵器之收集效率可以 Deutsch 方程式計算如下：

$$\eta = 1-\exp\left(\frac{-AW}{Q}\right) \qquad \text{(9-87)}$$

式中 A=集塵板面積

W=游動速度

Q=氣體體積流率

讀者應可發現，Deutsch 方程式與重力沉降室收集效率之計算公式(9-29)式相同。另外，靜電集塵器之收集效率亦可以 Hazen 公式計算之。

$$\eta = 1 - \left(1 + \frac{WA}{nQ}\right)^{-n} \quad \text{(9-88)}$$

n 值通常介於 3 至 5 之間。

只要微粒物質的粒徑分布已知，即可自(9-82)及(9-85)式求得各特定粒徑微粒的游動速度 W，然後再利用(9-87)式求出對應之收集效率 η_i。總收集效率即為

$$\eta = \sum \eta_i W_i$$

式中 W_i：某特定粒徑微粒所對應的重量百分比

現將各型集塵器及效率介紹如下：

1. 平行板式集塵器之效率

對於平行板式集塵器，若平行板之間距 S=2b（b=間距之半），氣體流速為 V_g，電極板長度為 L，高度為 H，則(9-87)式中

$$A = 2HL$$
$$Q = (2bH)V_g$$

故(9-87)式可修正為

$$\eta = 1 - \exp\left(-\frac{AW}{Q}\right) = 1 - \exp\left(-\frac{2HLW}{2bHV_g}\right)$$
$$= 1 - \exp\left(-\frac{W}{V_g}\frac{L}{b}\right) \quad \text{(9-89)}$$

2. 管狀集塵器之效率

對於管狀(Tubular)集塵器，若直徑為 D，長度為 L

$$A=\pi DL \qquad Q=V_g\left(\frac{\pi D^2}{4}\right)$$

(9-87)式可修正為

$$\eta=1-\exp\left[\frac{\pi DLW}{\left(\frac{\pi D^2}{4}V_g\right)}\right]$$

$$=1-\exp\left[-4\frac{W}{V_g}\frac{L}{D}\right] \quad \text{(9-90)}$$

二、乾式靜電集塵器的典型設計參數（如表 9.7 所示）

表 9.7 典型之乾式靜電集塵器設計參數及工業粉塵有效游動速度[1]

參數	範圍
有效游動速度(Drift Velocity)	4~20cm/s
集塵板間距	20~25cm
氣體流速	0.6~2.4m/s
集塵板高度	3.6~14m
集塵板長度	板高度的 0.5~2 倍
電壓	30~75KV
電場強度	18~38KV/cm
氣體溫度	~370℃（一般） ~538℃（高溫） ~705℃（特製）
發電廠飛灰游動速度	4~20cm/s
硫酸霧游動速度	6~8cm/s
水泥灰游動速度	6~7cm/s
鼓風爐灰游動速度	6~14cm/s
催化劑（觸媒）灰游動速度	7.5cm/s

練習 9.9

假設一平板型靜電集塵器集塵板之間距為 30cm，電場電壓為 60KV。通過集塵器之平均氣體流速為 1.5 m/s，試計算在 420°K 溫度下，以 100%效率收集 1.0μm 微粒所需之收集平板長度。

解 420°K 時，空氣黏度 μ_g=0.0855Kg/m・hr=2.375×10^{-5}Kg/m・s

因微粒的介電常數未知，可假設 $P=\dfrac{3\varepsilon}{\varepsilon+2}=2$

電場強度 $=\dfrac{60{,}000\text{V}}{(0.3/2)}=400{,}000\ \text{V/m}$

由(9-14)式

$$K_c=1+\frac{0.00973\sqrt{T}}{d_p}=1+\frac{0.00973\sqrt{420}}{1.0}=1.2$$

由(9-82)式，游動速度 W

$$W=\frac{(2.95\times10^{-12})(2)(400{,}000)^2(1.0\times10^{-6})1.2}{2.375\times10^{-5}}$$
$$=0.0477\ \text{m/s}$$

由(9-86)式，S=0.3/2==0.15m，所以收集電極之理論長為 L 為

$$L=\frac{SV_g}{W}=\frac{(0.15)(1.5)}{0.0477}=4.72\ \text{m}$$

欲去除某特定大小微粒 99%或更多，所需之實際電極長度可能與以上計算之理論值相去甚遠，因為計算係基於下列假設：

(1) 均一的電場強度

(2) 均一的氣體流速

(3) 微粒形狀為球體

(4) 均一荷電性

練習 9.10

有一靜電集塵器其 A/Q 比為 400 ft^2/1000 acfm，實際總收集效率為 97%，若 A/Q 比增至 600 ft^2/1000acfm，若有效游動速度為常數，應用(1)Deutsch 方程式，(2)Hazen 方程式估算總收集效率。

解 (1) 將已知數據代入(9-87)式可得

$$0.97 = 1 - \exp(-0.4W)$$

$$\Rightarrow W = 8.766 \text{ ft / min}$$

A/Q 增至 600 ft^2/1000acfm 時，

$\eta = 1 - \exp[-8.766(0.6)] = 0.9948 = 99.48\%$

(2) 以 Hazen 方程式估算，設 n=4

$$0.097 = 1 - \left(1 + \frac{0.4W}{4}\right)^{-4}$$

$$\Rightarrow W = 14.03 \text{ft / min}$$

A/Q 增至 600 ft^2/1000acfm 時，

$$\eta = 1\left(1 + \frac{0.6(14.03)}{4}\right)^{-4} = 0.9892 = 98.92\%$$

由本例可知，隨著 A/Q 比之增加，集塵器總收集效率亦隨之增加，Hazen 方程式之估算值比 Deutsch 方程式估計值稍低。

9-9-4 濕式靜電集塵器(Wet Electrostatic Precipitator, WESP)

濕式靜電集塵器為乾式靜電集塵器的改良型，相較於乾式集塵器，濕式靜電集塵器頂部安裝噴淋系統，使陽極板表面形成液膜，陰極線放電使液滴、微粒荷電，吸附於陽極板表面液膜，再藉著重力流至灰斗，因此不但可降低進氣溫度、吸收部分酸氣亦可防止陽極集塵板面塵垢之堆積。其優缺點如下：

1. 優點
   (1) 除塵效率不受電阻係數影響。
   (2) 具酸氣去除作用。
   (3) 可有效去除微細粒子如 $PM_{2.5}$ 一般應用在對粒狀物排放標準嚴格要求之場合，由於其設備體積較大，若要在排煙脫硫(FGD)設備與煙囪間安裝濕式靜電集塵器，需有足夠之水平煙道空間。。
2. 缺點
   (1) 產生大量廢水，必須再處理。
   (2) 酸氣去除率低，無法去除所有的酸氣。
   (3) 因氣體水分含量接近飽和，有白煙排放之困擾。

9-10 各種微粒物質控制設備比較

各種微粒物質控制設備之比較及其適用時機如表 9.8 所示：

表 9.8 各種微粒物質控制設備比較

控制設備	可收集之最小粒徑	收集效率	優點	缺點	適用時機
重力沉降室	50μm	<50%	1. 壓力損失小。 2. 設計、保養容易。	1. 占用面積大。 2. 效率低。	用於前處理去除粒徑較大粉塵以減輕後段設備負荷。
旋風集塵器	5~25μm	50~90%	1. 設計簡單，保養容易。 2. 占地小。 3. 乾式粉塵處置方法無廢水產生。 4. 低至中度的壓力損失(5~15cm 水柱)。 5. 對大顆粒及大流量氣體處理效果好。	1. 對細小微粒效率低(尤其當大粒徑小於 10μm 時)。 2. 對不同大小的微粒負荷及流率變化很敏感。 3. 無法處理黏著性微粒。	1. 微粒顆粒粗。 2. 微粒濃度很高(>100g/m^3)。 3. 欲將微粒加以分類。 4. 不需很高效率。

表 9.8 各種微粒物質控制設備比較（續）

控制設備	可收集之最小粒徑	收集效率	優點	缺點	適用時機
濕式集塵器 1. 噴灑式洗滌塔 2. 文氏洗滌器 3. MU~SSPW洗滌塔	 >10μm >0.5μm	 <80% <99%	1. 可將酸、鹼性氣體一併清除。 2. 能冷卻及處理高溫及高濕度廢氣。 3. 集塵效率可變化。 4. 可處理可燃性氣體。 5. 占地小，投資額低（若不考慮廢水處理系統）。 6. 可處理黏著性微粒。	1. 腐蝕的問題。 2. 須處理衍生的廢水。 3. 煙流浮升力減弱。 4. 白煙(Steam Plume)可能生成。 5. 較高之壓降及動力需求。 6. 維修保養費用較高。	1. 需要高效率去除細微粒。 2. 需要冷卻處理且濕氣的存在無關緊要。 3. 氣體具可燃性。 4. 氣態及微粒汙染物均需去除時。
袋濾室	<1μm	>99%	1. 乾式粉塵處置方法。 2. 操作簡易。 3. 對小粒徑微粒仍具高效率。 4. 對氣體流率變化不敏感，對於粉塵負荷變化較大之場合，若使用連續清理方式之袋濾室系統，其壓降及收集效率幾乎不受影響。 5. 過濾後之空氣可再送回工廠內其他系統循環使用(能源整合考量)。 6. 無廢水處理及腐蝕問題。	1. 較高的維修保養需求（更換濾袋）。 2. 高溫廢氣須先冷卻。 3. 氣體的相對濕度有影響。 4. 中等程度的壓降，約在 10~25cm 水柱之間。 5. 酸性或鹼性微粒或氣體場合下，濾袋之壽命較短。	1. 需很高之收集效率。 2. 需乾燥地收集有價物質。 3. 氣體溫度恆高於露點溫度。 4. 氣體濕度低。 5. 氣體體積流量不大。
靜電集塵器	<1μm	95~99%	1. 收集效率可達到99%以上。 2. 對細小微粒效率仍佳。 3. 可以乾性或濕性來收集。 4. 與其他高效率集塵器比較，壓力損失小（≤1.5cm 水柱），能量需求小。 5. 易維修。 6. 可在高溫下操作。 7. 可有效處理大體積流量之氣體進料。	1. 投資成本高。 2. 對不同大小的微粒負荷及流率變化很敏感。 3. 可能因微粒電阻係數之影響導致部分微粒逃脫。 4. 效率會逐漸降低。 5. 高電壓危險。 6. 需較大的空間。 7. 當處理可燃性氣體或收集可燃性粉塵時有爆炸之危險。 8. 氣體離子化時可能產生臭氧。	1. 需很高之效率去除細小微粒。 2. 氣體體積流率很大。 3. 需回收有價物質。

圖 9.27 所示的是各種微粒物質控制設備之集塵效率與粒徑之關係。

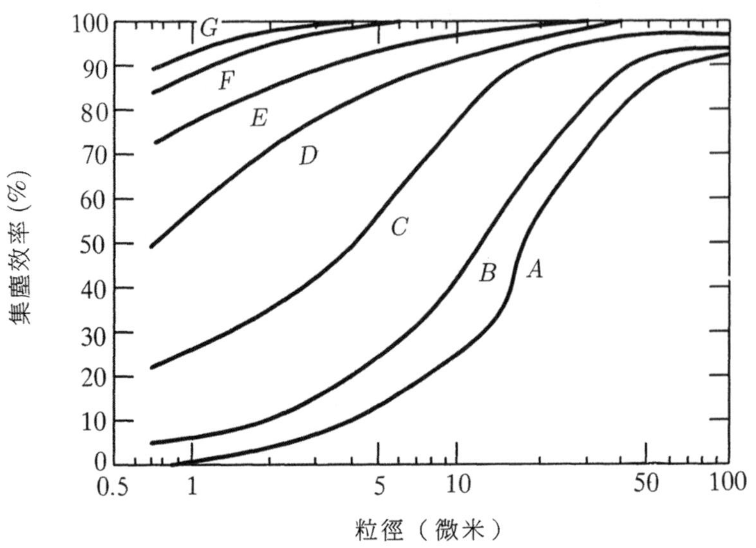

➡ 圖 9.27　集塵效率比較

(A)隔板式沉降室，(B)簡易旋風集塵器，(C)高效率旋風集塵器，(D)靜電集塵器，(E)濕式洗滌器（噴灑塔），(F)文氏洗滌器，(G)袋濾室[16]

9-11 工業通風排氣

工業上之通風排氣設施是作業場所汙染物控制的一部分，其主要目的為：

1. 稀釋或限制空氣中有害物散布範圍，或將有害物及危險物濃度控制在法規規定之容許濃度以下。
2. 提供呼吸所需必要之新鮮空氣。
3. 排除有害汙染物及危險物。
4. 控制作業場所溫度及濕度。

依系統種類可分類如下圖：

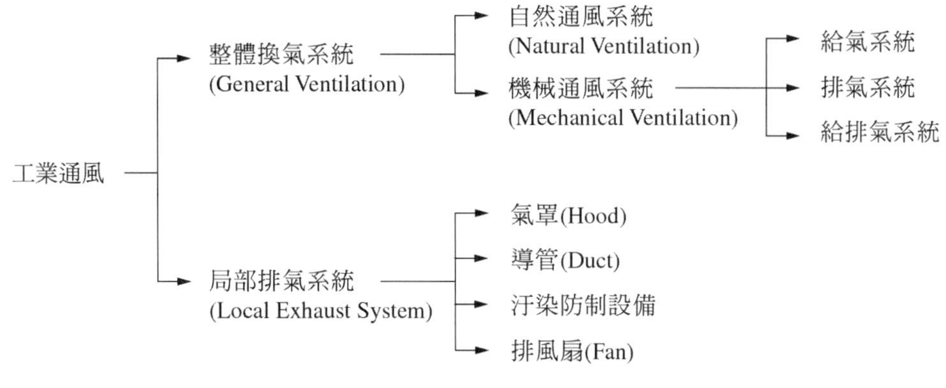

➡圖 9.28 工業通風系統分類圖

9-11-1 整體換氣系統(General Ventilation)

◎ 均勻混合模式(Well-Mixed Model)濃度推估

均勻混合模式係假設作業環境中空氣為完全均勻混合，系統中存在之物質濃度為均一不存在濃度差，且忽略化學品散佈時可能造成空氣流通率及本體散佈速率改變之影響，故容易低估發生源附近的暴露強度；其系統濃度可依變量平衡推估如下：

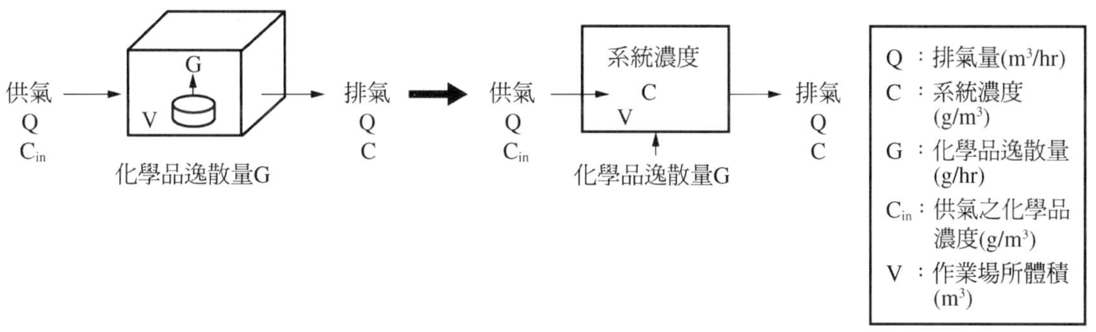

由質量平衡：

$$\underline{\text{Input}} - \underline{\text{Output}} + \underline{\text{Generation}} = \underline{\text{Accumulation}}$$

$$C_{in} \times Q \times dt - C \times Q \times dt + G \times dt = V \times dC$$

$$\rightarrow \frac{dC}{dt} = -\frac{Q}{V}C + \frac{1}{V}(C_{in}\ Q + G) \quad \text{(9-91)}$$

(一)穩態濃度

當 $\frac{dC}{dt}=0$ 時,即代表系統為穩定狀態,穩態濃度(Steady State Concentration)為

$$C=\frac{(C_{in}Q+G)/V}{Q/V}=C_{in}+\frac{G}{Q} \quad \text{(9-92)}$$

(二)瞬時濃度

由質量平衡可得:

$$dt(C_{in}Q-CQ+G)=VdC$$

$$\rightarrow \frac{dC}{C_{in}Q-CQ+G}=\frac{dt}{V}$$

$$\rightarrow \int_{C_0}^{C_{(t)}}\frac{-QdC}{(C_{in}Q-CQ+G)}=\int_{t_0}^{t}\frac{-Qdt}{V}$$

(上式兩邊各乘以–Q 以利積分)

$$\rightarrow \ln(C_{in}Q-CQ+G)\Big|_{C_0}^{C_{(t)}}=-\frac{Q}{V}(t-t_0)$$

(上式 $t_0=0$ 時有初始濃度 C_0)

$$\rightarrow \frac{C_{in}Q+G-C_{(t)}Q}{C_{in}Q+G-C_oQ}=\exp\left[-\frac{Q}{V}(t-t_0)\right]$$

$$\rightarrow C_{(t)}=\left(C_{in}+\frac{G}{Q}\right)\left(1-\exp\left(-\frac{Q}{V}t\right)\right)+C_0\cdot\exp\left[-\frac{Qt}{V}\right] \quad \text{(9-93)}$$

其中 $\frac{Q}{V}$ 代表為換氣率(Ventilation Rate),與最終平衡濃度無關,但與達到穩定時間呈反比。當 t 趨近無限大時

$$C(t\rightarrow\infty)=C_{in}+\frac{G}{Q} \quad \text{(9-94)}$$

練習 9.11

試說明何謂完全混合盒模式(Well-mixed Box Model)、該模式假說、最終平衡濃度；另請說明作業場所體積與換氣率(Ventilation Rate)與最終平衡濃度之關係。

（110 年職業衛生專技高考）

解

(1) 完全混合盒模式(Well-mixed Box Model)為推估整體通風之系統濃度的一種基本完全混合模式，此模式藉由系統中化學品逸散生成量，以及供排氣之通風流量與化學品濃度，可用來推估系統的濃度變化。

(2) 此模式假設系統為充分均勻混合，不因空間而有濃度差；且供排氣流量與化學品逸散生成量恆定。

(3) 最終平衡濃度為：

$$C = C_{in} + \frac{G}{Q}$$

$$= 給氣的化學品濃度 + \frac{系統中化學品逸散生成量}{系統通風量}$$

(4) 系統的瞬時濃度為：

$$C_{(t)} = \left(C_{in} + \frac{G}{Q}\right)\left(1 - \exp\left(-\frac{Qt}{V}\right)\right) + C_0 \exp\left[-\frac{Qt}{V}\right]$$

其中 C_0 為系統中化學品的初始濃度。

(5) 作業場所體積與最終平衡濃度無關。

(6) 換氣率 $\left(\frac{Q}{V}\right)$ 與最終平衡濃度無關，但會影響系統濃度達到穩態濃度前的濃度斜率變化及時間。

9-11-2 局部排氣系統(Local Exhaust System)

一、基本流體力學

局部排氣設備中的導管系統基本上係遵循質量守恆及能量守恆兩個力學關係式，可分別以連續性(Continuity)及白努利方程式(Bernoulli's Equation)來解釋，前者說明風量與風速的關係，後者解釋風速與壓力的關係。

(一)連續性(Continuity)

流體流動時形成連續不中斷的狀態稱為流體連續性，基於質量守恆的前提，假設流體密度不變，下圖自位置“1”流入導管的流體體積與位置“2”流入的流體體積相同，故有以下關係式：

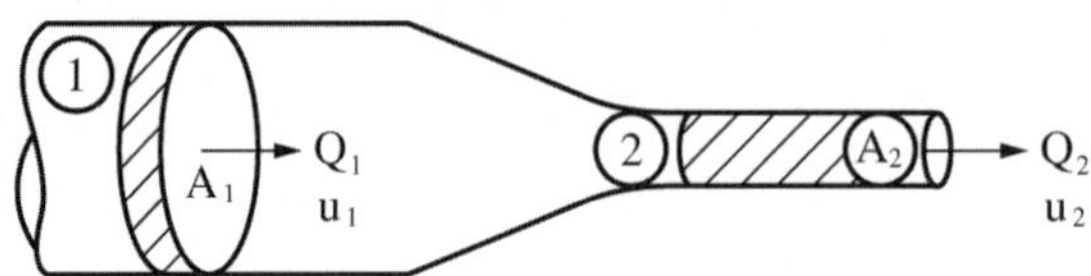

$$Q=Q_1=u_1A_1=Q_2=u_2A_2$$

Q：流量，m^3/s　u：流速，m/s　A：截面積，m^2

基於質量守恆的觀念，流體在直管內每一點的流量皆相等。導管截面積縮小時，流速提高；導管截面積增加時，流速則會降低。

(二)白努利方程式(Bernoulli's Equation)

理論上若流體黏度與壓縮性(Compressibility)可忽略，並以層流(Laminar Flow)型態流動，且無其他能量輸入，管內任兩點的壓力與流速關係依能量守恆定律具有如下關係：

$$\underset{(\text{壓力能}1)}{P_1}+\underset{(\text{動能}1)}{\frac{1}{2}\rho u_1^2}+\underset{(\text{位能}1)}{\rho gh_1}=\underset{(\text{壓力能}2)}{P_2}+\underset{(\text{動能}2)}{\frac{1}{2}\rho u_2^2}+\underset{(\text{位能}2)}{\rho gh_2} \quad \cdots\cdots (9\text{-}95)$$

P 為該位置管內的壓力，ρ 為流體密度，g 為重力加速度，u 為管內流體流速，h 為相對於任一基準水平線的垂直高度。實際上於設計局部排氣系統時需考量流體黏度、紊流及管壁磨擦力所造成的壓損等能量損失以及排風扇等設備所輸入的能量。另外，在一般局部排氣裝置導管中，高度效應影響小(因氣體密度低)故可忽略，上式可整理如下：

$$P_1+\frac{1}{2}\rho u_1^2+E_{in}=P_2+\frac{1}{2}\rho u_2^2+E_L \quad \cdots\cdots (9\text{-}96)$$

E_{in} 為由排風扇對流體輸入的能量，E_L 代表導管內能量損失我們可將 P 定義為靜壓(Static Pressure, SP)，並將 $\frac{1}{2}\rho u^2$ 定義為動壓(Velocity Pressure, VP)而全壓(Total Pressure)為上述兩者之和，故可將公式簡化為

$$SP_1 + VP_1 + E_{in} = SP_2 + VP_2 + E_L \quad \text{(9-97)}$$

或

$$TP_1 + E_{in} = TP_2 + E_L \quad \text{(9-98)}$$

(三) 壓力量測

可使用開管 U 型水柱壓力計(Manometer)來量測導管內部壓力，一般均以毫米水柱(mm H_2O)做為計量單位。

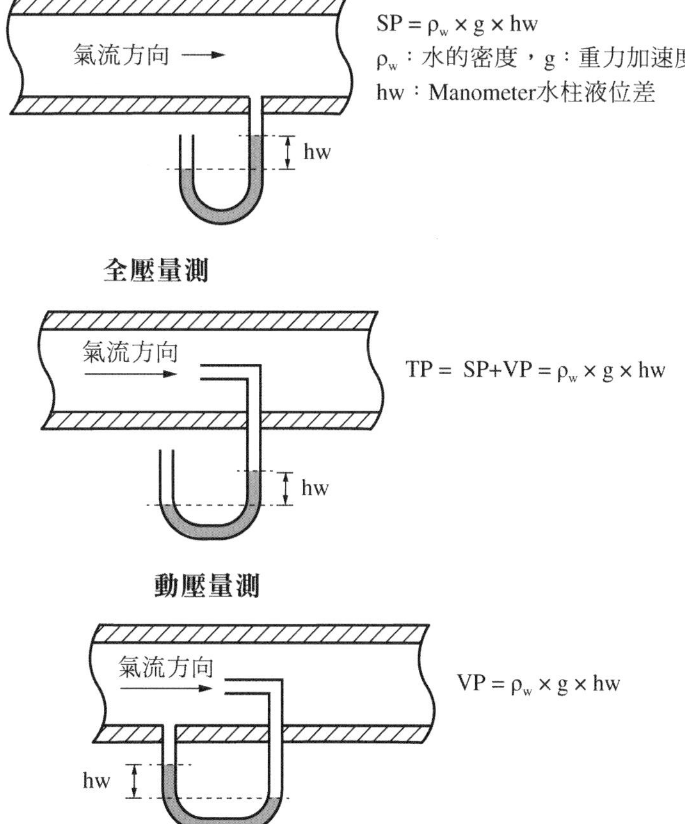

我們可利用測得的動壓數值來換算管內空氣流速 u(ρ_{air}=1.2kg/m^3, ρ_{water}=1,000kg/m^3)

$$\frac{1}{2}\times\rho_{Air}\times u^2=\rho_{water}\times g\times hw$$

$$hw=\frac{\rho_{Air}\times u^2}{\rho_{water}\times g\times 2}=\frac{1.2\times u^2}{1000\times 9.8\times 2}\times\frac{1000mm}{1m}=\frac{[u\times(m/s)]^2}{16.33}(mmH_2O)$$

$$=\left(\frac{u(m/s)}{4.04}\right)^2(mmH_2O)$$

$$\rightarrow u(m/s)=4.04\sqrt{h_w(mmH_2O)}=4.04\sqrt{VP(mmH_2O)} \quad \text{(9-99)}$$

（四）導管壓力損失

因流量具有黏性，會在導管內壁產生磨擦力而造成能量損失，另外因流體連續性關係，若管徑不變則上下游的流速亦不變，即導管內上下游動壓數值相同；故導管內因磨擦力造成之壓力損失將導致導管內靜壓減少。

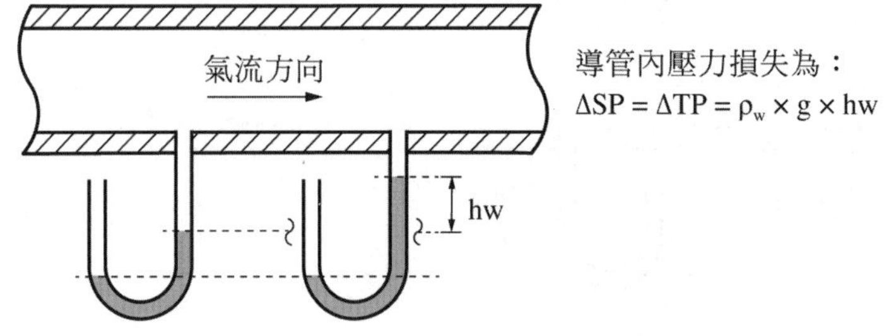

導管壓力損可以下式計算

$$\Delta TP=\Delta SP=f\times\frac{L}{D}\times VP \quad \text{(9-100)}$$

其中 f：磨擦係數(Friction Factor)　L：導管長度　D：導管直徑

磨擦係數可利用流體雷諾數(Reynolds Number)及管內粗糙度，透過 Moody 圖或公式求得

1. **雷諾數**(Reynolds Number)

$$Re=\frac{\rho uD}{\mu} \quad \text{(9-101)}$$

ρ：流體密度　u：流體流速　D：導管直徑　μ：流體黏度（空氣在 25℃黏度 0.0666kg/m-hr，密度 1.183 kg/m^3(1 atm)）

Re<4,000→層流(Laminar Flow)

Re>4,000→紊流(Turbulent Flow)

通風排氣系統之導管常使用矩形斷面設計，可以 Huebscher 公式計算相當直徑(Equivalent Diameter)來計算 Re 值。

$$D_{eq} = \frac{(W \times H)^{0.625}}{(W + H)^{0.25}} \quad \cdots\cdots (9\text{-}102)$$

其中 W, H 分別為導管矩形斷面之寬及高。

2. **相對粗糙度**

相對粗糙度定義為 $\frac{\varepsilon}{D}$，其中 ε 為管壁粗糙度，D 為管徑。一般鍍鋅導管 $\varepsilon = 0.15mm$，鋁製或不鏽鋼導管 $\varepsilon = 0.05mm$。

3. **以圖表法求磨擦係數**

可利用 Moody 圖，透過雷諾數及相對粗糙度查圖得到磨擦係數。

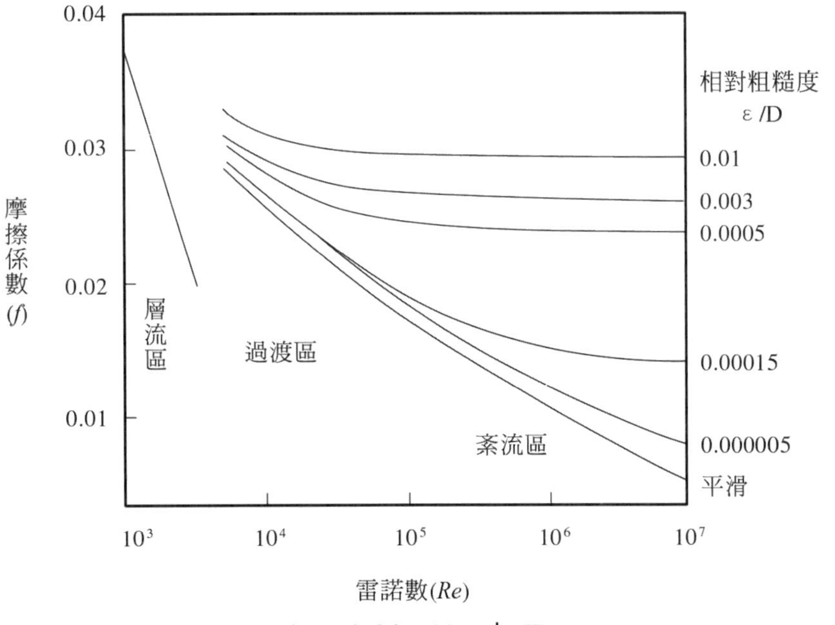

➡圖 9.29　Moody 圖

4. 以 Churchill 公式計算磨擦係數

$$f=8\left[\left(\frac{8}{Re}\right)^{12}+(A+B)^{-3/2}\right]^{1/12} \quad \text{(9-103)}$$

其中

$$A=\left\{-2.457\ln\left[\left(\frac{7}{Re}\right)^{0.9}+\left(\frac{\varepsilon}{3.7d}\right)\right]\right\}^{16}$$

$$B=\left(\frac{37,530}{Re}\right)^{16}$$

(五)配件(Fitting)壓力損失

通風排氣裝置其他配件如氣罩、肘管、漸縮管、漸擴管、三通(或插管)、空氣清淨設備等均會造成能量損失。根據經驗大部分壓力損失與該處動壓成正比,因此可將各配件所造成的全壓損失以下式表示:

$$\Delta TP=F_{*}\times VP \quad \text{(9-104)}$$

其中 F_*為壓力損失係數(Loss Factor),下標＊若為 h,代表氣罩(Hood),F_h即為氣罩壓力損失係數;若為 el,代表肘管(Elbow),F_{el} 即為肘管壓力損失係數。以此來計算各配件所造成的壓力損失。

二、局部排氣系統組成

局部排氣系統主要由下列六個物件組成:

1.氣罩(Hood);2.導管;3.空氣清淨設備;4.排風扇;5.排氣導管;6.排氣口。

(一)氣罩(Hood)

氣罩可分為下列五種型式:

1. 包圍型(Enclosure)
2. 崗亭型(Booth)
3. 外裝型(Outer-lateral)

4. 接收型(Reception)

5. 吸吹型(Pull-push)

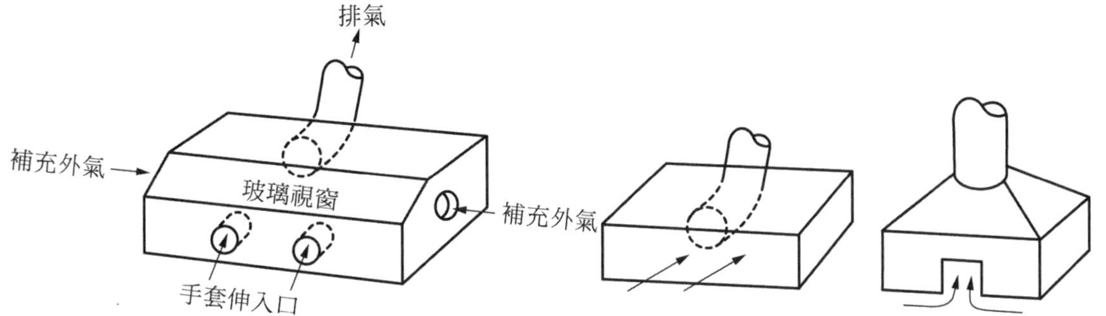

1. **包圍型氣罩**(Enclosure)

2. **崗亭型氣罩**(Booth)

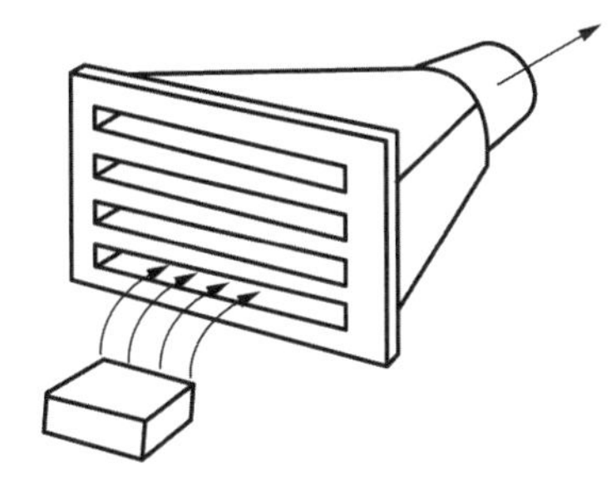

3. **外裝型氣罩**(Multiple-slot Lateral Hood)

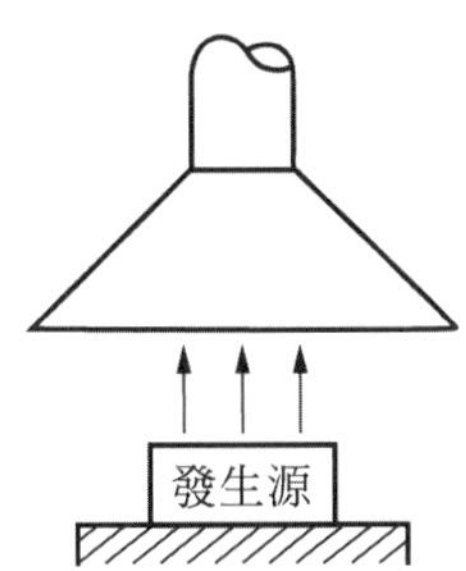

4. **頂篷型** (Canopy)**接收式氣罩**

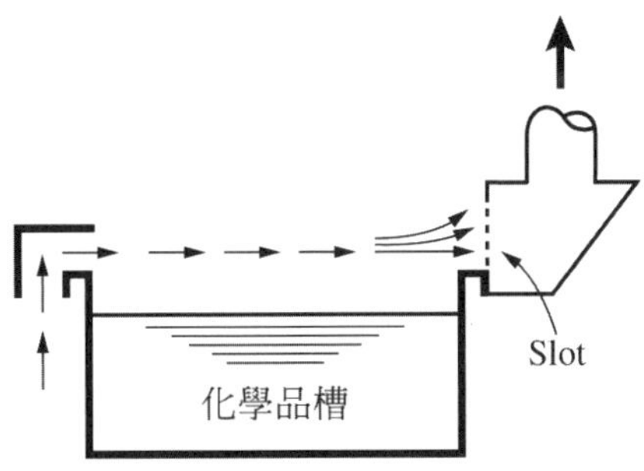

5. **吹吸型氣罩** (Push-Pull Hood)

➡圖 9.30　氣罩之型式

■ **氣罩設計考量重點：**

1. 盡量選擇能包圍汙染物發生源之包圍型或崗亭型氣罩。
2. 氣罩設置凸緣(Flange)之優點為：(1)可獲得較大風速、(2)減少氣罩外紊流產生而造成壓損。
3. 盡量選擇能以最少抽氣量能達到最大的有害物控制效果，以降低導管尺寸及排風扇風量及揚程，俾能降低設備投資費用及操作成本（降低電力耗用量）。

■ **氣罩壓損計算：**

由進入係數(Coefficient of Entry, Ce)求得氣罩壓力損失係數(h_f)，再與動壓相乘計算氣罩壓力損失(h_e)。

1. **進入係數**(Coefficient of Entry, Ce)

空氣進入氣罩會產生能量損失及壓損，進入係數(Ce)為量度空氣進入氣罩後轉換為動壓的效率。

$$Ce=\sqrt{\frac{VP}{|SP|}}=\sqrt{\frac{動壓}{-（靜壓）}}=\sqrt{\frac{VP}{VP+h_e}}$$

$$\rightarrow Ce^2=\frac{VP}{VP+h_e}=\frac{VP}{VP(1+h_f)}=\frac{1}{(1+h_f)}$$

上式中 he 為氣罩壓力損失 $=h_f\times VP$（h_f 為氣罩壓力損失係數）

$$\rightarrow h_f=\frac{1-C_e^2}{C_e^2} \quad \text{(9-105)}$$

2. **控制風速**(Control Velocity, Vc)

將有害物質有效導入氣罩開口所需之最小流速或使其不致從氣罩開口流失之最低風速，又稱為捕捉風速(Capture Velocity)。

控制風速主要影響因子為：

(1) 氣罩型式
(2) 有害物質物理特性（粒徑、比重）
(3) 有害物質危害程度
(4) 發生源或捕集點氣動條件

依據「有機溶劑中毒預防規則」及「粉塵危害預防標準」，氣罩控制風速如表 9.9 所示：

表 9.9 氣罩控制風速

氣罩型式		有機溶劑	粉塵
		Vc(m/s)	Vc(m/s)
包圍型		0.4	0.7
外裝型	上吸式	1.0	1.2
	側吸式	0.5	1.0
	下吸式	0.5	1.0

(二) 導管(Duct)

1. **導管壓力損失**

$$\Delta TP = f \times \frac{L}{D} \times VP$$

f：導管磨擦係數

L：導管長度

D：導管內徑

VP：動壓

2. **由(9-99)式，我們可以得到管內氣體流速與動壓的關係**

$$u(m/s) = 4.04\sqrt{VP(mmH_2O)}$$

3. **搬運風速**(Transport Velocity, V_T)

使導管內有害物不會因重力作用而沉降在導管內所需的最小風速，搬運風速與有害物性質有關，如表 9.10 所示：

表 9.10 各種物質參考搬運速度

有害物種類	物質	搬運風速(V_T)，m/s
蒸氣、煙霧	蒸氣、氣體、煙霧	5~10
燻煙	電焊作業產生之燻煙	10~13
輕粉塵	棉塵、穀粉、肥皂粉塵	13~15
一般工業粉塵	木屑、花崗石粉塵、石灰粉塵	18~20
重粉塵	金屬粉應（車工／鑽孔）	20~24
濕重粉塵	潮濕水泥粉塵，生石灰粉塵	>24

4. **局部排氣導管設計指引**

(1) 決定導管配置圖：參考氣罩、排風扇、空氣清淨設備等安裝位置，盡量縮短最遠氣罩至排氣風扇的距離以降低壓損，必要時可採用對稱配管（有二個以上氣罩時）。

(2) 依處理之有害物質決定各氣罩之風量需求（考量控制風速，Vc）及搬運風速(V_T)，決定各導管之最低風速；選擇設計優良之氣罩可以較小的抽氣量來達到最大的有害物控制效果；配合導管配管之最適化以降低壓損，可降低排風扇排風量及 FTP 值（揚程），除了可降低投資費用外，亦可降低操作成本。

(3) 決定各段導管管徑大小並核算各段導管與配件之壓損及壓力變化(Check Pressure Profile)；需特別注意的是導管壓損與管徑的五次方成反比，選擇管徑時，需在搬運速與壓損之間進行分析比較，以獲得較高之能源效率。

(4) 選定排風扇之性能（設計風量、揚程(FTP)及馬達馬力需求）。

（三）排風扇

1. **排風扇全壓**(Fan Total Pressure, FTP)

FTP：TP（Fan Discharge，風扇出口）－TP（Fan Suction，風扇入口）

排風扇馬達馬力需求：

$$BHP(kw) = \frac{Q(m^3/min) \times FTP(mm-H_2O)}{6120\eta}$$

η：排風扇效率，一般取 0.6

BHP：Break Horse Power

2. **風扇** AFFINITY LAWS

當風扇葉片直徑固定時：

(1) 排氣風量與轉速(N)成正比

$Q \propto N$

(2) 排風扇全壓與轉速平方成正比

$FTP \propto N^2$

(3) 排風扇馬力需求與轉速三次方成正比

$BHP \propto N^3$

練習 9.12

有一局部排氣裝置如下圖：

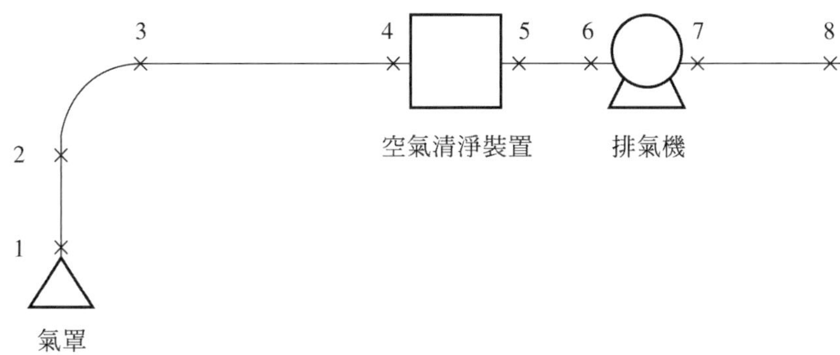

(1) 導管配置

(a) 氣罩至肘管(1→2)長度為 1m

(b) 肘管至空氣清淨裝置(3→4)長度為 2m

(c) 空氣清淨裝置至排風扇(5→6)長度為 2m

(d) 排風扇至出口(7→8)長度為 3m

(2) 設計要求

(a) 氣罩風量需求：$Q=49.2\ m^3/min$ 以上

(b) 搬運風速：$V_T=15m/s$ 以上

(c) 導管出口排氣風速：$u_E=20\ m/s$ 以上

(3) 設計參數

(a) 氣罩進入係數：Ce=0.5

(b) 肘管壓力損失係數：$F_{el}=0.5$

(c) 導管磨擦損失係數：f=0.02

(d) 空氣清淨裝置壓力損失 $\Delta SP = 50\ mmH_2O$

解 (1) 決定排風扇上游管徑

(a) $Q=49.2m^3/min=49.2/60=0.82\ m^3/s$

(b) 達搬運風速最大導管截面積：

$$A = \frac{Q}{V_T} = \frac{0.82}{15} = 0.0547\ m^2$$

(c) 達搬運風速最大導管直徑：

$$D=\sqrt{\frac{4A}{\pi}}=\sqrt{\frac{4\times 0.0547}{\pi}}=0.264\ \text{m}$$

(d) 點 1 到點 6 之動壓：

$$VP=VP_1=\cdots=VP_2=\left(\frac{V_T}{4.04}\right)^2=\left(\frac{15}{4.04}\right)^2=13.79\ \text{mmH}_2\text{O}$$

(2) 點 1（氣罩下游側）

(a) 氣罩壓力損失：

$$h_f=\frac{1-Ce^2}{Ce^2}=\frac{1-0.25}{0.25}=3$$

$$\Delta T_P=h_f\times VP=3\times 13.79=41.37\ \text{mmH}_2\text{O}$$

(b) 全壓 $TP_1=0-\Delta TP=-41.37\ \text{mmH}_2\text{O}$

靜壓 $SP_1=TP_1-VP_1=-41.37-13.79=-55.16\ \text{mmH}_2\text{O}$

(3) 點 2（肘管上游側）

(a) 導管壓力損失 $\Delta TP_2=\Delta SP_2=f\times\frac{L}{D}\times VP_2$

$$=0.02\times\frac{1}{0.264}\times 13.79=1.04\ \text{mmH}_2\text{O}$$

(b) 全壓 $TP_2=TP_1-\Delta TP_2=-41.37-1.04=-42.41\ \text{mmH}_2\text{O}$

靜壓 $SP_2=SP_1-\Delta SP_2=-55.16-1.04=-56.2\ \text{mmH}_2\text{O}$

(4) 點 3（肘管下游側）

(a) 肘管配件壓損：$\Delta TP_3=\Delta SP_3=F_{el}\times VP_3=0.5\times 13.79=6.90\ \text{mmH}_2\text{O}$

(b) 全壓 $TP_3=TP_2-\Delta TP_3=-42.41-6.90=-49.31\ \text{mmH}_2\text{O}$

靜壓 $SP_3=SP_2-\Delta SP_3=-56.2-6.90=-63.1\ \text{mmH}_2\text{O}$

(5) 點 4（空氣清淨裝置上游側）

(a) 導管壓力損失：$\Delta TP_4 = \Delta SP_4 = f \times \frac{L}{D} \times VP_4$

$$= 0.02 \times \frac{2}{0.264} \times 13.79 = 2.08\ mmH_2O$$

(b) 全壓 $TP_4 = TP_3 - \Delta TP_4 = -49.31 - 2.08 = -51.39\ mmH_2O$

靜壓 $SP_4 = SP_3 - \Delta SP_4 = -63.1 - 2.08 = -65.18\ mmH_2O$

(6) 點 5（空氣清淨裝置下游側）

全壓 $TP_5 = TP_4 - \Delta TP_5 = -51.39 - 50 = -101.39\ mmH_2O$

靜壓 $SP_5 = SP_4 - \Delta SP_5 = -65.18 - 50 = -115.18\ mmH_2O$

(7) 點 6（排風扇入口側）

(a) 導管壓力損失：$\Delta TP_6 = \Delta SP_6 = f \times \frac{L}{D} \times VP_6$

$$= 0.02 \times \frac{2}{0.264} \times 13.79 = 2.08\ mmH_2O$$

(b) 全壓 $TP_5 = -101.39 - 2.08 = -103.47\ mmH_2O$

靜壓 $SP_5 = -115.18 - 2.08 = -117.26\ mmH_2O$

(8) 點 8（導管出口）

決定排風扇下游管徑

(a) $Q=0.82 m^3/s$

因導管出口排氣風速 u_E 要 20m/s 以上

$$A = \frac{Q}{u_E} = \frac{0.82}{20} = 0.041\ m^2$$

(b) $D = \sqrt{\frac{4A}{\pi}} = \sqrt{\frac{4 \times 0.041}{\pi}} = 0.228\ m$

(c) 排風扇出口之 $VP = VP_7 = VP_8 = \left(\frac{20}{4.04}\right)^2 = 24.51\ mmH_2O$

※ 點 7 因排風扇對氣流提供能量，導管內全壓會驟升；然而驟升量仍為未知，故需由點 8 導管出口反推回去。

(d) 點 8 靜壓為一大氣壓故 $SP_8 = 0\ mmH_2O$

(e) 點 8 全壓為靜壓及動壓之合： $TP = SP + VP = 0 + 24.51 = 24.51\ mmH_2O$

(9) 點 7（排風扇出口側）

(a) 導管壓力損失： $\Delta TP_7 = f \times \frac{L}{D} \times VP = 0.02 \times \frac{3}{0.264} \times 24.51 = 5.57\ mmH_2O$

(b) 全壓 $TP_7 = TP_8 + \Delta TP_7 = 24.51 + 5.57 = 30.08\ mmH_2O$

靜壓 $SP_7 = TP_7 - VP_7 = 30.08 - 24.51 = 5.57\ mmH_2O$

整個局部系統之 Pressure Profile 可以表示如下圖：

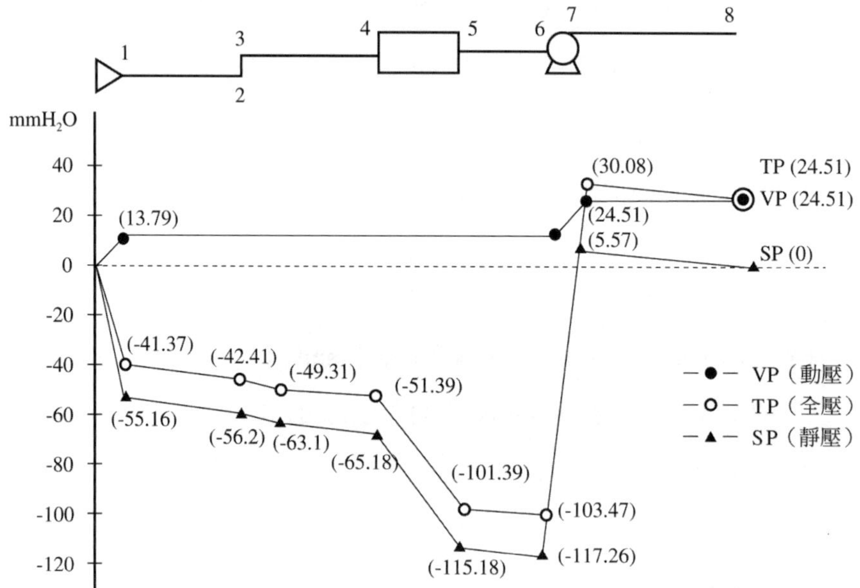

單一氣罩局部排氣裝置各物件壓力變化趨勢圖

排風扇 FTP=(30.08)−(−103.47)=133.55 mmH_2O

風扇馬達馬力需求

$$BHP = \frac{49.2\left(m^3/min\right) \times 133.55(mmH_2O)}{6120 \times 0.6}$$

=1.8 kw

由局部排氣裝置壓力變化圖(Pressure Profile)可觀察到：

(1) 排風扇入口側的全壓及靜壓必小於零，且靜壓小於全壓；而動壓大於零且恆定。

(2) 排風扇出口側的全壓及靜壓必大於等於零。

(3) 排氣口處靜壓為零，而全壓及動壓數值相同。

(4) 氣流經過排風扇其靜壓、動壓，全壓皆有提升。排風扇需滿足一定的靜壓及全壓提升量以達到局部排氣裝置風量需求。

以上述計算例，排氣機需提供 $\Delta SP_{6\to7} = 122.83\ mmH_2O$ 及 $\Delta TP_{6\to7} = 133.55\ mmH_2O$ 的靜壓及全壓提升量。

若排風扇壓力提升量大於上述數值，則風量將高於需求值；反之若小於該數值，則風量將低於需求值。

練習 9.13

某局部排氣裝置用於電銲作業之燻煙控制（如下示意圖），A 點處裝有凸緣圓形開口氣罩（開口直徑 d=0.2m，損失係數 F_h=0.49）；作業點與氣罩開口的距離 X=0.5m；AB 點間為 50m 圓形導管，且包含一個 90°肘管（損失係數 F_{el}=0.33），BC 點間有一個除塵設備（壓損 $\Delta SP = 50mmH_2O$）；CD 點為 30m 圓形導管、中間無肘管。若已知捕捉風速 V_c=1m/s、導管風速 V_d=12m/s、單位長度導管摩擦壓損 P_d=0.2mmH$_2$O/m、排氣量 $Q=0.75V_c(10X^2+A)$，A 為氣罩開口面積，試問：

(1) 氣罩靜壓 SPh（亦即 A 點靜壓）為何(mmH$_2$O)？

(2) AB 點間之導管直徑為何(m)？

(3) D 點處之靜壓為何(mmH$_2$O)？ **（110 年職業衛生專技高考）**

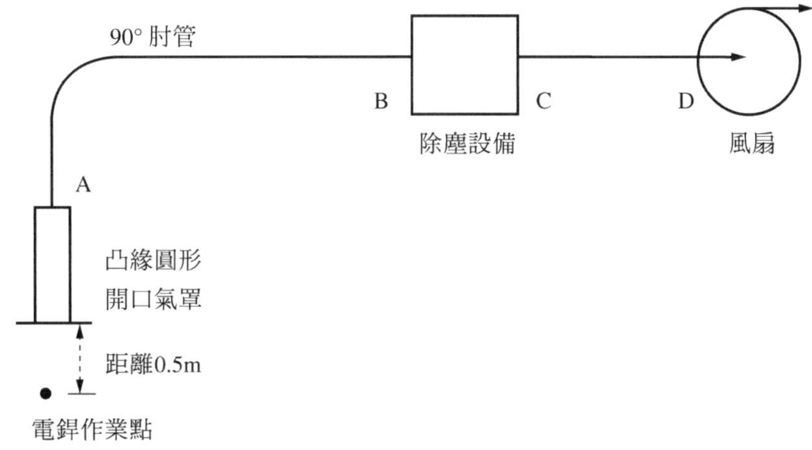

解　設計要求：

排氣量 $Q=0.75\times V_c\times(10x^2+A)$

捕集風速 $V_c=1m/s$

導管風速 $V_d=12m/s$

設計參數：

氣罩開口直徑 d=0.2m

作業點與氣罩距離 x=0.5m

氣罩損失係數 $F_h=0.49$

肘管壓模係數 $F_{el}=0.33$

單位長度導管摩擦壓損 $P_d=0.2\ mmH_2O/m$

除塵設備壓損 $\Delta SP=50\ mmH_2O$

(1) A 點靜壓

$$\text{A 點動壓 } VP_A=\left(\frac{12}{4.04}\right)^2=8.82\ mmH_2O$$

氣流經氣罩所產生的壓力損失：

$$\Delta TP=F_h\times VP=0.49\times 8.82=4.32\ mmH_2O$$

A 點全壓 $TP_A=0-\Delta TP=-4.32\ mmH_2O$

A 點靜壓 $SP_A=TP_A-VP_A=-4.32-8.82=-13.14\ mmH_2O$

(2) AB 間導管直徑

(a) $Q=0.75V_c(10x^2+A)=0.75\times 1\times\left(10\times(0.5)^2+\pi\left(\frac{0.2}{2}\right)^2\right)$

$=1.899\ m^3/s$

(b) $A=\frac{Q}{V_d}=\frac{1.899}{12}=0.1583\ m^2$

(c) $D=\sqrt{\frac{4A}{\pi}}=\sqrt{\frac{4\times 0.1583}{\pi}}=0.449\ m=44.9\ cm$

(3) D 點靜壓

(a) A 點至 B 點之壓力損失

50m 導管 $=\Delta SP_a = P_d \times 50m = 0.2\times 50 = 10\ mmH_2O$

90 肘管 $=\Delta SP_b = F_{el} \times VP = 0.33\times 8.82 = 2.91\ mmH_2O$

(b) B 點至 C 點之壓力損失

除塵設備 $\Delta SP = 50\ mmH_2O$

(c) C 點至 D 點壓力損失

30m 導管 $=\Delta SP_c = P_d \times 30m = 0.2\times 30 = 6\ mmH_2O$

(d) D 點靜壓 $SP_D = SP_A - \Delta SP_a - \Delta SP_b - \Delta SP - \Delta SP_c$

$=-13.14-10-2.91-50-6=-82.05\ mmH_2O$

9-11-3 靜壓平衡法與擋板平衡法

工業通風排氣系統設計之壓力平衡計算有靜壓平衡法(Static Pressure Balance Method)及擋板平衡法(Blast Gate Adjustment Method)。

靜壓平衡法及擋板平衡法均是在工業通風排氣系統設計中，為確保進入會流點(Junction)之所有流動路徑（管道）在設計流量下有相同的靜壓，使系統中每一氣罩(Hood)均可獲得所需之空氣流量，同時維持導管(Main)及支管(Branch)所需之搬運速度(Transport Velocity)所採用的方法。說明如下：

一、靜壓平衡法

本法須先決定最大阻力之路徑，再依所需之風速決定此路徑之導管尺寸及氣罩大小。由主導管氣罩計算至和支管之會流點壓力降，再由該支管之氣罩計算至會流點壓力降，然後藉調整風量或導管之尺寸或採用長徑肘管(Long Radius Elbow)、短徑肘管使會流點之壓力平衡。

二、檔板平衡法

本法在設計時須準備所有導管之配置圖，然後就配置圖選擇由氣罩至排風扇(Fan)間有最大阻力的路，自該路徑之氣罩開始逐步計算壓力降，遇到支管之會流點，則把該支管之風量加入而得一新風量，作為其後主管管大小及壓力降計算之基準，不需計算新進入支管之壓力降。選擇最大阻力之路徑須特別注意，若選擇錯誤，可能造成真正最大阻力之導管（路徑）風量不足。因此在設計時，最好能同時核算幾條可能有最大阻力之路徑。通常下列條件可能具有最大阻力：

1. 風速大之導管。
2. 風車距離最遠之氣罩及導管。
3. 裝有空氣清淨設備之導管。
4. 氣罩之進口壓損(Entrance Loss)較大者，如狹縫(SLOT)型氣罩或複孔型氣罩。檔板平衡法及靜壓平衡法如下圖所示：

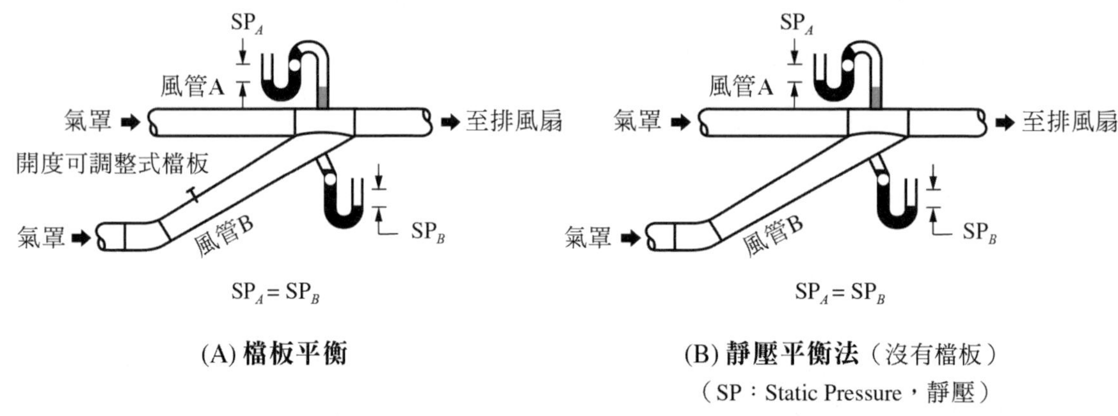

➡ 圖 9.31　檔板平衡法及靜壓平衡法[19,20]

由上圖可知檔板平衡法在支管上設有可調整開度之檔板(Sliding Damper)，可調節其開度來調節其壓力降。靜壓平衡法則須配合改變某些支管尺寸以調整阻力，再計算其壓力降，重複驗算直到會流點靜壓平衡為止。另外，在設計前應調查各氣罩所收集物質之相容性，以免不同氣罩收集之物質混合後發生反應導致腐蝕或爆炸。

表 9.11 為此二方法之優劣點比較，通常檔板平衡法較具彈性，不太需要純熟的技巧或經驗。但檔板可能會因收集塵粒附著卡住而影響其開度調整功能，另外若調整不當或檔板脫落亦可能造成壓力無法平衡。靜壓平衡法若設計得當，則易於操作維護，但若有生產製造流程或設備變更而使風管長度或尺寸變動，則可能使整個系統調整不易。

表 9.11 靜壓平衡法及檔板平衡法優缺點比較[19,20]

	靜壓平衡法	檔扳平衡法
優點	1. 較無腐蝕問題。 2. 設計良好的系統易於操作維護，人員操作界面少。	1. 操作較有彈性。 2. 若生產製造或廢氣處理流程需予以變更，較具改造彈性。 3. 設計較為簡單。 4. 導管安裝時可容許配置之小幅度修改。 5. 安裝後若發現排氣系統運作不當，仍可修正。
缺點	1. 設計較為複雜，且需要經驗，若最大阻力路徑選擇錯誤，可能造成整個系統失敗。 2. 導管安裝需按圖施工，若因現場設備／結構物干涉而需修改導管配置時，需重新核算修改。 3. 風量較無調整空間。 4. 較難以配合生產製造或廢氣處理流程之變更，進行系統之改造。	1. 部分關閉之檔板，可能因腐蝕問題，破壞平衡。 2. 檔板可能被粉塵粒附著，影響其開度調整功能。 3. 若檔板調整不當或脫落會導致系統運作不良。

其他相關國家考試試題詳解，請參見「歷屆國家考試試題精華」9.49~9.51 說明。

歷屆國家考試試題精華

9.1 有一 1.2m 高，7m 長之沉降室，空氣速度為 0.3m/s 時，試計算 $(d_p)_{min}$ 之值。空氣溫度為 80°F，ρ_p 為 $2.5g/cm^3$。

解 在 80°F時，空氣黏度為 0.0447lb/ft-hr=1.85×10^{-4} g/cm-s。若考慮微粒再飛揚之問題，由(9-25)式

$$(d_p)_{min}=\left[\frac{36\mu_g UH}{g(\rho_p-\rho_g)L}\right]^{1/2}$$

$$=\left[\frac{36\times1.85\times10^{-4}\times30\times120}{981(2.5)700}\right]^{1/2}$$

$$=3.74\times10^{-3}cm=37.4\mu m$$

9.2 有一粒狀物控制系統，由旋風集塵器和靜電集塵器串聯組成，旋風集塵器之去除效率為 65%，靜電集塵器之去除效率為 95%，請問此系統之總去除效率為多少%？ （83 年專技高考）

解

$$\eta_T=[1-(1-\eta_1)(1-\eta_2)]\times100\%$$

$$=[1-(1-0.65)(1-0.95)]\times100\%$$

$$=[1-0.0175]\times100\%=98.25\%$$

9.3 假設空氣之黏滯係數 $\mu=0.067\ Kg/m\text{-}hr$，懸浮微粒之密度 $\rho_p=2.50\ g/cm^3$，空氣密度為 $1.18\times10^{-3}\ g/cm^3$，懸浮微粒粒徑為 40 μm。

(1) 利用 Stokes 公式，求出沉降速度？

(2) 在此沉降速度下，Reynolds 數為多少？是否可用 Stokes 公式？

(3) 有一 1.2 m 高，7 m 長之沉降室，空氣流速為 70 cm/sec，如假設為理想沉降，則上述微粒之去除率為多少？ （87 年專技高考）

解 (1) Stokes 公式

$$u_t=\frac{gd_p^2(\rho_p-\rho_g)}{18\,\mu}$$

其中 $d_p = 40\mu m = 4\times10^{-5}$ m

$$\rho_p = 2.5\ g/cm^3 = 2500\ Kg/m^3$$

$$\mu_g = 0.067\ Kg/m\text{-}h = 1.86\times10^{-5}\ Kg/m\text{-}s$$

$$g = 9.8\ m/s^2$$

$$u_t = \frac{9.8\times(4\times10^{-5})^2(2500-1.18)}{18\times1.86\times10^{-5}}$$

$$= 0.117\ m/s$$

(2) $Re = d_p\rho_g u_t/\mu_g = \dfrac{4\times10^{-5}\times1.18\times0.117}{1.86\times10^{-5}}$

$= 0.29 < 2$

故可用 Stokes 公式求終端速度。

(3) 在沉降室垂直方向之沉降距離 h

$$h = u_t\cdot\left(\frac{L}{U}\right) = 0.117\times\left(\frac{7}{0.7}\right) = 1.17\ m$$

去除率 $\eta = \dfrac{h}{H} = \dfrac{1.17}{1.2} = 97.5\%$

9.4 某旋風分離器入口寬 12cm，有效轉數 N=4，進口氣體速度為 15.0m/s，微粒密度為 1.7g/cm^3。若氣體為空氣且其溫度為 350°K，試求百分之五十效率收集之微粒大小。

解 所求即為 d_{pc}，由(9-30)式

$$d_{pc} = \left[\frac{9\mu_g B}{2\pi N V_i(\rho_p-\rho_g)}\right]^{1/2}$$

在 350° K 時 $\mu_{air} = 0.0748Kg/m\cdot hr = 2.08\times10^{-4}$ g/cm-s

$$d_{pc} = \left[\frac{9(2.08\times10^{-4})(12)}{2\pi(4)(1500)(1.7)}\right]^{1/2}$$

$$= 5.92\times10^{-4}cm = 5.92\ \mu m$$

9.5 有一含塵廢氣，其塵粒為單一粒徑(Monodisperse)，現擬利用重力沉降室來處理此種廢氣，廢氣流量為 48m^3/min，沉降室之長、寬，高分別為 10m、4m、2m。假設在塞流情況下(Plug Flow)，其處理效率為 76%，試問：

(1) 此種廢氣塵粒之粒徑為多少 μm。

(2) 此種廢氣利用此設備來處理，但在混合流的情況下(Mixed Flow)，且僅在 z 軸方向混合，則其處理效率為多少%？

(3) 如利用旋風集塵器來處理此廢氣，其在旋風集塵器之旋轉圈數為 5，進口之寬度為 15cm，入口廢氣速度為 18.3m/s，請問在塞流情況下，其效率為多少%？

(4) 如在 z 軸發生混合時，其效率變為多少%？

（註：假設粒子之密度為 $2000\ \mathrm{Kg/m^3}$，氣體之黏滯性為 $1.8\times10^{-5}\ \mathrm{Kg/m\cdot s}$）

（89 年專技專考）

解 (1) 廢氣流量 $480\ \mathrm{m^3/min}$

在 plug flow 狀況下，氣體直線速度

$$U = 480/(4\times2)/60 = 1\ \mathrm{m/s}$$

對於重力沉降室，效率 η

$$\eta = \frac{g d_p^2(\rho_p - \rho_g)L}{18\mu_g UH} \text{(9-20)式}$$

上式中

$$\rho_p = 2000\ \mathrm{Kg/m^3},\ L = 10\ \mathrm{m},\ H = 2\ \mathrm{m},\ U = 1\ \mathrm{m/s}$$

$$\mu_g = 1.8\times10^{-5}\ \mathrm{Kg/m\cdot s},\ g = 9.8\ \mathrm{m/s^2},\ \eta = 0.76$$

代入上式可得

$$d_p^2 = 2.513\times10^{-9}\ \mathrm{m^2}$$

$$d_p = 5.013\times10^{-5}\ \mathrm{m} = 50.13\ \mu\mathrm{m}$$

(2) 若考慮在 z 軸方向混合，即系統為亂流狀態，此時

$$\eta = 1 - \exp\left[\frac{-u_t L}{UH}\right] \text{(9-28)式}$$

式中

$$u_t = \frac{g d_p^2 (\rho_p - \rho_g)}{18\mu_g}$$

$$= \frac{9.38 \times (5.013 \times 10^{-5})^2 \times 2000}{18 \times 1.85 \times 10^{-5}} = 0.152 \text{ m/s}$$

代入上式

$$\eta = 1 - \exp\left[\frac{-0.152 \times 10}{1 \times 2}\right]$$

$$= 1 - \exp[-0.76] = 0.5323$$

$$= 0.5323 = 53.23\%$$

(3) 若使用旋風集塵器

$$d_{pc} = \left[\frac{9\mu_g B}{2\pi N Vi(\rho_p - \rho_g)}\right]^{1/2}$$

式中

$\mu_g = 1.8 \times 10^{-5}$ Kg/m·s

B = 進口寬度 = 15 cm = 0.15 m

N = 5

Vi = 18.3 m/s

$\therefore d_{pc} = 4.6 \times 10^{-6}$ m = 4.6μm

$$\eta_i = 1 - \frac{1}{1 + (d_p / d_{pc})^2}$$

$$= 1 - \frac{1}{1 + (50.13 / 4.6)^2}$$

$$= 0.992 = 99.2\%$$

(4) 考慮亂流狀態時

$$d_{pc} = \left[\frac{9 \mu_g B}{\pi N V i (\rho_p - \rho_g)} \right]^{1/2}$$

(3) 式中相關數據代入上式可得

$$d_{pc} = 6.5 \times 10^{-6} \text{ m} = 6.5 \mu m$$

$$\eta_i = 1 - \frac{1}{1 + (d_p / d_{pc})^2}$$

$$= 1 - \frac{1}{1 + (50.13 / 6.5)^2}$$

$$= 0.983 = 98.3\%$$

9.6 一個旋風集塵器用於移除18,000 acfm的塵粒流，其去除效率為80%，如果氣流的黏滯度減為50%，則去除效率為多少？ **(82 年普考)**

解 $\eta_a = 80\%$ $\mu_b = \frac{1}{2} \mu_a$

由 (9-41)式

$$\frac{100 - \eta_a}{100 - \eta_b} = \left(\frac{\mu_a}{\mu_b} \right)^{0.5}$$

$$\rightarrow \frac{20}{100 - \eta_b} = (2)^{0.5}$$

$$\rightarrow \eta_b = 85.86\%$$

9.7 已知廢氣中粒狀物重量分級如下，經標準型旋風集塵器處理，廢氣溫度350°K，1 atm，廢氣流量150 m^3/min，粒狀物密度1600 Kg/m^3，旋風集塵器進口斷面為0.125 m^2。

粒徑(μm)	0~2	2~4	4~6	6~10	10~14	14~20	20~30	30~50	>50
重量(mg)	5	95	200	370	190	100	34	4	2

若切割粒徑(Cut Size)為6.3 μm，除塵效率之關係式如下：

$$\eta_j = \left[1 + \left(\frac{d_{pc}}{d_{pj}}\right)^2\right]^{-1}$$

(1) 試求該旋風集塵器之總效率。

(2) 若廢氣流量增為200 m^3/min，則總效率為若干？

(3) 若廢氣溫度增為400°K，則總效率為若干？ （82 年高考一級）

解 (1) $d_{pc} = 6.3\ \mu m$

作表如下：（先求出平均粒徑，再求 d_{pc}/d_{pj}，依公式計算 η_j，Weight Fraction $= W_j / \sum W_j$）

表 1

Mean Size	d_{pc}/d_{pj}	η_j, %	Weight fraction W_j	$\eta_j W_j$
1	6.3	2.46	0.005	0.0123
3	2.1	18.48	0.095	1.7556
5	1.26	38.65	0.2	7.7292
8	0.7875	61.72	0.37	22.8364
12	0.525	78.39	0.19	14.8941
17	0.371	87.92	0.1	8.792
25	0.252	94.03	0.034	3.1970
40	0.1575	97.58	0.004	0.3903
50	0.126	98.44	0.002	0.1969

$\sum \eta_j W_j = 59.8\%$

總效率為 59.8%

(2) 由(9-41)式，

$$(100-59.8)/(100-\eta_b)=(200/150)^{0.5}$$

$$\eta_b=65.2\%$$

(3) 假設廢氣為空氣，在 350°K 時，黏度 $\mu_a=0.0748\ \text{Kg/m-hr}$（查附錄 B-3）

在 400°K 時，黏度 $\mu_b=0.0825\ \text{Kg/m-hr}$

由(9-42)式

$$(100-59.8)/(100-\eta_b)=(0.0748/0.0825)^{0.5}$$

$$\eta_b=57.8\%$$

9.8 有一工作區有粉塵產生，擬使用一個鼓風機抽取空氣，將粉塵攜帶到旋風分離器(Cyclone)分離，其流程如圖 1 所示：

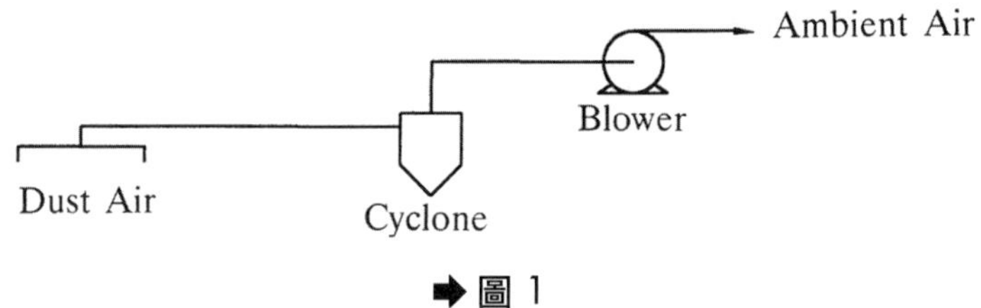

➡圖 1

(1) 若空氣抽取量為 $100\ \text{m}^3/\text{min}$，空氣在圓形管道中的流速(v)為 $1200\ \text{m/min}$ 請問圓管的直徑(D)應為多少？

(2) 若圓管的等效長度(Equivalent Length, L)為 150 m，管路進口之壓力損失為 1 cm 水柱高，旋風分離器之壓力損失為 10 cm 水柱高，鼓風機的效率為 40%，請問鼓風機所需要的功率為多少？（空氣流經圓管的壓力損失為 $32\,\mu vL/D^2$， $\mu=0.017\ \text{Kg/m-s}$） **（83 年專技檢覆）**

解 (1) 圓管截面積 $A=Q/v=100/1200=0.0833\ \text{m}^2$

直徑 $D=\sqrt{4A/\pi}=0.3257\ \text{m}=12.824$ 英吋

故可採用 14 英吋管

(2) 空氣流經圓管之 ΔP

$$\Delta P = 32\mu VL / D^2$$
$$= 32 \times 0.017 \times (1200/60) \times 150 / (0.3257)^2$$
$$= 15384.5 \text{ Kg}/\text{s}^2\text{-m}$$
$$= 15384.5 \text{ N}/\text{m}^2$$
$$= 15384.5 / (1.01325 \times 10^5)$$

[請參閱附錄 A 單位換算表]

$= 0.1518$ atm

$= 0.1518 \times 1033.6$ cm水柱 / atm

$= 156.9$ cm水柱

註：本題題目所給的空氣黏度 0.017Kg/m-s 不合理（合理之數值為 1.7×10^{-5}Kg/m-s），致計算所得到之風管壓損異常偏高。

∴由廢氣吸入口至鼓風機之總壓降為

$\Delta P_t = 1$ cm水柱（入口損失）$+ 10$cm水柱（Cyclone損失）$+ 156.9$ cm水柱

$= 167.9$ cm水柱 $= 1679$ mm水柱

$$\text{鼓風機所需功率} = \frac{Q(m^3/\min) \times \Delta P\text{（mm水柱）}}{6120\eta}$$
$$= 100 \times 1679 / (6120 \times 0.4) = 68.6 \text{ KW}$$

鼓風機馬達馬力需求 $= 1.2 \times$ 鼓風機功率 $= 82$ KW

9.9 (1) 請說明旋風除塵器的適用時機。

(2) 請說明切入式旋風除塵器（高效率型）之圓柱本體直徑和進口高度、進口寬度、圓柱體長度、出口長度、圓柱體長度及圓柱底部之比例關係。

（85 年專技高考）

解 (1) 旋風除塵器的適用時機為

(a) 粉塵顆粒較粗大時

(b) 粉塵濃度很高時(> 100 g/m^3)

(c) 欲對收集之粉塵加以分類時

(d) 不需要很高收集效率時

(2) 圖 9.10 所示為傳統式旋風除塵器之標準尺寸，旋風除塵器之設計尺寸比例依高效率型、中效率型及傳統型如下表所示：

符號請參見圖 9.10，本表係參考環保署甲級空氣汙染防制專責人員訓練教材一粒狀汙染物控制設備。

表 2

符號	名稱	高效率型	中效率型	傳統型
Dc	圓柱體直徑(*1)	1.0	1.0	1.0
H	進口高度	0.5	0.75	0.5
B	進口寬度	0.2	0.375	0.25
S(*2)	出口長度	0.5	0.875	0.625
De	出口直徑	0.5	0.75	0.5
L	圓柱體長度	1.5	1.5	2.0
Z	圓錐體長度	2.5	2.5	2.0
ΔP	壓降(inch H_2O)	2~6		2~5

*1： 高效率除塵器之直徑一般小於 3 英尺，而傳統型除塵器直徑則在 4 到 12 英尺之間。

*2： S 相當於圖 9.10 中 $H+S_f$

9.10 假設有一典型之旋風集塵器，有一方形邊長 0.5 cm 之入口，廢氣流量為 $21pm$，廢氣在旋風集塵器中之轉數為兩圈，廢氣中顆粒之密度為 $2\,g/cm^3$，請問其對直徑為 $5\mu m$ 顆粒之去除效率為若干？如入口改為邊長 0.3 cm 之方形入口，則對同樣廢氣之去除效率為若干？假設空氣之黏滯性為 $1.83\times10^{-6}\,g/cm\cdot sec$。

解 (1) 入口為 0.5 cm 之方形，則廢氣入口速度

$$V = Q / A = 2000\ cm^3 / min / 60 / (0.5 \times 0.5) = 133.33\ cm / s$$

截留直徑：

$$d_{pc} = \left[\frac{9\mu_g B}{2\pi NV(\rho_p - \rho_g)} \right]^{1/2}$$

其中

$$\mu_g = 1.83 \times 10^{-6}\ g / cm \cdot s$$

$$B = 0.5cm$$

$$N = 2$$

$$V = 133.33\ cm / s$$

$$\rho_p - \rho_g \doteqdot 2\ g / cm^3$$

代入上式可得

$$d_{pc} = 4.96 \times 10^{-5}\ cm = 0.496\ \mu m$$

對 5 μm 顆粒之去除效率為

$$\eta = 1 - \frac{1}{1 + (5 / 0.496)^2} = 0.9903$$

$$= 99.03\%$$

(2) 若入口改為邊長 0.3 cm，則入口速度提高為

$$133.33 \times (0.5 / 0.3)^2 = 370.4\ cm / s$$

截留直徑

$$d_{pc}=\left[\frac{9\times1.83\times10^{-6}\times0.3}{2\pi\times2\times370.4\times2}\right]^{1/2}=3.26\times10^{-5}\ \text{cm}=0.326\ \mu\text{m}$$

對 5 μm 顆粒之去除效率為

$$\eta=1-\frac{1}{1-(5/0.326)^2}=0.9958=99.58\%$$

9.11 廢氣流量 150 m^3/min，在 T=360°K 及 P=1atm，μ=0.075Kg/m-hr 之旋風分離器效率為 68%，若流量增為 200 m^3/min，溫度變為 400°K(μ=0.083Kg/m-hr)，則旋風分離器之效率為何？ **（歷屆考題）**

解 由(9-41)~(9-43)式

$$\frac{100-\eta_a}{100-\eta_b}=\left(\frac{\mu_a}{\mu_b}\right)^{0.5}\left(\frac{Q_b}{Q_a}\right)^{0.5}\left(\frac{\rho_p-\rho_{gb}}{\rho_p-\rho_{ga}}\right)$$

因為 ρ_p 不變，且 $\rho_{ga}\approx\rho_{gb}$ 上式最後一項之影響可忽略不計

$$\frac{100-68}{100-\eta_b}=\left(\frac{0.075}{0.083}\right)^{0.5}\left(\frac{200}{150}\right)^{0.5}=1.0976$$

所以 $100-\eta_b=\dfrac{32}{1.0976}=29.15$

所以 $\eta_b=70.85\%$

9.12 微粒在集塵器中的收集效率與微粒的受力及運動速度有關，請回答下列各問題：

(1) 寫出下列各變數的公制單位：微粒的拖曳力(Drag Force)F_d，微粒直徑 d_p，氣體的密度 ρ_g，微粒的密度 ρ_p，重力加速度 g，在某一方向上的氣體瞬間速度 v_g，在某一方向上的微粒瞬間速度 v_p，氣體的動力黏滯係數 μ。

(2) 利用以上的變數，定義微粒的雷諾數(Particle Reynolds Number)。在何種情況下可以使用史脫克斯定律(Stokes Law)計算微粒的拖曳力？

(3) 當史脫克斯定律成立時，請繪圖說明微粒在靜止流體中作重力沉降時的各種力量，並推導出微粒的終端重力沉降速度，初始微粒速度假設為零。

（96 年高考三級）

解

(1) 各變數的公制單位如下

(a) 微粒的拖曳力(Drag Force)F_d：$Kg\text{-}m/s^2$

(b) 微粒粒徑 d_p：m

(c) 氣體、微粒密度 ρ_g、ρ_p：Kg/m^3

(d) 重力加速度 g：m/s^2

(e) 氣體、微粒瞬間速度 v_g、v_p：m/s

(f) 氣體的動力黏滯係數 μ：Kg/m-s

(2) 微粒的雷諾數

$$Re = d_p \rho_g v_p / \mu$$

微粒在靜止流體作重力沉降之拖曳力 F_d 為

$$F_d = \frac{C_d \cdot A_p \cdot v_p^2 \cdot \rho_g}{2} \quad \text{......(a)}$$

式中 C_d 拖曳係數

A_p：微粒在運動方向之投影面積，$\frac{\pi}{4}d_p^2$

v_p：微粒運動速度

ρ_g：氣體密度

而微粒之沉降力 F_g 為重力與浮力之差

$$F_g = \frac{\pi}{6} d_p^3 (\rho_p - \rho_g) g \quad \text{......(b)}$$

(a)式中，拖曳係數 C_d 為 Re（雷諾數）的函數

當 $Re < 2$ 時，$C_d = 24 / Re$

可以使用 Stokes Law 計算微粒的拖曳力

(3) Stokes Law 成立時，微粒於靜止流體中受重力之終端沉降速度可推導如下：

$$F_g = \frac{\pi}{6} d_p^3 (\rho_p - \rho_g) g = F_d = \frac{C_d v_p^2 \rho_g}{2} \cdot \frac{\pi}{4} d_p^2$$

$$\Rightarrow v_p = \left[\frac{4g\, d_p (\rho_p - \rho_g)}{3 C_d \rho_g} \right]^{\frac{1}{2}}$$

當 $Re = d_p \rho_g v_p / \mu < 2$ 時

Stokes Law 成立

$C_d = 24/Re$，代入上式可得

$$v_p = \frac{g d_p^2 (\rho_p - \rho_g)}{18\mu}$$

9.13 在濕式洗滌器去除塵粒的操作中，噴灑的水滴是越大越好或越小越好？請加以說明。

解 定義衝擊數

$$N_I = \frac{停止距離}{水滴直徑} = \frac{X_s}{D} = \frac{u_t V_{p,0}}{gD} \text{(9-47)式}$$

(1) 對 Venturi Scrubber 而言，D（直徑）較小的液滴易被加速至氣體的速度，故 $V_{p,0}$（相對速度）較小，反之 D 較大的液滴則 $V_{p,0}$ 較大，故必存在一最適當的液滴直徑，使 N_I 最大（使除塵效率最大）。

(2) 對逆流式噴水洗滌器而言，D 較小則液滴下降速度較慢，$V_{p,0}$ 較小，反之 D 較大則液滴下降速度較快，$V_{p,0}$ 較大。故也存在一最適當液滴直徑使除塵效率最大。

9.14 有一文氏洗滌器，喉部之氣體速度 328ft/see，攜帶氣體之溫度為 86°F，粒子之密度為 187 lb/ft^3，液氣比為 12.36gal/1000ft^3，假設此洗滌器之效率為 98%，則其可去除粒子之最小粒徑為多少？ **（80 年環工高考）**

解　利用 Calvert 公式

$$P_t = 1-\eta = \exp\left[\frac{-6.1\times10^{-9}\rho_L\rho_p K_c d_p^2 f^2 \Delta P}{\mu_g^2}\right]$$

$$\Delta P = 1.02\times10^{-3}(V_t)^2(L/G)$$

$$V_t = 328\ \text{ft/sec} = 9997.4\ \text{cm/s}$$

$$L/G = 12.36\ \text{gal}/1000\text{ft}^3 = \frac{12.36\times3.785\times10^{-3}}{1000\times(0.3048)^3}$$

$$= 0.00165\ \text{m}^3/\text{m}^3$$

所以

$$\Delta P = 1.02\times10^{-3}(9997.4)^2(0.00165) = 168.2\ \text{cm 水柱}$$

$$\rho_L = 1\ \text{g/cm}^3，\ \rho_p = 187/62.4 = 3\ \text{g/cm}^3$$

攜帶氣體溫度=86°F=30℃=303° K，所以

$$K_c = 1+\frac{0.00973\sqrt{T}}{d_p} = 1+\frac{0.17}{d_p}$$

$$\mu_g \approx 0.0666\ \text{Kg/m-hr at } 303^\circ\ \text{K（附錄 B-3）}$$

$$= 1.85\times10^{-5}\ \text{Kg/m-s} = 1.85\times10^{-4}\ \text{g/cm-s}$$

假設 f=0.25

$$P_t = 1-0.98 = 0.02$$

$$= \exp\left[\frac{-6.1\times10^{-9}(1)(3)(0.25)^2(d_p)^2(1+0.17/d_p)(168.2)}{(1.85\times10^{-4})^2}\right]$$

$$= \exp\left[-5.621(d_p)^2\left(1+\frac{0.17}{d_p}\right)\right]$$

$$\rightarrow -3.912 = -5.621 d_p^2 \left(1 + \frac{0.17}{d_p}\right)$$

$$\rightarrow 5.621\, d_p^2 + 0.956\, d_p - 3.912 = 0$$

所以

$$d_p = \frac{-0.956 + [(0.956)^2 + 4(5.621)(3.912)]^{1/2}}{2 \times 5.621} = 0.75\ \mu m$$

9.15 考慮一重力液滴滌氣塔，假設液滴以終端速度 U_{sd}（相對於氣體）下降。U_d、V_g=液滴、氣體之絕對速度（相對於塔）。η_d=個別液滴之去除效率。D=液滴直徑。C_{mv}=氣體之質量體積濃度（質量／體積）。Q_g、Q_1=氣、液之體積流率。Z=O、H 表示塔底、塔頂之位置。η=滌氣塔之總去除效率。

(1) 試求 U_{sd}、U_d、V_g 之關係（氣體由下往上流動）。

(2) 試以質量平衡，建立 d_z 與 dC_{mv} 之關係。

(3) 假設 C_{mv} 以外之其他量與 Z 無關，試將(2)之微分方程式積分，求出 η 與 H 之關係。 （82 年高考二級）

解 系統圖如下：

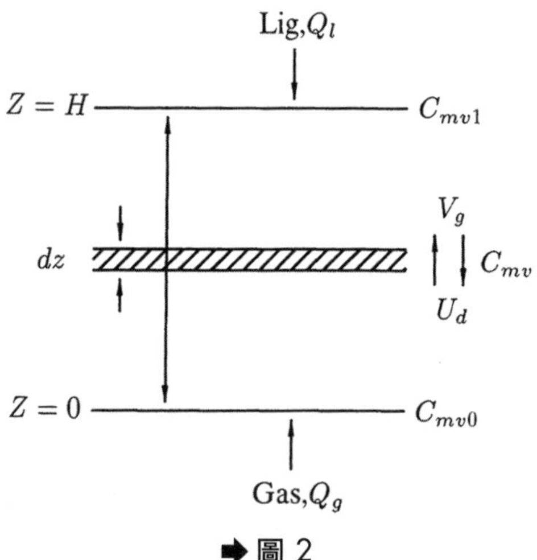

➡圖 2

(1) 由上圖 $U_{sd}=U_d-V_g$

(2) 液體體積流率 Q_1，液滴直徑 D

∴單位時間所產生的液滴數 $Q_l / \left(\frac{\pi}{6}D^3\right) = \frac{6Q_l}{\pi D^3}$

一個液滴在塔中落下 dz 距離所需時間

$$= dz / (U_d - V_g) = dz / U_{sd}$$

液滴與氣體接觸之去除效率為 $\eta_d \left(\frac{\pi}{4}D^2\right) \cdot U_d \cdot (dz / U_{sd})$

∴對於高度 dz，在單位時間內所能去除之氣體質量為

$$\eta_d \cdot \left(\frac{\pi}{4}D^2\right)\left(\frac{U_d}{U_{sd}}\right) dz \frac{6Q_l}{\pi D^3} \cdot C_{mv} = -dC_{mv} \cdot Q_g$$

$$\rightarrow \frac{3Q_l U_d \eta_d}{2Q_d D \cdot U_{sd}} dz = \frac{-dC_{mv}}{C_{mv}}$$

(3) 將(2)之微分方程式，由 z = 0 積分至 z = H

$$-\int_0^H \frac{3Q_l \eta_d \cdot U_d}{2Q_g D \cdot U_{sd}} dz = \int_{C_{mv0}}^{C_{mv1}} \frac{dC_{mv}}{C_{mv}}$$

$$\rightarrow \ln C_{mv}\Big|_{C_{mv0}}^{C_{mv1}} = \frac{-3Q_l \eta_d U_d H}{2Q_g DU_{sd}}$$

$$C_{mv1} / C_{mv0} = \exp(-3Q_l \eta_d U_d H / 2Q_g DU_{sd})$$

滌氣塔總去除率

$$\eta = \frac{C_{mv0} - C_{mv1}}{C_{mv0}} = 1 - \frac{C_{mv1}}{C_{mv0}}$$

$$= 1 - \exp\left[-\left(\frac{3}{2}\right)\left(\frac{Q_l}{Q_g}\right)\left(\frac{H}{D}\right)\eta_d\left(\frac{U_d}{U_{sd}}\right)\right]$$

$$= 1 - \exp\left[-N_T\right]$$

其中 $N_T = \frac{3Q_l U_d \eta_d H}{2Q_g DU_{sd}}$

此題即公式(9-58)之推導。

9.16 已知文氏滌塵器(Venturi Scrubber)處理金屬冶煉排氣之操作結果如下：

有效摩擦損失（in 水柱）	12.7	38.1
總除塵效率(%)	56.0	89.0

(1) 試寫出接觸功率模式(Contcting Power Model)，並定義各符號之意義。

(2) 若操作溫度為 80°F，為達 97%總除塵效率，試求所需接觸功率為若干 $hp/1000\,acfm$？（註 in 水柱 $\times 0.1575 = hp/1000\,acfm$）**（82 年高考一級）**

解 (1) 接觸功率模式

$$P_T = P_G + P_L (hp/1000\,acfm)$$

其中

$P_T =$ 總接觸功率 $(hp/1000\,acfm)$

$P_G =$ 氣體之輸送功率 $(hp/1000\,acfm)$

$P_L =$ 液體霧化功率 $(hp/1000\,acfm)$

$P_G = 0.1575\,\Delta P(hp/1000\,acfm)$

其中

$\Delta P =$ 壓力降（英寸水柱）

$$P_L = 0.583P\left(\frac{Q_L}{Q_G}\right)(hp/1000\,acfm)$$

其中

$P =$ 液體之噴射壓力 (psi)

$Q_L =$ 液體進流量 (gal/min)

$Q_G =$ 氣體流量 (ft^3/min)

除塵效率 η 與接觸功率 P_T 之關係為

$$\eta = 1 - \exp(-\alpha P_T^{\beta})$$

(2) 對於文氏滌塵器，一般 Q_L / Q_G 在 $0.002 \sim 0.02\ \text{Gal}/\text{ft}^3$ 之間，亦即 P_L 約在

$1.166\times10^{-3}\,P \sim 1.166\times10^{-2}\,P$ 之間

故 P_L 可忽略不計。

由方程式

$$\eta = 1-\exp(-\alpha P_T^{\beta})$$
$$= 1-\exp(-\alpha P_G^{\beta})$$

當 $\eta = 56\%$ 時

$$\alpha P_G^{\beta} = \ln\frac{1}{1-\eta} = \ln\frac{1}{1-0.56} = \ln 2.273 = 0.821$$

而 $P_G = 0.1575\Delta P = 0.1575\times12.7 = 2$

$$\therefore \alpha\cdot 2^{\beta} = 0.821 \quad \text{(a)}$$

當 $\eta = 89\%$ 時

$$P_G = 0.1575\Delta P = 0.1575\times38.1 = 6$$

$$\alpha P_G^{\beta} = \ln\frac{1}{1-0.89} = \ln 9.091 = 2.207$$

$$\therefore \alpha\cdot 6^{\beta} = 2.207 \quad \text{(b)}$$

(b)式除以(a)式得

$$3^{\beta} = 2.207/0.821 = 2.6882$$
$$\rightarrow \beta = \ln 2.6882/\ln 3 = 0.9$$

代入(a)式得

$$\alpha\cdot 2^{0.9} = 0.821$$
$$\rightarrow \alpha = 0.821/2^{0.9} = 0.44$$

當 $\eta = 97\%$

$$\alpha P_G^{\beta} = \ln\frac{1}{1-\eta} = \ln\frac{1}{1-0.97} = 3.5066$$

$$\rightarrow 0.44 P_G^{0.9} = 3.5066$$

$$\rightarrow P_G^{0.9} = 7.9694$$

$$\rightarrow P_G = (7.9694)^{(1/0.9)} = (7.9694)^{1.1111}$$

$$= 10.04\ \text{hp} / 1000\ \text{acfm}$$

9.17 假設有一文氏洗滌器，用以處理 200,000ACFM 之廢氣，廢氣含塵量為 $6\times10^{-4}\ \text{Lb}/\text{ft}^3$，此種廢氣之粒狀物粒徑分布及文氏洗滌器對不同粒徑之收集效率如下：

表 3

粒徑 (μm)	重量百分率(%)	收集效率(%)
5	0.00	30
10	0.00	42
20	2.00	86
30	5.00	93
50	8.00	97
75	10.00	98.7
100	75.00	>99.9

說明：(1) 此種文氏洗滌器之總收集效率為若干？

(2) 每日此工廠還排放多少磅之粒狀物到大氣中？

(3) 假設經此集塵器之壓力降為 60 吋水柱，則所須風車馬力為多少？

（85 年專技檢覆）

(1) 總收集效率

$$\eta = 0.02\times86 + 0.05\times93 + 0.08\times97 + 0.1\times98.7 + 0.75\times99.9$$

$$= 98.925\%$$

(2) 每日處理廢氣中含塵總量為

$$200,000\times 60\times 24\times 6\times 10^{-4}=172,800\ \text{lb}$$

每日排放至大氣中之粒狀物量為

$$172,800\times(1-0.98925)=1857.6\ \text{lb}$$

(3) 風車所需功率

$$P=\frac{Q(m^3/\min)\times \Delta P(\text{mm水柱})}{6120\eta}$$

$$Q=200,000\ \text{acfm}=200,000\times(0.3048)^3$$

$$=5663.4\ m^3/\min$$

$$\Delta P=60\text{吋水柱}=1,254\ \text{mm水柱}$$

假設風車效率為 60%

$$P=\frac{5,663.4\times 1,524}{6,120\times 0.6}=2,350\ \text{KW}$$

風車馬達馬力需求 $=1.2\times P=2,820\ \text{KW}$

9.18 (1) 敘述濕式洗塵器之優缺點。

(2) 解釋接觸功率法(Contact Power Method)及其用途。 （86 年高考三級）

解 (1) 濕式洗塵器之優缺點

表 4

優點	缺點
(a) 可將酸、鹼性氣體一併清除。	(a) 腐蝕問題。
(b) 可冷卻及處理高溫度、高濕度廢氣。	(b) 須處理廢水。
(c) 集塵效率可調整。	(c) 煙流浮升力減弱。
(d) 可處理可燃性氣體。	(d) 白煙可能生成。
(e) 若不考慮廢水處理系統，其占地面積較小，投資額較低。	(e) 較高之壓降及動力需求。
(f) 可處理黏著性微粒。	(f) 維修、保養費用較高。

(2) 接觸功率法可用來設計濕式洗滌器及計算洗滌器之收集效率，其相關公式如下：

$$P_T = P_G + P_L$$

其中

P_T = 總接觸功率， hp / 1000 acfm

P_G = 氣體流經洗滌器之輸送功率， hp / 1000 acfm

P_L = 液體霧化功率， hp / 1000 acfm

洗滌器之收集效率與接觸功率之關係為

$$\eta = 1 - \exp\left[-N_T\right]$$

$$N_T = \alpha P_T^{\beta}$$

其中

N_T=輸送單位數目

α, β =與微粒物質種類有關之係數

9.19 (1) 說明一集塵設備的截取氣動直徑(d_{pa50}, Cutoff Aerodynamic Diameter)為何？

(2) 已知截取直徑(d_{p50})及微粒密度 ρ_p，如何轉換成截取氣動直徑，請以公式解釋之並說明各變數的公制單位。

(3) 影響之文氏洗滌器集塵效率的主要無因次參數為何？請以公式定義之並說明各變數的公制單位。 **（96 年高考三級）**

解

(1) 截取氣動直徑：當微粒和集一單位密度之圓球狀微粒具有相同的氣體動力特性時，則此單位密度圓球之直徑即為該微粒的氣動直徑。由於兩者之氣體動力特性相同，其截留直徑(cut diameter)也視為相同，稱為 Cutoff Aerodynamic Diameter, d_{pa50}。

(2) 以旋風分離器為例，

$$d_{pa50} = d_{p50} = \left[\frac{9\mu_g B}{2\pi N V_i (\rho_p - \rho_g)} \right]^{\frac{1}{2}}$$

式中

d_{pa50} =截取氣動直徑，cm

μ_g =氣體黏度，g/cm-sec

B=旋風分離器進口寬度，cm

N =氣體在旋風分離器之有效轉數，一般為 4 或 5

V_i =氣體入口速度，cm/s

ρ_p =微粒密度，g/cm^3

ρ_g =氣體密度，g/cm^3

(3) Calvert 公式可用來計算文氏洗滌器之集塵效率，可表示為

$$\eta = 1 - \exp(-N_T)$$

其中 N_T 為無因次參數

$$N_T = \frac{6.1\times10^{-9}\rho_L\rho_p K_c d_p^2 f^2 \Delta P}{\mu_g^{\ 2}}$$

$$\Delta p = 1.02\times10^{-3} v_t^2 (L/G)$$

式中

ΔP =壓差，cm 水柱

v_t =喉部氣體速度，cm/s

ρ_L, ρ_P =液體、微粒密度，g/cm^3

K_c =康寧漢校正係數

f=實驗係數，介於 0.1~0.4 之間

μ_g =氣體黏度，g/cm-s

9.20 溫度 170°F 之氣體通過袋濾室，經過 5.4 小時，測得總壓降為 4.74 英吋水柱高，濾餅之密度為 1.28 g/cm^3，且測試前通過清潔濾袋的壓降為 0.55 英吋水柱高，測試期間，氣體表面速度維持在 4.20 ft/min，且最初灰塵負荷量為 14.0 gr/ft^3，試計算濾餅之透氣度。

解 由附錄 B-3，T=170°F， μ_g=0.0503 lb/ft-hr

$$1\text{英吋水柱}=2.54\text{cm水柱} = \frac{2.54}{1000}\times14.2\frac{\text{psi}}{(\text{Kg}/\text{cm}^2)}$$

$$= 0.0361\ \text{psi}\left(\frac{\text{lbf}}{\text{in}^2}\right)$$

由(9-72)式

$$\Delta P = \Delta P_f + \Delta P_c = 0.55 + \Delta P_c$$

$$\therefore \Delta P_c = 4.74 - 0.55 = 4.19\ \text{英吋水柱}$$

由(9-74)式

$$\Delta P_c = \frac{(L_d)t\mu_g}{K_c\rho_p}V^2$$

$$L_d = 14\ gr/ft^3 = 14 \times \frac{1}{7000} 1b/ft^3 = 2 \times 10^{-3} 1b/ft^3$$

$$\Delta P_c = 4.19 \text{英吋水柱} = 4.19 \times 0.0361 = 0.1513\ 1bf/in^2$$

$$= 21.78\ 1bf/ft^2 = 700.8 \frac{1b - ft/s^2}{ft^2}$$

$$\rho_p = 1.28\ g/cm^3 = 79.87\ 1b/ft^3$$

$$V = 4.2\ ft/min = 0.07\ ft/s$$

$$\therefore K_c = \frac{(2 \times 10^{-3} 1b/ft^3)(5.4hr)(0.05031b/ft\text{-}hr)(0.07)^2 ft^2/s^2}{(700.81b/s^2\text{-}ft)(79.871b/ft^3)}$$
$$= 4.756 \times 10^{-11}\ ft^2$$

9.21 說明清洗濾袋與偵測濾袋破洞之方法。 **（環工普考）**

解 濾袋清潔方式請參閱 9-8 節中第一項第(4)條之說明。

偵測濾袋破洞方法，參閱 9-8 節第三項說明。

9.22 假設一工業廢氣在實驗室裡用小型袋濾室(Bag Filter)作定率過濾試驗，結果如下：(1)袋濾室有 4 個濾袋，每個濾袋面積 $0.25ft^2$，(2)處理廢氣量 412.5 ft^3，(3)過濾時間 55min，(4)起始壓降 0.01 吋水柱，最後壓降 10 吋水柱，請根據此試驗數據，設計一袋濾室，可在 4 小時內處理 8×10^6 ft^3 廢氣，其壓降如上述結果，則其濾袋面積為多少？ **（環工專技高考考題）**

解 小型袋濾室之 A/C 比 $= \frac{412.5/55}{4 \times 0.25} = 7.5\ ft/min$

$$\Delta P = \Delta P_f + \Delta P_c$$

$$= \Delta P_f + R_c V^2 (L_d) t$$

$$\Rightarrow 10 = 0.01 + R_C (L_d) \times 55 \times (7.5)^2$$

$$\Rightarrow R_c (L_d) = 3.23 \times 10^{-3}$$

假設粉塵負荷 L_d 及 R_c（阻抗參數）值不變

$$10 = 0.01 + 3.23 \times 10^{-3} \times V^2 \times 60 \times 4$$

$$\Rightarrow V^2 = 12.887$$

$$\Rightarrow V = 3.59 \text{ ft/min}$$

$$\therefore 濾袋面積 = \frac{8 \times 10^6 / 240}{3.59} = 9{,}285 \text{ ft}^2$$

9.23 有一 Baghouse 用以處理鍋爐之排放廢氣，廢氣量為 12,000 acfm,500°F，請設計 Baghouse，需用何種濾布材料、濾袋尺寸、數目、清袋方式。

（80 年專技高考）

解 (1) 500°F=260℃，由表 9.5 可知須選用玻璃纖維材質之濾布，由於其耐磨損力較差，可考慮設置機械分離系統預先去除較大的顆粒。

(2) 因採用玻璃纖維材質，不適合以機械震盪方式清潔，應採用脈動噴氣式(Pulse Jet)清潔濾袋。

取 $A/C = 10 \text{ ft/min} = V$

$$A = \frac{Q}{V} = \frac{12{,}000}{10} = 1{,}200 \text{ ft}^2$$

選用濾袋 $ID = 6'', L = 12\text{ft}$

每個 Compartment 含 8 個濾袋

$$\frac{1200}{\left(\pi \times \frac{6}{12} \times 12 \times 8\right)} = 7.96 \text{ Compartment}$$

故設 9 個 Compartment，8 個操作，1 個清潔。

9.24 由下列含石灰石塵粒之廢氣試驗結果：

時間(min)	5	10	15	20	25	30
壓力減降(Pa)	330	490	550	600	640	700

(1) 試求濾塵阻力模式(Filter Drag Model) $\frac{\Delta P}{V} = Ke + Ks(Lvt)$ 中之特性係數 Ke 與 Ks 值（並註明單位）。已知操作條件為塵粒負荷 L=1.00g/m^3，濾布面積 A=1.00m^2，廢氣流量 Q=0.80m^3/min。上式中 v 為 Air/Cloth Ratio，t 為操作時間。

(2) 若廢氣的莫耳流率與塵粒的質量流率均為常數，試說明廢氣溫度增加時如何影響織布濾塵器之壓力減降？ **（82 年高考一級）**

解

(1) 濾塵阻力模式

$$\Delta P = KeV + (KsLV^2)t$$

本題 $V = Q / A = 0.8\ m / min$

$$L = 1.00\ g / m^3 = 0.001\ Kg / m^3$$

$$\therefore \Delta P = 0.8Ke + 0.00064\ K_s t$$

以最小平方法對廢氣試驗結果進行 Linear Regression 如下：

$n = 6$

t_i	5	10	15	20	25	30	$\sum t_i = 105$	$\bar{t}_i = 17.5$
ΔP_i	330	490	550	600	640	700	$\sum \Delta P_i = 3310$	$\overline{\Delta P_i} = 551.67$
$t_i \Delta P_i$	1650	4900	8250	12000	16000	21000	$\sum (t\Delta P)_i = 63800$	
t_i^2	25	100	225	400	625	900	$\sum (t_i)^2 = 2275$	

假設所求公式為 $\Delta P = a + bt$

則 $b = \dfrac{n\sum(t_i \cdot \Delta P_i) - (\sum t_i)(\sum \Delta P_i)}{n\sum(t_i)^2 - (\sum t_i)^2}$

$$a = \overline{\Delta P_i} - b\bar{t}_i$$

$$\therefore b = (6 \times 63800 - 105 \times 3310) / (6 \times 2275 - 105 \times 105) = 13.4286$$

$$a = 551.67 - 13.4286 \times 17.5 = 316.67$$

$$\therefore \Delta P = 316.67 + 13.4286t$$

$$= 0.8Ke + 0.00064K_s t$$

$$\therefore Ke = 316.67Pa / 0.8\ m / min = 395.84\ Pa \cdot min / m$$

$$\because 1Pa = 1\ N / m^2 = 1\ Kg / s^2 - m = 3600\ Kg / (min)^2 - m$$

$$\therefore Ke = 395.84 \times 3600 = 1,425 \times 10^6\ Kg / min - m^2$$

$$Ks = \frac{13.4286(Pa / min)}{0.00064(Kg / m - min^2)} = 20982.2\ \frac{Pa - min - m}{Kg}$$

$$= 20982.2 \times 3600\ min^{-1}$$

$$= 7.554 \times 10^7\ min^{-1}$$

(2) 若廢氣之莫耳流率與塵粒的質量流率均為常數，因隨廢氣溫度之增加，廢氣之體積流率(Q)增加，故 V 值(Air/Cloth Ratio)亦隨之增加。

$$\because \Delta P = KeV + (KsLV^2)t$$

∴織布濾塵器之壓力減降隨廢氣溫度之增加而升高。

9.25 假設有一過濾實驗，其壓力降和時間之關係如下表所示，該實驗之氣－布比(Gas-to-Cloth)為 0.0167m/s，進氣含塵濃度為 0.005Kg/m^3，請回答：

(1) 乾淨濾布之壓力降(Drag of a Dust-Free Filter Bag)及塵餅阻力(Dust Cake Flow Resistance)

(2) 如連續操作此實驗 70 分鐘，其壓力降為何？

（84 年高考二級、85 年專技檢覆）

表 5 實驗數據表

時間（分）	壓力降ΔP(Pa)
0	150
5	380
10	505
20	610
30	690
60	990

解 (1) 濾塵阻力模式

$$\Delta P = KeV + K_S LV^2 t$$

本題 $V = 0.0167\ m/s = 1.0\ m/min$

$L = 0.005\ Kg/m^3$

$\therefore \Delta P = 0.0167Ke + 0.005K_s$，以最小平方對實驗數據進行 Linear Regression 如下：

$n = 6$

t_i	0	5	10	20	30	60	$\sum t_i = 125$	$\overline{t_i} = 20.83$
ΔP_i	150	380	505	610	690	990	$\sum \Delta P_i = 3325$	$\overline{\Delta P_i} = 554.2$
$t_i \cdot \Delta P_i$	0	1990	5050	12200	20700	59400	$\sum(t_i \Delta P_i) = 99250$	
t_i^2	0	25	100	400	900	3600	$\sum(t_i)^2 = 5025$	

假設所求公式為 $\Delta P = a + bt$

則 $b = \dfrac{n\sum(t_i \cdot \Delta P_i) - (\sum t_i)(\sum \Delta P_i)}{n\sum(t_i^2) - (\sum t_i)^2}$

$a = \overline{\Delta P_i} - b\overline{t_i}$

$\therefore b = (6\times99250-125\times3325)/(6\times5025-125\times125) = 12.384$

$a = 554.2 - 12.384\times20.83 = 296.24$

$\therefore \Delta P = 296.24 + 12.384t$

∴乾淨濾布之壓力降為 296.24 Pa

塵餅阻力 $12.384\ P_a / min$

$$12.384 = 0.005K_S$$

$$K_S = 2476.8\frac{(P_a / min)}{(Kg/m^3\cdot m^2/min^2)}$$

$$= 2476.8\ (P_a\text{-}min\text{-}m)/Kg$$

$$= 2476.8\times3600\ 1/min(1P_a = 3600\ Kg/m\text{-}min^2)$$

$$= 8.92\times10^6\ min^{-1}$$

(2) 當 $t = 70$ min 時

$$\Delta P = 296.24 + 70\times12.384 = 1163P_a$$

9.26 (1) 某一五室反洗式濾袋屋(5-compartment Reverse Flow Baghouse)，平時有四室在操作，另一室備用，過濾速度為 0.75 m / min，請問當過濾速度減為 0.6 m / min 時，此濾袋屋應增加成幾室？（假設總廢氣量不變）

(2) 假設濾布之阻力係數 k_1，可以忽略不計，粉塵餅之阻力係數 $k_2 = 225.8\ cmH_2O/(Kg/m^2\cdot m/min)$，粉塵之質量濃度為 3.0 g / m^3，兩次洗袋間的時間間隔（或稱過濾、時間）為 40 min，濾袋屋除濾袋外之管線壓力降為 2.03 cmH_2O，試求此濾袋屋在過濾速度分別為 0.75 m / min 及 0.6 m / min 時之總壓力降（以 in·H_2O 表示），以及總功率消耗（以馬力表示）。假設總廢氣量為 31732.3 m^3 / hr。

（註：濾布阻力模式 $S = k_1 + k_2W$，其中 S 為濾布阻力，$cmH_2O\cdot min/m$；W 為為粉塵質量／單位濾布面積，Kg/m^2）　**（86 年專技高考）**

解 (1) 當過濾速度 (v) 為 0.75 m / min，濾袋表面積為 A 時

廢氣流量 Q 為

$$Q = A \times V = 0.75\ A$$

當過濾速度減為 0.6 m / min 而廢氣流量不變時

濾袋面積 A′

$$A' = \frac{Q}{V'} = \frac{0.75\ A}{0.6} = 1.25\ A$$

∴濾袋屋應增加成 6 室，平時 5 室操作，另一室備用。

(2) 單位濾布面積之粉塵質量

$$W = V \times L_d \times t$$

$$= (\text{過濾速度}, m/min) \times (\text{粉塵質量濃度}, Kg/m^3) \times (\text{過濾時間}, min)$$

$$= V \times (3 \times 10^{-3})\ Kg/m^3 \times 40$$

$$= 0.12\ V\ Kg/m^3$$

濾袋屋之壓力降

$$\Delta P = S \cdot V = k_1 + k_2 W = k_2 VW = 0.12 k_2 V^2\ cm \cdot H_2O$$

當 $V = 0.75\ m/min$ 時　　$\Delta P = 15.24\ cmH_2O$

當 $V = 0.6\ m/min$ 時　　$\Delta P = 9.75\ cmH_2O$

系統總壓力降

$V = 0.75\ m/min$ 時

$$\Delta P_t = 15.24 + 2.03 = 17.27\ cmH_2O = 6.8\ in \cdot H_2O$$

$V = 0.6\ m/min$ 時

$$\Delta P_t = 7.75 + 2.03 = 11.78\ cmH_2O = 4.64\ in \cdot H_2O$$

假設使用風車之效率為 60%

則總功率消耗為

$$P = \frac{Q(m^3/min) \times \Delta PmmH_2O}{6120\eta}$$

$$= \frac{(31732/60) \times \Delta P}{(6120 \times 0.6)}$$

$$= 0.144\Delta P\ KW$$

當 $V = 0.75\ m/min$ 時　$P = 24.9\ KW = 24.9/0.746 = 33.4HP$

當 $V = 0.65\ m/min$ 時　$P = 17\ KW/0.746 = 22.8HP$

9.27 有一石灰工廠，其排氣欲加以處理，廢氣量為 300,000acfm，廢氣含塵量為 10^{-3}lb/ft^3，現擬採用直徑 12 吋、長 30 呎之濾袋處理此廢氣，過濾袋之壓力降公式為$\Delta P = 0.3V+4CV^2t$，ΔP 為壓力降（水柱吋），V 為過濾速度(ft/min)，C 為粉塵負荷(lb/ft^3)，t 為過濾至洗袋之時間(min)，假設此系統操作至壓力降為 12 吋水柱時，即需洗袋，請問：

(1) 至少需多少個濾袋才足以處理此廢氣？

(2) 洗袋之時間間隔為多少分鐘？（氣布比請自行合理假設）

（90 年高考三級）

解 假設採用脈動噴氣式，其過濾速度為 $10\ ft/min$，所需最低過濾面積為

$$Q/V = \frac{300,000\ ft^3/min}{10\ ft/min} = 30,000\ ft^2$$

(1) 每一個濾袋表面積為

$$\pi DL = 94.25\ ft^2$$

至少需 30,000/94.25 = 318.3 取 320 個濾袋。

設計上採 5 個 Compartment 設計，每個 Compartment 有 80 個濾袋，4 個 Compartment 操作，1 Compartment 個清潔洗袋。

(2) $\Delta P = 0.3V + 4CV^2t$

其中

$$V = 10\ ft/min$$

$C = 10^{-3}\ lb/ft^3$

$\Delta P = 12$ 吋水柱

$\therefore t = 22.5 min$

洗袋時間間隔 $22.5/4 = 5$ 分 37.5 秒

9.28 某一新濾布產品在實驗中進行壓損測試，若已知進流廢氣之粉塵濃度為 $10g/m^3$，過濾速度(Filtration Velocity)為 1.0m/min，壓損隨過濾時間之變化情形見下表。試推導其濾阻模式 $S=S_E+KW$（S：濾阻，S_E：濾布阻力特徵值，k：濾餅阻力係數，W：濾餅面積密度）。又當過濾時間為 80 分鐘時，濾布之壓損為為多少 Pa？ **（94 年高考三級）**

表 6

過濾時間（分鐘）	壓損(Pa)
0	99
5	201
10	298
20	502
30	696
60	1,295

解 (1) W：濾餅面積密度=單位濾布面積之粉塵質量

$W = V * L_d * t$
$=$（過濾速度，m/min）$*$（粉塵濃度，g/m^3）$*$（過濾時間）
$=1.0\times10\times t=10t$

濾阻模式 $S = S_E + KW = S_E + 10kt$

由上表得知

表 7

時間	濾阻（壓損，Pa）	K
0	$99=S_E$	–
5	201=99+50K	2.04
10	298=99+100K	1.99
20	502=99+200K	2.015
30	696=99+300K	1.99
60	1295=99+600K	1.993

K 平均=2.005

∴ S=99+2.005W=99+20.05t

(2) 當 t=80min 時

$$S = 99 + 20.05 \times 80 = 1703\text{Pa}$$

9.29 袋式收集塵器乾淨濾布測試條件如下：

- 粒狀物濃度為 $5.0\,g/m^3$。
- 過濾速度為 1 公尺／分鐘。
- 壓損測試記錄：

表 8

時間（分鐘）	壓損(Pa)
0	160
5	370
10	510
20	620
30	700

(1) 請依據濾布阻力模式(Filter Drag Model)繪圖計算 Ke(Pa-min/m)及 Ks(Pa-min-m/g)。

(2) 請計算操作 40 分鐘後壓力損失(Pa)。 （95 年高考三級）

解 (1) 濾布阻力模式(Filter Drag Model)

$$\Delta P = Ke \times V + Ks \times Ld \times V^2 \times t$$

依題意 $V = 1m/min$，$L_d = 5g/m^3$

$$\therefore \Delta P = Ke + 5K_s t$$

由壓損測試記錄作圖如下：

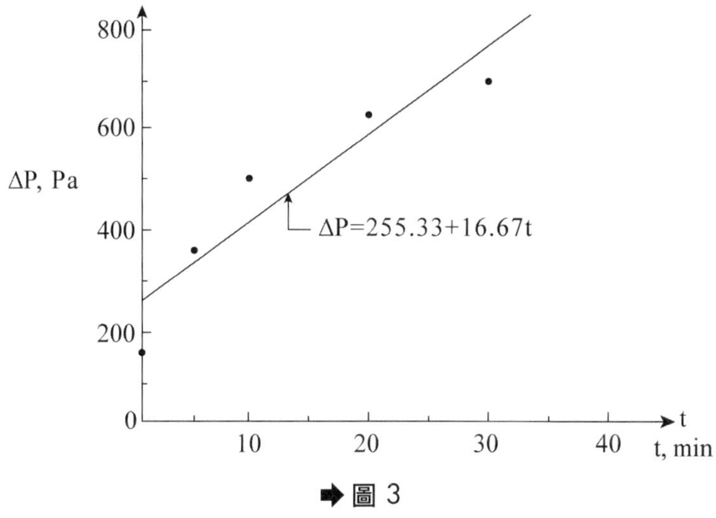

➡ 圖 3

以最小平方法計算如下：$(n = 5)$

ti	0	5	10	20	30	$\sum ti = 65$	$\overline{t_i} = 13$
ΔPi	160	370	510	620	700	$\sum \Delta Pi = 2360$	$\overline{\Delta Pi} = 472$
tiΔPi	0	1850	5100	12400	21000	$\sum (t_i \Delta Pi) = 40350$	
ti^2	0	25	100	400	900	$\sum (t_i)^2 = 1425$	

設所求公式為 $\Delta P = a + bt$，

則

$$b=\frac{\eta\sum(ti\cdot\Delta Pi)(\sum ti)(\sum\Delta Pi)}{\eta\sum(ti)^2-\sum(ti)^2}$$

$$=(5\times40350-65\times2360)/(5\times1425-65\times65)$$

$$=43350/2900=16.67$$

$$a=\overline{\Delta Pi}-b\overline{ti}$$

$$=472-16.67\times13$$

$$=255.3$$

$$\therefore\Delta P=255.3+16.67t=Ke+5K_st$$

$$\therefore Ke=255.3\text{ Pa-min/ m}$$

$$Ks=16.67/5=3.33\text{ Pa-min-m / g}$$

(2) 40min.後壓力損失

$$\Delta P=255.3+16.67\times40$$

$$=922\text{ Pa}$$

9.30 某新出品之濾布置於濾匣(Filter Holder)中進行壓損測試（見下圖），請參考下表實驗數據估算：

(1) 濾阻模式(Filter Drag Model)($S=k_1+k_2W$)中兩個阻力係數 k_1 和 k_2 分別為多少 N-min/m^3 和 N-min/g-m？若已知過濾速度(V_f)為 1.0 m/min，粉塵濃度(C_i)為 5 g/m^3。

(2) 當過濾時間延長為 100 min 時，壓力損失(Δp)為多少 N/m^2？

表 9

過濾時間(min)	0	10	20	40	60
水柱高度(cm)	1.0	1.8	2.5	3.5	4.5

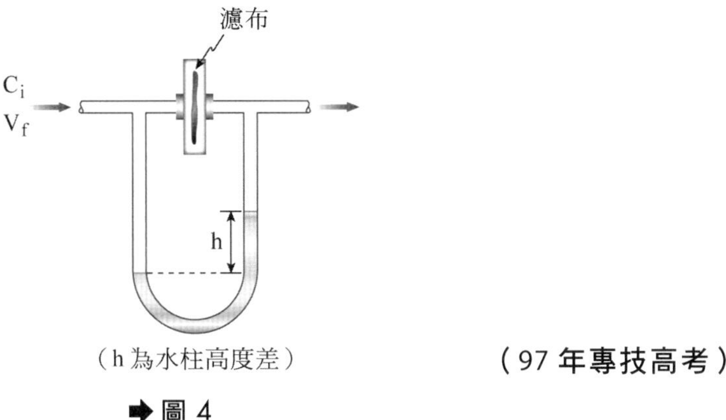

（h 為水柱高度差）

（97 年專技高考）

圖 4

解 (1) W：濾餅面積密度

$$W = V_f \times C_i \times t$$

$$= 1\ m/min \times 5\ g/m^3 \times t(min) = 5t\ g/m^2$$

濾阻模式：

$$S = k_1 + k_2\ W$$

式中 k_1 單位為 N-min/m^3 與 S 相同，而 S 與濾閘壓損有關，本題中壓損單位為 cm 水柱

$$1Kg/cm^2 = 10^4 N/m^2 = 10m\ 水柱 = 10^3 cm\ 水柱$$

故 $1\ cm水柱 = 10\ N/m^2$

∴S 為壓損除以過濾速度所得到之參數。

$$S = \frac{\Delta p}{v_f} = k_1 + k_2\ W = k_1 + 5k_2 t = a + bt$$

本題過濾時間與壓損 Δp 及 S 關係如下表〔表中將 cm 水柱單位轉換成 N/m^2〕

表 10

t(min)	0	10	20	40	60
$\Delta p(N/m^2)$	10	18	25	35	45
$S(N\text{-}min/m^3)$	10	18	25	35	45

以 Linear Regression 針對上表求算 k_1、k_2，如下：

t_i	0	10	20	40	60	$\sum t_i = 130$	$\overline{t_i} = 26$
S_i	10	18	25	35	45	$\sum S_i = 133$	$\overline{S_i} = 26.6$
t_iS_i	0	180	500	1400	2700	$\sum t_i s_i = 4780$	
t_i^2	0	100	400	1600	3600	$\sum (t_i)^2 = 5700$	

$$b = \frac{n\Sigma(t_i\,S_i) - (\Sigma t_i)(\Sigma S_i)}{n\Sigma(t_i)^2 - (\Sigma t_i)^2}$$

$$= \frac{(5 \times 4780 - 130 \times 133)}{(5 \times 5700 - 130 \times 130)}$$

$$= \frac{6610}{11600} = 0.57$$

$$a = \overline{S_i} - b\overline{t_i} = 26.6 - 0.57 \times 26 = 11.78$$

$$\therefore k_1 = 11.78\ \text{N - min/ m}^3$$

$$k_2 = \frac{b}{5} = 0.114\ \text{N - min/ g - m}$$

(2) 當 $t = 100$ min 時

$$S = \frac{\Delta p}{v_f} = 11.78 + 5 \times 0.114 \times 100 = 68.78\ \text{N - min/ m}^3$$

$$\Delta p = S \cdot v_f = 68.78\ \text{N - min/ m}^3 \times 1\ \text{m / min} = 68.78\ \text{N / m}^2$$

9.31 有一臥式平行板式(Horizontal Parallel Plate)靜電集塵器，長 16ft，寬 20ft，板距 12"，廢氣流量 3,350 acfm，集塵效率 94.4%，進氣之含塵量 4.07 grains/ ft^3，計算，

(1) 廢氣之 bulk velocity

(2) 出氣之含塵量

(3) 此系統之 Drift velocity **（80 年環工高考）**

解 (1) Bulk Velocity

$$V_g = 3{,}350 ft^3 / min(20)(1) = 167.5\ ft / min = 2.8\ ft / s$$

(2) 出氣含塵量=4.07×(1−0.944)=0.228 grains/ ft^3

(3) 集塵板面積=16×20×2==640 ft^2

$$Q = 3{,}350\ ft^3 / min = 55.83\ ft^3 / s$$
$$\therefore 0.944 = 1 - \exp\left(-\frac{640}{55.83}W\right) = 1 - \exp(-11.463W)$$
$$\Rightarrow W = 0.25\ ft / s$$

9.32 集塵板面積 A=6000m²，Q=200m³/s 時靜電集塵器之總收集效率為 97%，若 Q 及有效游動速度 W 維持不變，試計算收集效率 η=98%，99.9%時所需之集塵板面積，並畫圖表示 η 與 A 之關係。 **（81 年環工專技檢覆）**

解 由(9-87)式

$$0.97 = 1 - \exp\left(-\frac{6000}{200}W\right)$$
$$\Rightarrow W = 0.117 m / s$$

由題意

$$0.98 = 1 - \exp\left(-\frac{A}{200}0.117\right) \Rightarrow A = 6687m^2$$
$$0.99 = 1 - \exp\left(-\frac{A}{200}0.117\right) \Rightarrow A = 7872m^2$$
$$0.999 = 1 - \exp\left(-\frac{A}{200}0.117\right) \Rightarrow A = 11808m^2$$

η 對 A 作圖如下：

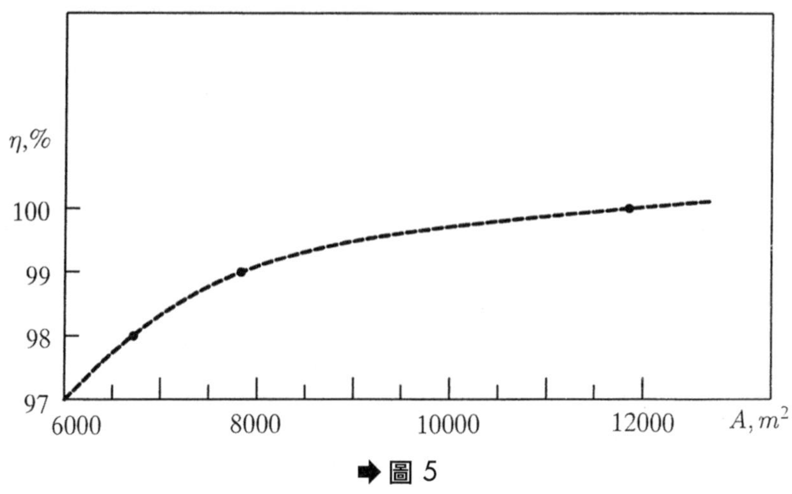

➡圖 5

9.33 有一管式靜電集塵器，電極板面積為 $300\,m^2$，氣體流量 $1,200\,m^3/min$，氣體溫度為 95℃，其電場強度為 56,000 伏特，電極與電極板間距為 12.5cm。若氣體主要微粒粒徑為 $0.1\mu m$，試求游動速度及收集效率。（微粒密度 2.5 g/cm^3，氣體密度=1.01 Kg/m^3，氣體黏度 $= 2.25\times10^{-5}$ Kg/m-s）

解 95℃=368°K

$$K_c = 1 + \frac{0.00973\sqrt{368}}{0.1} = 2.87$$

$$E_p = \frac{56,000}{0.125} = 448,000\ V/m$$

由(9-85)式

$$W = \frac{(1.7\times10^{-12})(448,000)(2.87)}{2.25\times10^{-5}} = 0.097\ m/s$$

收集效率 η：

$$\eta = 1 - \exp\left(-\frac{AW}{Q}\right) = 1 - \exp\left[-\frac{300\times0.097}{1,200/60}\right]$$

$$= 1 - 0.233$$

$$= 0.767 = 76.7\%$$

9.34 試舉例說明何以靜電集塵器對於氣體流率變化及運轉條件很敏感。

解 (1) 操作溫度之影響

氣體之黏度隨溫度之升高而增大，以空氣為例，500°K 時之黏度即為 300 °K 時之 1.5 倍。

∵游動速度 $W \propto \dfrac{E^2 d_p}{\mu_g}$

∴若其他條件不變的話，$W \propto \dfrac{1}{\mu_g}$

故收集效率亦隨之變化。

(2) 氣體流率變化之影響

當操作溫度及其他運轉條件固定時，由(9-82)式可知

$$W = C_1 d_p \qquad （C_1 \text{為常數}）$$

而

$$\eta = 1 - \exp\left(-\frac{AW}{Q}\right) = 1 - \exp\left(-\frac{AC_1 d_p}{Q}\right)$$

∴ 若集塵板面積固定時，氣體流率之增加，即會造成收集效率之降低

舉例說明如下：

若 W 可寫為

$$W = 0.05 d_p \qquad （d_p \text{單位為} \mu m）$$

對於 $2\mu m$ 之粒子

$$W = 0.05 \times 2 = 0.1 m/s$$

當 A/Q 比為 $50\ m^2/(m^3/sec)$時

$$\eta = 1 - \exp[-(50)(0.1)] = 1 - \exp(-5) = 0.9933 = 99.33\%$$

若 Q 增加 20%，則收集效率變成

$$\eta' = 1 - \exp\left[-\frac{(50)(0.1)}{1.2}\right] = 0.9845 = 98.45\%$$

流量增加 20%時，效率將降低 0.88%。然而若比較未被收集的微粒質量，可發現後者為前者的 2.3 倍

$$\frac{1-0.9845}{1-0.9933} = 2.3$$

所以，雖然收集效率只是微量的變化，但卻導致微粒排放量極大的變化。

9.35 試設計處理廢氣量 180,000 ACFM 之靜電除塵設備，廢氣中懸浮固體為 43.7 gr/ft^3，今欲處理至 0.7 gr/ft^3，試設計靜電除塵裝置，包括板間距、高度、長度、停留時間和供電設備。 **（81 年專技高考）**

解 收集效率 $= (43.7 - 0.7) / 43.7 = 0.984$

由表 9.6，假設 Drift velocity 為 $10\ cm/s = 19.69\ ft/min$

由(9-87)式

$$\eta = 1 - \exp\left(-\frac{WA}{Q}\right)$$

$$\rightarrow 0.984 = 1 - \exp\left(\frac{-A \times 19.69}{180{,}000}\right)$$

$$\rightarrow A = 37802\ ft^2$$

由表 9.6，決定靜電除塵裝置諸元如下：

板間距 $(S) = 24\ cm = 0.8\ ft$

板高度 $(H) = 9\ m = 30\ ft$

板長度 $(L) = 1.0\ H = 9\ m = 30\ ft$（分為 4 場，每場長度 $7.5\ ft$）

（註：一般 L/H 比在 0.5~2.0 之間，L/H 越大則除塵效率越好，若效率要求在 99.5% 以上時，L/H 應大於 1.0）

$$板數\ (N) = A / 2LH + 1 = 37802 / (2 \times 30 \times 30) + 1 = 22$$

$$\text{氣體流速}(V_g) = Q/[(N-1)SH] = 180,000/[(22-1)\times 0.8\times 30]$$

$$= 357.1\ \text{ft}/\text{min} = 5.95\ \text{ft}/\text{s}$$

$$\text{停留時間} = L/Vg = 30/5.95 = 5.04\ \text{sec}$$

為了達到最佳的除塵效果，本設計採用 4 個電力區隔場，在氣體進口，由於粉塵含量高，電壓強度不可太高，以免電弧產生；然後可逐漸加強其後電力區隔場的電壓強度，以增加除塵效果。如下圖所示：

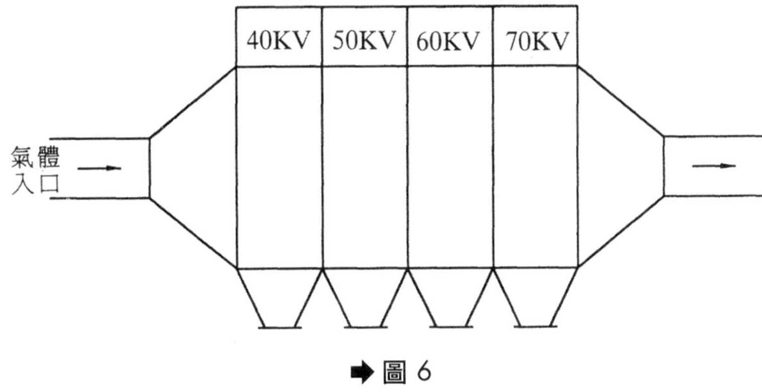

➡ 圖 6

9.36 請說明在靜電集塵器中以操作方式避開塵粒高電氣阻抗的問題，以及調理塵粒以降低其電氣阻抗的方法。 （82 年高考二級）

解 (1) 以操作方式避開塵粒高電氣阻抗問題

(a) 大部分塵粒的電阻均隨溫度之升高而增加至一極大值，然後下降，在操作上應妥善控制氣流溫度，避免在有最大電阻值的溫度條件下操作。例如，以熱式集塵器於 700°F 左右處理低硫煙道氣，而高硫煙道氣則於 300°F 以冷式集塵器處理。

(b) 可考慮採用脈衝送電(Pulse Energization)操作，所謂 Pulse Energization 是指在一穩定的電位上，瞬間供應高壓脈衝(High-Voltage Pulse)的電氣設施，以調整靜電集塵器之操作並減少因高電阻所引起的火花(Sparking)或反電暈(Back Corona)效應。

(2) 調理塵粒以降低其電氣阻抗的方法

(a) 化學成分調理：有下列幾種化學調理劑

a. NH_3：應用最廣，常用於冷式靜電集塵器，不論是低硫或高硫煙道氣均適用。

b. SO_3：可提升低硫煤灰之表面電導度，一般溫度高於 190℃時，效果較不理想。

c. Na_2CO_3：使用上較受限制，不若 NH_3、SO_3 普遍。

(b) 水分調理

吸附水分會增加塵粒的電導度，當氣流水分不足時，可加入蒸汽、噴水滴等方式輔助，水分調理在120°C以下較有效。

9.37 靜電集塵器之除塵效率常以 Deutsch 方程式表示：

$$\eta = 1 - \exp\left(\frac{-WA}{Q}\right)$$

(1) 試說明上式中 W、A、及 Q 之意義及其單位。

(2) 試說明影響 W 之因素有哪些？

(3) 若由於廢氣流量之改變而使除塵效率由 98%降為 94%，試求廢氣流量之比值。 **（82 年高考一級）**

解 (1) W：drift velocity（游動速度），m/s

A：靜電集塵器收集板面積，m^2

Q：氣體體積流率，m^3/s

(2) 參閱 9-9-1 節，影響 W 之因素有

微粒之介電常數，電場強度，微粒粒徑，氣體黏度，氣體溫度（影響氣體黏度及康寧漢校正係數）

(3) $\because \eta_a = 0.98$，$\eta_b = 0.94$

$\therefore -WA/Q_a = \ln(1-0.98) = -3.912$

$\rightarrow Q_a = WA/3.912$

$-WA/Q_b = \ln(1-0.94) = -2.813$

$\rightarrow Q_b = WA / 2.813$

$\therefore Q_a / Q_b = 2.813 / 3.912 = 1 / 1.39$

9.38 有一種懸浮在空氣中之粒子，粒徑為 $1.0\ \mu m$，帶有 3×10^{-16} 庫倫之電量，粒子之密度為 $1{,}000\ Kg/m^3$，此種粒子受到 $100{,}000\ volts/m$ 電場強度之影響，溫度為 298K，壓力一大氣壓，請計算：

(1) 此種粒子之終端速度(Terminal Velocity)。

(2) 此粒子所受靜電力和重力之比為若干？

(3) 假設此種粒子要用管狀靜電集塵器(Tubular ESP)來處理，其收集電極之直徑為 $2.9\ m$，長 $5\ m$。假設此種廢氣之流量為 $2.0\ m^3/s$，及空氣之黏度(Viscosity)為 $1.84 \times 10^{-5}\ Kg/sec\text{-}m$，其處理效率為若干？**（83 年專技高考）**

解 (1) 靜電力 $Fe = qE$

由(9-13)式　$F_d = 3\pi d_p \mu_g\ W / Kc$

$\because F_e = F_d$ 時可求得粒子終端速度

$\therefore W = qEKc / 2\pi d_p \mu_g$

由(9-14)式

$$Kc = 1 + 0.00973\sqrt{T} / d_p = 1 + 0.00973\sqrt{298} = 1.168$$

$$\therefore W = 3 \times 10^{-16} \times 100{,}000 \times 1.168 / (3\pi \times 1 \times 10^{-6} \times 1.84 \times 10^{-6})$$

$$= 0.202\ m/s$$

(2) 粒子重量 $m = \dfrac{\pi}{6} d_p^3 \rho_p = \dfrac{\pi}{6}(1 \times 10^{-6})^3 \times 1000$

$= 5.236 \times 10^{-16}\ Kg$

所受重力 $F_g = mg = 5.236 \times 10^{-16} \times 9.8$

$= 5.131 \times 10^{-15}\ Kg\text{-}m/s^2$

靜力 $Fe = qE = 3 \times 10^{-16} \times 100{,}000$

$= 3 \times 10^{-11} coul\text{-}v/m$

$= 3 \times 10^{-11}\ Kg\text{-}m/s^2$

$\therefore \text{Fe}/\text{Fg} = 3\times10^{-11}/5.131\times10^{-15} = 5846$

(3) $A = \pi DL = \pi\times2.9\times5 = 45.553\ \text{m}^2$

$Q = 2.0\ \text{m}^3/\text{s}\qquad W = 0.202\ \text{m}/\text{s}$

$$\therefore \eta = 1-\exp\left[\frac{-AW}{Q}\right] = 1-\exp[-(45.553\times0.202/2.0]$$

$$= 1-\exp(-4.603) = 1-0.01 = 0.99 = 99\%$$

9.39 有一個長方體形狀靜電除塵器(Electrostaitc Precipitator)處理垃圾焚化廠廢氣，其處理效率為 99%，廢氣流量為 300m^3/sec，廠房的集塵板高、寬均為 9.5m，集塵板的間距為 0.35m，集塵板排列後所占的空間長度（與廢氣流垂直方向）為 25m。

(1) 請計算其所收集塵粒的移動速度(Migration Velocity)，並評估是否恰當？

(2) 如果氣流通過靜電除塵器的壓力差為 1.5 kPa ，馬達一風扇的效率為 65%，請計算其電力消耗。 **（84 年專技檢覆）**

解 (1) 由題意可知集塵室共有 71 個 $(25/0.35 = 71.34)$，其間排列有 70 片集塵板（兩面均可收集），再加上兩側各一壁板（只單面收集）可計算收集面積 A

$$A = 70\times2\times9.5\times9.5 + 2\times1\times9.5\times9.5 = 12815.5\ \text{m}^2$$

由 Deutsch 方程式

$$\eta = 1-\exp\left(-\frac{WA}{Q}\right)$$

$$\rightarrow 0.99 = 1-\exp\left(-\frac{W\times12815.5}{330}\right)$$

$$\rightarrow 38.835W = 4.6052$$

$$\rightarrow W = 0.119\ \text{m}/\text{s} = 11.9\ \text{cm}/\text{s}$$

移動速度(Migration Velocity)介於 $4\sim20\ \text{cm}/\text{s}$ 之間，故尚屬恰當。

(2) $Q = 330\ m^3/s = 19800\ m^3/min$

$\Delta P = 1.5Kpa = 1500\ N/m^2 = 1500/(1.01325\times10^5)$

$= 0.014804\ atm = 153\ mmAQ(1\ mmAQ = 1\ Kg/m^2)$

電力消耗 $= \dfrac{Q(\Delta P)}{6120\eta} = 19800\times153/(6120\times0.65)$

$= 761.5KW$

9.40 有一固定汙染源其實測之粒狀物排放濃度為 $3200\ mg/m^3$，排氣量為 $66000\ m^3/hr$，排氣溫度為 220°C，排氣之含氧量為 12%，該固定汙染源擬裝設靜電集塵器以改善汙染，已知粒狀物之排放標準為 $C = 1364Q^{-0.386}$（以含氧量的%為參考基準），其中 C 之單位為 mg/Nm^3，Q 之單位為 Nm^3/min。

(1) 試計算達到排放標準所需之最小收集效率為何？

(2) 假設微粒之平均飄移速度為 6 公分／秒，試計算達到上述收集效率時？靜電集塵器所需之收集面積為何？

(3) 試說明微粒之電阻係數(Resistivity)如何影響靜電集塵器之收集效率。

（88 年專技高考）

解 (1) 排氣量

$Q' = 66000\ m^3/h = 66000\times273/(220+273)/60$

$= 609.1\ Nm^3/min$

換算成含氧量 10%，則

$Q = 609.1\times(1-0.12)/(1-0.1) = 595.6\ Nm^3/min$

∴排放標準 $C = 1364\ Q^{-0.386}$

$= 1364(595.6)^{-0.386}$

$= 115.8\ mg/Nm^3$

固定汙染源之粒狀物排放量 (ω_1) 為

$\omega_1 = 3200\ mg/m^3\times66000\ m^3/h = 212.2\ Kg/h$

排放標準下所對應之排放量(ω_2)為

$$\omega_2 = 595.6\ \text{Nm}^3/\text{min} \times 60 \times 115.8\ \text{mg}/\text{Nm}^3 = 4.14\ \text{Kg}/\text{h}$$

∴所需之最小收集效率η

$$\eta = \frac{212.2 - 4.14}{212.2} = 98.05\%$$

(2) 微粒平均飄移速度 $W = 0.06\ \text{m/s}$

氣體體積流率 $Q = 66000\ \text{m}^3/\text{h} = 18.33\ \text{m}^3/\text{s}$

$$\eta = 1 - \exp\left(\frac{-AW}{Q}\right)$$

$$0.9805 = 1 - \exp\left(\frac{-AW}{Q}\right)$$

$$\frac{AW}{Q} = 3.937$$

$$\Rightarrow\ A = \frac{3.937 \times 18.33}{0.06} = 1202.8\ \text{m}^2$$

(3) 微粒之電阻係數為靜電集塵器操作的重要特性之一，一般若微粒之電阻係數小於 10^4ohm-cm 時，電荷會由收集的粉塵層快速地流至收集板上，因無足夠的電荷使收集的塵粒保持聚集狀態，會使粉塵再飛揚(Reentrainment)至氣流中，影響收集效率。

若電阻係數大於 10^{14}ohm-cm，則可能因反電暈效應而降低集塵效率。

9.41 有一個煙道排氣除塵系統包含三個平行靜電除塵器，在設計時每個靜電除塵器負責處理三分之一的廢氣流量，每個靜電除塵器的除塵效率為 96%。現在重新評估，發現由於流量分配不佳，每個靜電除塵器實際處理的廢氣流量分別為 25%、35%、40%，請計算此煙道排氣除塵系統實際的總除塵效率。假設每個靜電除塵器的除塵效率均符合理論效率計算式。 **（89 年高考三級）**

解 靜電除塵器理論效率計算式（Deutsch 方程式）

$$\eta = 1 - \exp\left(\frac{-AW}{Q}\right)$$

其中 A：集塵板面積

W：游動速度（與氣體物性，微粒特性及電場強度有關）

Q：氣體體積流率

假設總體積流率為 Q_t，則每個除塵器之處理氣體流率為 0.333 Q_t。

$$\eta = 1 - \exp\left(\frac{-AW}{0.333Q_t}\right)$$

當 $\eta = 96\%$ 時

$$\frac{-AW}{0.333Q_t} = \ln(1-0.96) = -3.2189$$

$$AW = 1.0729Q_t$$

當流量分配不佳，計算各除塵器效率分別為：

表 11

編號	實際處理廢氣流量，Q	$-AW/Q$	η_i
1	$0.25Q_t$	−4.2916	98.63
2	$0.35Q_t$	−3.0654	95.34
3	$0.4Q_t$	−2.6823	93.16

$$總除塵效率 = 0.25 \times 0.9863 + 0.35 \times 0.9534 + 0.4 \times 0.9316$$

$$= 0.953 = 95.3\%$$

9.42 請舉出三種 EP 常見之機械問題及解決之道。（89 年高考三級）

EP 常見之機械問題及解決之道如下表所示：

項目	機械問題	解決對策
1	熱應力(Thermal Stress)所導致之外殼、漏斗及管道之熱裂化(Thermal Cracking)	(1) 外殼、漏斗及管道等須予以熱保溫化(Thermal Insulation)，以防止熱量損失及降低整體之溫差，熱裂化效應亦可因此變小，另外亦可降低內壁因氣體凝結所產生之腐蝕問題。 (2) 選用較佳材質之構件。
2	漏斗粉塵之阻塞	(1) 漏斗應予保溫，甚至加熱，以防止粉塵因低溫結成餅狀，不易清洗。 (2) 在調節溫度及濕度以改變粉塵電阻時，須維持氣體溫度在露點以上，以免因氣體凝結產生腐蝕問題及粉塵結塊。 (3) 漏斗之螺桿或氣動傳輸裝置預防保養作業之落實。
3	電極線斷線	(1) 選用較高等級材質如不鏽鋼、鈦合金之電極線。 (2) 電極線上下端設置包覆管以保護之。

9.43 靜電集塵器之使用時

(1) 高比電阻粉塵對除塵之性能影響為何？

(2) 比電阻臨界值為多少？

(3) 如何克服高比電阻之影響？（90 年普考）

(1) 高比電阻粉塵，可能造成反電暈效應，因所形成正離子中和效應使得粉塵之收集量降低，並可能導致粉塵層發生火花而將收集的粉塵吹回氣流中，降低靜電集塵器之收集效率。

(2) 粉塵之電阻係數可分為三個範圍：

(a) $10^4 \sim 10^7$ ohm·cm－低電阻係數

(b) $10^7 \sim 10^{10}$ ohm·cm－正常電阻係數（收集效果最佳）

(c) 大於 10^{10} ohm·cm－高電阻係數

所以臨界值為 10^{10} ohm-cm

(3) 克服高比電阻問題之對策

(a) 調整氣體之溫度及濕度，隨著濕度之增加，粉塵之電阻係數降低，唯應注意所可能衍生之腐蝕問題。

(b) 加入 SO_3、NH_3、蘇打灰等調整劑，其作用相當於電解質，可大大降低電阻係數。

9.44 (1) 寫出靜電集塵器(ESP)計算集塵效率常用之德氏方程式(Deutsch-Andersen Equation)，並說明各符號之意義。

(2) 說明德氏方程氏之缺點（即德氏方程式未描述之現象）並說明如何修正德氏方程式？ **（94 年高考三級）**

解 (1) ESP 計算集塵效率常用之 Deutsch-Andersen 公式：

$$\eta = 1 - \exp\left(\frac{-AW}{Q}\right)$$

其中 η=集塵效率

A=集塵板面積

W=游動速度，Migration Velocity

Q=氣體體積流率

(2) Deutsch-Anderson 公式假設 Migration Velocity W 為一常數，且粉塵粒徑均勻。但實際上，大部分的粉塵由很多大小不同粒徑的粉塵所組成，且其 Migration Velocity 也不會是常數，因此，考慮粉塵粒徑或製程變數與 Migration Velocity 之關聯性，修正之德式公式（又稱為 Allander-Matts 公式）如下：

$$\eta = 1 - e^{-(AW/Q)^n}$$

對於集塵效率之估算，可得到較精確之結果。

9.45 (1) 靜電集塵器之設計一般均使用德意志－安德森公式(Deutsch-Anderson Eq.)，試說明本公式之基本原理並推導本公式。

(2) 若擬將靜電集塵器之除塵效率由原來的 95%提升至 98%，試以德意志－安德森公式計算其收集板面積應增加多少 m^2？若已知原收集板面積為 $2000m^2$，廢氣流量為 $240m^3/min$。 **（97 年專技高考）**

解 (1) 微粒於靜電集塵器之分離示意圖如下：

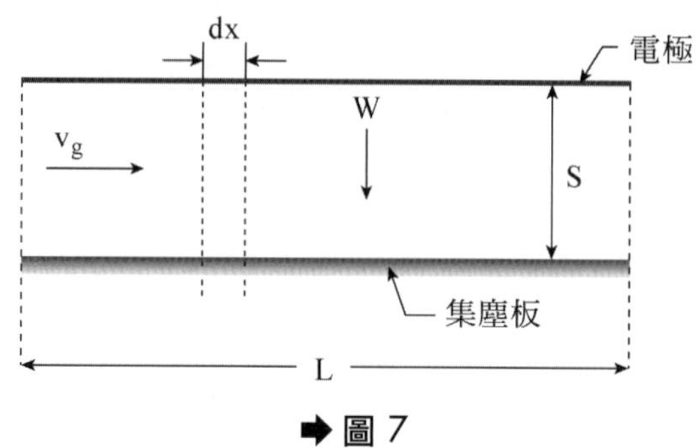

圖 7

左圖 W 為游動速度

v_g 為氣體在通道之速度

L 為集塵板長度

上圖中，微粒流經 dx 距離被收集之粒子分數為 $\frac{dN_p}{N_P}$，所需時間為 $t=dx/v_g$

同一時間內，微粒移動之最大距離 $y=t \cdot W=W/v_g\ dx$

$\frac{y}{s}$ = 到達集塵板被去除之粒子分數

$$\therefore \frac{dN_p}{N_p} = \frac{y}{S} = \frac{-W}{v_g S} dx$$

積分可得

$$\ln N_p = \frac{-Wx}{v_g S} + \ln C$$〔式中 C 表示常數〕

當 $x = 0$ 時 $N_p = N_{p0}$， $x = L$ 時 $N_p = N_{pL}$

$$\therefore N_{pL} = N_{p0} \cdot \exp\left[\frac{-WL}{v_g S}\right]$$

收集效率 η

$$\eta = 1 - N_{pL} / N_{p0} = 1 - \exp\left[\frac{-WL}{V_g S}\right]$$

假設集塵器之寬度為 B，則上式

$$\eta = 1 - \exp\left[\frac{WLB}{v_g SB}\right] = 1 - \exp\left[-\frac{WA}{Q}\right]$$

式中 Q = 氣體流量

A = 收集板面積

W = 游動速度

(2) 95%除塵效率時

$$\eta = 0.95 = 1 - \exp\left[-\frac{W \times 2000}{240}\right]$$

$$\Rightarrow \ln 0.05 = -\frac{W \times 2000}{240} = -2.996$$

$$\Rightarrow W = 0.36 \text{ m/min}$$

欲將除塵效率提升至 98%

$$\eta = 0.98 = 1 - \exp\left[-\frac{0.36 \times A}{240}\right]$$

$$\Rightarrow \ln 0.02 = \frac{-0.36 \times A}{240} = -3.912$$

$$A = 3.912 \times 240 / 0.36 = 2608 \text{ m}^2$$

∴收集板面積應增加 $2608 - 2000 = 608\text{m}^2$

9.46 若一座靜電集塵器(ESP)具有並聯且一樣大小的兩個集塵室，每一集塵室各處理煙道廢氣的一半流量，而此靜電集塵器之除塵效率為 99%。若將廢氣的四分之一流量經過一集塵室而另外四分之三流量經過另一集塵室，請預估此靜電集塵器在此狀況下之除塵效率。 **(98 年高考三級)**

 Anderson Deutsch 方程式：

$$\eta = 1 - \exp\left(-\frac{AW}{Q}\right)$$

其中 A = 集塵板面積

W = 游動速度

Q = 氣體體積流

若並聯操作之兩個集塵室各處理一半廢氣時之除塵效率為 99%

則 $0.99 = 1 - \exp\left(\frac{-AW}{Q}\right)$

$$\Rightarrow \frac{-AW}{Q} = -4.605$$

若今#1 集塵室僅處理 $\frac{1}{4}$ 廢氣（為 $\frac{1}{2}$ 廢氣之 0.5 倍），

$$\exp\left(-\frac{AW}{Q} \times \frac{1}{0.5}\right) = \exp(-9.21) = 0.0001$$

#2 集塵室處理 $\frac{3}{4}$ 廢氣(為 $\frac{1}{2}$ 廢氣之 1.5 倍)，$\exp\left(-\frac{AW}{Q} \times \frac{1}{1.5}\right) = \exp(-3.07) = 0.0464$

除塵效率 $= 1 - \left(\frac{1}{4} \times 0.0001 + \frac{3}{4} \times 0.0464\right)$

$= 1 - 0.0348$

$= 0.9652$

$= 96.52\%$

9.47 列出五種微粒收集設備之基本類型，並敘述每一種中以何種收集物理機程為主？ **（82 年專技檢覆）**

微粒收集設備	收集物理機程
1. 衝擊式沉降室	利用微粒改變方向之慣性衝擊力加上微粒本身重力。
2. 旋風分離器	利用慣性及離心力，使微粒偏離流線向外運動而於內壁被收集。

微粒收集設備	收集物理機程
3. 袋濾室	主要機程：直接截留、慣性衝擊。 次要機程：重力沉降、靜電吸引、擴散、微粒凝結。
4. 靜電集塵器	撞擊充電(Bombardment Charging)：粒徑大於 0.5 μm 的微粒。 擴散充電：粒徑小於 0.1 μm 微粒。 0.1 ~ 0.5 μm 微粒，兩者同樣重要。
5. 濕式洗塵器	慣性衝擊，直接截取，擴散。

9.48 某地區有兩個燃煤電廠和一水泥廠，燃燒一噸煤排放粉塵 95 公斤，生產每噸水泥產生的公斤粉塵。為供應電力與水泥需要量，兩家發電廠每年最低的燃煤量分別為 40 萬噸和 30 萬噸，水泥廠最低的生產量為 25 萬噸。為維持該地區之空氣品質，粉塵的最大允許排放量為 1.76 萬噸／年。現有五種控制方法可採用，其去除率與費用如下表。試求各汙染源採用何種控制措施，才能以最少的費用達到環境品質目標？ **（84 年普考）**

表 12

控制方法	去除率(%)	各排放源控制費用（元／噸煤或水泥）		
		發電廠 1	發電廠 2	水泥廠
隔板沉降室	59	1.00	1.40	1.10
多級旋風除塵	74	不可行	不可行	1.20
長錐旋風除塵	84	不可行	不可行	1.50
噴霧洗滌除塵	94	2.00	2.20	3.00
靜電除塵器	97	2.80	3.00	不可行

解 首先賦予控制方法代號，如下：

隔板沉降室 a

多級旋風除塵 b

長錐旋風除塵 c

噴霧洗滌除塵 d

靜電除塵器 e

計算各方案之粉塵排放量如下表所示：

表 13

方案	發電廠 1	發電廠 2	水泥廠	粉塵排放總量	<17600 噸／年	年處理費／元
1.	d	a	b	19,490	NO	
2.	d	a	c	17,365	YES	1,595,000
3.	d	a	d	處理費比 2 高，不計算		
4.	d	d	a	12,703	YES	1,735,000
5.	d	d	b~d	處理費比 4 高，不計算		
6.	d	e	a~d	處理費比 4 高，不計算		
7.	e	a	b	18,350	NO	
8.	e	a	c	16,225	YES	1,915,000
9.	e	a	d	處理費比 8 高，不計算		
10.	e	d	a	處理費比 4 高，不計算		
11.	e	d	b~d	處理費比 4 高，不計算		
12.	e	e	a~d	處理費比 10 高，不計算		

注意：(1) 因發電廠 2 及水泥廠同時採用控制方法 a 時，其排放量為 $300000\times0.095\times0.41+250000\times0.085\times0.41=20397.50$ 噸／年，已大於允許的 17600 噸／年，故表中不列出出現兩個 a 的方案。

(2) 若發電廠 1 採用控制方法 a，即使發電廠 2 採用 e，水泥廠採用 d，亦無法符合排放量要求，故發電廠 1 採用 a 之方案不列入考慮。由表可知，方案 2 可符合要求，即發電廠 1 採用噴霧洗滌除塵，發電廠 2 採用隔板沉降室，水泥廠採用長錐旋風除塵可以最少的費用達到環境品質目標。

9.49 有一個通風系統的部分風管如下圖所示，其中，D~B 段的流量為 $12\ m^3/min$，C~B 段的流量為 $57\ m^3/min$，風管 D~B 段的直徑為 10 cm，風管 B~C 段的直徑為 22 cm，風管 B~A 段的直徑為 22 cm，風管 D~B 段的靜壓需求為 6.5 cm 水柱高，風管 C~B 段的靜壓需求為 7.5 cm 水柱高，風管的直徑不能變動，且風管 B~A 段的摩擦損失為 1 cm 水柱高。請使用靜壓平衡法計算 B~A 段的靜壓水頭(Static Pressure Head)及流量，本系統溫度為 20°C。 **（84 年專技檢覆）**

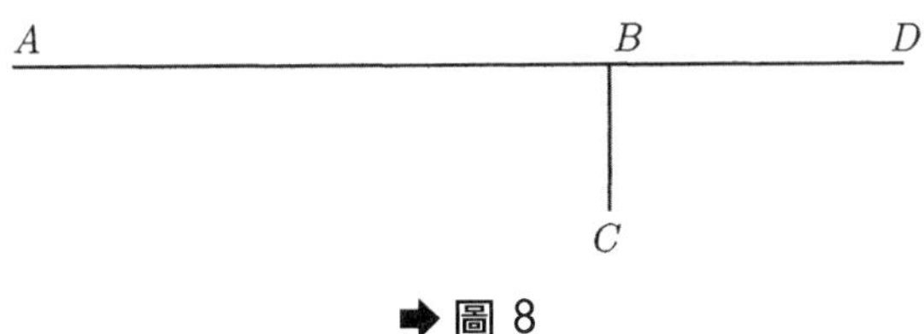

➡圖 8

解 依題意圖示如下：

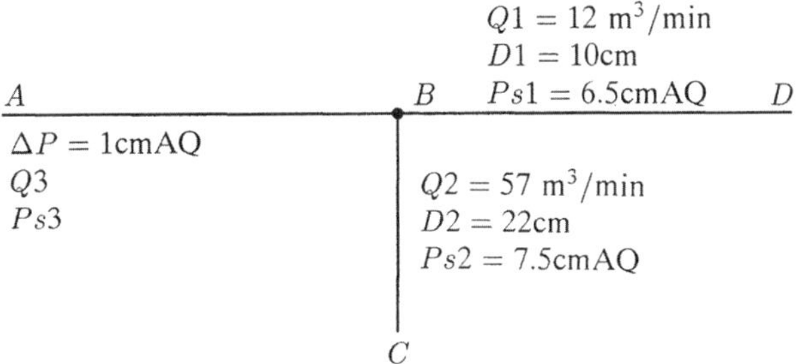

因風管直徑不能變動，且 DB 段之靜壓需求低於 BC 段，故須調整 DB 段之風量使靜壓平衡。

DB 段之風速須調整為：

$$Q_1' = Q_1\sqrt{\frac{P_{s2}}{P_{s1}}} = 12\sqrt{\frac{7.5}{6.5}} = 12.89\ m^3/min$$

$\therefore$ BA 段流量 $= Q_1' + Q_2 = 12.89 + 57 = 69.89\ m^3/min$

BA 段流量調整後之摩擦損失 $\Delta p'$

$$\Delta p' = \Delta p\left(\frac{Q_1'}{Q}\right)^2$$

$$= 1\times\left(\frac{69.89}{69}\right)^2 = 1.026\ cmAQ$$

$\therefore$ BA 段靜壓水頭 $= 7.5 + \Delta p' = 8.526\ cmAQ$

9.50 工廠排氣系統現有風扇轉速 1,600 rpm，常溫下排氣風量為 8,000 acfm，靜壓(SP)為 $6.0''H_2O$。若排氣風量增至 10,000 acfm 時，風扇轉速及靜壓各為若干？（根據風扇定律計算） **（85 年專技高考）**

解 風扇定律(AFFINITY LAWS)

當風扇葉片直徑固定時

$$\frac{Q_1}{Q_2}=\frac{N_1}{N_2}$$

$$\frac{H_1}{H_2}=\left(\frac{N_1}{N_2}\right)^2$$

$$\frac{(BHP)_1}{(BHP)_2}=\left(\frac{N_1}{N_2}\right)^3$$

其中　Q＝排氣風量

N＝轉速

H＝壓力頭(total head)

BHP＝馬力需求(brake horse power)

依題意　$Q_1=8{,}000\ acfm$，$Q_2=10{,}000\ acfm$

$N_1=1{,}600\ rpm$

$H_1=6.0''H_2O$

$$\therefore N_2=N_1\times\frac{Q_2}{Q_1}=1600\times\frac{10000}{8000}=2000\ rpm$$

$$H_2=H_1\times\left(\frac{N_2}{N_1}\right)^2=6\times\left(\frac{2000}{1600}\right)^2=9.375$$

∴若排氣風量增至 10,000 acfm 時，

風扇轉速為 2,000 rpm，

靜壓為 $9.375''H_2O$。

9.51 下列簡要流程為局部排氣系統示意圖，請說明：

(1) 以靜壓平衡法設計整體系統之原理。

(2) 設計風管尺寸、壓力損失和抽風機馬達功率之步驟。　**（95 年普考）**

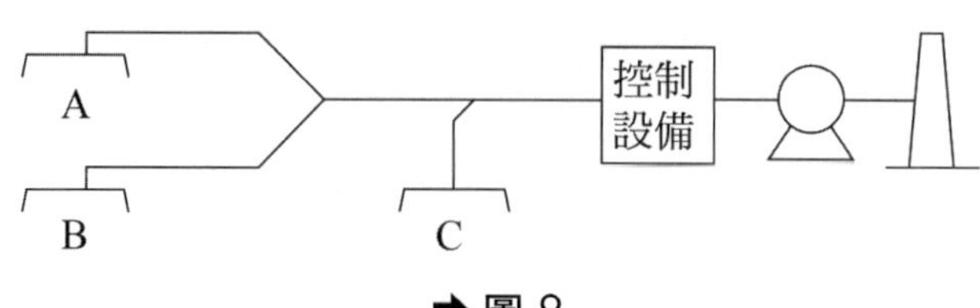

➡圖 9

解 (1) 主要是利用風管之壓力降與速度的平方成正比及與管徑的五次方成反比（圓管）的原理來核算壓力降，調整風管管徑或採用長、短徑肘管(elbow)，使在會流點達到靜壓平衡的方法。

(2) 設計步驟如下：

(a) 先列出氣罩 A,B,C 之風量，進口壓力損失係數及各支管之最小搬運風速，一般粉塵等固體顆粒之搬運風速為 15~25m/s（越重者越快）而一般輸送氣體或蒸氣之搬運風速為 5~10m/s。

(b) 計算並調整 A,B 氣罩至會流點之靜壓平衡。

(c) 計算並調整 C 氣罩支管至主管會流點之靜壓平衡。

(d) 計算最大阻力路徑之壓力降及控制設備壓降，得到系統壓力 profile，並計算抽風機 FTP（揚程）。

(e) 以下式計算風車馬力需求

$$\mathrm{BHP(k\,w)} = \frac{\mathrm{Q(m^3/min)\times FTP(mm-H_2O)}}{6120\eta}$$

η 一般取 0.6

風車馬達馬力需求=1.2BHP

9.52 有一文氏洗滌器(Venturi Scrubber)，其處理之廢氣流量為 11040 acfm(68°F)，粉塵之濃度為 $187\ \mathrm{lb/ft^3}$，液氣比為 $2\ \mathrm{gallon/1000\ ft^3}$，粉塵之平均粒徑為 3.2 μm（相當於 1.05×10^{-5}ft），洗滌係數(Scrubber Coefficient)K=0.4，洗滌器之液滴粒徑為 48 μm，洗滌器之除塵效率為 98%，氣體黏滯性為 $1.23\times10^{-5}\ \mathrm{lb/ft\text{-}sec}$，Cunningham 校正係數為 1.0。

請問：

(1) 此洗滌器之衝擊參數(Impaction Parameter)為多少？

(2) 此文氏洗滌器喉部之氣體速度為多少 ft/sec？

(3) 喉部之直徑為多少 ft？（90 年專技高考）

解 (9-62)Johnstone 方程式

$$\eta = 1-\exp\left[-K(L/G)\sqrt{\psi_1}\right]$$

其中

K：洗滌係數 $=0.4$

$L/G=$ 液氣比 $=2\ gal/1000\ ft^3$

$\psi_I=$ 慣性衝擊參數

(1) 由題意

$$0.98=1-\exp\left[-0.4\times 2\sqrt{\psi_I}\right]$$

$$\therefore -0.8\sqrt{\psi_I}=\ln 0.02$$

$$\sqrt{\psi_I}=4.89$$

$$\psi_I=23.91$$

(2) 慣性衝擊參數 ψ_I

$$\psi_I=K_c\rho_p V_t d_p^2/18\ D\mu_g$$

其中

K_c（Cunningham 校正係數）$=1.0$

$\rho_p=$ 微粒密度 $=187\ lb/ft^3$

$V_t=$ Veturi Scrubber 喉部氣體速度，ft/s

$d_p=$ 平均粒徑 $=1.05\times 10^{-5}\ ft$

$D=$ 液滴直徑 $=48\mu m=1.575\times 10^{-4}\ ft$

$\mu_\delta=$ 氣體黏度 $=1.23\times 10^{-5}\ lb/ft\text{-}sec$

代入上式可得：

$$V_t=40.44\ ft/s$$

(3) 喉部面積

$$A=Q/V_t=11040/60/40.44=4.55\ ft^2$$

$$喉部直徑=\sqrt{\frac{4A}{\pi}}=\sqrt{\frac{4\times 4.55}{\pi}}=2.407\ ft$$

9.53 旋風集塵器是常見之空氣汙染防制設備，可有效去除工廠煙氣中懸浮顆粒直接排放至大氣中。試繪製典型單管「旋風集塵器」剖面圖，標示其關鍵設備尺寸及設計規範，並說明如何推估旋風集塵器之「去除效率」。

（103 年專技高考）

解 (1)「旋風集塵器」剖面圖及關鍵設備尺寸與設計規範參見 9-5 節圖 9.10 說明。

(2) 推估去除效率方法

(a) 先依據旋風集塵器設計諸元（如進口寬度、氣體在旋風集塵器內部之有效轉數）、氣體入口速度、微粒密度等計算出截留直徑 dpc。

(b) 再依據各粒子直徑與截留直徑之比值(dp/dpc)，參考 Lapple 圖得到分離效率。

(c) 依各粒子分離效率(η_i)及其重量百分比(w_i)計算總去除效率

$$\eta = \sum \eta_i w_i$$

9.54 已知某工廠之靜電集塵器由一組平行板面組成，該設備對粒狀物之去除效率為 80%，請問若總電場強度不變前提下，以下不同情況之靜電集塵器的集塵效率分別為何？

(1) 收集板之板長加倍。

(2) 若放入 2 塊相同尺寸之平行板，而板距縮減為 1/3。

(3) 若總廢氣流量加倍。

(4) 若粒狀物之平均粒徑加倍。（105 年專技高考）

解 參見(9-89)式，

$$\eta = 1 - \exp\left(-\frac{W}{V_g}\frac{L}{b}\right)$$

其中

W：Drift Velocity

V_g：氣體流速

L：電極收集板長度

b：板距

去除效率為 80%，代入上式

$$\exp\left(-\frac{W}{Vg}\frac{L}{b}\right)=1-0.8=0.2$$

$$\rightarrow\frac{W}{Vg}\frac{L}{b}=1.60944$$

(1) 若 L 加倍，$\frac{W}{Vg}\frac{L}{b}=1.60944\times 2=3.21888$

$$\eta=1-\exp(-3.21888)=1-0.04=0.96=96\%$$

(2) 板距 b 為原來 1/3，$\frac{W}{Vg}\frac{L}{b}=1.60944\times 3=4.82832$

$$\eta=1-\exp(-4.82832)=1-0.008=0.992=99.2\%$$

(3) 廢氣流量加倍→Vg 為 2 倍

$$\frac{W}{Vg}\frac{L}{b}=1.60944/2=0.80472$$

$$\eta=1-\exp(-0.80472)=1-0.4472=0.5528=55.28\%$$

(4) 依(9-82)式，若粒徑加倍，則 Drift Velocity W 亦加倍，$\frac{W}{Vg}\frac{L}{b}=1.60944\times 2=3.21888$，

$$\eta=96\%$$

9.55 說明如何以調整煙道廢氣性質(Flue Gas Conditioning)的方法來增加靜電集塵器(ESP)對粒狀空氣汙染物的去除效率。 **（104 年高考三級）**

解 粒狀物質之電阻係數大小會影響靜電集塵器之收集效率。當粒狀物質電阻係數低於 10^4ohm-cm 時，易發生再飛揚現象(Reentrainment)降低去除效率；而當電阻係數大於 10^{14}ohm-cm 時，則可能造成反電暈(Back Corona)效應，導致粉塵層發生火花而將已收集的粒狀物又吹回氣流中，降低去除效率。

一般可利用調整劑(Conditioning Agent)如 SO_3 及 NH_3 來調整粒狀物的電阻係數，當其被粒狀物吸收時，其作用相當於電解質，可大大降低電阻係數以改善靜電集塵器之去除效率。

9.56 空氣中細懸浮微粒($PM_{2.5}$)可分為原生性及衍生性兩類。請說明：

(1) 原生性 $PM_{2.5}$ 主要排放來源為何？試列舉 4 項重要來源。

(2) 衍生性 $PM_{2.5}$ 之主要化學成分為何？其主要前驅物為何？

(3) 衍生性 $PM_{2.5}$ 前驅物之主要排放來源為何？各種前驅物試分別列舉 4 項重要來源。 **（101 年專技高考）**

解 (1) 原生性 $PM_{2.5}$ 主要排放來源：

(a) 機動車輛引擎之排氣。

(b) 鍋爐燃燒排放。

(c) 裸露地表（或營建工地）經風力作用引起之揚塵。

(d) 海鹽飛沫。

(2) 衍生性 $PM_{2.5}$ 之前驅物主要有 SO_x、NO_x、VOC_s 與氨等氣態物質。

該等前驅物在大氣環境中經一系列複雜的化學變化與光化學反應即形成衍生物 $PM_{2.5}$，主要為硫酸鹽、硝酸鹽及銨鹽。

(3) $PM_{2.5}$ 前驅物主要排放來源為何：

SO_x：燃煤或燃油鍋爐之排氣。

NO_x：工業燃燒設備排氣、機動車輛引擎排氣。

VOCs：煉油或化學製品、化學材料製造業設備元件。

NH_3：冷凍工廠、化學肥料工廠。

9.57 $PM_{2.5}$的來源，依類別區分為固定源、移動源及逸散源等，請列舉說明各類別二個汙染源。（106 年高考三級）

解 $PM_{2.5}$固定汙染源：燃煤或燃油鍋爐、揮發性有機化學品儲槽。

$PM_{2.5}$移動汙染源：柴油車、二行程機車。

$PM_{2.5}$逸散汙染源：露天燃燒、營建工地、道路揚塵。

9.58 (1) 控制微粒排放的脈衝噴氣式(pulse-jet)濾袋屋的空氣－濾布比（A/C 比，Air-To-Cloth Ratio）如何計算？

(2) A/C 比對濾袋屋體積、除塵效率、濾袋壽命及粉塵餅的壓力降的影響如何？（107 年高考三級）

解 (1) A/C 比(Air-To-Cloth Ratio)亦稱為 Filter Velocity，為濾袋屋每單位濾布面積所通過的氣體量，例如若廢氣量為 4,000 CFM，濾袋屋濾布面積為 2,000 ft^2，則 A/C 比為 4,000/2,000=2 ft/min。

(2) 決定濾袋屋尺寸的最重要參數就是 A/C 比，若採用較低之 A/C 比，則可能選用大而不當之濾袋屋，造成投資浪費。反之若採用較高之 A/C 比，則會使得過濾面積不足，濾餅厚度堆積速度（或壓差上升速度）偏高，對於脈衝噴氣式(pulse-jet)濾袋屋濾袋內側（乾淨側）可能造成負壓，使濾袋內部之脈衝氣流難以將濾袋外部表面之堆積粉塵吹驅完全，導致濾袋容易阻塞而增加洗袋頻率，降低濾袋之使用壽命，連帶也影響濾袋屋之除塵效率。

9.59 何種濕式洗滌器是唯一可以去除次微米微粒的濕式洗滌器，其原理及優缺點為何？（107 年高考三級）

解 文氏洗滌器是唯一可去除次微米(<1μm)微粒的濕式洗滌器。其原理主要是利用氣體通過小截面積的喉部因而產生高速氣流，與注入之液體接觸後將液體霧化，利用這些霧化小液滴與微粒間之慣性衝擊、直接截留與擴散機制將微粒移除。通常慣性衝擊對於粒徑大於 1μm 的微粒是主要收集機制，直接截留則對於粒徑接近液滴直徑之微粒比較重要，另外因為小微粒的擴散效應，其與液滴的接觸機會也較大，故收集效率相對也較高。其優／缺點列表如下：

優點	缺點
1. 空間需求較小（若不考慮廢水處理系統）。 2. 沒有二次粉塵問題。 3. 可同時收集微粒和氣體，降低投資成本。 4. 可冷卻及處理高溫、高濕氣體。 5. 可處理黏著性微粒。 6. 火災及爆炸危害性低。	1. 被吸收的氣體可能產生具腐蝕性的液體。 2. 須處理衍生的廢水問題。 3. 無法回收有價副產品，不利於循環經濟。 4. 白煙問題，因排氣溫度低且濕度高，冬天尤其嚴重。 5. 喉部易有沖蝕問題，需使用經硬化處理材質。 6. 壓差及功率需求高，操作成本較高。若要去除次微米微粒，壓差需高於 100~200 cmH_2O。

9.60 (1) 靜電集塵器常用於火力發電廠及水泥廠的排氣微粒控制，微粒的充電機制及控制效率的理論公式為何？

(2) 微粒的去除效率何以和粒徑呈現 U 字型的曲線關係？效率最低的微粒範圍為何？ （107 年高考三級）

解 (1) 微粒進入靜電集塵器後，與電極線因電暈放電現象而產生的空氣負離子接觸而接電，充電的機制有電場充電(field charging)及擴散充電(Diffusion Charging)兩種。

靜電集塵器控制效率理論公式為

$$\eta = 1 - \exp\left(\frac{-AW}{Q}\right)$$

其中 A=集塵板面積

W=drift velocity

Q=氣體體積流量

(2) 上述靜電集塵器之微粒充電機制中，電場充電對於粒徑大於 1μm 的微粒有效；而擴散充電對粒徑小於 0.3μm 的微粒有效。因此微粒的去除效率會呈現 U 型的曲線關係，去除效率最低的範圍為粒徑介於 0.3μm~1.0μm 之間。

9.61 某既存燃煤電場擬採購低硫煤以降低二氧化硫排放濃度，然而燃煤中硫含量和燃煤飛灰在電場中的漂移速度(Drift Velocity)之四次方成正比，若已知改用低硫煤前的除塵效率為 99%，則當燃煤中硫含量由 2% 降為 1% 時，靜電集塵器的除塵效率變為多少？假設靜電集塵器的操作條件不變。

（107 年專技高考）

解 Deutsch Equation

$$\eta = 1 - \exp\left(\frac{WA}{Q}\right)$$

使用 2%硫含量之除塵效率 99%

$$0.01 = \exp\left(\frac{-W_1 A}{Q}\right)$$

$$\rightarrow \frac{W_1 A}{Q} = 4.6052$$

燃煤硫含量與飛灰在電場中 Drift Velocity(W)之四次方成正比

$$\frac{S_2}{S_1} \propto \left(\frac{W_2}{W_1}\right)^4$$

$$\rightarrow \frac{W_2}{W_1} \propto \left(\frac{S_2}{S_1}\right)^{1/4}$$

式中 S 代表燃煤之硫含量

若燃煤硫含量由 2%降為 1%，則 $W_2 = (0.5)^{1/4} = 0.8409 W_1$

假設 ESP 操作條件不變，ESP 除塵效率

$$\eta = 1 - \exp(-4.6052 \times 0.8409)$$

$$= 1 - 0.0208$$

$$= 0.9792 = 97.92\%$$

9.62 某旋風集塵器(Cyclone)之截取直徑(dp_{cut})為 10μm，試計算下列含塵廢氣（粒徑分布見下表）之總除塵效率為多少？ **（107 年專技高考）**

粒徑範圍(μm)	1-3	3-7	7-15	15-25	25-55
質量分率(%)	5	15	20	40	20

解 $\eta_i = 1 - \dfrac{1}{1+(dp/dpc)^2}$，$dpc = 10\mu m$，旋風集塵器之總除塵效率計算如下表

平均粒徑(dp)，μm	dp/dpc	η_i	質量分率(W_i)，%	$\eta_i W_i$，%
2	0.2	0.085	5	0.1925
5	0.5	0.2	15	3
11	0.909	0.429	20	8.58
20	2	0.8	40	32
40	4	0.94	20	18.82

Σ 62.59%

9.63 請說明下列專有名詞之意涵：

(1) 德意志方程式(Deutsch equation)

(2) 濾阻模式(Filter Drag model)

(3) 穿透曲線(Breakthrough curve)

(4) 受體模式(Receptor model)

(5) 非計量燃燒(Off-stoichiometric combustion) （107 年專技高考）

(1) Deutsch equation 用來計算靜集塵器(ESP)之除塵效率

$$\eta = 1 - \exp\left(\frac{-WA}{Q}\right)$$

其中 W：drift velocity，m/s

A：ESP 收集板面積，m^2

Q：氣體體積流率，m^3/s

(2) 濾阻模式(Filter Drag model)

$$S = K_1 + K_2 W$$

其中 S 為濾布阻力（氣體通過濾布與粉塵餅的阻力）

K_1 為濾布之阻力係數

K_2 為粉塵餅之阻力係數

W 為單位濾布面積之粉塵重量

(3) 穿透曲線(Breakthrough curve)：VOC 之吸附操作設備，吸附劑會隨著吸附之進行而逐漸飽和，使得吸附效率逐漸降低，當達到 Breakthrough point 時（如下圖之 C 點），吸附床對吸附物質之吸附效果急劇降低，出口濃度迅速升高，此一曲線稱為 Breakthrough cure。

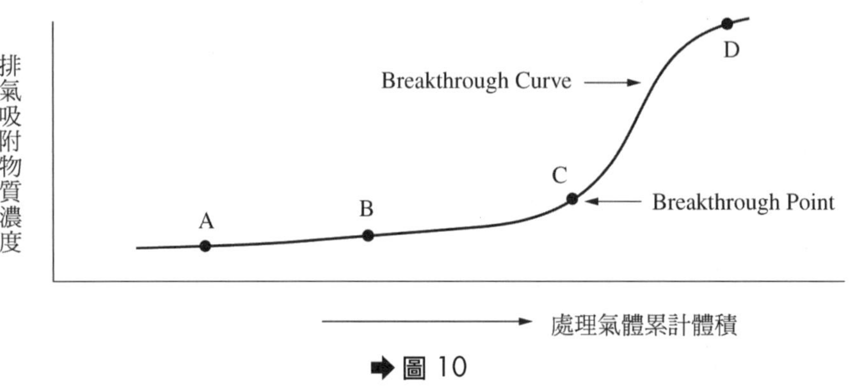

圖 10

(4) 受體模式(Receptor Model)

受體模式是一種利用數學及統計計算方式，於受體位置(Receptor location)鑑別空氣汙染物排放源及定量其濃度的模式；與光化學及擴散模式不同的是，受體模式不使用空氣汙染物排放量、大氣條件數據及化學轉化機制來估算汙染源對受體濃度之貢獻度，受體模式利用於排放源及受體所測得之氣體／微粒的化學及物理特性來鑑別汙染物之存在並定量汙染源對受體濃度之影響。

(5) 非計量燃燒(Off-Stoichiometric Combustion)

為了確保完全燃燒，需加入比理論（計量）空氣更多的空氣量參與燃燒反應，稱為非計量燃燒。

9.64 行政院環境保護署於民國 101 年 5 月 14 日修正空氣品質標準，增訂 $PM_{2.5}$ 空氣品質標準，若某工廠排放的粒狀物其粒徑分布如下表所示，請問：

(1) 其 MMD（mass median diameter，質量中位直徑）是多少？

(2) 如果工廠選擇袋式集塵器(fabric filter)及文式洗滌塔(venturi scrubber)來控制其排放的粒狀物，請說明這二個設備的控制原理。

（108 年高考三級）

粒徑和分級質量百分比(%)

μm	%wt
0-2	8
2-6	26
6-10	34
10-16	18
16-24	12
>24	2

解

(1) MMD（Mass Median Diameter，質量中位直徑）係指微粒樣品中，小於某一粒徑之微粒質量，占全部質量的 50%時，此直徑稱為 MMD。

上表修正及作圖如下：

μm	wt%	μm	累計 wt%
0-2	8	0-2	8
2-6	26	0-6	34
6-10	34	0-10	68
10-16	18	0-16	86
16-24	12	0-24	98
>24	2	0->24	100

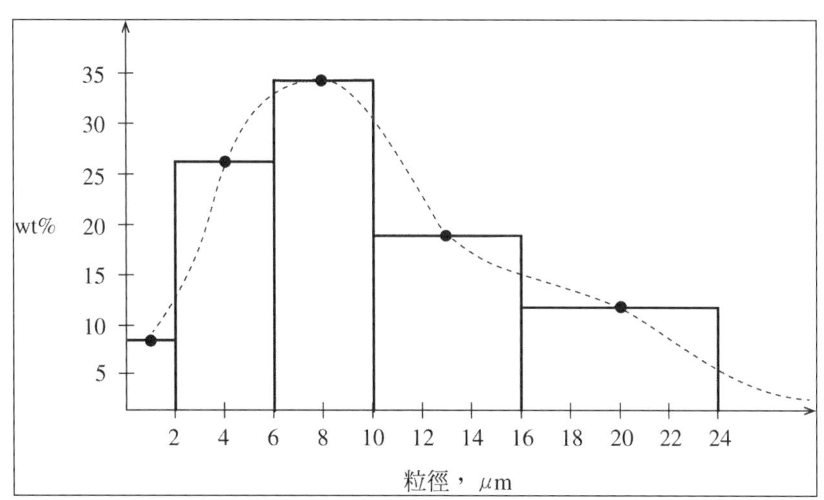

➡圖 11　粒徑質量百分比分布圖

（將各粒徑區間之中點連接起來，如上圖虛線所示，類似高斯分布圖）

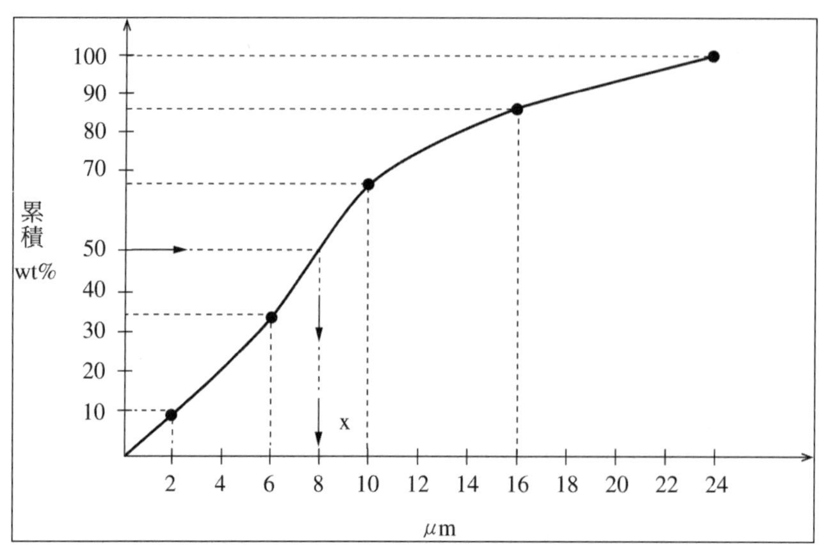

➡圖 12 粒徑質量累積百分比圖，累積 50 wt% 對應之粒徑即為 MMD。

假設為 x，由圖可計算 $\frac{50-34}{x-6}=\frac{68-34}{10-6}$ →x=7.88μm

(2) 袋式集塵器之控制原理，對於粒徑大於 1 微米(μm)的微粒，主要是由慣性衝擊及直接截留收集，1 μm 以下的微粒主要是由擴散及靜電吸引力去除。文式洗滌塔主要係將廢氣由頂部進入，和洗滌液一起流經喉部，由於截面積縮小，高速氣體將洗滌液霧化而達到慣性衝擊、直接截留及擴散去除微粒的目的。

9.65 有一粒狀物控制設備成果效益檢測員，針對該設備排放煙道中粒狀汙染物重量百分率及各分級粒徑的分級效率進行分析，經統計分析後之數據如下表所示，試由下表數據計算總集塵效率。 **（108 年專技高考）**

粒徑 dp(μm)	平均粒徑(μm)	重量百分比(%)	分級效率(%)
1 以下	0.5	1	9
1-3	2	9	55
3-10	6.5	20	80
10-30	20	25	88
30-50	40	22	96
50-100	75	15	99
100-200	150	8	100

解 總集塵效率為

9%×0.01+55%×0.09+80%×0.2+88%×0.25+96%×0.22+99%×0.15+100%×0.08

=87.01%

9.66 某工廠針對其裝設的濾袋集塵器擬進行測試以獲得最佳操作條件。已知其濾材及濾餅的阻力係數分別為 $K_1 = 5\times10^4 N\cdot s/m^3$ 及 $K_2 = 7\times10^4 s^{-1}$，濾袋面積為 5,000m^2，氣體流量為 50m^3/s，而塵粒的濃度為 0.02kg/m^3。

(1) 若操作一天為 8 小時，此濾袋壓力降為何？

(2) 若壓力降達到 2,000Pa 時需進行清洗，則多久應清洗一次？

(3) 此濾袋集塵器的氣布比(air to cloth ratio)為何？並說明合理範圍？

（109 年高考三級）

解 (1) $\Delta P = K_1V + K_2(V)^2L_d\, t$

其中 V 為 filter velocity $= Q/A = \dfrac{50}{5,000} = 0.01m/s$

L_d 為塵粒之濃度=0.02kg/m^3

t 為過濾時間

操作 8 小時之濾袋壓力降

$$\Delta P = 5\times10^4\times0.01 + 7\times10^4\times(0.01)^2\times0.02\times3600\times8$$

=500+4032

=4532N/m^2

=4532pascal

(2) 若壓力降至 2000 pascal 需清洗濾袋，則操作時間為

2000=500+7×10^4×(0.01)^2×0.02t

=500+0.14t

t=10,714 second=2.976 hours

取 10,500 秒=175 min

即每 175 分鐘需清洗濾袋一次

(3) Air-To-Cloth Ratio 即項次 1.之 filter veclocity

$Q/A=0.01m/s=1\ cm/s$

濾袋集塵器的氣布比依濾袋清潔方式而有不同的合理氣布比，如下所示：

(a) 機械震盪法：1~3cm/s

(b) 反向噴氣式：0.5~1.5cm/s

(c) 脈動噴氣式：2.5~7.5cm/s

9.67 某既存靜電集塵器(Electrostatic precipitator, ESP)之除塵效率為 95%，為因應廢氣流量增加 20%及除塵效率提高至 98%之改善需求，請用德意志公式(Deutsch equation)估算收集板面積至少須增加為原來的多少倍？假設靜電集塵器之電場強度不變。 **（110 年專技高考）**

解 假設 ESP 電場強度不變，則 Drift Velocity 不變。

$$\eta = 1 - \exp\left(\frac{-WA}{Q}\right)$$

$$\eta = 0.95\text{時，}\exp\left(\frac{-WA_1}{Q}\right) = 0.05$$

$$\rightarrow \frac{-WA_1}{Q} = \ln 0.05 = -2.996$$

$$\rightarrow A_1 = 2.996Q / W$$

若 η 要提高至 0.98， $Q_2 = 1.2Q$ ，則

$$\exp\left(\frac{-WA_2}{1.2Q}\right) = 0.02$$

$$-\frac{-WA_2}{1.2Q} = -3.912$$

$$\rightarrow A_2 = 4.6944Q / W$$

$$A_2 / A_1 = \frac{4.6944(Q / W)}{2.996(Q / W)} = 1.567$$

收集板面積至少須增加為原來的 1.567 倍

9.68 濕式洗滌塔中，請說明噴灑的水滴尺寸和去除效率的關係。

（110 年高考三級）

解 參見 9-7-2 節。

一般濕式洗滌塔之去除效率可表示為

$$\eta = 1 - \exp[-N_T]$$

其中 $N_T = \left(\frac{V_{dp}}{18\mu_g D}\right)\left(\frac{22h_T}{D_T}\right)$ 使用填充塔場合

$N_T = \frac{3Q_L\eta_T u_T h_T}{2Q_G DV}$ 使用逆流式 (Counter-Flow)濕式洗滌塔場合

$N_T = \frac{3Q_L h_T \eta_T}{2Q_G D}$ 使用橫流式(Cross-flow)濕式洗滌塔場合

上述諸式中，隨著液滴尺寸(D)變小，指數項(exp)數值越小，代表去除效率越高

MEMO

有機揮發性蒸氣及有害氣體之控制

Air Pollution Control
Theory and Design

10-1 前 言

煉油工業、石化工業、半導體業、合成纖維工業、塑膠加工業、印染壓花業、造漆業、皮革處理業及溶劑萃取製程均可能排放大量的揮發性有機氣體(Volatile Organic Compound, VOC)至大氣中而造成汙染；依據「揮發性有機物空氣汙染管制及排放標準」（102 年 1 月 3 日修正公告）定義，揮發性有機物係指在一大氣壓下測量所得初始沸點(IBP: Initial Boiling Point)在 250℃以下有機物之空氣汙染物總稱。但不包括甲烷、一氧化碳、二氧化碳、碳酸、碳酸鹽、碳酸銨、氰化物或硫氰化物等化合物。

一、VOC 對人體之影響

VOC 含碳氫化合物及其衍生物可對人體造成不等程度的傷害。例如：

1. 長期暴露在含有機廢氣環境中→引起皮膚炎
2. 含鹵素之有機廢氣→引起肝炎
3. 芳香烴族碳氫化合物與鹵化物合成體→致癌物

二、VOC 對環境的影響

1. VOC 一經逸散至大氣後，即可能集中在地球大氣層之頂層，造成臭氧層的破壞。
2. 烯烴(Olefins)等 VOC 與其他活性化合物及 NO_x 共存下，受陽光照射發生光化學反應，造成煙霧(Smog)現象，並產生臭氧及有機過氧化物(PAN, PBN etc.)。
   (1) 煙霧現象→能見度降低，使大氣呈褐色。
   (2) 臭氧→侵蝕合成橡膠及紡織品而減少其使用壽命。
   (3) 有機過氧化物→刺激人體呼吸器官而引起咳嗽及胸收縮。
3. VOC 對大氣之影響不像 N_2, CO_2 或微粒物質在大自然中有一趨於平衡的循環流程(Cyclic Process)，而是具有累積性的。VOC 之汙染問題並非局部性的，其影響層面已跨越國界而成為全球性之環保問題。
4. 環保署經多次公聽會後於 86 年 2 月 5 日公告「揮發性有機物空氣汙染管制及排放標準」，並經多次修訂，目前最新條文為 102 年 1 月 3 日修訂公告，對廢氣燃燒塔(Flare)、製程排放管道、揮發性有機液體儲槽、揮發有機液體裝載操作設施、廢水處理設施、設備元件（石化製程之泵浦、壓縮機、釋壓閥、取樣系統、閥、法蘭與製程設備銜接之連接頭）皆詳列相關檢測計畫、檢測作業及設備設置及運作規定事項。

三、防制措施

為了防止有機蒸氣之逸散，可先針對逸散源採取如表 10.1 所示之控制措施。另外亦可將有機蒸氣與空氣合併抽離製程區以進一步處理，此時要特別注意防止有機蒸氣在空氣中之濃度處於爆炸範圍之內，只要有適當之收集系統，含有機蒸氣之氣體即可以下列方式處理：

1. 液體吸收(Absorption)
2. 凝縮成液體（低溫冷凝）
3. 固體表面吸附(Adsorption)
4. 燃燒破壞
5. 臭氧氧化法
6. 生物濾床處理

以下所要介紹的廢氣排放控制系統除了應用在有機蒸氣之移除外，亦可應用於惡臭、有害氣體之控制。

表 10.1 各種 VOC 逸散源之環保控制措施

逸散源	控制措施
泵浦	1. 採雙機械軸封（內含高於製程壓力之阻隔流體）或是具有排氣裝置之軸封（可將外洩氣體導至廢氣處理系統），或逕採無軸封泵浦、罐型馬達式泵浦或隔膜式泵浦等。 2. 定期以 VOC 偵測器（在背景濃度下靈敏度須可測得 500ppm 之洩漏）檢測或是裝設自動軸封失效檢知器。 3. 發現洩漏之 VOC 濃度超過 1000ppm 或以目測發現洩漏時（如液體滴落）則加以標識並予換新或修復，並需在法定期限內修好。若修復工作會造成某一製程單元之停車而導致更多之排放物時，則此修復工作可延至下次定期停車時再執行，但仍需向主管機關核備。
壓縮機	1. 採雙機械軸封（內含高於製程壓力之阻隔流體），或是具有排氣裝置之軸封（可將外洩氣體導至廢氣處理系統）。 2. 同「泵浦控制措施」第 2 項。 3. 同「泵浦控制措施」第 3 項。

表 10.1　各種 VOC 逸散源之環保控制措施（續）

逸散源	控制措施
釋壓閥	1. 除了緊急釋壓期間外，在一般正常操作情況下，必須不得檢測出有任何的排放（其檢測儀器之靈敏度須在背景濃度下可測得 500ppm 之洩漏）。 2. 緊急釋壓結束後，必須在 5 天之內將此釋壓閥回復到正常使用狀態，並加以監測以確保沒有任何排放發生。 3. 對於芳香烴等優先列管之化合物，其相關之釋壓閥以管線導入廢氣燃燒塔或其他處理系統。
採樣系統	採密閉循環式採樣系統或採線上分析系統。
管線末端之閥或開口管線	開口管線端裝設雙重閥、管蓋(Cap)、盲板(Blind Flange)或管塞(Plug)，在正常操作期間需隨時保持關閉狀態。
法蘭	1. 依照各種不同化學品之特性慎選墊圈材質。 2. 定期以 VOC 偵測器檢漏。 3. 同「泵浦控制措施」第 3 項。
管線上的閥	1. 依照各種不同化學品之特性，慎選軸封材質及閥的種類。 2. 在核准操作前所有管線接頭皆應以最大操作壓力以上壓力做水壓或氣壓試驗，以確保無洩漏之虞；在做水壓或氣壓試驗前，各種新裝設之閥也須事先加以測試，以防止在其試驗過程中發生洩漏。 3. 每月以 VOC 偵測器（在背景濃度下，靈敏度須可測得 500ppm 之洩漏）檢測一次，以防止洩漏之發生。 4. 同「泵浦控制措施」第 3 項。
廢水處理	較可能產生揮發性氣體逸散的單元，採用密閉抽氣處理。
冷卻水循環	定期取樣做碳氫化合物之檢測。
貯槽	易揮發之碳氫化合物分別設置氮氣密封或內浮頂式儲槽、壓力儲槽、冷凍儲槽，控制措施則包括將排氣抽至廢氣處理系統（如高溫氧化處理（直接燃燒或觸媒焚化）、洗滌器、吸附槽或生物濾床）或同類化學品貯槽呼吸閥入口管線加裝平衡管設施，以減少因液位升降操作所導致之 VOC 排放。
罐裝作業	加裝平衡管設施。

10-2 液體吸收

一、基本原理

其基本原理是利用氣體與液體間的接觸，氣態汙染物藉著紊流(Turbulence)、分子擴散等質量傳送，以及化學反應等現象傳入液體，達到與進流氣體分離之目的。以液體吸收汙染物之操作對象並不限於本章所述之 VOC，其他如粒狀汙染物，臭氣及有害氣體均可利用這種方式去除之。使用滌氣器(Scrubber)去除氣體汙染物，主要是希望有更多的物質經質量傳送由氣相進入液相，然而物質在液體中的溶解度受到物理或化學平衡的限制，除了水或某些對特定有機氣體具有較高溶解度的液體之外，使用具化學反應性的液體有時可得到更高的氣體吸收效率和更大的液相吸收容量。(例如，SO_2 溶於水是一種物理平衡，但是被氫氧化鈉溶液吸收則屬化學反應，其吸收速率受化學反應速率快慢的影響；使用 2－乙醇胺(Diethanol Amine, DEA)、二甲基苯胺或其他有機化合物吸收 H_2S 、 SO_2 、 CO_2 ；或以石灰乳液吸收酸性氣體等，均可因有化學反應之參與而提高吸收效率及液體吸收容量。)

二、接觸型式

氣體質量傳送量，不只與化學平衡有闕，同時與接觸型式有關。常用的滌氣器之接觸型式有三種：

1. 對流式(Countercurrent)：在垂直的管柱中，液體從上流下，氣體自底部向上。此種對流方式可以提供最佳的氣體擴散及氣/液反應的驅動力(Driving Force)，為最普遍使用的型式。
2. 同流式(Cocurrent)：氣體及液體均自上而下，擴散及反應的驅動力隨著液/氣體之下降而降低，僅適用於氣/液反應速率快或溶解度大的場合。
3. 垂直交流式(Crosscurrent)：氣體與液體之流動方向保持互相垂直，其驅動力介於對流式與同流式之間。

三、吸收液

液體吸收法依使用吸收液之不同而區分為水洗法、酸鹼吸收法及藥液吸收法三種，其特性比較如表 10.2 所示。

表 10.2　各種液體吸收法特性比較

洗滌法	反應	吸收液	吸收液主要成分	去除廢氣種類
水洗法	物理吸收	水	水	氯化氫(HCl)、二氧化硫、酚(phenol)、氨(NH_3)
鹼吸收法	化學吸收	鹼性溶液	苛性鈉(NaOH)、石灰(CaO)	硫化氫(H_2S)、硫醇(Mercaptan, RSH)、有機酸、二氧化硫
酸吸收法	化學吸收	酸性溶液	鹽酸、硫酸	氨、胺類(Amine)
藥液吸收法	化學吸收	氧化劑溶液	次亞氯酸納、過錳酸鉀、重鉻酸鉀	硫醇、醛(RCHO)類、硫化氫

1. 水洗法係以物理吸收方式去除 VOC，此法適用於去除低級醇類、胺類、酮類、醛類及低級有機酸等親水性的成分。表 10.3 所示的是各種含有機蒸氣氣體之低爆炸界限濃度及洗滌水理論需求量。

   水洗法成本低，但其缺點為：

   (1) 水耗用量大。

   (2) 處理效果隨水質變化而變動。

   (3) 放流水須經再處理，否則造成二次汙染。

   (4) 處理效果不佳。

2. 酸、鹼及藥液吸收法，係以化學吸收方式除去廢氣中之汙染物，此法適用於幾不溶解於水的廢氣，但卻會與酸鹼、藥液反應的汙染物，此法處理效果較佳，但其缺點為：

   (1) 吸收液放流前需處理，否則造成二次汙染。

   (2) 藥液的吸收效能隨操作時間下降，需經常補充新鮮藥液。

   (3) 負荷有變動時，處理效果較難控制。

表 10.3 常見有機溶劑之回收特性[3]

有機溶劑蒸氣	低爆炸界限 atm	蒸氣壓(25℃) atm	洗滌水理論需求量(25℃) 水莫耳數／有機蒸氣莫耳數
甲醇(Methanol)	0.061	0.161	4.331
乙醇(Ethanol)	0.035	0.075	9.431
正丙醇(n-Propyl alcoho)	0.021	0.026	17.601
正丁醇(n-Butyl alcohol)	0.017	0.009	26.001
丙酮(Acetone)	0.026	0.291	80.701
丁酮(MEK)	0.018	0.131	128
乙酸乙酯(Ethyl Acetate)	0.022	0.121	364
乙酸丁酯(n-Butyl Acetate)	0.017	0.018	883
乙醚(Ethyl ether)	0.018	0.701	2780
苯(Benzene)	0.015	0.131	－

四、氣體吸收設備

以液體吸收氣體之設備主要可分為六種，如表 10.4 所示，目前以填充塔最為普遍，因其具有下列優點：

1. 構造簡單：內部僅需液體分配器(Distributor)、填料(Packing Material)及支撐格板(Support Grating)等。
2. 壓降低：填料中之空隙大，氣體易於通過，壓降低，氣體處理量大。
3. 填料替換容易：如填料破損或吸收效率降低，可直接置換新的填料或增加填料高度。
4. 可處理腐蝕性氣體：填料由陶瓷或塑膠材料製成，可以抵抗氣體之腐蝕。

近年來，日本 MU 公司開發出一種新型氣液接觸元件－靜止型螺旋狀多孔翼(SSPW: Static Spiral Perforated Wings)，其優異之氣／液接觸效率，可降低洗滌塔設備尺寸從而節省投資費用；另外由於其螺旋式之氣／液流動方式除了可減少氣／液接觸死角外，亦可降低壓損及設備內部結垢阻塞之潛勢（亦即具備自淨功能），從而降低能源耗用及設備拆清與維修費用，目前在日本已逐漸應用在煉鋼廠 COG(Coke Oven Gas)排氣處理，排氣中惡臭成分($H_2S/NH_3/HCl/Cl_2/HCN$)及 SiO_2/ZnO 等金屬氧化物之除塵，亦可應用在碳捕捉系統(CCS: Carbon Capture and Storage System)，相關說明參見 10-3 節。

表 10.4　氣體吸收設備[10]

型式	圖示	說明	使用效果	
			氣體吸收	除塵
噴水式滌氣器 (Spray Tower Scrubber)	圖 10.1	液體自塔頂以霧狀噴灑而下，廢氣由塔底（對流式）或塔頂（同流式）進入，達到氣液接觸之目的。主要用於廢氣之冷卻及微粒物質之去除。	對氣體吸收之效果較差，較少使用。	效果較差，通常適用於收集直徑大於 5μm 微粒。
文氏洗滌器 (Venturi Scrubber)	圖 10.2	為同流式，液相分散型。當液體由喉部射入時，高速廢氣穿剪而過，使吸收液變成霧狀小液滴，產生接觸作用。	由於接觸時間較短，較適用於極易溶解或具有反應性氣體之吸收處理。	對 1μm 以下粒子有超過 90%的收集效率。
填充吸收塔 (Packed Scrubber)	圖 10.3	為液相分散型設備，填充塔內充填有不同形狀的填充材，用以將塔頂噴灑而下的吸收液體分散成薄膜，使其與來自塔底（或塔頂）的廢氣，發生連續性的接觸、冷卻及吸收作用。	在下列 3 種條件下，適用本型式之吸收設備： (1) 欲處理的廢氣量大。 (2) 吸收液對汙染物之溶解度不大。 (3) 吸收反應速率較慢。	若氣體之含塵量太高，易發生阻塞，故通常用於處理微粒濃度小於 0.45g/m^3 的廢氣。可收集直徑大於 3μm 的微粒以及大部分介於 1~2μm 的微粒。
隔板式滌氣器	圖 10.4	塔中有多個平行萃盤(Tray)將塔分成數段，每塊萃盤上有多個氣孔（如篩孔萃盤 Sieve-Tray），有的則在氣孔上另蓋以鐘形罩（如泡罩萃盤 Bubble-Cap Tray）。廢氣自萃盤下方通過氣孔，與萃盤上的液體接觸而產生吸收作用。	一般常用於化工製程，較不用於廢氣處理。	可成功地收集粒徑大於 1μm 的微粒，但對於更小的微粒，其效率不如文氏洗滌器。
浮動床式滌氣器 (Floating Bed Scrubber)	圖 10.5	利用低密度材料填充浮動床，使氣液於此接觸以達到淨化氣體之目的。		

表 10.4 氣體吸收設備[10]（續）

型式	圖示	說明	使用效果	
			氣體吸收	除塵
MU 洗滌器 (MU Scrubber)	圖 10.6	使用一種新開發的靜止型螺旋狀多孔翼(SSPW, Static Spiral Perforated Wings)來取代萃盤或填充床，氣體處理量大且無泛濫(Flooding)及結垢阻塞之困擾。	氣體空塔速度可達 20m/s，尤其適用於可能伴生固體反應物之氣／液吸收操作，無結垢阻塞困擾。	對粒徑小於 1μm 之微粒去除效率可達 90%以上，串聯操作可達 99.9%。

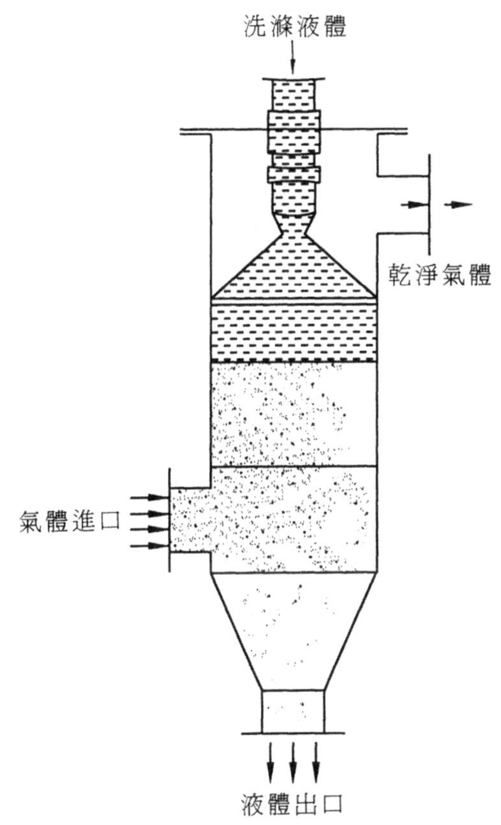

➡圖 10.1 噴水式滌氣器[10]

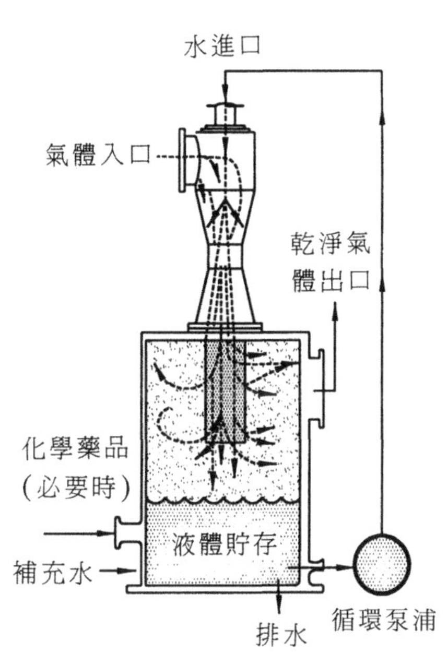

➡圖 10.2 文氏洗滌器（水再循環）[10]

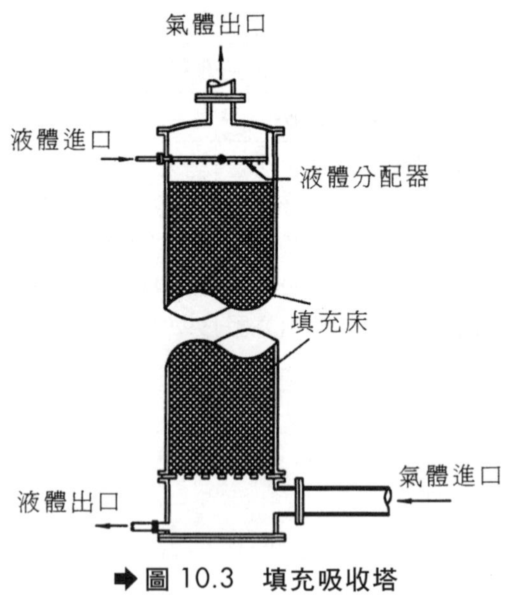

➡圖 10.3　填充吸收塔

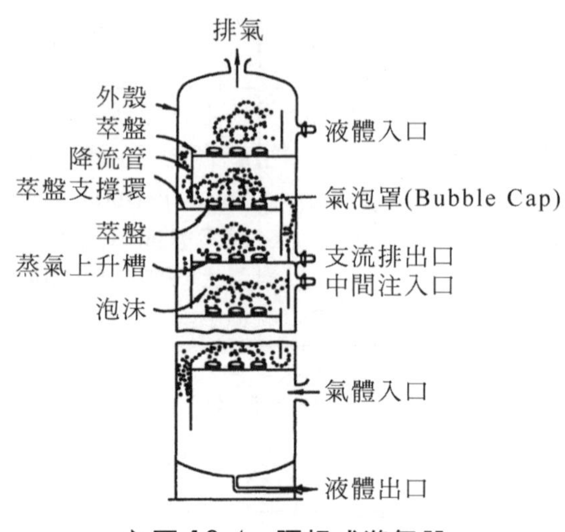

➡圖 10.4　隔板式滌氣器

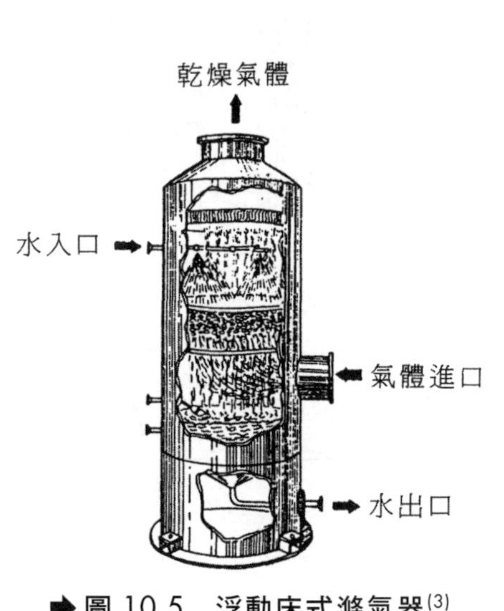

➡圖 10.5　浮動床式滌氣器[3]

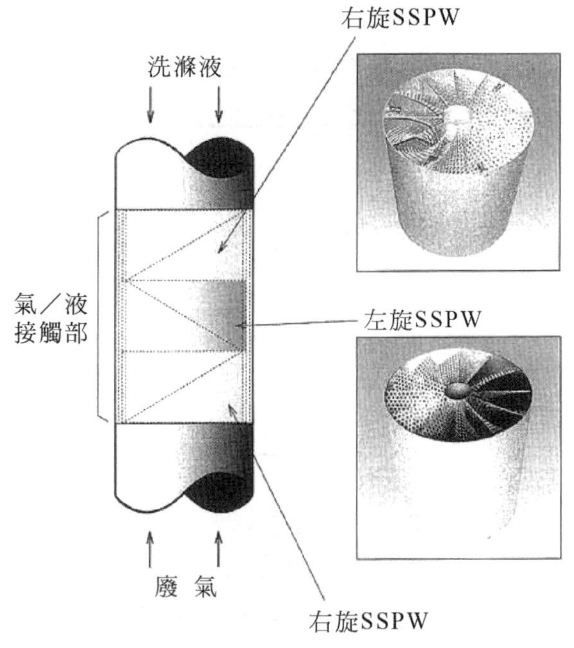

➡圖 10.6　MU 洗滌器[24]

10-2-1 填料(Packing Material)

一、填料之種類

填充塔中充滿了填料，其功用在於提供液氣兩相之接觸面積，以達到質量傳送的效果，常用的填料如圖 10.7 所示，說明如下：

1. 拉西環(Raschig Ring)：由瓷質、黏土、碳或金屬（通常為不鏽鋼）製成，直徑與長度相等之薄壁環，如圖 10.7 之(a)，其優點為價格低廉，質輕，孔隙度及比表面積大，阻力小，故被廣泛使用。
2. 萊興環(Lessing Ring)及分壁環(Partition Ring)：如圖 10.7 之(b)，其形狀類似拉西環，只是環中加設分壁，進一步提高分液或分氣之效率。
3. 波爾環(Pall Ring)：如圖 10.7(c)，環壁部分向內彎曲，以增加氣液相之循環流動及接觸面積。
4. 貝爾鞍(Berl Saddle)：如圖 10.7(d)，和前述三種環狀填料相比，可得到較大的濕潤面積(Wetting Area)，接觸效果較佳，阻力不大，但價格較昂貴。
5. 英特洛克斯鞍(Intalox Saddle)：如圖 10.7(e)，此形狀設計之目的，主要在隨意堆置填料(Random Packing)時，可得到較高之濕潤面積。
6. 泰勒緞帶結(Teller Rosette)：可用塑膠材質製造，壓降較低，泛溢(Flooding)限制比拉西環或貝爾鞍高，質輕，但價格較貴，如圖 10.7(f)。
7. 陶球(Ceramic Ball)：如圖 10.7(g)，接觸效果比拉西環佳，但壓降較大，易產生流動化(Fluidization)現象。
8. 金屬線圈型(Wire Mesh Packing)：如圖 10.7(h)，效率高，壓降較低。
9. 木條板：如圖 10.7(i)，可適用於中性、微酸或微鹼性液體。
10. 螺旋環(Spiral Ring)：如圖 10.7(j)表示三種不同形狀之螺旋環，乃拉西環之改良型，可增加填料之表面積，但需要整齊堆置於吸收塔內，人工成本較高。

上述各種填料中以拉西環(Rasching Ring)、波爾環(Pall Ring)及貝爾鞍(Berl Saddle)最為廣泛使用。

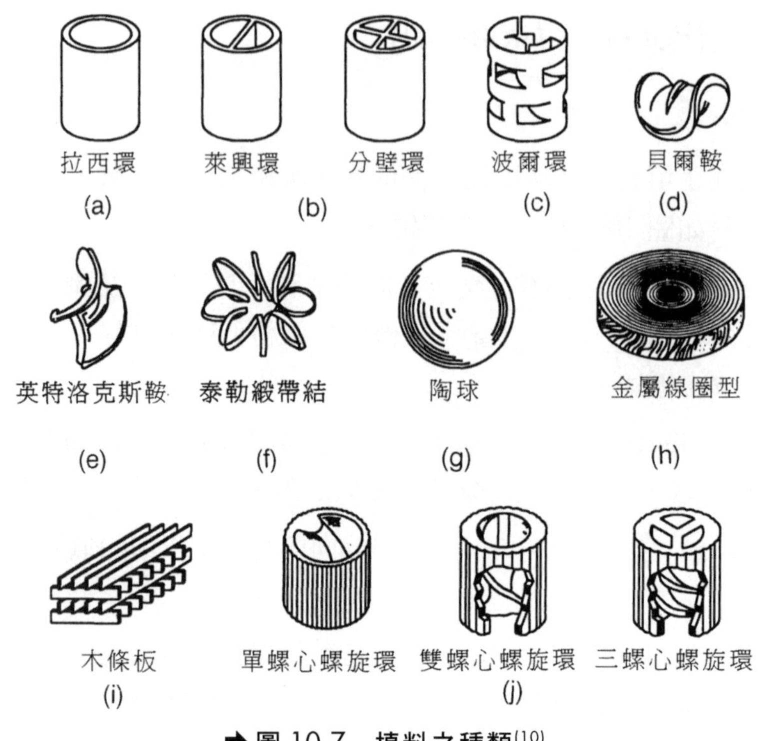

➡圖 10.7　填料之種類[10]

二、填料之裝填

填料之裝填有兩種方式：

1. 隨意堆置(Random Packing or Dumped)：通常用於小型填充塔，上述前 8 種填料適用此種方式之裝填。
2. 整齊堆置(Stacked or Structural Packing)：適用於大型吸收塔，如木條板或螺旋環之裝填。

三、填料之物理特性

各種填料之物理特性如表 10.5 及表 10.6 所示。

表 10.5 填料之物理特性[10]

填料種類	材質	尺寸，吋	壓實密度 (Bulk density) Kg/m^3	比表面積，a m^2/m^3	孔隙度，ε
隨意堆置					
拉西環	不鏽鋼	1/2×1/2	1236	420	0.84
		1×1	1172	187	0.85
拉西環	瓷質	1/2×1/2	803	400	0.64
		1×1	642	190	0.73
		2×2	594	92	0.74
拉西環	碳	1/2×1/2	433	374	0.74
		1×1	433	187	0.74
		2×2	433	93.5	0.74
萊興環	瓷質	1×1	803	226	0.66
		2×2	786	105	0.68
波爾環		1×1	530	217.5	0.934
		2×2	441	120	0.94
貝爾鞍	瓷質	1/2	867	466	0.63
		1	722	249	0.69
		1 1/2	610	144	0.75
英特洛克斯鞍	瓷質	1/2	546	623	0.73
		1	546	256	0.78
		1 1/2	482	197	0.81
整齊堆置					
拉西環	瓷質	2×2		105	0.80
單螺心螺旋環	陶質	3 1/4×3	835	111.5	0.66
		4×4	883	91.8	0.67
		6×9	819	62.3	0.70

表 10.6　填料之特性（隨意堆置）[10]

填料種類	材質	1/4"	3/8"	1/2"	5/8"	3/4"	1"	1~1/4"	1~1/2"	2"	3"	3~1/2"
英特洛克斯鞍	瓷質	F:600	330	200	–	145	98	–	52	40	22	–
		ε :0.75	–	0.78	–	0.77	0.075	–	0.81	0.79	–	–
		a:300	–	190	–	102	78	–	59.5	36	–	–
		F:1,600[a,c]	1,000[a,c]	640[d]	380[d]	255[d]	160[c]	125[a,f]	95[f]	65[g]	37[a,h]	–
拉西環	瓷質	ε :0.73	0.68	0.63	0.68	0.73	0.73	0.74	0.71	0.74	0.78	–
		a:240	155	111	100	80	58	45	38	28	19	–
		F:900[a]	–	240[a]	–	170[i]	110[i]	–	65[i]	45[a]	–	–
貝爾鞍	瓷質	ε :0.60	–	0.63	–	0.66	0.69	–	0.75	0.72	–	–
		a:274	–	142	–	82	76	–	44	32	–	–
		F:	–	–	97	–	52	–	32	25	–	16
波爾環	塑膠	ε :	–	–	0.88	–	0.90	–	0.905	0.91	–	–
		a:	–	–	110	–	63	–	39	31	–	23.4
		F:	–	–	70	–	48	–	28	20	–	16
波爾環	金屬	ε :	–	–	0.902	–	0.938	–	0.953	0.964	–	–
		a:	–	–	131.2	–	66.3	–	48.1	36.6	–	–
		F:700[a]	390[a]	300[a]	258	185[a]	115[a]	–	–	–	–	–
拉西環	金屬	ε :0.69	–	0.84	–	0.88	0.92	–	–	–	–	–
（環壁厚 1/32 吋）	金屬	a:236	–	128	–	83.5	62.7	–	–	–	–	–
		F:	–	410	290	230	137	110a	83	57	32[a]	–
拉西環	金屬	ε :	–	0.73	–	0.78	0.85	0.87	0.90	0.92	0.95	–
（環壁厚 1/16 吋）	金屬	a:	–	118	–	71.8	56.7	49.3	41.2	31.4	20.6	–

F：填充係數，ε ：孔隙度，ft^3 孔隙/ft^3，a：比填料表面積 ft^2/ft^3 塔體積。
a：外插值，b.壁厚 1/32 吋，c：壁厚 1/16 吋，d：壁厚 3/32 吋。
e：壁厚 1/8 吋，f：壁厚 3/16 吋，g：壁厚 1/4 吋，h：壁厚 3/8 吋，i：Leva 氏資料。

10-2-2 偏流(Channeling)、負載點(Loading Point)、泛溢點(Flooding Point)

一、概說

1. 偏流：填充塔內有兩相流動時，若液體只順著部分路徑流過填料而無法分布於整個填充床(Packing Bed)，此種現象稱為偏流。通常在低流量狀況下較容易發生，偏流易導致低效率之質量傳送。
2. 負載點：當氣體之流速很小時，液體由塔頂沖刷而下，幾乎不受氣流之影響，但隨著氣體流量逐漸增大到某程度時，液體之下降開始受到氣流之阻礙，於是部分液體積留在填料上，此程度稱為負載點。
3. 泛溢點：若氣流再增大，液體流動所受阻力更大，在極端情形下，液體即無法流下而由塔頂溢出，此程度稱為泛溢點。

二、氣流與壓降

圖 10.8 為填充塔內氣流與壓降之關係，b,c,d,e 線為有液流存在之填充塔，a-a 為無液流存在之乾燥填料。縱軸為壓力降，橫軸為氣體流量，當氣體流量 G 增加時，壓降上升，c 點為負載點，e 點為泛溢點，在負載點時，氣體流量若稍稍增加，則壓降急速上升而至泛溢點。

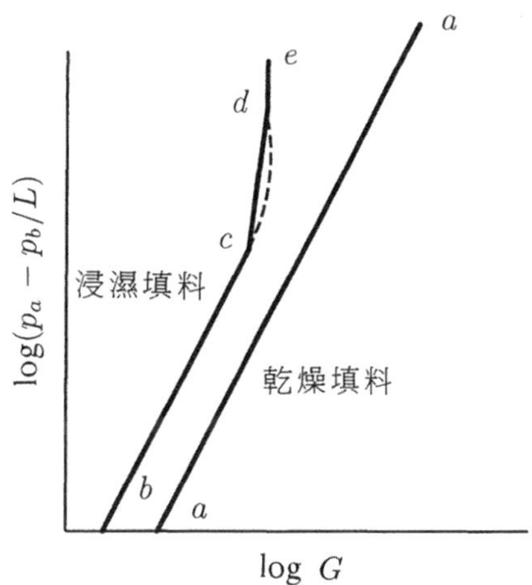

➡ 圖 10.8 填充塔的壓降
（c：負載點，e：泛溢點）

吸收操作必須操作在泛溢點以下，亦即以氣體流量不造成泛溢現象為其界限，一般常用氣體流量為造成泛溢點氣體流量再乘以泛溢率(Flooding Ratio) f 。

陶、磁質填料 $\begin{cases} 1.\text{不發泡場合} f = 0.5 \sim 0.7 \\ 2.\text{胺液、鹼液} f = 0.4 \sim 0.5 \end{cases}$

金屬填料 $\begin{cases} 1.\text{不發泡場合} f = 0.5 \sim 0.7 \\ 2.\text{發泡(Foaming)場合} f = 0.5 \sim 0.6 \end{cases}$

10-2-3 塔徑之決定及壓降計算

一、塔徑之決定

利用圖 10.9 可求得塔徑，步驟如下：

1. 計算橫座標 $\frac{L'}{G'}\sqrt{\frac{\rho_G}{\rho_L}}$（$L', G'$：單位截面積之液體、氣體質量流率，$Kg/m^2hr$）。（$\rho_G, \rho_L$：氣體、吸收液體密度）
2. 由圖 10.9 之泛溢(Flooding)線查得縱座標 Y。
3. 選定填料種類，由表 10.6 查得 F，再依下式求 G'。

$$G' = \left[\frac{Y \cdot g_c \cdot \rho_G \rho_L}{F(\mu_L)^{0.2} \cdot \left(\frac{\rho_w}{\rho_L}\right)}\right]^{1/2} \quad \text{(10-1)}$$

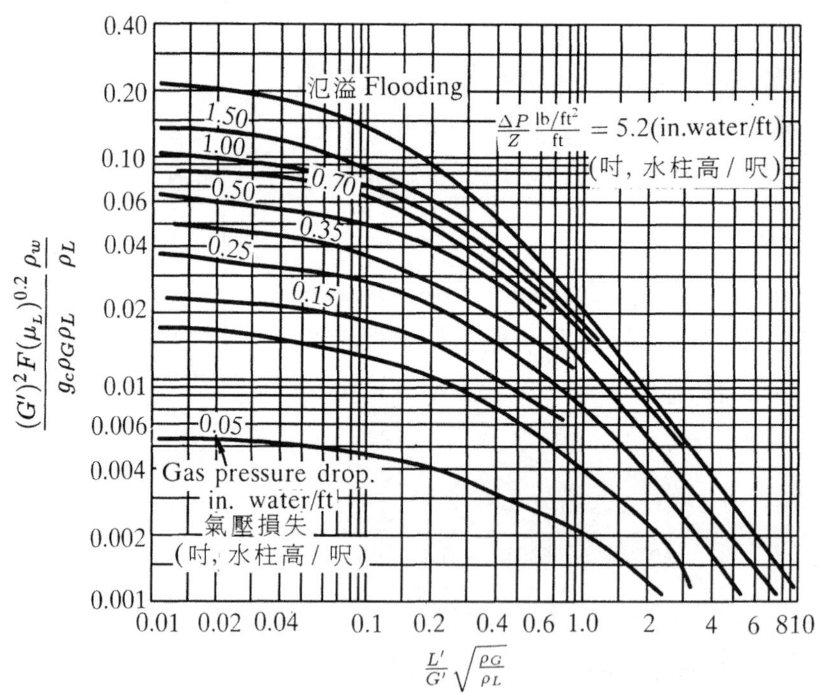

➡ **圖 10.9 隨意堆置式填充塔之泛溢及壓力損失**[1]

註：G'及 L'之單位為 $lb/s \cdot ft^2$，g_c 之值為 $32.2 lb/lb_f, s^2$, μ_L 之單位為 Centipoises，ρ_G, ρ_L 及 ρ_W 之單位為 lb_m/ft^3

式中：

F = 填充係數

μ_L = 吸收液體黏度，CP

ρ_w = 水的密度

各符號單位參見圖 10.9 說明

4. 利用下式計算吸收塔之截面積

$$S = \frac{G}{f\,G'} \quad \cdots\cdots (10\text{-}2)$$

G：氣體流量，Kg/hr 或 lb/hr；

f：泛溢率，一般取 0.6，發泡(Foaming)、胺液、鹼液場合取 0.5。

5. 由下式計算塔徑

$$D_T = \sqrt{\frac{4S}{\pi}} \quad \cdots\cdots (10\text{-}3)$$

6. 核對填料尺吋與塔徑是否符合要求，一般建議如下：

塔徑，ft（英呎）	填料尺寸，in（英吋）
<1.0	<1
1.0~3.0	1~11/2
>3.0	2~3

二、壓降計算

填充吸收塔之壓降可利用 Leva 經驗式求得，此公式之適用範圍只在負載點之流速以下，且填料為隨意堆置者為限。

$$\frac{\Delta P}{z} = m \cdot (10^{-8}) \times 10^{(n \cdot L'/\rho_L)} \times \left(\frac{G'^2}{\rho_G}\right) \quad \cdots\cdots (10\text{-}4)$$

式中　ΔP：壓降，以 Kg/m^2 或 lb/ft^2 表示

z：填料高度，m 或 ft

G', L'：單位截面積之氣體、液體質量流率，Kg/m^2hr 或 lb/ft^2hr

ρ_L, ρ_G：液體、氣體密度，Kg/m^3 或 Lb/ft^3

m, n：常數，見表 10.7（公制）及表 10.8（英制）

表 10.7　Leva 經驗式之 m 及 n 值（公制）

填料		m	n	適用範圍 $L, Kg/m^2 \cdot hr$	$\Delta P/Z$ $[Kg/m^2 \cdot m]$
種類	尺寸（吋）				
拉西環	1/2	1495	0.236	1500~42000	0~42
	3/4	354	0.01478	8800~53000	0~42
	1	345	0.01422	1800~132000	0~42
	1 1/2	130	0.01307	3500~88000	0~42
	2	120	0.00968	3500~105000	0~42
貝爾鞍	1/2	650	0.01115	1500~6900	0~42
	3/4	259	0.00968	1800~7000	0~42
	1	172	0.00968	3500~140000	0~42
	1 1/2	86	0.00738	3500~105000	0~42
英特洛克斯鞍	1	134	0.00909	12000~70000	0~42
	1 1/2	59.8	0.00738	12000~70000	0~42
（碳鋼）波爾環	1	64.8	0.00853	—	—
	1 1/2	34.5	0.0091	—	—
	2	25.9	0.00683	—	—

表 10.8 Leva 經驗式之 m 及 n 值（英制）[10]

填料種類	尺寸（吋）	m	n
拉西環	1/2	139	0.00720
	3/4	32.90	0.00450
	1	32.10	0.00434
	1 1/2	12.08	0.00398
	2	11.13	0.00295
貝爾鞍	1/2	60.40	0.00340
	3/4	24.10	0.00295
	1	16.01	0.00295
	1 1/2	8.01	0.00225
英特洛克斯鞍	1	12.44	0.00277
	1 1/2	5.66	0.00255
Drip-Point Grid Tiles	NO.6146		
	Continuous flue	1.045	0.00214
	Cross flue	1.218	0.00227
	NO.6295		
	Continuous flue	1.088	0.00224
	Cross flue	1.435	0.00167

練習 10.1

一座以 1 英吋瓷製拉西環為填料之填充塔，每小時可處理 25,000ft^3 的氣體，氣體中 NH_3 的含量為 2vol%，以不含氨之水為吸收劑，溫度 60°F，壓力 1atm，氣體對液體流速比為 1.0，試求塔之直徑。

解 氣體之平均分子量為 29×0.98+17×0.02=28.7

$$\rho_G = \frac{PM}{RT} = \frac{1\times 28.7}{0.73\times(460+68)} = 0.0745 lb/ft^3$$

$$\rho_L = 62.4 b/ft^3$$

$$\frac{L'}{G'}\sqrt{\frac{\rho_G}{\rho_L}} = \sqrt{\frac{0.0745}{62.4}} = 0.0346$$

由圖 10.9 查得縱座標 Y = 0.18

查表 10.6, $F = 110, \mu_L = 1cp, (\rho_w / \rho_L) = 1$

$$G' = \left[\frac{0.18 \times 32.2 \times 0.0745 \times 62.4}{110 \times (1)^{0.2} \times (1)}\right]^{1/2}$$
$$= 0.495\ lb / ft^2\ sec$$

以泛溢率 0.6 設計

$$S = \frac{(25000 \times 0.0745 / 3600)}{0.6 \times 0.495} = 1.742\ ft^2$$

$$D_T = \sqrt{\frac{4S}{\pi}} = 1.49\ ft$$

10-2-4 填充高度之計算

在進行填充高度計算之前，先針對質傳理論說明如下：

一、吸收速率式

1. 雙膜理論

在氣體吸收過程中，氣體吸收之難易有賴於氣液兩相間趨向平衡之推動力(Driving Force)的大小（一般為濃度差），而吸收速率則視其質量傳送之阻力而定。Whitman 雙膜理論(Two-film Theory)如圖 10.10 所示，在沿著氣相和液相相接的界面上，不論是氣體側或液體側均形成一層穩定的薄層，而氣相溶質分子傳送液相之阻力，完全集中於此。此係因為溶質分子在不具濃度差之氣體中，以對流形式傳到氣膜的邊緣，然後以擴散方式穿過薄膜而抵達界面，由於被吸收物在這種境膜(Boundary Film)內的擴散很慢，因而就成為物質傳送的阻力。物質傳入液膜而後入液體的情況和在氣體中的過程是一樣的。

在穩定狀態(steady-state)且無化學反應時，物質於氣相和液相單位時間、單位面積內之傳送量 N_A (Kg-mole/m^2・hr)相等

$$N_A = K_G(y - y_i) = K_L(x_i - x) \quad \text{(10-5)}$$

K_G, K_L：氣相，液相質傳係數，Kg-mole/m^2・hr

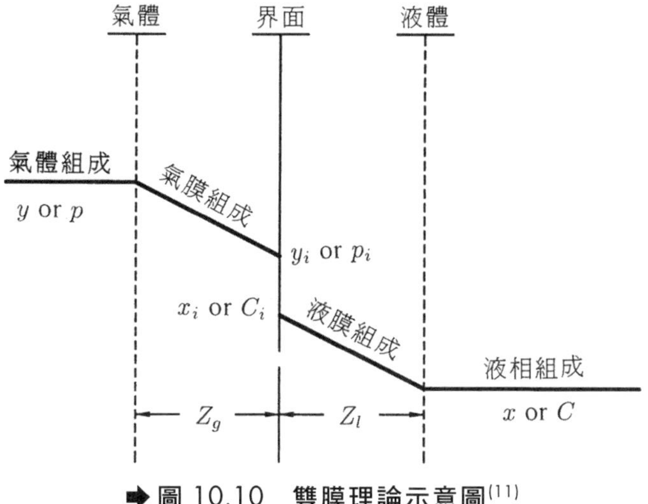

圖 10.10 雙膜理論示意圖(11)

(10-5)式可改寫為

$$\frac{K_L}{K_G}=\frac{y-y_i}{x_i-x} \qquad (10\text{-}6)$$

(10-6)式中，

K_L/K_G 代表圖 10.11 中，$\overline{AB}$ 線之斜率，即氣液相質傳之相對阻力。

$y-y_i$ 代表圖 10.11 中，$\overline{AE}$ 線段，即氣相質傳推動力。

$x-x_i$ 代表圖 10.11 中，$\overline{AF}$ 線段，即液相質傳推動力。

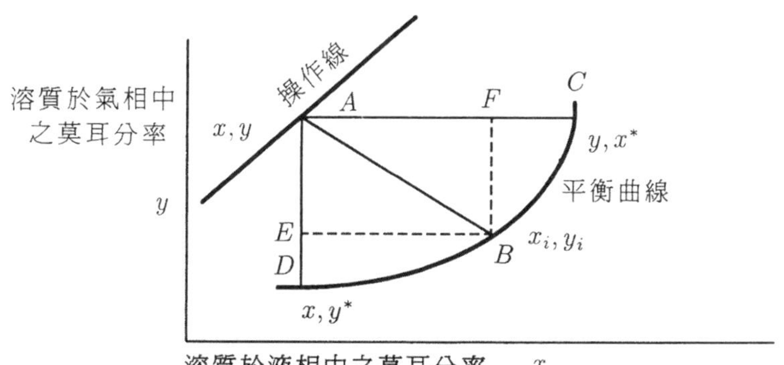

圖 10.11 質傳推動力、阻力說明圖(11)

2. 液膜阻力控制程序(Liquid-film Resistance Controlling Process)

即氣相質傳阻力很低時，$y \approx y_i$，整個系統的質傳阻力在液相。當溶質不易溶解於液體之吸收操作屬之，如何促進液相之擾動(Turbulence)，在設計上應特別注意。

3. 氣膜阻力控制程序(Gas-film Resistance Controlling Process)

即液相質傳阻力很低時，$x \approx x_i$，整個系統的質傳阻力在氣相，當溶質易於溶解在液體之吸收操作屬之。

二、吸收塔之操作線(Operating Line)及最小液氣比(Liquid-Gas Ratio)

吸收塔之操作線繪製乃是求取填料高度時必須應用到的，圖 10.12 為吸收塔之物料平衡圖。

圖 10.12 中：

G,L ：氣液體總莫耳數／（單位面積）（單位時間）

G_s ：不溶解氣體莫耳數／（單位面積）（單位時間）

L_s ：不含溶質之吸收液莫耳數／（單位面積）（單位時間）

y ：溶質於氣體中之莫耳分率

Y ：氣體中溶質與不溶解氣體之莫耳比

x ：溶質於液體中之莫耳分率

X ：液體中溶質與吸收液體之莫耳比

圖 10.12 中之變數有如下關係：

$$Y = \frac{y}{1-y} \qquad (10\text{-}7)$$

$$G_s = G(1-y) = \frac{G}{1+Y} \qquad (10\text{-}8)$$

$$X = \frac{x}{1-x} \qquad (10\text{-}9)$$

$$L_s = L(1-x) = \frac{L}{1+X} \qquad (10\text{-}10)$$

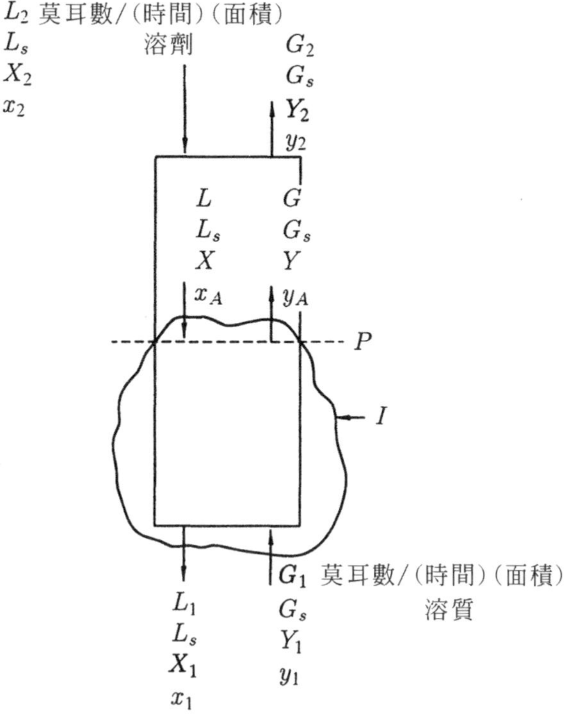

➡ **圖 10.12 吸收塔之物料平衡圖**[12]

因為在吸收塔中，不溶解氣體與吸收溶劑莫耳數基本上是不會改變的，因此我們可對圖 10.12 的下半部做一溶質的質量平衡

$$G_s(Y_1 - Y) = L_s(X_1 - X) \quad \text{(10-11)}$$

此即吸收塔操作線之方程式。當座標為 X，Y 時，斜率為 L_s / G_s。在設計吸收塔時，下列變數為已知：

G：所要處理的氣體量

y_1, y_2：吸收塔塔底入口，塔頂出口氣體中溶質的濃度百分比

x_2：吸收劑於塔頂入口處溶質的濃度百分比

而所需之液體量為未知。由(10-11)式我們可知操作線之斜率為 L_s / G_s，由圖 10.13(a)可看出，操作線一定會通過 D 點，並與通過縱座標 Y_1 之水平線有交點 E 或 F 或 M。若操作線為 DE，則塔底液體之溶質濃度為 X_1。若使用的液體量減少，則塔底液體溶質濃度隨之提高，如圖 10.13(a)中之 F 點；但由於質傳推動力較低，吸收將更為困難，液氣接觸所需時間將增長且填充床高度也要更高。由操作線 DM 所對應之液氣

比（即DM線的斜率）即為最小液氣比，此時可求得最小液體需求量。DM線與平衡線之切點為P，在P點，質傳之推動力為零，所需之接觸時間及填充床高度均為無限大。

通常平衡線會向上凹曲，如圖 10.13(b)所示，故最小液氣比可由液體出口與氣體入口之平衡濃度所對應之點求得。

一般在吸收塔設計上，吸收液體流量為 L_s(min)的 1.3~1.7 倍。

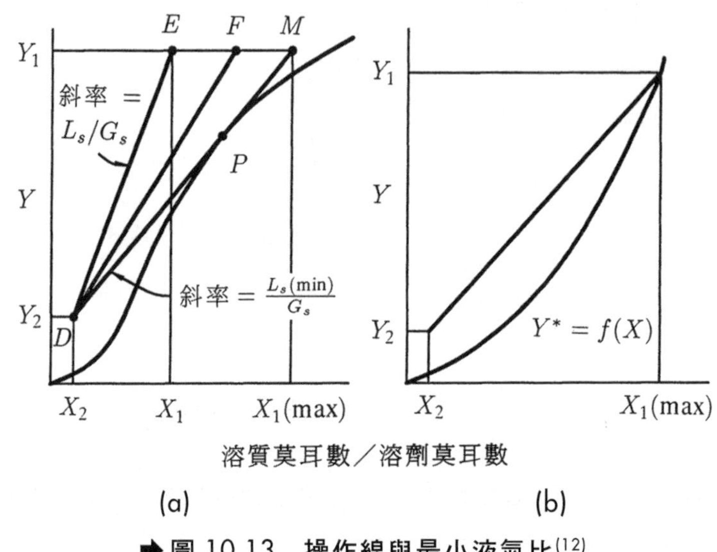

➡圖 10.13　操作線與最小液氣比[12]

三、填料高度計算

填料高度可以下式計算

$$z = N_{OG}H_{OG} \qquad (10\text{-}12)$$

式中 z ：填料高度

N_{OG} ：質量傳送單位(Number of Transfer Unit)

H_{OG} ：傳送單位高度(Height per Transfer Unit)

1. N_{OG} 求法

(1) 一般排氣中汙染氣體的含量低於 10%，N_{OG} 可簡化為

$$N_{OG}=\int_{y_2}^{y_1}\frac{dy}{(y-y^*)}=\frac{y_1-y_2}{\dfrac{(y-y^*)_1-(y-y^*)_2}{\ln[(y-y^*)_1/(y-y^*)_2]}}=\frac{y_1-y_2}{(y-y^*)_M} \quad \text{(10-13)}$$

式中 y_1=進氣中汙染氣體濃度

y_2=排氣中汙染氣體濃度

y^*=平衡濃度

$[y-y^*]_M$ =吸收塔進出口濃度差的對數平均值

若汙染氣體於吸收液體中之溶解度甚高，或汙染氣體與吸收液體之反應速度很快（如氯化氫與苛性鹼之場合）時，可不考慮平衡濃度 y^* ，(10-13)式可簡化成

$$N_{OG}=\int_{y_2}^{y_1}\frac{dy}{y}=\ln\left(\frac{y_1}{y_2}\right) \quad \text{(10-14)}$$

(2) Baker 圖解法

考慮如圖 10.14 的操作圖。將操作線與平衡曲線垂直距離之中點連接即得線 KB，步驟 CFD 即相當於一個質量傳送單位。其做法是劃水平線 CEF 使 CE=EF 然後再劃垂直線 FD。

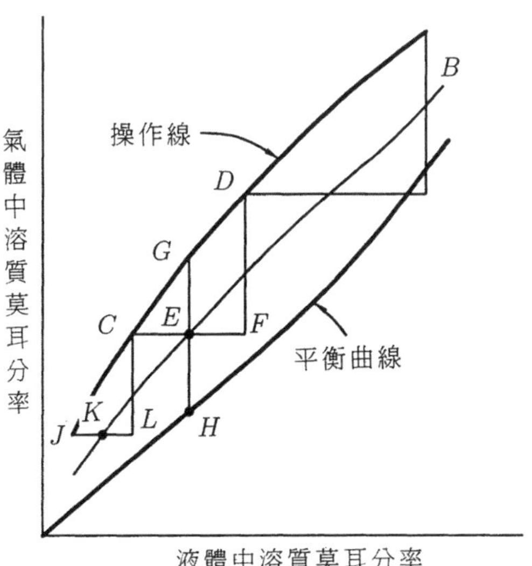

➡ 圖 10.14 Baker 圖解法[12]

$y_G - y_H$ 可看成是 CFD 步驟的平均推動力而且與 $y_D - y_F$ 之值相近，因為 GE=EH，且 DF=2(GE)=GH。

2. H_{OG} 求法

傳送單位高度之決定，可利用下列公式

$$H_{OG} = H_G + \left(\frac{mG_m}{L_m}\right)H_L \quad \cdots\cdots (10\text{-}15)$$

式中 H_G, H_L：分別代表氣膜阻力或液膜阻力控制之傳送單位高度

m：平衡線之斜率

G_m：氣體的莫耳流率，Kg-mole/m^2hr 或 lb-mole/ft^2/hr

L_m：液體的莫耳流率，Kg-mole/m^2hr 或 lb-mole/ft^2/hr

其中 H_G 及 H_L 值最好採用實測值，假如是物理吸收（亦即沒有化學反應發生），亦可以下列兩個經驗公式求之。

$$H_G = \frac{\alpha(G')^\beta}{(L')^\gamma}\left(\frac{\mu_G}{\rho_G D_G}\right)^{0.5} \quad \cdots\cdots (10\text{-}16)$$

$$H_L = \phi\left(\frac{L'}{\mu_L}\right)^n\left(\frac{\mu_L}{\rho_L D_L}\right)^{0.5} \quad \cdots\cdots (10\text{-}17)$$

式中 G'：氣體質量流率，Kg/m^2hr 或 lb/ft^2hr

L'：液體質量流率，Kg/m^2hr 或 lb/ft^2hr

D_G：氣體擴散係數，參考表 10.9

D_L：液體擴散係數，參考表 10.10

μ_G：氣體黏度，Kg/m · hr 或 lb/ft · hr

μ_L：液體黏度，Kg/m · hr 或 lb/ft · hr

ρ_G, ρ_L：氣體、液體的密度，Kg/m^3 或 lb/ft^3

α, β, γ：參見表 10.11（公制）及表 10.12（英制）

ϕ, n：參見表 10.11（公制）及表 10.13（英制）

$\frac{\mu}{\rho D}$：施密特數(Schmidt Number)，（參見表 10.9 或 10.10）

表 10.9 氣體及蒸氣在空氣中之擴散係數(25℃,1atm)[10]

物質		擴散係數 D,cm^2 / sec	施密特數(Schmidt Number) $Sc = \mu / \rho D$
中文名稱	英文名稱		
氨	Ammonia	0.236	0.66
二氧化碳	Carbon dioxide	0.164	0.94
氫氣	Hydrogen	0.410	0.22
氧氣	Oxygen	0.206	0.75
水	Water	0.256	0.60
二硫化碳	Carbon disulfide	0.107	1.45
乙醚	Ethyl ether	0.093	1.66
甲醇	Methanol	0.159	0.97
乙醇	Ethanol	0.119	1.30
丙醇	Propyl alcohol	0.100	1.55
丁醇	Butyl alcohol	0.090	1.72
戊醇	Amyl alcohol	0.070	2.21
己醇	Hexyl alcohol	0.059	2.60
甲酸	Formic acid	0.133	1.16
丙酸	Propionic acid	0.099	1.56
丁酸	Butyric acid	0.081	1.91
戊酸	Valeric acid	0.067	2.31
己酸	Capronic acid	0.060	2.58
二乙基胺	Diethyl amine	0.105	1.47
丁胺	Butyl amine	0.101	1.53
苯胺	Aniline	0. 072	2.14
氯苯	Chlorobenzene	0.073	2.12
氯甲苯	Chlorotoluene	0.065	2.38
苯	Benzene	0.088	1.76
甲苯	Toluene	0.084	1.84
乙基苯	Ethyl benzene	0.077	2.01
丙基苯	Propyl benzene	0.059	2.62

表 10.9　氣體及蒸氣在空氣中之擴散係數(25℃,1atm)[10]（續）

物質		擴散係數 D,cm²/sec	施密特數(Schmidt Number) $Sc=\mu/\rho D$
中文名稱	英文名稱		
聯苯	Diphenyl benzene	0.068	2.28
正辛烷	n-Octane	0.060	2.58
氧氣	Oxygen	1.80	558
二氧化碳	Carbon dioxide	1.50	570
氧化氮	Nitrous Oxide,N_2O	1.51	665
氯氣	Chlorine	1.76	570
溴氣	Bromine	1.22	824
氫氣	Hydrogen	5.13	196
氮氣	Nitrogen	1.64	613
氯化氫	Hydrogen Chloride	2.64	381
硫化氫	Hydrogen Sulfide	1.41	712
硫酸	Sulfuric acid	1.73	580
硝酸	Nitric acid	2.60	390
乙炔	Acetylene	1.56	645
醋酸	Acetic acid	0.88	1,140
甲醇	Methanol	1.28	785
乙醇	Ethanol	1.00	1,005
丙醇	propanol	0.87	1,150
丁醇	Butanol	0.77	1,310
丙烯醇	Allyl alcohol	0.93	1,080
酚	phenol	0.84	1,200
甘油	Glycerol	0.72	1,400
聯苯三酚	Pyrogallol	0.70	1,440
聯苯二酚	Hydroquinone	0.77	1,300
尿素	urea	1.06	946
脲酯	urethane	0.92	1,090
氯化鈉	Sodium chloride	1.35	745
氫氧化鈉	Sodium hydroxide	1.31	665
二氧化碳[b]	Carbon dioxide	3.40	445
酚[b]	phenol	0.80	1,900
氯仿[b]	chloroform	1.23	1,230
酚[c]	phenol	1.54	479
氯仿[c]	chloroform	2.11	350
醋酸[c]	Acetic acid	1.92	384
二氯乙烯[c]	Ethylene dichloride	2.45	301

a：以水為溶劑　　b：丁醇為溶劑　　c：苯為溶劑

表 10.10 溶質在液體中之擴散係數(20℃)[10]

溶質[a]		擴散係數	施密特數
中文名稱	英文名稱	$D\times10^5, cm^2/sec$	$Sc=\mu/\rho D$
氧氣	Oxygen	1.80	558
二氧化碳	Carbon dioxide	1.50	570
氧化氮	Nitrous Oxide,N_2O	1.51	665
氯氣	Chlorine	1.76	570
溴氣	Bromine	1.22	824
氫氣	Hydrogen	5.13	196
氮氣	Nitrogen	1.64	613
氯化氫	Hydrogen Chloride	2.64	381
硫化氫	Hydrogen Sulfide	1.41	712
硫酸	Sulfuric acid	1.73	580
硝酸	Nitric acid	2.60	390
乙炔	Acetylene	1.56	645
醋酸	Acetic acid	0.88	1,140
甲醇	Methanol	1.28	785
乙醇	Ethanol	1.00	1,005
丙醇	propanol	0.87	1,150
丁醇	Butanol	0.77	1,310
丙烯醇	Allyl alcohol	0.93	1,080
酚	phenol	0.84	1,200
甘油	Glycerol	0.72	1,400
聯苯三酚	Pyrogallol	0.70	1,440
聯苯二酚	Hydroquinone	0.77	1,300
尿素	urea	1.06	946
脲酯	urethane	0.92	1,090
氯化鈉	Sodium chloride	1.35	745
氫氧化鈉	Sodium hydroxide	1.31	665
二氧化碳[b]	Carbon dioxide	3.40	445
酚[b]	phenol	0.80	1,900
氯仿[b]	chloroform	1.23	1,230
酚[c]	phenol	1.54	479
氯仿[c]	chloroform	2.11	350
醋酸[c]	Acetic acid	1.92	384
二氯乙烯[c]	Ethylene dichloride	2.45	301

a：以水為溶劑　　b：丁醇為溶劑　　c：苯為溶劑

表 10.11　計算傳送單位高度所需 α,β,γ 及 ϕ,n 常數表（公制）

填料	H_G 公式之常數						H_L 公式之常數		
種類	尺寸 [in]	α	β	γ	適用範圍 G	適用範圍 L	ϕ	n	適用範圍 L
拉西環	3/8	0.730	0.45	0.47	1000~2500	2500~7500	3110	0.46	2000–75000
	1	2.90	0.39	0.58	1000~4000	2000~2500	425	0.22	
		2.64	0.32	0.51	1000~3000	2500~22500			
	1 1/2	8.24	0.38	0.66	1000~3500	2500~7500	382	0.22	
		0.812	0.38	0.40	1000~3500	7500~22500			
	2	1.237	0.41	0.45	1000~4000	2500~22500	340	0.22	
貝爾鞍	1/2	19.85	0.30	0.74	1000~3500	2500~7500	687	0.28	
		0.225	0.30	0.24	1000~3500	7500~22500			
	1	0.638	0.36	0.40	1000~4000	2000~22500	778	0.28	
	1 1/2	1.90	0.32	0.45	1000~5000	2000~22500	732	0.28	

（G,L 之單位：$Kg/m^2 \cdot hr$）

表 10.12　計算傳送單位高度所需之常數表（英制）[10]

填料種類	尺寸(in)	α	β	γ
拉西環				
	3/8	2.32	0.45	0.47
	1	700	0.39	0.58
		6.41	0.32	0.51
	1 1/2	17.30	0.38	0.66
		2.58	0.38	0.40
	2	3.82	0.41	0.45
貝爾鞍				
	1/2	32.40	0.30	0.74
		0.81	0.30	0.24
	1	1.97	0.36	0.40
	1 1/2	5.05	0.32	0.45
螺旋環（整齊堆置）				
單螺旋	3	2.38	0.35	0.29
參螺旋	3	15.60	0.38	0.60

表 10.13 計算傳送單位高度所需之常數表（英制）[10]

填料種類	尺寸(in)	ϕ	η
拉西環			
	3/8	0.00182	0.46
	1/2	0.00357	0.35
	1	0.0100	0.22
	1 1/2	0.0111	0.22
	2	0.0125	0.22
貝爾鞍			
	1/2	0.0066	0.28
	1	0.00588	0.28
螺旋環（整齊堆置）			
單螺旋	3	0.00909	0.28
三螺旋	3	0.0116	0.28

練習 10.2

假設有一含氨之廢氣，其氨氣體積濃度為 10%，其餘為空氣，此混合物為一大氣壓、68℉，廢氣流率為 80 lb-mole/hr，擬用填充吸收塔，以水為吸收液處理，欲達 95% 之處理效果，吸收水不含氨，塔內充填一吋之拉西環，假設操作至泛溢速度之 60%，等溫操作，吸收水不循環，試設計此吸收塔。

氨之平衡資料如下：

x	0.206	0.0310	0.0407	0.0502	0.0735	0.0962
Y	0.0158	0.0240	0.0329	0.0418	0.0660	0.0920

解 (1) $L_{s(min)}$ 之計算

$$G = 80\ \text{lb-mole/hr}$$

$$y_1 = 0.1$$

$$G_s = 80(1-0.1) = 72\ \text{lb-mole/hr}$$

$$y_2 = 80\times0.1\times0.05/(72+80\times0.1\times0.05) = 0.00552$$

$$Y_1 = 0.1/(1-0.1) = 0.111\ \text{mole NH}_3/\text{mole air}$$

$$Y_2 = (80\times0.1\times0.05)/72 = 0.056\ \text{mole NH}_3/\text{mole air}$$

由氨水平衡系統圖可得 $\overline{AB}$ 之斜率為：

$$\frac{(0.111-0.0056)}{(0.104-0)}=1.103$$

所以 $L_{s(min)}=G_s\times1.1013=72\times1.013=73\ \text{lb-mole/hr}$

取 $L=1.5\ L_{s(min)}=110\ \text{lb-mole/hr}$

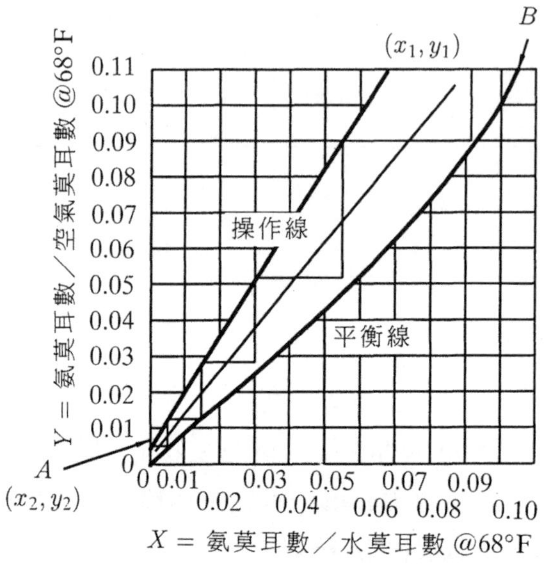

➡ 圖 10.15　氨水平衡系統圖

(2) 操作線之決定

塔底 $Y_1=0.111$　　$X_1=\dfrac{80\times0.1\times0.95}{110}=0.0691$

塔底 $Y_2=0.0056$　　$X_2=0$

(3) N_{OG} 之決定

(a) 依 Baker 法，$N_{OG}=4.4$

(b) 依(10-13)式計算

$y_1=0.1$　　$x_2=0$

$$y_2=\frac{80\times0.1\times0.05}{(72+80\times0.1\times0.05)}=0.00552$$

由平衡曲線

$$X_1 = 0.0691 \text{時} \qquad Y_1^* = 0.061 = \frac{y_1^*}{1 - y_1^*}$$

$$\Rightarrow y_1^* = 0.0575$$

所以 $(y - y^*)_1 = 0.1 - 0.0575 = 0.0425$

$(y - y^*)_2 = 0.0552 - 0 = 0.00552$

(10-13)式 $N_{OG} = \dfrac{0.1 - 0.00552}{\dfrac{(0.0425 - 0.00552)}{\ln(0.0425 / 0.00552)}} = 5.21$

(4) 塔徑之決定

(a) 以塔底為準

塔底進氣流率=28.84×80×0.9+17×80×0.1

=2212.5 lb/hr

塔底出液流率=110×80+80+0.1×0.95×17

=2109.2 lb/hr

塔底氣體均分子量=28.84×0.9+17×0.1=27.66

$$\rho_G = \frac{PM}{RT} = \frac{1 \times 27.66}{0.73(460 + 68)} = 0.0718 \text{ lb / ft}^3$$

$$\rho_L \approx 62.4 \text{ lb / ft}^3$$

$$\frac{L}{G}\sqrt{\frac{\rho_G}{\rho_L}} = \sqrt{\frac{0.0718}{62.4}} \times \frac{2109.2}{2212.5} = 0.032$$

由圖 10.9 可求得縱座標 $Y = 0.19$

由表 10.6， $F = 110, \mu_L = 1\text{cp}, \left(\dfrac{\rho_w}{\rho_L}\right) = 1$

$$G' = \left[\frac{0.19 \times 32.2 \times 0.0718 \times 62.4}{110 \times (1)^{0.2} \times (1)}\right]^{1/2} = 0.499 \text{ lb / ft}^2 \text{ sec}$$

以泛溢速度之 60%設計

$$S=\frac{(2212.5/3600)}{0.499\times 0.6}=2.05\ \text{ft}^2$$

(b) 以塔頂為準

塔頂出氣流率=28.84×80×0.9+17×80×(1−0.95)×0.1

=2083.3 1b/hr

塔頂進液流率=18×110=1980 1b/hr

塔頂氣體平均分子量=28.84×(1−0.00552)+17×0.00552

=28.77

$$\rho_G=\frac{PM}{RT}=\frac{1\times 28.87}{0.73(460+68)}=0.0749$$

$$\frac{L}{G}\sqrt{\frac{\rho_G}{\rho_L}}=\frac{1980}{2083.3}\sqrt{\frac{0.0749}{62.4}}=0.033$$

由圖 10.9，縱座標 $Y=0.19$

同(a)　$G'=0.499\ \text{1b}/\text{ft}^2\ \text{sec}$

$$S=\frac{(2083.3/3600)}{0.499\times 0.6}=1.933\ \text{ft}^2$$

由(a)及(b)選 $S=2.05\text{ft}^2$ 設計

$$D_T=\sqrt{\frac{4S}{\pi}}=\sqrt{\frac{4\times 2.05}{\pi}}=1.62\ \text{ft}$$

(5) 傳送單位高度之決定

G'=2212.5/2.474=894.3 1b/ft^{2}hr

$L'=1980/2.474=800$　1b/ft^{2}hr

由表 10.12 可得 $\alpha=7.00,\beta=0.39,\gamma=0.58$

由表 10.9，$\dfrac{\mu_G}{\rho_G D_G} = 0.66$

所以 $H_G = \dfrac{(7.00)(894.3)^{0.39} \times (0.66)^{0.5}}{(800)^{0.58}} = 1.67\text{ft}$

由表 10.13 可得 $\phi = 0.01, n = 0.22$

$$\mu_L = 1.0\text{cp} = 2.42\ \text{lb/hr-ft}$$

由表 10.10 $\dfrac{\mu_L}{\rho_L D_L} = 570$

所以 $H_L = 0.01 \times \left(\dfrac{800}{2.42}\right)^{0.22} \times (570)^{0.5} = 0.86\text{ft}$

平衡線斜率 $m \approx 1.06$

$$H_{OG} = H_G + m \times \left(\frac{G_m}{L_m}\right) \times H_L$$

$$= 1.67 + 1.06 \times \left(\frac{80}{110}\right) \times 0.86 = 2.333\text{ft}$$

(6) 填充床高度

$$z = N_{OG} \times H_{OG}$$

$= 4.4 \times 2.333 = 10.27\text{ft}$（使用 Baker 圖解法）

$= 5.21 \times 2.333 = 12.15\text{ft}$（使用積分法）

(7) 壓降計算

由(10-4)式 $\dfrac{\Delta P}{z} = m(10^{-8}) \times 10^{(n \cdot L'/\rho_L)} \times \left(\dfrac{G'^2}{\rho_G}\right)$

由表 10.8，$m = 32.1, n = 0.00434, \rho_L = 62.4\text{lb/ft}^3$，

$G' = 894.3\text{lb/ft}^2/\text{hr}, L' = 800\text{lb/ft}^2\text{hr},$

$\rho_G = 0.0733\text{lb.ft}^3$（取平均值）

$$\frac{\Delta P}{z} = 32.1 \times 10^{-8} \times 10^{\frac{0.0434 \times 800}{62.4}} \times \frac{894.3^2}{0.0733}$$
$$= 3.981b / ft^3$$

所以 $\Delta P = 3.98 \times 10.27 = 40.871b / ft^2 = 7.87$ 英吋水柱，或

NH_3 英吋水柱。

練習 10.3

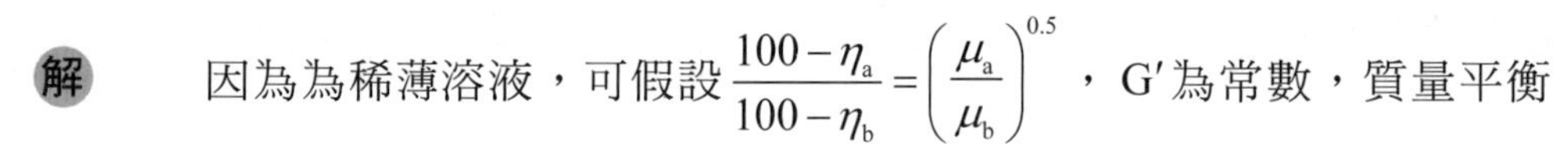

有一 10 英吋內徑的填充塔，內部充填 1 英吋的貝爾鞍在 85°F 下以水吸收排放廢氣。實驗室數據顯示亨利定律可用表示氣液相關之平衡關係 $y^* = 1.5x$ 。

操作條件如下：

塔底進氣量 $G' = 2001b\text{-mole} / ft^2hr$

塔底進液量 $L' = 5001b\text{-mole} / ft^2hr$

$y_1 = 0.03$（塔底進氣） $y_2 = 0.001$（塔頂排氣）

$x_2 = 0$（塔頂進液） $x_1 = 0.0116$（塔底排液）

試決定質量傳送單位(N_{OG})。

解　因為為稀薄溶液，可假設 $\frac{100-\eta_a}{100-\eta_b} = \left(\frac{\mu_a}{\mu_b}\right)^{0.5}$ ，G′為常數，質量平衡

$$G'(y - y_2) = L'(x - x_2) \Rightarrow 200(y - 0.001) = 500(x - 0)$$

當 $y = y_1 = 0.003$ 時

$x = x_1 = 0.0116$

$y^* = mx = 1.5 \times 0.0116 = 0.0714$

當 $y = y_2 = 0.001$ 時

$x = x_2 = 0$

$y^* = mx = 0$

$$N_{OG} = \int_{y_2}^{y_1} \frac{dy}{(y - y^*)} = \frac{y_1 - y_2}{\frac{(y - y^*)_1 - (y - y^*)_2}{\ln[(y - y^*)_1 / (y - y^*)_2]}}$$

將 y 及所對應之 $\frac{1}{y-y^*}$ 值計算如下：

假設 y 值	x_1 計算值	平衡濃度 y^*	$\left(\frac{1}{y-y^*}\right)$
0.03	0.0116	0.0174	79.4
0.025	0.0096	0.0144	94.4
0.02	0.0076	0.0114	116.4
0.015	0.0056	0.0084	151.4
0.01	0.0036	0.0054	217
0.005	0.0016	0.0024	287
0.001	0	0	1000

$\left(\frac{1}{y-y^*}\right)$對 y 作如下，可得 $N_{OG}=6.27$ 。

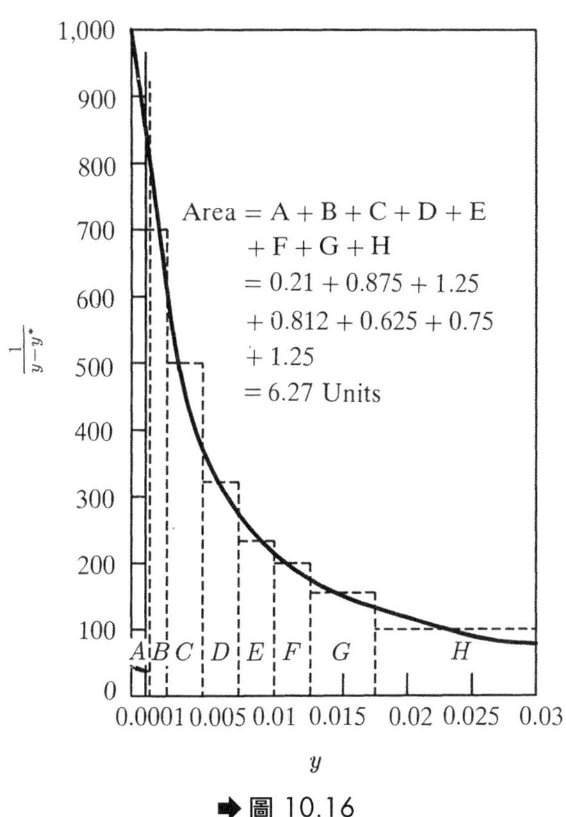

➡圖 10.16

其他算法：

$$y_1 = 0.03 \text{，} \quad (y - y^*)_1 = 0.003 - 0.0174 = 0.0126$$

$$y_2 = 0.001 \text{，} \quad (y - y^*)_2 = 0.001 - 0 = 0.001$$

$$N_{OG} = \frac{0.03 - 0.001}{\dfrac{0.0126 - 0.001}{\ln(0.0126 / 0.001)}} = 6.33$$

10-3 靜止型螺旋狀多孔翼 (SSPW: Static Spiral Perforated Wings)洗滌塔

由日本 MU 公司所開發之靜止型螺旋狀多孔翼(SSPW)，近年來在日本已逐漸應用在各項廢氣處理／廢水處理／水質淨化／攪拌混合設備中，具有省能源、免維修（無轉動元件）、高性能及運轉周期長（因具自淨作用，不易結垢阻塞）等特點，是一種兼具環境友善及創新的革命性產品，在工業界中，可應用於表 10.14 所示之各種場合。

表 10.14 MU-SSPW 應用範圍[24]

範圍	使用場合	工業界應用實績
混合攪拌 (Mixing)	1. 氣／液混合：(Ejector) 兼具混合攪拌及產生微細泡沫(Micro-bubbling)之效果。	消毒殺菌設備，曝氣器(Aerator)及水公司水質淨化設備，汙染地下水淨化，閉鎖水域（湖、水產養殖）溶氧提升及淨化。
	2. 液／液混合：(Eductor)	大型儲槽攪拌器及管線 In-line mixer。
氣體吸收 (Absorption)	各種焚化爐、煙囪排氣之揮發性有機物(VOC)、臭氣、二氧化碳吸收處理。	碳捕捉技術(CCS, Carbon Capture and Storage)工廠或氣體焚化設備排氣（VOC／臭味物質）之吸收處理，排煙脫硫。
氣提操作 (Stripping)	溶存於廢水中 VOC 或臭味物質(NH_3)之脫氣處理。	廢水脫氣處理。

表 10.14 MU-SSPW 應用範圍[24]（續）

範圍	使用場合	工業界應用實績
反應 (Reaction)	作為大型反應槽內部之攪拌器以提升反應效果，或作為反應蒸餾塔之內部元件。	大型反應槽。
冷卻 (Cooling)	高溫廢氣冷卻處理，冷卻水塔。	高溫廢氣直接冷卻及除塵處理。
分離 (Separation)	排氣除塵／除液。	因不易結垢阻塞之特性，特別適用於排氣除塵系統。
蒸餾 (Distillation)	高氣／液質量傳送效率，且不易結垢阻塞，可提供較萃盤(Tray)及填充(Packing)蒸餾塔優異之分離效果。	

相較於傳統之萃盤(Tray)及填充床(Packing Bed)，SSPW 於氣／液接觸部位較無死角，如圖 10.17 所示；氣／液接觸質量傳送機制及速率比較，如圖 10.18 所示。

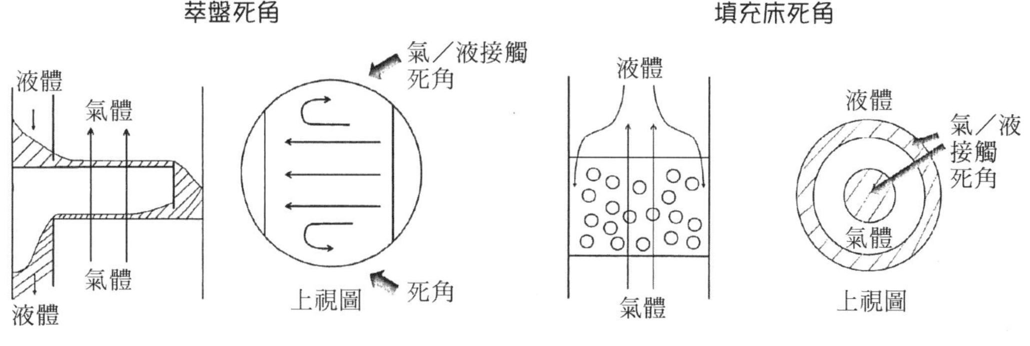

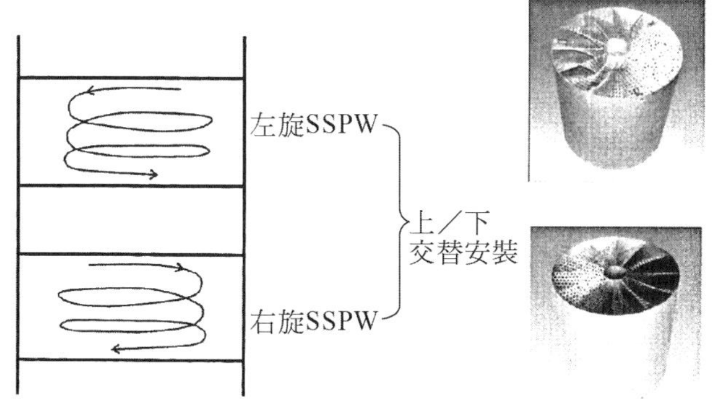

圖 10.17 萃盤／填充床，氣／液死角及 SSPW 元件[23,25]

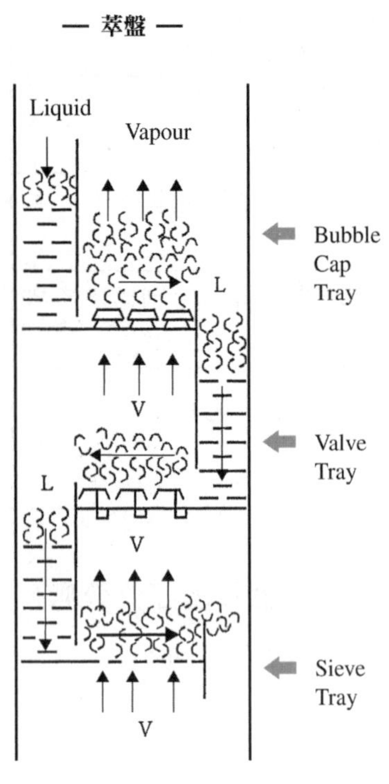

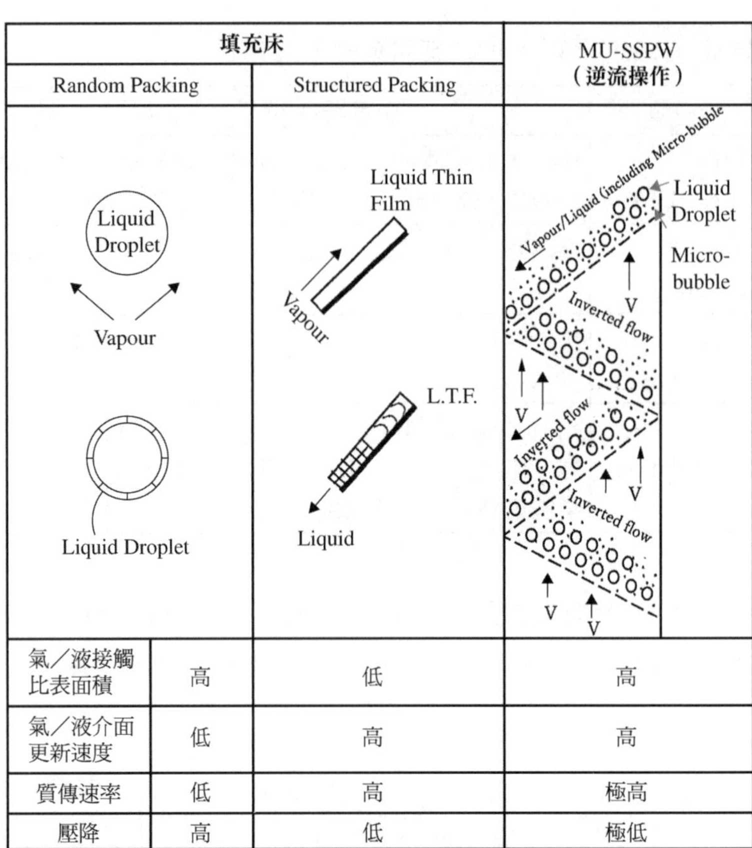

填充床			MU-SSPW (逆流操作)
	Random Packing	Structured Packing	
氣／液接觸比表面積	高	低	高
氣／液介面更新速度	低	高	高
質傳速率	低	高	極高
壓降	高	低	極低

➡圖 10.18　萃盤、填充床及 SSPW 氣／液接觸質傳機制比較

比起一般洗滌塔，MU-SSPW 洗滌塔具有下列 4 個優點：

1. 空塔速度可達 2~6m/s：由於無氣／液接觸死角，塔的斷面可有效利用，因此壓差較低；且其結構不易發生飛沫同伴(Entrainment)情形。另外由於氣液接觸效率／質傳效果高，其塔徑／塔高均可降低，從而可節省設置成本。
2. 由圖 10.19 可看出 MU-SSPW 之壓差僅約填充塔之 1/10，因此可降低塔壓及塔底溫度，除了可降低塔底加熱能源耗用外，亦可減少塔底因高溫所引發之需含反應造成設備結垢阻塞。
3. 如前述 MU-SSPW 構造說明，液體係以螺旋狀於 SSPW 元件中左／右迴轉流下，因而具備自淨效果，且無死角；也就是說在設備運轉的同時也進行著自動洗淨，因而不易有結垢物堆積而影響處理效能。日本某合成橡膠蓄熱式焚化爐(RTO: Regenerative Thermal Oxidizer)排氣原以直徑 3m 之洗滌塔處理，約每 2 個月需停止操作清理內部；經改用 MU-SSPW 洗滌塔後，直徑降為 1.8m，且可連續運轉 8 年仍不需拆清內部，大幅提升設備運行週期及降低維修成本。

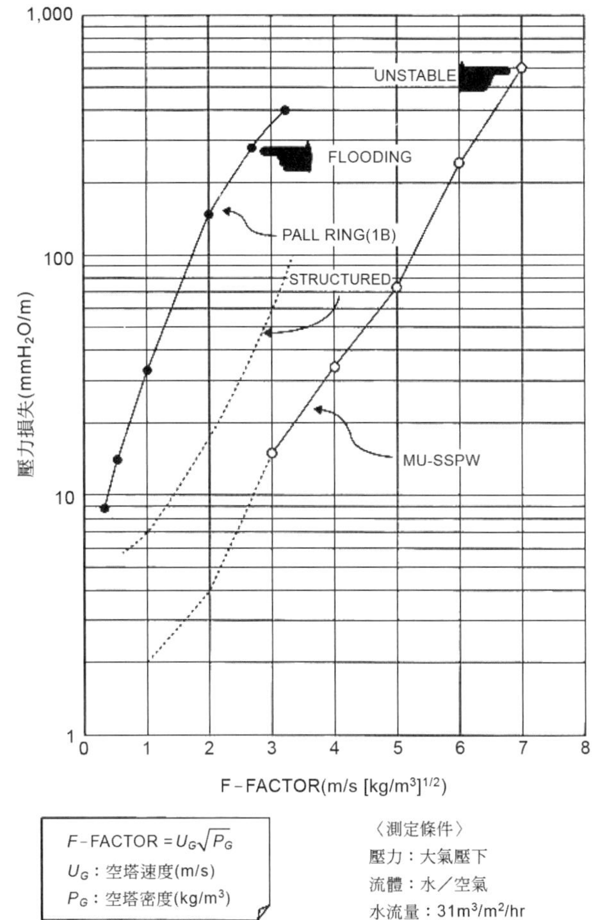

➡ **圖 10.19 SSPW 與 Random/Structured 填充床壓力損失之比較（逆流式操作）**[25]

4. 洗滌液與氣體進料可採用並流方式(Co-current)操作，從而獲得有效的反應、分離及冷卻效果。主要是 MU-SSPW 在此種並流操作模式下，可讓氣體及洗滌液在高速下接觸（與文式洗滌器類似），促進了氣／液混合效果，相較於傳統之逆流(Counter-Current)方式操作，比較如表 10.15 所示：

表 10.15　洗滌塔並流／逆流操作優缺點比較

設計及操作考量重點	並流操作	逆流操作
飛沫同伴異常 (Entrainment)	無	有
塔槽泛濫異常 (Flooding)	無	有
塔盤／填充床阻塞異常 (Clogging)	無	有
降低設備尺寸及投資費用	可	不可

兩者流程比較如下圖 10.20 所示：

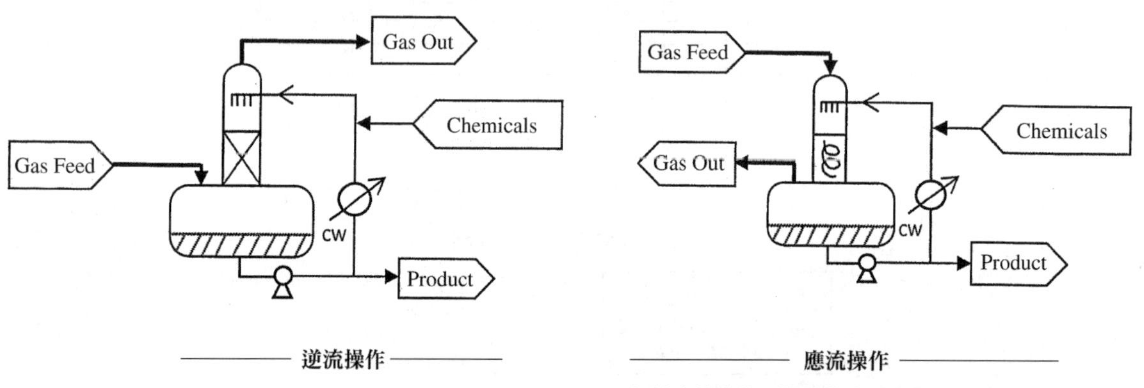

圖 10.20　逆流與並流操作流程比較

10-3-1 MU-SSPW 洗滌塔於碳捕捉(CCS)技術之應用[26]

由於地球暖化議題，碳捕捉及儲存技術 (CCS: Carbon Capture and Storage)之開發在先進國家正如火如荼地展開，目前 CCS 有吸收(Absorption)、壓縮(Compressing)、薄膜壓力切換吸附(PSA with membrane)等系統，其中吸收系統主要以胺液(Amine)做為吸收劑，世界上各主流技術均有其專利並已有應用實績，如日本三菱化學、Nikki Corp. 及新日鐵公司等，然而吸收胺液易於結垢，CO_2 吸收塔及氣提塔(stripper)均存在結垢阻塞的操作問題，對於系統之安全穩定運轉造成不良影響，亦導致操作成本居高不下；目前世界上最大的 CCS 系統為加拿大某燃煤電廠，其 CO_2 處理能力達 100 萬噸／年，亦存在設備體積龐大及胺液結垢問題，若能使用 SSPW 應可有效予以改善。以 SSPW 吸收／氣提塔處理燃煤電廠煙道之流程圖，如圖 10.21 所示。

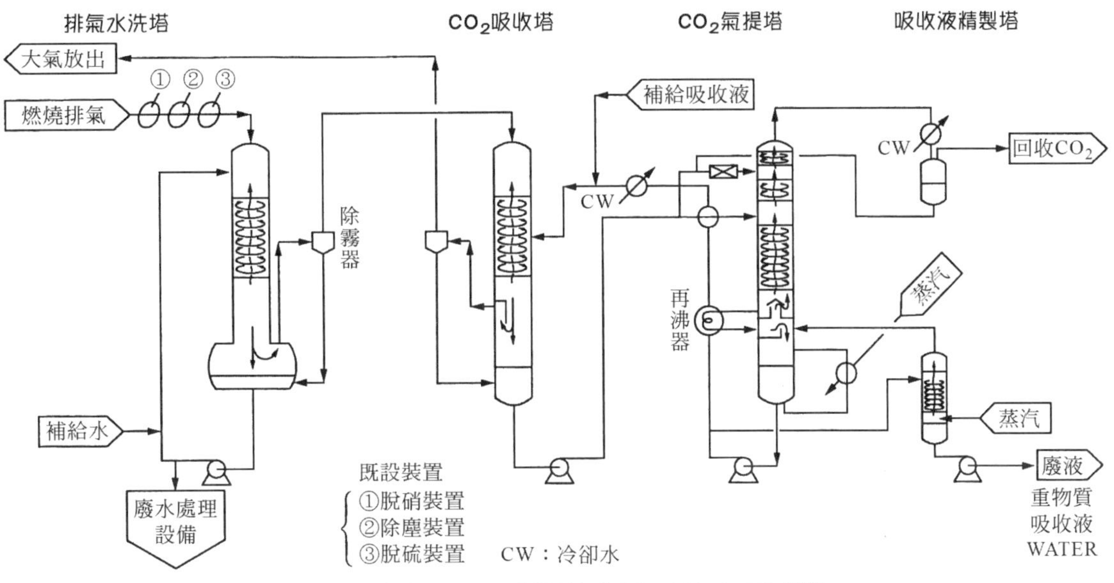

圖 10.21 MU-SSPW CCS 系統流程圖[26]

10-3-2 MU-SSPW 洗滌塔處理煉鋼廠 COG(Coke Oven Gas)之應用(25)

某煉鋼廠 COG 排氣之 H_2S/HCN 係以逆流式填充塔（Expanded Metal 及 Telleret Packing）處理，其 H_2S 移除效率僅約 50%（由 400~500ppmv 降至約 200ppmv）。採用並流式 SSPW 洗滌塔後，不僅排氣之 H_2S 去除率可提高至 99%以上（排氣之 H_2S 含量低於 5ppmv），且可節省電力費用及降低設備設置（塔徑自 3m 降至 1.2m）及拆清費用。

運轉實測數據如表 10.16 所示，改善效益比較參見表 10.17，該系統係使用 NH_4OH 為吸收液，相關脫硫及吸收液氧化再生反應機構如圖 10.22 所示。

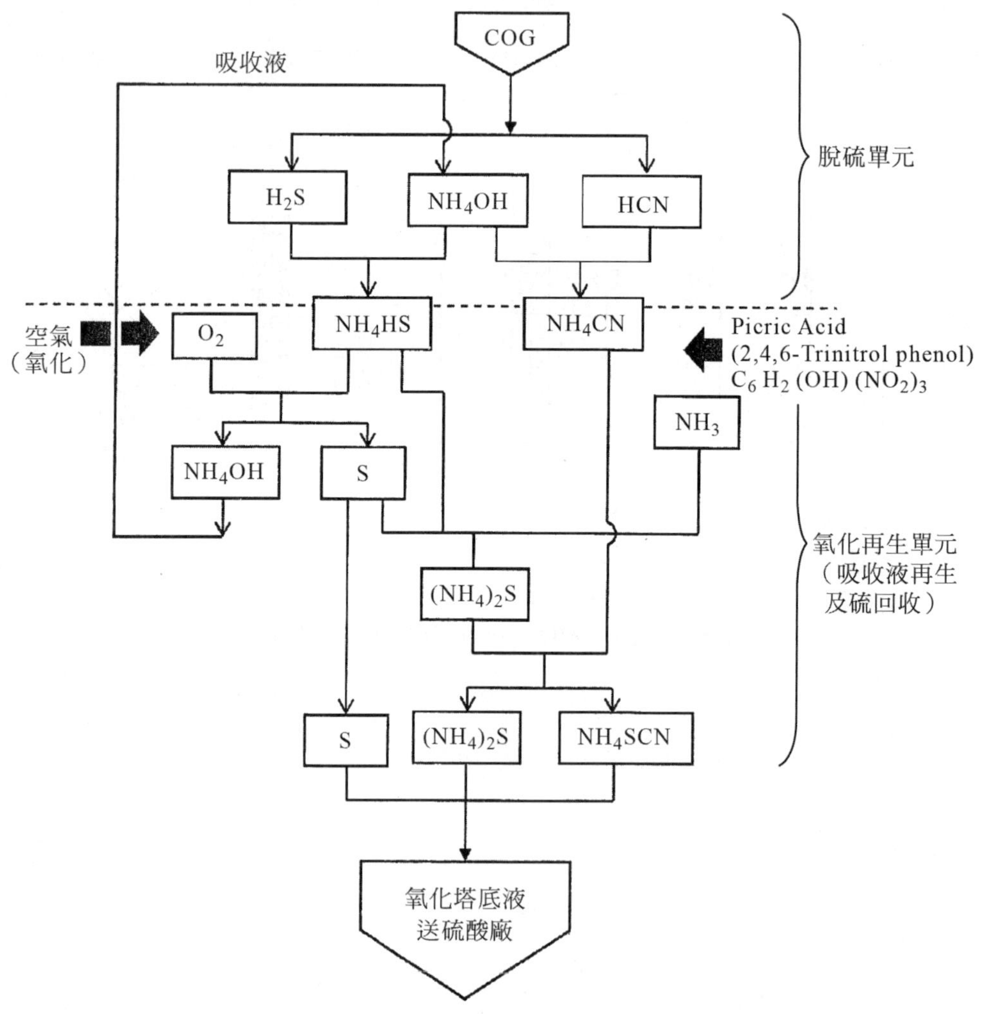

圖 10.22 煉鋼廠 COG NH_4OH 脫硫系統相關反應機構

表 10.16 MU-SSPW 洗滌塔 H_2S 移除測試數據[25]

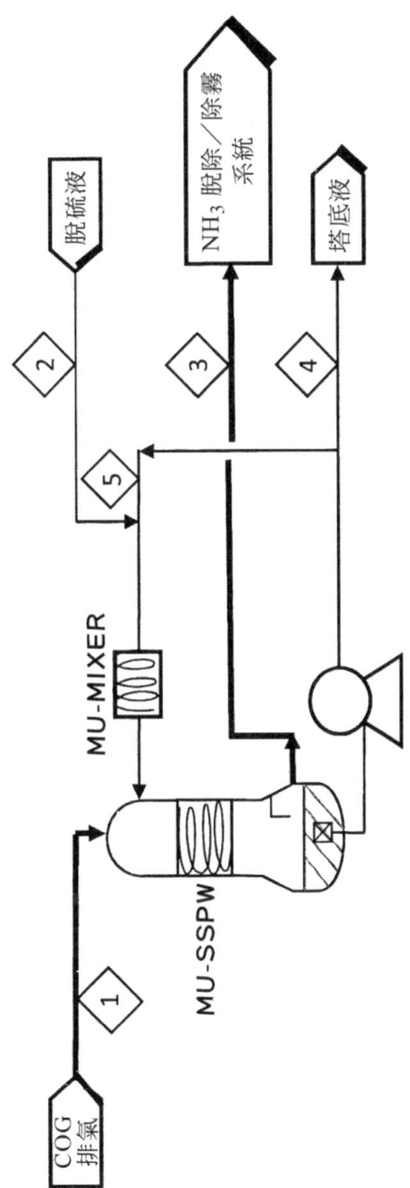

表 10.16　MU-SSPW 洗滌塔 H_2S 移除測試數據[25]（續）

		①		②		③		④		⑤		備註
成分	分子量	COG 排氣		脫硫液		塔底排氣		塔底液		循環液		
		Kg/hr	wt%	Kg/hr	wt%	Kg/hr	wt%	Kg/hr	wt%	Kg/hr	wt%	
O_2	32	3,690	22.2	—	—	3,690	22.3	—	—	—	—	
N_2	24	12,150	73.2	—	—	12,150	73.6	—	—	—	—	
BTX	AV.92	190	※1 1.15	—	—	100.0	0.61	※5 90	8.14	17,787	8.47	※5:約 50%去除率
H_2O	18	560	3.37	1,010	99.0	565	3.42	※6 1002.8	90.6	189,567	90.27	※6: $NH_4OH+H_2S \rightarrow NH_4HS+H_2O$+4.9Kcal-mol（水生成量 4.4Kg/h）
NH_4OH	35	—	—	1.0	※3 1.0	—	—	※7 1.7	0.15	315	0.15	
H_2S	34	8.3	※2 0.05(500 wtppm)	—	—	—	※4 (<5volppm)	—	—	—	—	
NH_4HS	51	—	—	—	—	—	—	※8 12.4	1.12	2,331	1.11	※8:生成 NH_4HS
TOTAL	—	16,598	100.00	1,020.0	100.00	16,505	100.0	1,106	100.00	210,000	100.00	
溫度		35℃		40℃		35℃		35℃		35℃		• 反應熱僅 1,200Kcal/hr，對系統溫度上升影響不大，可忽略 • BTX: Benzene/Toluene/Xylene
壓力		450mmH_2O, G		—		350mmH_2O, G		4Kg/cm^2, G		4Kg/cm^2, G		
備註		※1:15g/Nm^3 ※3:400volppm 13,000Nm^3/hr= 14,060m^3/hr		※3:NH_3: 4~5g/l(NH4OHaq: 1wt%)		※4:H_2S 除去率：>99%		※7 20%過剩添加				

表 10.17 煉鋼廠 COG H_2S 去除效果比較[25]

		填充塔	MU-SSPW 洗滌塔
製程		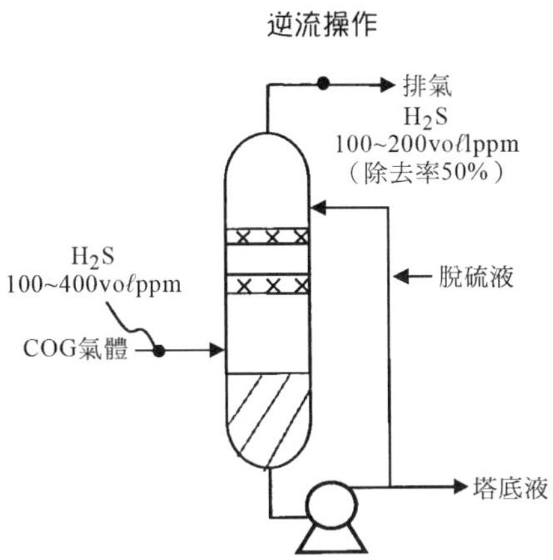 逆流操作 排氣 H_2S 100~200voℓppm（除去率50%） H_2S 100~400voℓppm COG氣體 脫硫液 塔底液	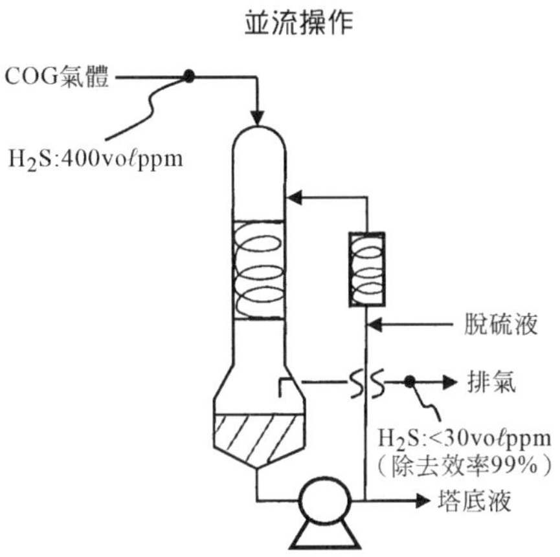 並流操作 COG氣體 H_2S:400voℓppm 脫硫液 排氣 H_2S:<30voℓppm（除去效率99%） 塔底液
塔徑×高度		φ 3m×14mH	φ 1.2m/φ 2m×10mH
內部組件		Expanded Metal+Telleret Packing	MU-SSPW （靜止型螺旋狀多孔翼）
氣體空塔速度		0.6(m/sec)	4(m/sec)
循環液量		360(m^3/hr)	211(m^3/hr)
塔差壓		100~200(mmH_2O)	100 (mmH_2O)
L/G（液氣比）		26(l/m^3)	15(l/m^3)
運轉費及拆清頻率	循環泵浦耗電量	45KWH	20KWH
	節電量 KWH／年	節電(45−20)(8,000) =200,000KWH/y	
	拆清頻率	3 年一次	可達 15 年一次
	S 回收量	2,212(t/y)	4,424(t/y)

10-4 有機蒸氣之低溫冷凝

一、概說

乃是將含有機蒸氣之氣體冷卻至露點溫度(Dew Point)以下，使有機蒸氣冷凝而加以回收之方法。有機蒸氣之回收程度或排氣中蒸氣之最終濃度與氣體所能被冷卻的溫度有關，通常蒸氣之冷凝是在殼管式熱交換器(Shell and Tube Heat Exchanger)中進行，常用的冷媒有水、冷凍劑、冰水、冰鹽水或乙二醇水溶液。以此種方式回收有機蒸氣之成本較高，因此常用於回收處理有機蒸氣濃度較高的氣體，而且如前所述，其回收程度或排氣中蒸氣之最終濃度與氣體所能被冷卻之溫度有關，但基於經濟上之考量，溫度不可能無限制地降低，故於冷凝回收處理設備之後，通常設有吸附或燃燒設備以確保微量未被冷凝氣體之完全去除或分解。

二、冷凝設備

一般常用的蒸氣冷凝設備，列表說明如下：

	間接接觸冷凝	直接接觸冷凝
設備	殼管式熱交換器	噴霧塔、填充塔、文氏洗滌器、濕式旋風分離器、MU-SSPW 洗滌塔。
熱傳係數 Kcal/hr · m²℃	50~75	2,000~3,000
說明	成本較高，但無論是溶於水或不溶於水之有機蒸氣均可回收。	出口常會有水霧生成、最好設置除霧器(Demister)去除之，對於可溶於水之有機物質，常須另以蒸餾方法分離。但若有機蒸氣會與水形成共沸物(Azeotrope)則分離困難。

10-5 固體表面吸附

一、概　說

吸附是一種分離程序，乃藉著吸附劑(Adsorbent)將流體（氣體或液體）中的某些成分去除。在空氣汙染之控制上，吸附除了可去除廢氣中的汙染氣體或惡臭氣體外，也可用以回收排氣中有價值的溶劑蒸氣。

二、使用時機

固體表面吸附法使用時機如下：

1. 汙染氣體為不可燃或難以燃燒者。
2. 汙染物具有特殊回收價值者。
3. 置於吸收塔或冷凝器之後，以吸附微量的汙染物，使排氣符合排放標準。
4. 氣體以吸收或冷凝處理不符合經濟原則時。
5. 排氣中汙染物之濃度很低(<500ppm)時。

10-5-1 吸附劑種類

一、吸附劑種類及其特性比較

一般常用的吸附劑有活性碳、合成沸石(Synthetic Zeolites)、矽膠(Silica Gel)及活性氧化鋁。各種吸附劑之特性比較如表 10.18 所示。

表 10.18 各種吸附劑特性比較[13]

物性	活性碳	合成沸石	矽膠	活性氧化鋁
機械強度	●	◎	○	◎
熱安定性	◎	●	△	◎
耐水性	●	◎	△	△
水分吸附容量（高分壓）	△	◎	◎	◎
水分吸附容量（低分壓）	△	●	○	○
有機物之吸附容量	◎	○	○	△
大分子化合物之吸附選擇性	–	◎	–	–
飽和、不飽和碳氫化合物之吸附選擇性	△	●	○	△
極性分子之吸附選擇性	△	●	○	△

●非常優良　◎相當優良　○普通　△較差

二、活性碳的性質與選用

1. 性質

活性碳為一具有選擇性的吸附劑，由於它屬於非極性物質，所以不會吸附如水等之極性物質而僅吸附不具極性的高分子量有機物，故不會因待處理氣體含有水氣而影響其吸附能力。然而在實際操作情況下，進料之相對濕度應控制在 50%以下以避免活性碳之有效吸附面積為氣體所夾帶之水分所覆蓋而減少活性碳對有機物吸附能力。必要時，進料氣體可注入少許新鮮空氣以控制其進料溫度與濕度，注入空氣量不可太多，否則將會增加吸附床之體積及操作成本。氣體之表面速度(Superficial Velocity)應控制在 0.5m/s 以下，以獲得足夠之接觸時間。

2. 選用參考

活性碳可浸入不同的藥液以提高它的吸附能力，例如浸有醋酸鉛的活性碳即有助於 H_2S 的吸附。而浸有觸媒之活性碳即可氧化被吸附的物質，這種浸有藥劑的活性碳稱為化學級活性碳，而未浸有藥劑的活性碳因純為吸附作用，稱為物理級活性碳。活性碳之選用參考表如表 10.19 所示。

表 10.19　活性炭選用表

活性碳吸附物質	吸附物質化學式	物理級活性碳	化學級活性碳		
			A（酸性）	B（鹼性）	C（氧化性）
氨氣	NH_3		◎		
三甲基胺	$(CH_3)_3N$		◎		○
硫化氫	H_2S	○		◎	○
甲基硫醇	$CH_3\text{-}SH$	○		◎	◎
二甲基硫	$(CH_3)_2S$	○		○	◎
二甲基二硫	$(CH_3)_2S_2$	○		○	◎
乙醛	CH_3CHO	◎			

註：◎吸附能力極優，○吸附能力優

某些反應性有機物及高沸點物質並不適合以活性碳吸附處理，如表 10.20 所示。因為反應性化合物會在活性碳表面發生反應形成固體或聚合物，而高沸點物質及聚合物是很難以蒸汽脫附去除的。

表 10.20 不適合以活性碳吸附處理的有機物質[18]

反應性有機物	高沸點物質
有機酸 醛類(Aldehydes) 酮類（某些）(Ketones) 單體（某些）	可塑劑 樹脂 長鏈碳氫化合物，C_{14} 以上 酚類(phenols) 胺類(Amines) 二元醇(glycols)

另外，當處理之揮發性有機物質之閃火點(Flash Point)較低時，應特別注意防止活性碳床著火之措施（因為吸附為放熱性反應，若達到相當溫度且有足夠氧氣即有引火可能），可利用氮氣吹驅(Nitrogen Purge)以降低氧氣濃度或者直接注入水將吸附床降溫，常見之揮發性有機物質如表 10.21 所示。

表 10.21 常見揮發性有機物之物性[18]

VOC 名稱	沸點 ℃	分子量	是否溶於水	可燃性	低爆炸界限 LEL,vol%	活性碳吸附效率[a]
丙酮(Acetone)	56.1	58.1	是	是	2.15	8
苯(Benzene)	81	78.1	否	是	1.4	6
乙酸丁酯(Butyl Acetate)	126.1	16.2	否	是	1.7	8
丁醇(Butyl Alcohol)	116.1	74.1	是	是	1.7	8
四氯化碳	76.7	153.8	否	否	—	10
乙酸乙酯	77.2	88.1	是	是	2.2	8
乙醇	73.9	46.1	是	是	3.3	8
庚烷	94.4	100.2	否	是	1	6
己烷	68.9	86.2	否	是	1.36	6
異丁醇	116.1	74.1	是	是	1.68	8
異丙醇	96.1	60.1	是	是	2.5	8
甲醇	67.2	32	是	是	6	7
丁酮(MEK)	78.9	72.1	是	是	1.81	8

表 10.21 常見揮發性有機物之物性[18]（續）

VOC 名稱	沸點 ℃	分子量	是否溶於水	可燃性	低爆炸界限 LEL,vol%	活性碳吸附效率[a]
甲苯	110.6	92.1	否	是	1.27	7
三氯乙烷	87.2	131.4	否	否	－	15
二甲苯	144.4	106.2	否	是	1	10
二氯甲烷(Dichloro methane)	40	84.9	是	否	－	10
四氯乙烯(Ethylene tetrachloride)	121.1	165.8	否	否	－	20

(a)200cfm(100℉)含 VOC 空氣(濃度 15ppm)進入 100lb 活性碳床 1 小時之吸附量

三、合成沸石及分子篩

利用合成沸石以去除氣體中的汙染物近年來漸受重視，分子篩即為沸石之一種，為矽化鋁(Alumina Silicates)的金屬結晶物，其分子式可表示為：

$$M_{2/n}O \cdot Al_2O_3 \cdot xS_iO_2 \cdot yH_2O$$

M：金屬陽離子

n：原子價

聯碳公司所生產的 type 4A 及 13X 分子篩之分子式即為

4A　$Na_{12}[(AlO_2)_{12}(SiO_2)_{12}] \cdot 27H_2O$

13X　$Na_{86}[(AlO_2)_{86}(SiO_2)_{106}] \cdot 276H_2O$

分子篩的優點在於具有選擇性，只會吸附特定大小的分子，便利工程師對汙染物質吸附現象之控制。聯碳公司所生產的分子篩及其可吸附之物質與應用如表 10.22 所示。因為分子篩主要是利用其孔隙尺寸(Pore Size)來吸附特定尺寸之汙染物質分子，因此若汙染物質分子與攜帶氣體(Carrier Gas)分子之大小相當，便不可使用分子篩做為吸附劑。

表 10.22 聯碳公司(Union Carbide)分子篩之規格及用途

（參考資料：Linde Molecular Sieves 及 Union showa K.K.型錄）

基本型式	公稱孔隙大小	分子篩形狀	壓實密度 lb/ft^3	可吸附的分子	不可吸附的分子	代表性用途
3A	3Å	粉狀 1/16－英寸 pelets 1/8－英寸 pelets	30 44 44	有效直徑<3Å之分子如H_2O，氨(HN$_3$)	有效直徑>3Å之分子，如乙烷(C_2H_6)	不飽和碳氫化合物之脫水，極性液體如甲醇、乙醇之乾燥
4A	4Å	粉狀 1/16－英寸 pelets 1/8－英寸 pelets 8×12 Beads 4×8 Beads 14×20 Beads	30 45 45 45 45 44	有效直徑<4Å之分子，如H_2S,CO_2,$S0_2$,C_2H_4（乙烯），C_2H_6,C_2H_5OH（乙醇）,C_3H_6（丙烯）,C_4H_6（丁二烯）	有效直徑>4Å之分子，如丙烷(C_3H_8)	天然氣，液相飽和碳氫化合物、溶劑之乾燥，天然氣中CO_2之去除
5A	5Å	粉狀 1/16－英寸 pelets 1/8－英寸 pelets	30 43 43	有效直徑<5Å之分子如n-C_4H_{10}（正丁烷）,n-C_4H_9OH（正丁醇）H_3H_8（丙烷）至 $C_{22}H_{46}$，CFC-12	有效直徑>5Å之分子，如支鏈狀結構之化合物、四碳環狀化合物	直鏈狀碳氫化合物與支鏈或環狀碳氫合物之分離
10x	8Å	粉狀 1/16－英寸 pelets 1/8－英寸 pelets	30 36 36	有效直徑<8Å之分子如異烷類、異烯類、C_6H_6（苯）	Di-n-buty / amine 及更大分子	環狀碳氫化合物之分離
13x	3Å	粉狀 1/16－英寸 pelets 1/8－英寸 pelets 8×12 Beads 4×8 Beads 14×30 Mesh	30 38 38 42 42 38	有效直徑<10Å之分子如異烷類、異烯類、芳香烴化合物	有效直徑>10Å之分子，如C_4F_9	空氣工廠進料之純化（H_2O及CO_2之同時去除），碳氫化合物及天然氣中H_2S及硫醇之移除，脫硫、乾燥

（註：1Å=10^{-10}m =$10^{-4}\mu$m）

10-5-2 吸附設備之設計

一、考慮要件

設計或選擇用的吸附設備必須考慮之要件如下：

1. 處理氣體性質調查，項目包括：
   (1) 處理氣體溫度及濕度。
   (2) 所欲吸附汙染物質之成分與濃度。
   (3) 處理氣體所夾帶之粉塵及不純物之濃度。
   (4) 吸附所產生之溫升。
   (5) 流量。
   (6) 在操作溫度，壓力下之氣體密度及黏度。
2. 吸附劑性質調查，項目包括
   (1) 吸附容量。
   (2) 吸附所產生之溫升。
   (3) 恆溫(Isothermal)或絕熱(Adiabatic)操作。
   (4) 在微粒物質存在下之壽命。
   (5) 是否可能引起不希望發生的化學反應或在吸附劑表面形成固態聚合物而導致吸附劑之劣化。
3. 前處理之考慮：當處理氣體中含有過量粉塵或不純物時，吸附劑細孔(Pore)可能會被阻塞，除了使吸附能力降低外，並會發生偏流及增加壓降。此外，在高溫、高濕度進料情況下，吸附效果降低，處理氣體進料最好控制在室溫(25℃)而相對濕度在50%左右為佳。
4. 可利用前處理設備，先去除高濃度的汙染物質，以防止吸附系統負荷過量。
5. 由於活性氧化鋁、矽膠及分子篩可同時吸附水（親水性，Hydrophilic）及有機物，因此對於以蒸汽再生(Steam Regeneration)回收溶劑之場合並不適用，因為蒸汽再生時水分子也會吸附在吸附劑表面，而且以傳統之脫附方法也不易去除。另外，活性氧化鋁及矽膠會與有機物質形成強的鍵結，使得脫附再生工作極為困難。
6. 破漏點(Breakpoint)：隨著吸附之進行，吸附劑逐漸飽和使得吸附速率逐漸降低，當達到破漏點時（圖 10.23 之 C_3 點）吸附床對被吸附物質吸附效果急劇降低，出口濃度因而迅速攀升至與入口濃度相同。在破漏點時，吸附劑已接近飽和狀態必須退出操作，進行再生處理。

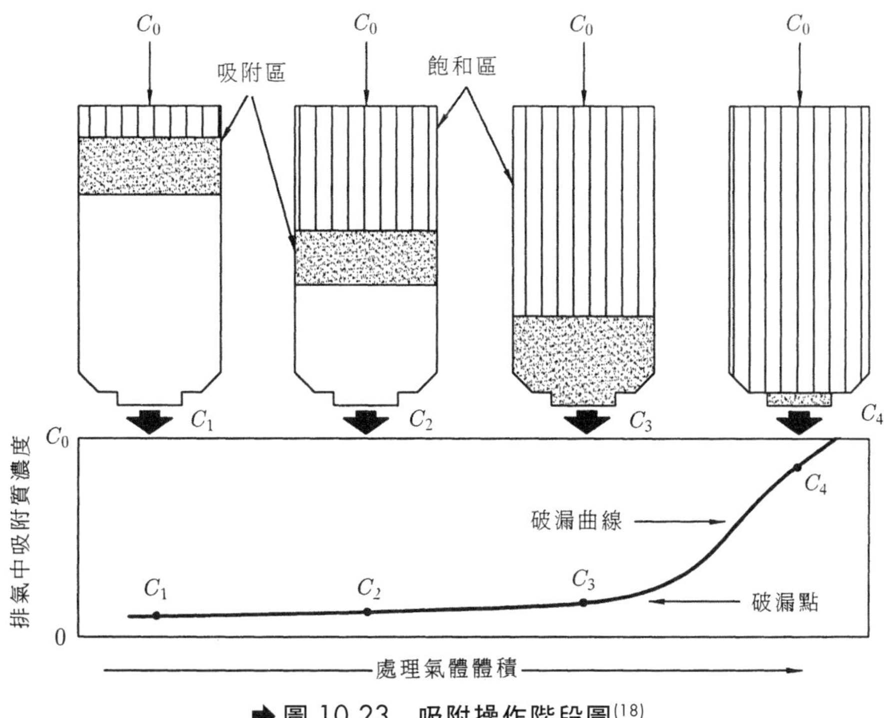

➡ 圖 10.23 吸附操作階段圖[18]

二、吸附塔設計

設計步驟如下：

1. 根據處理氣體的性質參考表 10.20、表 10.21 及表 10.22 選擇適當的吸附劑。
2. 決定吸附劑再生週期，吸附劑是否需再生端視被吸附物質是否具有回收價值以及比較回收與棄置何者較符合經濟效益而定，通常當進入吸附設備之氣體其汙染物僅有 1 或 2ppm 以下時，吸附劑和被吸附物質都予以棄置。棄置時須考慮可能的二次汙染，通常只有在被吸附物為非揮發性時才較無二次汙染的困擾。當汙染物濃度增加時，可採用再生式多槽系統流程，操作時可以一槽吸附，另一槽再生或備用，如圖 10.24 所示。

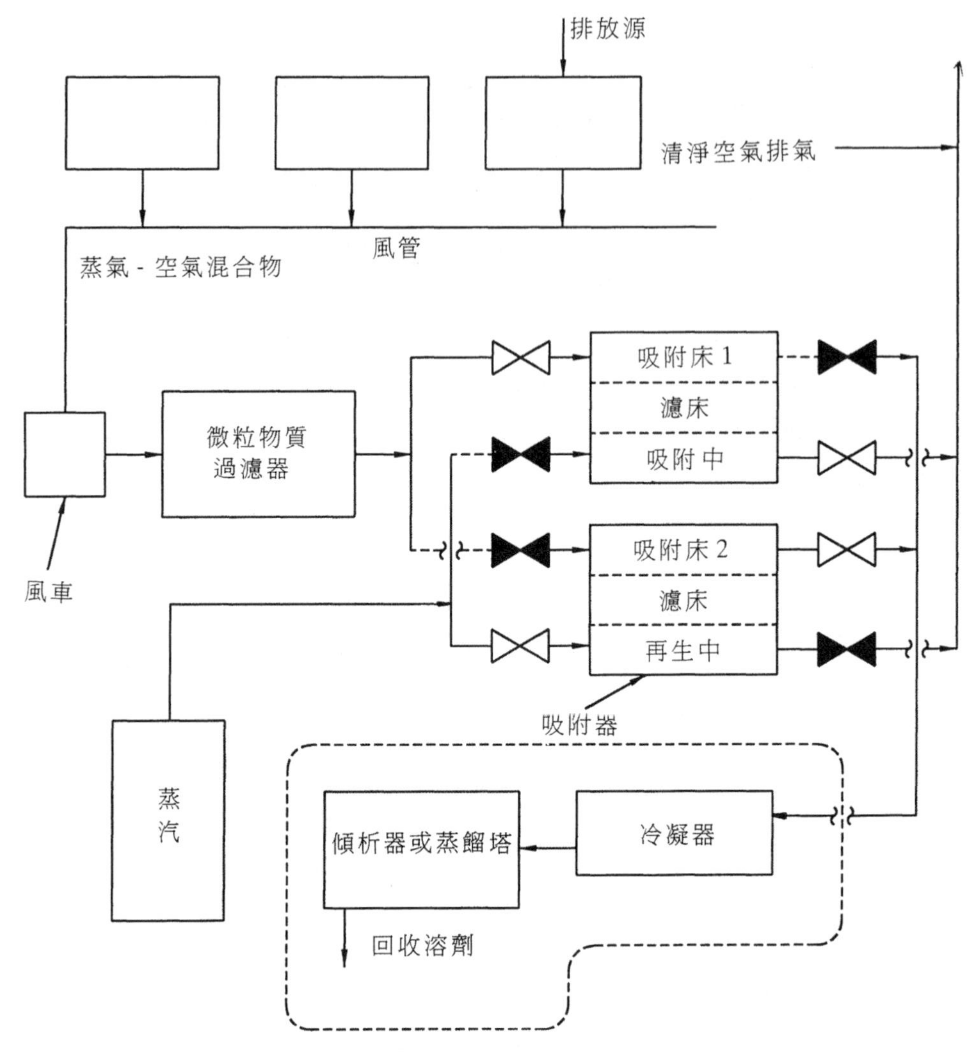

圖 10.24　固定床式吸附設備[18]

吸附床 1－正常操作中，吸附床 2－再生操作中

3. 決定吸附劑需要量

$$W = (C \times 10^{-6}) QtM\eta / 22.4q_0 \quad \text{(10-18)}$$

式中 W =吸附劑需要量，Kg

C =被吸附物濃度，ppm

Q =處理氣體流量，Nm^3/hr

t =處理時間，hr

M =被吸附物分子量，Kg/Kg-mole

q_0=平衡吸附量，Kg/Kg 吸附劑

η=有效吸附率

4. 決定吸附塔塔徑 D_T

一般取空塔速度為 0.2~0.5m/sec(40~100ft/min)之狀況決定塔徑。通常深床設計取 0.5m/sec，淺床（2 英吋以下）取 0.2m/sec。

5. 填充高度之決定

$$z = \frac{(W/\rho_B)}{(\pi D_T^2/4)} \quad \cdots\cdots (10\text{-}19)$$

式中 z =吸附劑填充高度，m

ρ_B=吸附劑壓實密度(Bulk density)，Kg/m^3

6. 接觸時間

由填充高度及氣體之表面流速（通常為 0.1~0.5m/s）可算出接觸時間（通常為 0.6~6 秒）。

三、附附床壓降計算

吸附床壓降可利用如下之 Ergun Correlation 式計算：

$$\frac{\Delta P F d_p \varepsilon^3}{z 2\rho_g u^2 (1-\varepsilon)} = \frac{75(1-\varepsilon)+0.875}{Re} \quad \cdots\cdots (10\text{-}20)$$

其中

ΔP = 壓降，lbf/ft^2

z=吸附床深度，ft

F=轉換因子，4.18×10^8 ft．lb/lbf．hr^2

d_p=有效粒徑$=6(1-\varepsilon)/a_p$

a_p=比表面積，顆粒表面積/體積

ε=吸附床之孔隙度

ρ_g=氣體密度，1b/ft^3

u=氣體流經吸附床之表面速度(Superficial Velocity,ft/hr)

Re=雷諾數，$d_p\rho_g u/\mu_g$

μ_g=氣體黏度，lb/ft・hr

對於 Pellet 形狀之分子篩，其有效粒徑可計算如下：

$$d_p = \frac{d_c}{2/3+1/3(d_c/\ell c)} \quad \text{(10-21)}$$

其中　d_p=Pellet 直徑，ft

ℓ_c=Pellet 長度，ft

1/8 英吋 pellet 分子篩之 d_p 值約為 0.0122 英尺，1/16 英吋 Pellet 分子篩之 d_p 值約為 0.0061 英尺。

10-6 燃燒破壞法

燃燒破壞法因處理廢氣方式之不同，又可分為下列幾種：

1.燃燒塔(Flare)燃燒法、2.直接燃燒法、3.觸媒焚化法。

一、燃燒塔(Flare)

燃燒塔可用於處理含大量可燃性物質的氣體，適用於排放源為非連續性排放氣體的製程，一般並無熱回收裝置。若處理氣體的熱值高於 150 BTU/ft^3 時，可不需另加燃料，否則需加入燃料氣助燃；適於氣體濃度在高爆炸界線(UEL)以上或略低於低爆炸界線(LEL)。一般工業排放氣體量並不大，且幾乎是連續性的，熱值也不高，故很少有燃燒塔用於工業廢氣處理。

但燃燒塔在製程中充滿可燃性物質的石化及煉油製程之廢氣處理系統扮演著重要的角色。圖 10.25 為廢氣系統排往地面燃燒塔(Ground Flare)及高架燃燒塔(Elevated Flarc)之簡單流程。

當製程發生不正常的操作狀況時，必須透過壓力控制或安全閥，適時地將不正常的能量或質量釋出，而有害物質或易燃性氣體必須引入廢氣系統中，經由廢氣主管(Flare Header)輸送到脫液槽(Knock-out Drum)，脫除冷凝液之廢氣可再進行下列三種方式之處理。

1. 以廢氣回收壓縮機將廢氣回收至燃料氣系統以減少燃燒塔之負荷。
2. 當廢氣排放量不多時，可送至地面燃燒塔處理，以減少對廠區附近居民之光害及噪音汙染。
3. 緊急大量廢氣排放時，則送至高架燃燒塔處理，廢氣通過水封槽(Water Seal Drum)、廢氣塔(Flare Riser)及氣封裝置(Gas Seal)，於塔頂之燃燒口(Flare Tip)與藉由無煙蒸汽(Smokless Steam)引入之大量空氣作完全燃燒處理。

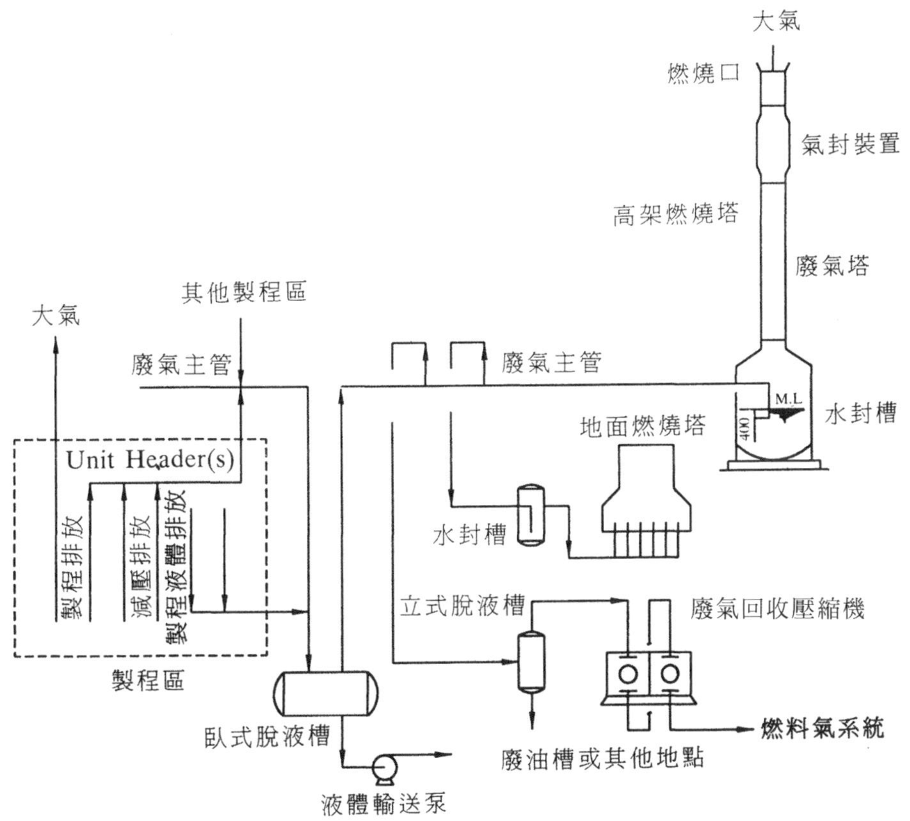

➡圖 10.25 石化、煉油廠製程廢氣理流程圖

二、直接燃燒法

直接燃燒法為將 VOC 或有害氣體在高溫下(600~800℃)氧化分解成無害的 CO_2 和水。爐內的溫度設定及滯留時間因氣體成分的組成、含量而異，通常爐溫 600~800℃，滯留時間約 0.5~1 秒，對於有害氣體則滯留時間一般約 1~2 秒以確保能完全分解破壞。

直接燃燒法的優點是適用於可燃性廢氣，但因燃料消耗量大，利用此法時須回收廢熱始符合經濟效益。但 NO_x、SO_x 及 HCl 等有害氣體可能會隨同煙道氣排出，須特別注意並妥善處理，否則造成二次公害。

三、觸媒焚化法

觸媒焚化法乃藉觸媒（如鉑、鈷、鎳）在 300~400℃的較低溫度下將 VOC 或有害氣體氧化分解成無害的 CO_2 和水。由於在較低溫下操作，可節省大量燃料並可避免因高溫燃燒所產生之 NO_x 汙染。

由於觸媒價昂，為了維持其活性及壽命，在設計上要注意下列事項：

1. 確認進料中會造成觸媒活性降低或中毒的成分如鹵素、鉛、砷、汞、硫的濃度低於觸媒所容許的下限值。
2. 進料中之粉塵須先予以去除，以免造成觸媒床之阻塞而使壓降增大。
3. 處理氣體之熱值不可太高，否則大量放熱會使觸媒發生燒結(Sintering)現象，降低處理效果。

10-7 垃圾焚化爐排放戴奧辛之廢氣控制技術

一、前　言

戴奧辛(Dioxins)是工業生產過程（主要是燃燒程序）或自然界燃燒（如森林火災）所伴隨產生的副產物，其化學性質極為穩定且不易被分解，除了其劇毒性及致癌性外，另可經由食物鏈之生物累積效應對人體發生毒性延遲現象。戴奧辛的 LD_{50}(Lethal Dose：動物實驗 50%死亡率之口服劑量，為一種毒性指標)以毒性最強的 2，3，7，8-TCDD 而言，僅為 0.6μg/Kg（天竺鼠），為目前所知最毒的化學合成物質。

環境中戴奧辛之來源很多，但以都市垃圾焚化爐，醫療廢棄物焚化爐等燃燒源的排放為主要來源。在七十年代歐美日等先進國家大量採用焚化作為垃圾處理的主流技術，導致環境中戴奧辛濃度逐年攀升，隨著各國積極管制垃圾焚化爐的排氣後，環境中戴奧辛之濃度亦大幅降低。臺灣地區由於地狹人稠，且垃圾焚化處理比例偏高，加強垃圾焚化爐排氣之戴奧辛管制，至為重要。政府將新建大型焚化爐戴奧辛排放量限制在 0.1ng TEQ/Nm^3，既有之都市垃圾焚化爐則為 1.0ng TEQ/Nm^3。（TEQ：見第二項說明）

二、戴奧辛結構式及毒性

戴奧辛是多氯雙苯戴奧辛(Polychlorinated dibenzo-para-dioxins, PCDD)和多氯雙苯呋喃(polychlorinated dibenzofurans, PCDF)的通稱，其化學結構式如下圖所示：

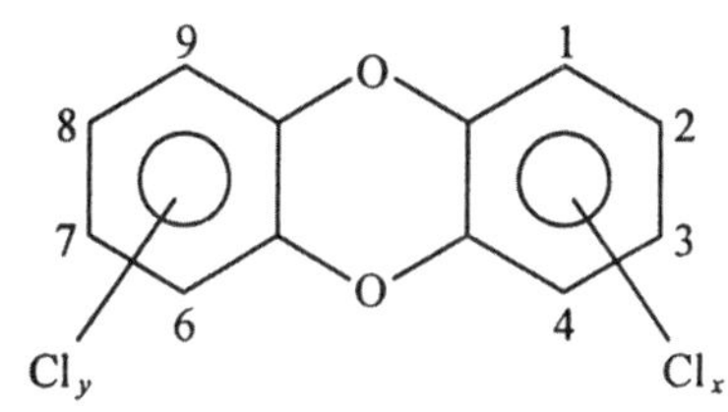

PCDD（共有 75 種同分異構物）

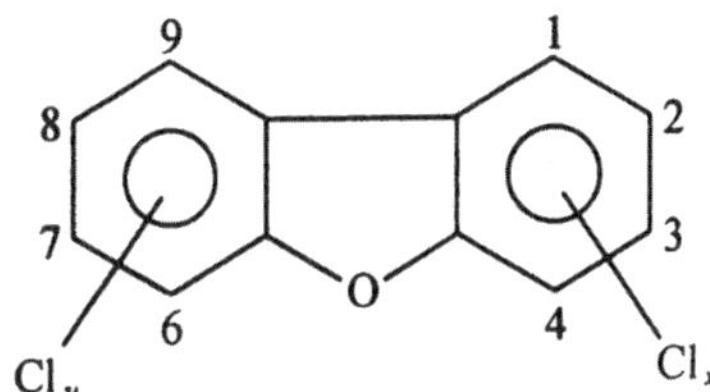

PCDF（共有 135 種同分異構物）

➡ 圖 10.26

PCDD 及 PCDF 均具相當之毒性，鍵結 1~3 個氯原子之毒性較低，鍵結 4~8 個氯原子則為最具急毒性之戴奧辛物種，其中一般人所謂的「世紀之毒－戴奧辛」係專指 2,3,7,8－四氯戴奧辛(2,3,7,8 TCDD,2,3,7,8-tetra chloro dibenzo-p-dioxin)，其毒性為巴拉松農藥之一萬倍。

一般戴奧辛的毒性是以「毒性等值係數」(Toxicity Equivalency Factors, TEFs)來表示，主要是根據動物體內的 Ah 受器(Ah receptor)對各單一戴奧辛化合物感受程度來訂定。國際上計算戴奧辛濃度之毒性權重，以國際毒性當量因子表示(I-TEF, International Toxicity Equivalency Factor)。戴奧辛汙染物之 I-TEF 如表 10.23 所示

表 10.23 國際毒性當量因子 I-TEF(International Toxicity Equivalency Factor)

戴奧辛汙染物	國際毒性當量因子
2,3,7,8-TeCDD	1.0
1,2,3,7,8-PeCDD	0.5
1,2,3,4,7,8-HxCDD	0.1
1,2,3,6,8,9-HxCDD	0.1
1,2,3,7,8,9-HpCDD	0.1
1,2,3,4,6,7,8-HpCDD	0.01
OCDD	0.001
2,3,7,8-TeCDF	0.1
1,2,3,7,8,PeCDF	0.05
2,3,4,7,8-PeCDF	0.5
1,2,3,4,7,8-HxCDF	0.1
1,2,3,6,7,8-HxCDF	0.1
1,2,3,7,8,9-HxCDF	0.1
2,3,4,6,7,8-HxCDF	0.1
1,2,3,4,6,7,8-HpCDF	0.01
1,2,3,4,7,8,9-HpCDF	0.01
OCDF	0.001
其他 PCDDs 及 PCDFs	0

備註：TeCDD: tetrachlorinated dibenzo-p-dioxin
PeCDD: pentachlorinated dibenzo-p-dioxin
HxCDD: hexachlorinated dibenzo-p-dioxin
HpCDD: heptachlorinated dibenzo-p-dioxin
OCDD: octachlorinated dibenzo-p-dioxin
PCDDs: polychlorinated dibenzodioxins
TeCDF: tetrachlorinated dibenzofuran
PeCDF: pentachlorinated dibenzofuran
HxCDF: hexachlorinated dibenzofuran
HpCDF: heptachlorinated dibenzofuran
OCDF: octachlorinated dibenzofuran
PCDFs: polychlorinated dibenzofurans

一般暴露於多種戴奧辛物種的狀況下，毒性的高低由多種戴奧辛之混合作用而決定，由各類化合物之濃度及其對應之 TEF 值可加總計算混合時的總毒性，即所謂的「毒性當量」(Toxicological Equivalent Quantity, TEQ)。

三、戴奧辛形成的機制

1. 由燃料中的 PCDD/PCDF 物質產生，若燃燒室的溫度過低則無法完全分解戴奧辛，一般燃燒室溫度應控制在 850℃以上，再加上適當的停留時間及均勻有效地混合燃燒，應可有效摧毀戴奧辛。
2. 由戴奧辛的前驅物，主要是氯化芳香烴化合物於 250~350℃之間燃燒合成。
3. 非氯化有機化合物及無機氯鹽，於燃燒爐膛或廢氣煙道中經一連串的熱化學反應形成戴奧辛的前驅物再進一步合成戴奧辛。其反應機制類似化學工業製造氯氣之 Deacon Process，即氯鹽在水分及大量氧氣的條件下，於 300℃的低溫下會形成 HCl，HCl 再被二價銅(Cu^{++})催化成氯氣，提供了形成戴奧辛的反應物。
4. 垃圾焚化爐廢氣排放系統之 De Novo Synthesis 反應：典型的混燒式垃圾焚化爐均以過剩氧條件燃燒，再加上垃圾中水分含量原本就較其他燃料為高，其中重金屬成分經燃燒揮發後，大部分會凝結在飛灰上，加以廢氣中含有多量之 HCl 氣體，因而提供了催化合成產生戴奧辛的環境。

四、垃圾焚化處理戴奧辛之控制技術

1. 焚化爐爐膛之設計及操作
   (1) 設計上須具備混合均勻，停留時間大於 1.5 秒之特性，且燃燒溫度在 850℃以上，避免產生低溫點，以確保完全燃燒及戴奧辛之完全分解，一般煙道氣的 CO 濃度被用來評估燃燒是否完全，一般操作標準是 CO 濃度低於 70ppmv，若太高表示可能有大量戴奧辛生成。
   (2) 控制燃燒之過剩氧量：過剩氧量低於 3.5%或高於 9%都可能生成戴奧辛，（因高過剩氧量可能降低燃燒溫度）。一般乾基過剩氧量 5~7%時，戴奧辛生成量最低。
2. 煙道氣之處理
   (1) 驟冷處理：一般焚化爐都設有廢熱回收鍋爐，將煙道氣之廢熱回收降溫至 250~300℃後排出，De Novo Synthesis 反應於此溫度區間會生成大量戴奧辛。因此，經廢熱鍋爐或熱交換器降溫之廢氣溫度應保持在 400℃以上，再以驟冷室劇降至 200℃以下，以避開戴奧辛最適合成溫度範圍(250~350℃)。

(2) 注加抑制劑：將 NH_3 或 triethylamine（三乙基胺）注入煙道氣中，除了可與廢氣中之 HCl 反應，另外可以抑制催化戴奧辛生成觸媒的活性，減少其前驅物的生成。此種方法可同時達到降低 NO_x 含量的作用（如同 SNCR De NO_x 技術）。另外亦可以 CaO 為吸收劑來降低廢氣中 HCl 的含量而達到減少戴奧辛生成的效果。

(3) 設置半乾式洗滌塔注入吸附劑，後接袋式集塵器系統 (Spray Dryer-absorber/Fabric Filter, SD/FF)，目前 SD/FF 為處理有害廢棄物焚化爐之最佳可行控制技術(BACT)。其設計要點如下：

(a) 噴霧器須確保吸附劑與煙道氣能充分混合，使中和與吸附反應都能發生，停留時間一般為 10~15 秒。

(b) 吸附劑用量須大於中和酸性氣體所需之劑量，若使用石灰，最適的劑量比為 1.5~2.0。

(c) 累積於濾布的石灰泥餅有助於去除戴奧辛，可適度提高袋式集塵器的設計壓損，另外為了避免吸附之戴奧辛脫附，袋式集塵器之操作溫度應控制在 135℃以下。

五、國內外戴奧辛排放量最低之焚化爐操作條件

相關介紹如下：

表 10.24

項目	國內	國外
燃燒溫度(℃)	≥850	≥1,000
氣體停留時間（秒）	既存焚化爐≥1 新設焚化爐≥2	≥1.5
煙道出口 CO 濃度(ppmv)	≤100（排氣含氧量 10%）	≤70
排氣含氧量（乾基，%）	≥6	5~7
噴灑石灰用量	－	1.5~2 倍劑量比
集塵設備出口廢氣溫度(℃)	既有焚化爐<280 新設焚化爐<200	130~165

10-8 臭氧氧化法

臭氧氧化法主要是利用臭氧的氧化作用分解去除廢氣中易被氧化分解的汙染物質，本法對含硫化物的廢氣較有效；對氨和低級胺類則效果不佳。臭氧對人體有害（0.1ppm 以上時），使用上須特別小心。

在實際應用上，由於廢氣成分的濃度及組成並不固定，故須小心控制臭氧的供給量，若臭氧供給不足，則處理效果不佳，若臭氧供給太多，則須分解去除排氣中的臭氧。此法需以高壓電產生臭氧，成本昂貴且控制不易，一般只用於較小規模且易被臭氧有效分解之廢氣處理。

10-9 生物濾床處理(Biofiltration)

生物濾床處理係以土壤、堆肥或泥碳土當擔體，繁殖微生物，並供應微生物所需之水分與養分。當廢氣通過濾床時，廢氣成分先被吸收或吸附於擔體上，然後由微生物將其分解成 CO_2、水等無害物質，無二次汙染之慮。VOC 之分解速率，視其種類而定例如丙酮、有機酸之分解很快，而芳香烴類次之，鹵素碳氫化合物之分解則很慢。

此法之廢氣進料量及其濃度不宜太高，否則會因質傳問題而影響處理效果，最適當的進料流量為 100~200m^3/m^2hr，濃度約為 1000ppm。在處理過程中，整個濾床之 pH 值會逐漸下降，因此需添加石灰緩衝液以平衡系統之 PH 值。一般在氣體空塔停留時間 0.5~2 分鐘之條件下，VOC 去除率可達 90%以上。廢氣中揮發性有機物於生物濾床中分解之難易如下表所示：

類別	VOC'S	生物分解難易程度
含氧烴	醇、酮、有機酸	易
芳香烴	苯、甲苯、二甲苯、苯乙烯	↓
酚	酚、甲酚	
含氮氧烴	丙烯腈、二甲基甲醯胺	
烷類、烯烴、醚類	丁二烯、醚類、正戊烷、環已烷	
含氯化合物、醛類	氯乙烯、苯胺、醛類	難

10-10 結　論

一、處理方法選擇

以上各節所述為各種有機蒸氣、惡臭及有害氣體之處理方法，在選擇處理方法時，應考量之因素有：

1. 廢氣流量、溫度。
2. 有機蒸氣及有害物質之濃度。
3. 進料中粉塵負荷及其他影響處理效果之物質濃度。
4. 物質回收及工業減廢之可行性。
5. 二次汙染問題。
6. 經濟效益。

二、處理方法比較

各種處理方法比較表如表 10.25 所示。圖 10.27 比較各處理方法之費用及適用之 VOC 濃度範圍。

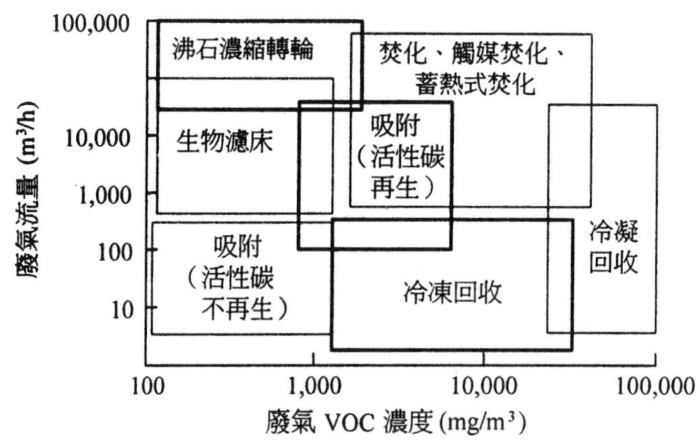

圖 10.27　有機廢氣處理之相對費用及適用方法[22]

表 10.25 有機廢氣處理方法綜合比較

控制技術	濃度範圍 (ppm)	氣體進料量 (cfm)	去除效率 (%)	資源回收	操作成本 US$/cfm	二次汙染物	優點	缺點及限制
直接燃燒	100~2,000	1,000~500,000	55~99+	熱回收	20~150	燃燒產物如 NO_x 等	· 能源回收可達 95%。 · 操作容易。	· 對鹵素碳氫化合物在下游處須再處理。 · 不適於批次操作。 · 操作費用較高。 · 有回火(flashback)及爆炸之潛在危害。 · 較高排氣量且 VOC 含量較低（<1000ppm)場合，可在焚化設備上游設置沸石濃縮轉輪，以大幅降低焚化設備投資費用及操作成本。
觸媒焚化	100~2,000	1,000~100,000	90~95	熱回收	固定床 10~75，液體化床 15~19	燃燒產物、廢觸媒、再生酸鹼液	· 能源回收可達 70%。 · 操作溫度較直接燃燒法低，操作成本。	· 熱效率受程序變動影響大。 · 觸媒有被毒化之虞。 · 對鹵素碳氫化合物在下游處須再處理。 · 較高排氣量且 VOC 含量較低（<1000ppm)場合，可在焚化設備上游設置沸石濃縮轉輪，以大幅降低焚化設備投資費用及操作成本。
低溫冷凝	>5,000	100~20,000	50~90	藉冷凝回收有機物、溶劑	20~120	凝結液	· 可回收利用凝結液，降低操作成本。 · 適用高濃度之氣流。 · 操作容易。	· 冷凝液可能會形成積垢。 · 高動力成本。 · 回收效率低。

表 10.25 有機廢氣處理方法綜合比較（續）

控制技術	濃度範圍 (ppm)	氣體進料量 (cfm)	去除效率 (%)	資源回收	操作成本 US$/cfm	二次汙染物	優點	缺點及限制
活性碳吸附	20~50,000	100~60,000	90~98	藉再生回收有機物、溶劑或VOC	10~35	廢活性碳、再生劑	· 回收產品可利用，降低操作成本。 · 可充當濃縮器而與其他設備串聯使用。 · 可週期性自動操作。 · 可處理極低濃度的氣態汙染物。	· 相對濕度大於 50% 時不適用。 · 酮類、醛類及酯類可能會阻塞活性碳之孔洞，降低去除效率。 · 吸附劑之吸附能力會隨著操作週期而逐漸下降。 · 吸附劑再生需蒸汽或真空設備，產品回收須配合設置昂貴的蒸餾（或萃取）系統。 · 起始成本高。 · 吸附床之前須設置袋濾室以去除可能導致吸附床阻塞之微粒物質。
吸收	500~5,000	2,000~100,000	95~98	藉冷凝／蒸餾回收有機物、溶劑或VOC	25~120	廢水、填料	· 回收產品可利用，降低操作成本。 · 操作容易。 · 占地小，起始成本低。 · 可同時收集微粒物質及氣體。 · 增加填充床高度或改變填料種類可改善質傳效率而無需另外購置新設備。 · MU-SSPW 洗滌塔可大幅降低設備成本及操作維修費用。	· 缺乏平衡資料時設計困難。 · 填料可能為進氣中的小顆粒所阻塞（可考慮使用 MU-SSPW 洗滌塔則無結垢阻塞困擾）。 · 吸收劑與吸收物反應之生成物可能導致積垢。 · 可能產生水處理困擾。 · 維修保養成本較高。

歷屆國家考試試題精華

10.1 解釋下列名詞

(1) 貫穿曲線(Breakthrough Curve)（94 年高考三級）

(2) 雙薄膜理論(Two-film Theory)（94 年高考三級）

(3) 恆溫吸附模式(Adsorption Isotherm)（94 年高考三級）

(4) 持久性有機汙染物(POPs)（95 年高考三級）

(5) 逸散性排放(Fugitive Emision)（95 年高考三級）

(6) 生物濾床技術(Biofiltratron)（95 年高考三級）

解

(1) 貫穿曲線(Breakthrough Curve)：吸附床出口吸附質濃度對流體體積之關係曲線，在貫穿點(Breakpoint)之後，吸附床出口之吸附質濃度即迅速增加，為設計吸附設備不可或缺之資料。（本題於 84 年普考出現過）

(2) 雙薄膜理論(Two-film Theory)：參見 10-2-4 節說明。

(3) 恆溫吸附模式(Adsorption Isotherm)：為一描述在恆定溫度下，吸附質與吸附劑平衡濃度之關係圖，如下圖所示。

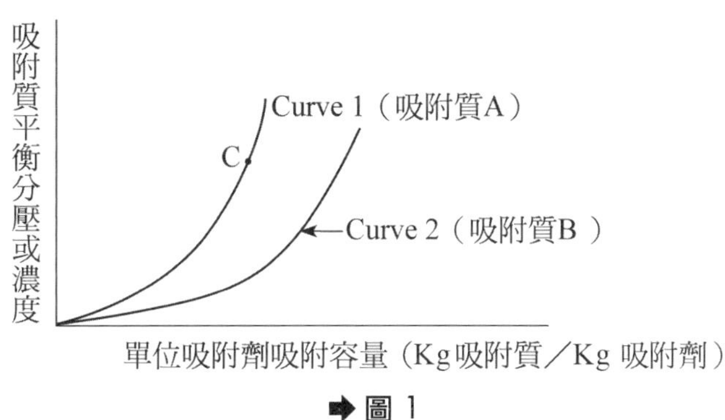

圖 1

圖中 Curve 1 C 點所對應之吸附質平衡分壓（濃度下）即可求得吸附劑之單位吸附容量，隨著吸附質分壓之增加，吸附質 A 將可被吸附，而壓力降低則導致吸附質 A 會被脫附(Desorbed)。另外，Curve 2 表示在相同平衡壓力下，吸附劑對吸附質 B 有較佳（相對於吸附質 A）之吸附容量（能力）。通常分子量較高，臨界溫度(Critical Temperature)較低之蒸氣及氣體，較易被吸附。

(4) 持久性有機汙染物(POPs)：Persistent Organic Pollutants 之簡稱，係指具難分解性或蓄積性之化學物質，因為上述二個特性，使其長期累積於環境中，會經由食物鏈對人體造成危害。聯合國環境規劃署已列管 12 種 POPs，並推動國際條約，要求各國採取行動以減少環境中 POPs 之殘留量，進而確保食物之安全。此 12 種 POPs 包括：阿特靈(Aldrin)、可氯丹(Chlordane)、滴滴涕(DDT)、地特靈(Dieldrin)、安特靈(Endrin)、飛布達(Heptachlor)、六氯苯(Hexachloroben zene)、滅蟻樂(Mirex)、毒殺芬(Toxaphene)等九種有機氯農藥以及戴奧辛(Dioxin)、呋喃(Furans)及多氯聯苯(PCBs)等三種有機氯工業品及副產品。

(5) 逸散性排放(Fugitive Emission)：工業生產製造或原料、成品儲存過程中，由被加壓的設備排放、洩漏或釋出的氣體或蒸氣，主要以 VOC（揮發性有機化合物，Volatile Organic Compound）為大宗。VOC 可造成大氣中臭氧濃度上升等汙染，部分具有高全球暖化潛勢(GWP)之逸散性排放亦會導致地球溫室效應之惡化。另外營建工程逸散物及道路車輛揚塵亦屬之。

(6) 參見 10-8 節說明（91 年環保行政特考亦曾出現類似考題）。

10.2 在氣體汙染物的濕式洗滌（吸收）塔中，二氧化硫和氨的質量傳送分別為氣相或為液相控制？請說明之。 **（82 年普考）**

解 參閱 10-2-4 節，於 25°C，1 atm，氣體分壓為 8 mmHg 時 NH_3 於水中之溶解度 (1.05 wt.gas / 100 wt H_2O) 大於 SO_2 (0.148 wt.gas / 100 wt H_2O)。

因此 SO_2 之濕式洗滌操作（以水為洗滌液時），為溶質較不易溶解於液體之吸收操作，整個系統的質傳阻力在液相，為液膜阻力控制程序。NH_3 之濕式洗滌操作（以水為洗滌液時），為溶質易於溶解在液體之吸收操作，整個系統的質傳阻力在氣相，為氣膜阻力控制程序。

10.3 有一個氣液體反向流填充吸收塔，使用陶磁拉西環(Ceramic Raschig Rings)為填充物，可去除 96%的 NH_3，原廢氣的摩爾組成為含 10% 的 NH_3 和 90%的空氣混合氣體，其進入吸收洗滌塔廢氣的流量在一大氣壓、20°C 下為 40 Kg - mole / hr。洗滌水不含 NH_3，吸收塔在 60%的氾濫點(Flood Point)操作，而且洗滌水的流量要比最小流量高出 30%。在一大氣壓、20°C 下，NH_3 一空氣一水混合物的平衡資料如下：

X(Kg-mole NH_3/Kg-mole H_2O)	0.020	0.030	0.040	0.050	0.075	0.095
Y(Kg-mole NH_3/Kg-mole 空氣)	0.015	0.025	0.033	0.042	0.066	0.092

底下空白表格可供畫出平衡線和操作線：

(1) 請計算吸收塔進流口和出流口氣體的 mole 比值（Kg-mole NH_3/Kg-mole 空氣）和液體的 mole 比值(Kg-mole NH_3/Kg-mole H_2O)以及水的流量(Kg-mole/hr)。

(2) 請計算吸收塔進流口和出流口氣體和液體的流量(Kg/hr)。

（84 年專技檢覆）

解 由題意

$$G = 40\ \text{Kg-mole/hr}$$

$$G_s = 40(1-0.1) = 36\ \text{Kg-mole/hr}$$

$$Y_1 = 0.1/(1-0.1) = 0.111\ \text{Kg-mole NH}_3/\text{mole air}$$

$$Y_2 = (40\times 0.1\times 0.4)/36 = 0.00444\ \text{mole NH}_3/\text{mole air}$$

以表列數據完成平衡系統圖如下：

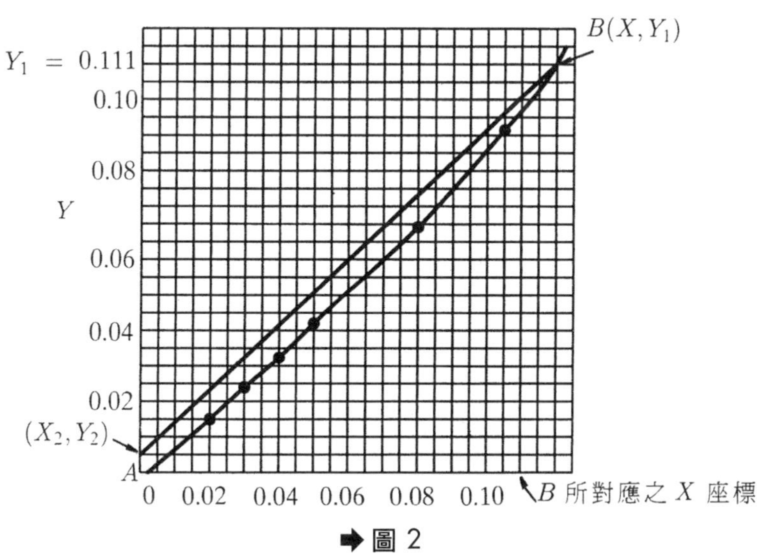

圖 2

由圖可得 AB 斜率為

$$\frac{(0.111-0.00444)}{(0.111-0)}=0.96$$

所以 $L_s(\min)=G_s\times 0.96=36\times 0.96=34.56\ \text{Kg-mole/hr}$

$$L=1.3\ L_s(\min)=44.93\ \text{Kg-mole/hr}$$

∴塔底　$Y_1=0.111\ \text{mole NH}_3/\text{mole air}$

$$X_1=\frac{40\times 0.1\times 0.96}{44.93}=0.0855\ \text{mole NH}_3/\text{mole H}_2\text{O}$$

塔頂　$Y_2=0.00444\ \text{mole NH}_3/\text{mole air}$

$X_2=0\ \text{mole NH}_3/\text{mole H}_2\text{O}$

(1) 吸收塔氣體進流口氣體 mole 比值

$=Y_1=0.111\ \text{mole NH}_3/\text{mole air}$

吸收塔氣體出流口氣體 mole 比值

$=Y_2=0.00444\ \text{mole NH}_3/\text{mole air}$

吸收塔液體出流口氣體 mole 比值

$=X_1=0.0855\ \text{mole NH}_3/\text{mole H}_2\text{O}$

水流量 $=L=44.93\ \text{Kg-mole/hr}$

(2) 吸收塔氣體進流口氣體流量

$$40\ \text{Kg-mole/hr}\times 0.1\times 17+40\ \text{Kg-mole/hr}\times 0.9\times 28.84$$

$$=1106.2\ \text{Kg/hr}$$

吸收塔氣體出流口氣體流量

$$40\ \text{Kg-mole/hr}\times 0.1\times 0.04\times 17+40\ \text{Kg-mole/hr}\times 0.9\times 28.84$$

$$=1040.96\ \text{Kg/hr}$$

吸收塔液體進流口流量

$$44.93\ \text{Kg-mole/hr} \times 18 = 808.74\ \text{Kg/hr}$$

吸收塔液體出流口流量

$$44.93 \times 18 + 40\ \text{Kg-mole/hr} \times 0.1 \times 0.96 \times 17 = 874.02\ \text{Kg/hr}$$

10.4 假設有一廢氣，含二氧化硫為 1136 ppm，廢氣流率 783.20 Kg-mole/min，現擬用填充式吸收塔(Packed-bed Absorber)處理去除二氧化硫，處理效率為93%，吸收劑為純水，廢氣與吸收劑之溫度均為 300K，為保證處理之效果，所用水量比最低要求水量多 50%，吸收之平衡線為 $y = 11.71x$，請問每分鐘所需水量為多少公斤？ **（84 年高考二級）**

解

$$Y_1 = 0.1136/(100-0.1136) = 0.1137\% = 1137\ \text{ppm}$$

$$Y_2 = 0.1136 \times 0.07/(100-0.1136) = 7.961 \times 10^{-5} = 79.61\ \text{ppm}$$

$\because$ 吸收平衡線 $y = 11.71x$

$\therefore X_1 = Y_1/11.71 = 1137/11.71$

$= 97.1\ \text{ppm}\ SO_2/\text{Kg-mole}\ H_2O$

最低水量所對應之操作線斜率為

$$(Y_1 - Y_2)/(X_1 - X_2) = (1137 - 79.61)/(97.1 - 0) = 10.89$$

$$G_s = 783.2 \times (1 - 1136 \times 10^{-6}) = 782.3\ \text{Kg-mole/min}$$

$$\therefore Ls(\min) = G_s \times 10.89 = 8519.2\ \text{Kg-mole/min}$$

$$L = 1.5Ls = 12778\ \text{Kg-mole/min}$$

$$= 12778.9 \times 18 = 230{,}020\ \text{Kg/min}$$

10.5 有一工業廢氣，其重為400 acmm，溫度400°C，一大氣壓，廢氣中含HCl、SO_2，其濃度分別為10,000 ppm及250ppm，今擬用石灰法處理此二種汙染物，其處理效率應分別達 99%、70%，吸收劑為$Ca(OH)_2$，反應器為噴霧乾燥塔(Spray Dryer)，假設過剩石灰量，在HCl、SO_2分別為 10%、30%，請問(1) $Ca(OH)_2$之加藥速率為每小時多少公斤，(2)假設spray dryer中之過剩固體為$Ca(OH)_2$，請問總固體產量為每小時多少公斤，(3)假設廢氣之停留時間為10秒，反應器長與直徑之比為2：1，請設計反應器大小。**（89年高考三級）**

解 反應式

$$Ca(OH)_2 + 2HCl \rightarrow CaCl_2 + 2H_2O$$

$$Ca(OH)_2 + SO_2 \rightarrow CaSO_3 + H_2O$$

1 atm，400°C下，1 g-mole廢氣之體積

$$V = 0.08205 \times (273 + 400) = 55.21\ l/g\text{-mole}$$

$$400\ acmm = 400\ m^3/min = 400/55.22 \times 60$$

$$= 434.63\ Kg\text{-mole}/h$$

其中$HCl = 10{,}000\ ppm$，相當於

$$434.63 \times 10{,}000 \times 10^{-6} = 4.3463\ Kg\text{-mole}/h$$

$SO_2 = 250\ ppm$，相當於

$$434.63 \times 250 \times 10^{-6} = 0.1087\ Kg\text{-mole}/h$$

(1) 所需之$Ca(OH)_2$加藥速率R

$$R = 4.3463 \times 0.99 \times 1.1/2 + 0.1087 \times 0.7 \times 1.3$$

$$= 2.4655\ Kg\text{-mole}/h = 2.4655 \times 74\left[Ca(OH)_2\text{之分子量}\right]$$

$$= 182.4\ Kg/h$$

(2) 總固體產量 P

$$P=\Bigg[\underbrace{4.3463\times 0.99/2}_{CaCl_2}\Bigg]\times 111+\underbrace{(0.1087\times 0.7)\times 120}_{CaSO_3}$$
$$+\Bigg(\underbrace{2.4655-4.3463\times 0.99/2-0.1087\times 0.7}_{Ca(OH)_2}\Bigg)\times 74$$
$$=243.84\ Kg/h$$

(3) 廢氣反應器體積

$$V=Qt=400\ m^3/min\times\frac{1}{6}min=66.67\ m^3$$

假設反應器為圓柱型，$L/D=2$（長度 L=2D（內徑））

則

$$V=\frac{\pi}{4}D^2L=\frac{\pi}{2}D^3=66.67\ m^3$$

$$D=3.488\ m \qquad L=2D=6.976\ m$$

10.6 某工廠委託一環境工程師進行其 SO_2 氣體之排放減量規劃，該工廠之廢氣流量在 27℃，1 atm（假設此即為防制設備之操作條件）時為 200CMM，其中含有 1000ppmv 之 SO_2，該環境工程師擬以逆流式、自來水洗滌之填充式洗滌塔處理之（廢氣由下向上，水流由上向下流）。如果該工廠要求達到 90% 之效率：

(1) 請問該洗滌塔之水流量應為多少公噸／小時？假設水流量為最小需水量之 1.5 倍，而平衡曲線式為 $y^*=10x$，式中 f 與 Z 分別為氣流與水流中之 SO_2 莫耳分率。

(2) 請評估該環境工程師設計之合理性。 **（90 年專技檢覆）**

解 (1) 27°C，1 atm 下，廢氣單位(Kg-mole)體積為

$$V=RT=0.08205\times(273+27)$$
$$=24.615\ m^3/Kg\text{-}mole$$

$$200\ \text{CMM} = 200 / 24.615 = 8.1251\ \text{Kg-mole/min}$$

$$= 487.15\ \text{Kg-mole/h}$$

依題意，定義洗滌塔之物料平衡圖如下：

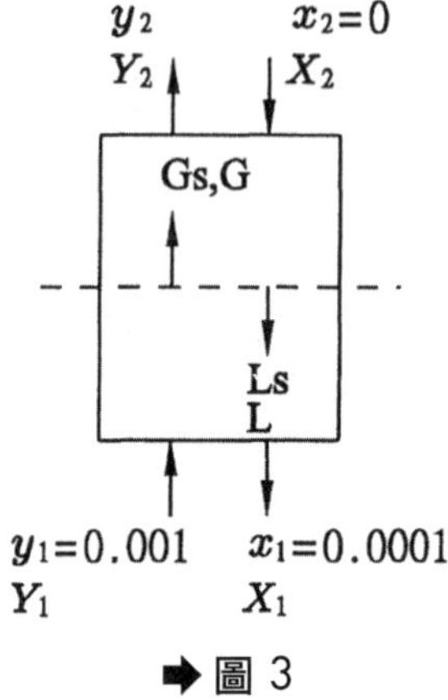

➡圖 3

x：溶質於液體中之莫耳分率

y：溶質於氣體中之莫耳分率

X：液體中溶質與吸收液體之莫耳比

Y：氣體中溶質與不溶解氣體莫耳比

Gs：不溶解氣體莫耳數

Ls：不含溶質之吸收液莫耳數

G，L：氣液體總莫耳數

$$G = 487.51\ \text{Kg-mole/h}$$

$$y_1 = 0.001$$

$$G_s = 487.51(1-0.001) = 487.022\ \text{Kg-mole/h}$$

$$y_2 = \frac{487.51 \times 0.001 \times (1-0.9)}{[487.022 + 487.51 \times 0.001 \times (1-0.9)]}$$

$$= 0.048751 / 487.0708 = 1.0009 \times 10^{-4}$$

$$Y_1 = y_1 / 1 - y_1 = 0.001 / (1-0.001) = 1.001 \times 10^{-3}$$

$$Y_2 = 487.51 \times 0.001 \times (1-0.9) / 487.022 = 1.001 \times 10^{-4}$$

$$X_2 = x_2 = 0$$

$$X_1 = x_1 / (1-x_1) = 0.0001 / (1-0.0001) = 1.00001 \times 10^{-4}$$

$$L_{s(min)} = G_s \times \frac{(Y_1 - Y_2)}{(X_1 - X_2)}$$

$$= 487.022 \times \frac{(1.001 \times 10^{-3} - 1.0001 \times 10^{-4})}{1.0001 \times 10^{-4}}$$

$$= 4387.1 \text{ Kg-mole/h}$$

洗滌塔水流量

$$L = 1.5L_{S(min)} = 1.5 \times 4387.1 \text{ Kg-mole/h}$$

$$= 6580.7 \text{ Kg-mole/h}$$

$$= 118453 \text{ Kg/h}$$

$$= 1.974 \text{ m}^3 / \text{min}$$

(2) SO_2 不易溶於水，使用自來水吸收 SO_2 產生之酸性廢水量大且須二次處理，並不符合 BACT 之要求。

10.7 有一燒煤電廠，其煤之成分分析結果為：C：70%　H：2.0%　O：6.0%　N：1.4%　S：1.5%　Cl：0.1%　水：7.8%　灰分：11.2%，熱值為 27,000KJ/Kg，燃燒之過剩空氣為 20%。請問燃燒廢氣中之 SO_2，HCl 各為多少 ppm？假設此廢氣用填充吸收塔處理廢氣中之 SO_2，SO_2 用水吸收之平衡線為 y=12.5x(x, y 各為水中及氣體中 SO_2 之莫耳分率），請問處理此廢氣所須之水量為多少 Kg/min？ **(93 年高考三級)**

解 (1) 理論燃燒空氣量 A_0，且假設煤中之 Cl 與 H 反應生成 HCl

$$A_0 = \left[\frac{C}{12} + \frac{(H-Cl)}{4} + \frac{S}{32} - \frac{O}{32}\right] \times \frac{22.4}{0.21}$$

$$= 8.89C + 26.67\left(H - \frac{O}{8}\right) + 3.33S$$

$$= 8.89 \times 0.7 + 26.67(0.019 - 0.06/8) + 3.33 \times 0.015$$

$$= 6.58\ \text{Nm}^3/\text{Kg-fuel}$$

理論濕基燃燒氣體量 G_0

$$G_0 = \underbrace{(1-0.21)A_0 + 0.8N}_{N_2\text{所占體積}} + \underbrace{1.867C}_{CO_2\text{所占體積}} + \underbrace{0.7S}_{SO_2\text{所占體積}}$$
$$+\underbrace{11.2(H-Cl)+1.244W}_{H_2O\text{所占體積}} + \underbrace{0.631Cl}_{HCl\text{所占體積}\left(\frac{Cl}{35.5}\times 22.4=0.631\right)}$$

$$=0.79\times 6.58+0.8\times 0.014+1.867\times 0.7\times 0.7\times 0.015+11.2\times (0.02-0.001)+1.244\times 0.078+0.631\times 0.001$$

$$=6.837\text{Nm}^3/\text{Kg-fuel}$$

實際燃燒氣體量 G

$$G = (m-1)A_0 + G_0$$

$$= (1.2-1)\times 6.58 + 6.837$$

$$= 8.153\ \text{Nm}^3/\text{Kg-fuel}$$

SO_2 濃度=0.7×0.015/G=1.288×10^{-3}=1,288ppmv

HCl 濃度=0.631×0.001/G=7.74×10^{-5}=77.4ppmv

(2) 燃燒產生之水分會於填充塔中冷凝去除

乾基廢氣量(G')為

$$G' = (m-1)A_0 + G_0 - 11.2\times(0.02-0.001)$$

$$= 7.94\ \text{Nm}^3/\text{Kg-fuel}$$

$$= 0.3545\ \text{Kg-mole}/\text{Kg-fuel}$$

乾基 SO_2 濃度=0.7×0.015/G'=1,322ppm

依題意，定義洗滌塔之質量平衡圖如下：

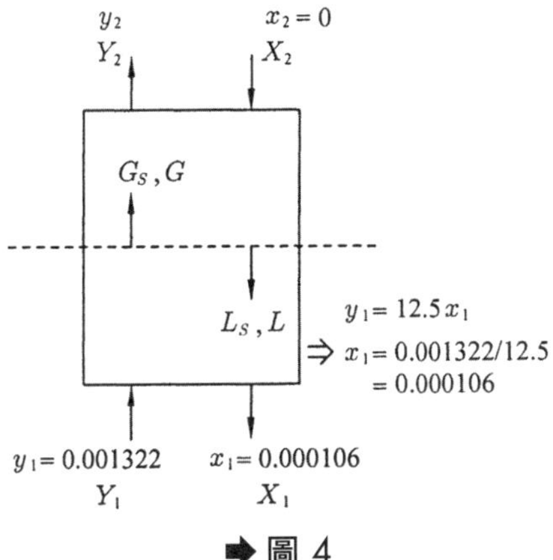

➡圖 4

x：溶質於液體中之莫耳分率

y：溶質於氣體中之莫耳分率

X：液體中溶質與吸收液體之莫耳比

Y：氣體中溶質與不溶解氣體莫耳比

G_s：不溶解氣體莫耳數

L_s：不含溶質之吸收液莫耳數

G,L：氣、液體總莫耳數

現階段燃煤電廠容許之 SO_2 排放濃為低於 300ppm，即 $y_2=0.0003$。

$Gs=G'(1-y_1)=0.3545\times(1-0.001322)=0.35446$ Kg-mole/Kg-fuel

$Y_1=y_1/(1-y_1)=0.001322/(1-0.001322)=0.001324\%$

$Y_2=G'\times 300ppm/0.35446 \fallingdotseq 300ppm$

$X_2=x_2=0$

$X_1=x_1/(1-x_1)=0.000106/(1-0.000106)=0.000106$

$$Ls(min)=Gs*\frac{(Y_1-Y_2)}{(X_1-X_2)}$$

$$=0.35446\times\frac{(0.001324-0.0003)}{0.000106}=3.424\ \text{Kg-mole / Kg fuel}$$

洗滌塔水流量：

$$L = 1.5Ls(min) = 1.5 \times 3.424\ Kg-mole/Kg-fuel = 5.136\ Kg-mole/Kg-fuel$$

$$= 92.5Kg/Kg-fuel$$

假設該電廠之發電量為 A MW，熱效率為 40%，

煤之熱值為 27,000kJ/Kg=27,000×10^3/1,055.1=25,590 Btu/Kg

1 KW=3,412 Btu/h=56.867 Btu/min

∴每分鐘煤需求量為

$$\frac{A \times 10^6 / 10^3 \times 56.867}{0.4 \times 25,590} = 5.56 \times A\ Kg/min$$

∴所需處理水量為

$$5.56 \times A \times 92.5 = 514.3 \times A\ Kg/min$$

$$= 0.5143 \times A\ m^3/min$$

10.8 活性碳吸附床，尺寸為 24 英吋×24 英吋×$7\frac{3}{4}$英吋，含 45 磅活性碳粒，用以去除氣流中之甲醇蒸氣，假設廢氣在吸附床之流速為 30 scfm，蒸氣濃度 300ppm，設活性碳吸附甲醇之能力為活性碳原重之 50%，吸附效率 90%，此吸附設備最大氣流為 1000scfm，多久須更換活性碳一次？

（81 年專技高考類題）

解 由題意，平衡吸附量 $q_0 = 0.5Kg/Kg$ 活性碳，$\eta = 0.9$

由附錄 A 單位換算，1Nm^3/hr=0.622scfm(60°F)

所以 300scfm=482.3Nm^3/hr

由(10-18)式

$$W = \frac{(300 \times 10^{-6})(482.3)(t)(32)(0.9)}{(22.4)(0.5)} 0.372t$$

$$t = \frac{45 \times 0.4536}{0.372} = 54.9hr$$

10.9 排氣流量為 2500m^3/hr，其丙酮濃度為 12g/m^3，試設計吸附塔之塔徑及吸附床高度。（以活性碳為吸附，壓實密度=410Kg/m^3，丙酮之吸附平衡圖請參考圖 5）　　**（81 年專技高考類題）**

解 由圖 5 可知 12g/m^3 之丙酮濃度，活性碳之丙酮吸附量為 0.225Kg/Kg－活性碳。

假設每一循環之操作時間為 4 小時，則 1 循環所需吸附之丙酮量為

$$2500 \times 12 \times 4 = 120{,}000\text{g} = 120\text{Kg}$$

假設吸附效率為 50%，則所需活性碳量為

$$W = \frac{120}{0.225 \times 0.5} = 1066.7\text{Kg} = \frac{1066.7}{410} = 2.6\text{m}^3$$

設空塔速率為 0.4m/s

$$\Rightarrow (\pi / 4)(D_T)^2 \times 60 \times 60 \times 0.4 = 2500$$

所以 $D_T = 1.49\text{m}$，取 1.5m

填充高度 $z = \dfrac{2.6}{(\pi / 4)(1.5)^2} = 1.471\text{m}$，取 1.5m

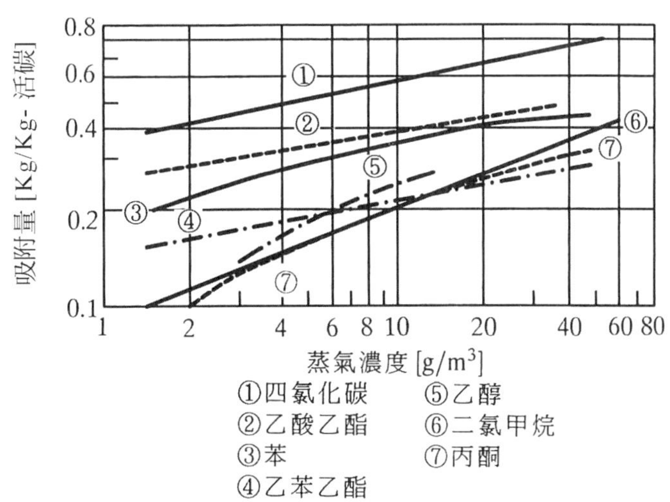

➡ **圖 5　空氣中溶劑蒸氣之吸附平衡（以活性碳回收溶劑 20℃）** [14]

10.10 有一含 1500ppm 三氯乙烯(TCE)之廢氣，其流量為 12,000scfm(60℉,1atm)，溫度為 70℉，壓力為 20 psia。試設計一活性碳吸附槽處理此廢氣，條件如下：

(1) 三氯乙烯回收率 99.5wt%。

(2) 活性碳壓實密度 36 1b/ft^3。

(3) 在破漏點(breakpoint)前之吸附容量 0.28 1b TCE/1b 活性碳。

(4) 吸附操作循環為 4 小時吸附，2 小時加熱及脫附，1 小時冷卻，1 小時備用。

解 廢氣實際流量 Q_g：

$$Q=12000\text{scfm}[(460+70)/(460+60)](14.7/20)$$
$$=8989.6 \quad \text{ft}^3/\text{min}$$

三氯乙烯(TCE)體積流量為

$$(1500\times10^{-6})(8989.6)=13.4844 \ \text{ft}^3/\text{min}$$

TCE 分子量=131.5

TCE 氣體密度(70℉,20psia)為

$$\rho=PM/RT=(20)(131.5)/(10.73)/(460+70)=0.4625 \ \text{1b}/\text{ft}^3$$

TCE 重量流量為

$$13.484\times0.4625=6.2365 \text{ 1b/min}$$

4 小時吸附之 TCE 量為

$$6.2365\times60\times4\times0.995=1489.3 \text{ lb}$$

活性需要量為

$$1489.3/(0.28)/(36)=148 \text{ ft}^3$$

若採用垂直式吸附槽（深床設計）

取空塔速度為 0.5m/s=100ft/min

吸附槽截面積為

$$8989.6/100=89.896ft^2$$

吸附槽內徑 D_T：

$$D_T=\sqrt{(4)(89.896)/\pi}=10.7ft$$

此時吸附層高度 h

$$h=148/89.896=1.65\,ft$$

10.11 (1) 何謂「等溫吸附方程式」(Isothermal Adsorption Equation)？

(2) 請繪圖說明三種常見等溫吸附方程式，並比較其假設條件。

（85 年專技高考）

解 (1) 等溫吸附方程式：為在一恆定溫度下描述吸附質與吸附劑平衡濃度之關係式。

(2) 三種常見之等溫吸附方程式：

(a) Freundlich 吸附曲線

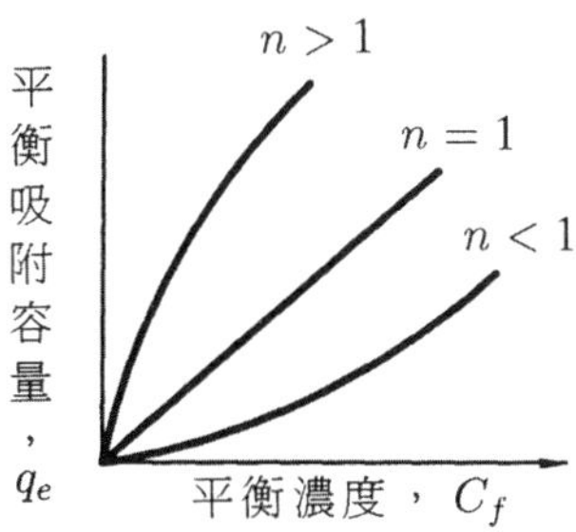

圖 6

(b) Langmuir 方程式及 B.E.T.工方程式

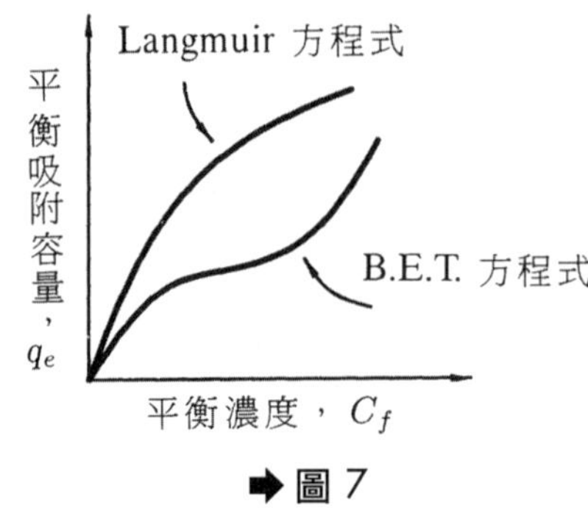

圖 7

(3) 假設條件之比較

方程式	Langmuir	B.E.T.
假設條件	1. 每一個吸附 Site 只能吸附一個分子。 2. 各吸附 Site 對吸附質之親和力相同。 3. 單層吸附。 4. 吸附之分子不會脫附。	1. 多層吸附。 2. 每一層吸附能力均相等。 3. 每　層吸附現象均可以 Langmuir 方程式解釋。

10.12 假設甲苯廢氣用 4×10 mesh 之活性炭處理，其吸附作用適用 Freundlich Isotherm，假設壓力為 101.3 kPa，溫度為 298k，其 k 值、n 值分別為 0.20842、0.110，達平衡時甲苯濃度為 100 ppm，請問此種活性炭一公斤可吸附多少公斤之甲苯。 **(89 年專技高考)**

解 Freundlich Equation：

$$m = K(P^*)^n$$

其中

m：單位重量活性碳所吸附之吸附質，g/g 活性碳

P^*：吸附質分壓，mmHg

$K = 0.20842$

$n = 0.110$

今廢氣壓力為 $101.3\ kPa = 760\ mmHg$

甲苯分壓 $= 760 \times 1000\ ppm = 0.76\ mmHg$

$$m = K(P^*)^n = 0.20842(0.76)^{0.11}$$

$$= 0.2022\ g/g\ 活性碳$$

$$= 0.2022\ Kg/Kg\ 活性碳$$

此活性碳 1 公斤可吸附甲苯 0.2022 公斤。

10.13 簡述兩種基本的吸附(Adsorption)機制及其優劣點。 **（84 年專技高考）**

解

	物理吸附	化學吸附
機制	物理吸附是指氣體分子由於分子間作用力或凡得瓦爾力的作用；附著於固體吸附劑的表面，其過程與氣體之凝結(Condensation)類似，為一放熱反應，熱量之大小與吸引力有關，約相當於蒸氣液化熱(heat of liquefaction)。	化學吸附是吸附質與固體表面之間因親和力產生電子的轉移或分子軌域的重疊，使得吸附質與吸附劑之問產生了化學反應或化學鍵結，其吸附能較物理吸附為高。
優缺點	(1) 為可逆反應，可利用降壓(Pressure Swing Cycle)、升溫(Thermal Swing Cycle)或以 Purge Gas 降低吸附質分壓(Purge-gas Stripping Cycle)而達到脫附且不改變吸附質的效果，可回收吸附質及再生吸附劑，經濟效益佳。 (2) 反應速率快，可多層吸附。 (3) 吸附容量會因溫度之上升而急速減少。	(1) 通常為不可逆反應，吸附質或吸附劑可能無法回收、再生。 (2) 只能單層吸附。 (3) 對於某些特定空氣汙染物吸附能力極優（如化學級活性碳對於硫化氫、硫醇等具有極佳之吸附能力）。

10.14 以活性碳吸附廢氣中之三氯乙烯，廢氣量 10,000 SCFM (60°F, 1 atm)，廢氣中之三氯乙烯為 2000 ppm，欲使廢氣中之三氯乙烯之去除率達 99.5%，試設計所需之活性碳床大小？已知活性碳 Bulk Density $36\ lb/ft^3$，活性碳之操作循環為：吸附 4 hr，再生 2 hr，靜置 1 hr，備用 1 hr。每 100 lb 活性碳可吸附 28 lb 三氯乙烯。 **（81 年專技高考）**

解 (1) 三氯乙烯：C_2HCl_3

分子量 $= 12 \times 2 + 1 + 35.5 \times 3 = 131.5 \text{ lb/lb-mole}$

廢氣中三氯乙烯流量

$$10{,}000 \text{ scfm} \times 2000 \times 10^{-6} = 20 \text{ scfm}$$

假設為理想氣體，三氯乙烯密度

$$\rho = PM/RT = 1 \times 131.5/(0.73)(460+60) = 0.3464 \text{ lb/ft}^3$$

∴吸附槽的三氯乙烯進料量為

$$20 \times 0.3464 = 6.928 \text{ lb/min}$$

所需之去除率為 99.5%，每分鐘須吸附之三氯乙烯量

$$6.928 \times 0.995 = 6.8934 \text{ lb/min}$$

吸附操作 4hr 所吸附之三氯乙烯量

$$6.8934 \times 4 \times 60 = 1654.4 \text{ lb}$$

所需活性碳量

$$(1654.4/28) \times 100 = 5908.6 \text{ lb}$$

所需活性碳體積 $= 5908.6/36 = 164.13 \text{ ft}^3$

(2) 吸附床尺寸決定（參閱 10-5-2 節吸附塔設計步驟）

取空塔速度 $= 0.5 \text{ m/s} = 30 \text{ m/min} = 100 \text{ ft/min}$

吸附床截面積 $= 10{,}000 \text{ scfm}/100 = 100 \text{ ft}^2$

吸附床高度 $= 164.13/100 = 1.6413 \text{ ft} = 0.5003 \text{ m}$（取 0.5 m）

吸附床直徑 $= \sqrt{4 \times 100/\pi} = 11.28 \text{ ft} = 3.438 \text{ m}$（取 3.5 m）

所以設計活性吸附槽二槽，一槽操作，另一槽再生／備用。操作週期為吸附 4hr，再生 2hr，靜置 1hr，備用 1hr，採用 Sequence Control 自動控制吸附／再生／備用等操作。

10.15 某工廠廢氣條件如下：

(1) 流量 $300\ Nm^3/min$，廢氣溫度 40°C。

(2) 甲苯 (M.W. = 92.0) 濃度為 1000 ppm。

擬以活性碳吸附處理至 50 ppm 後排放。活性碳特徵及操作條件如下：

(1) 飽和吸附量： 0.4 Kg / Kg

(2) 有效吸附容量：25%

(3) 填充密度： $500\ Kg/m^3$

(4) 空槽流速：0.5 m/sec

請問：若採三槽操作，二槽吸附，一槽再生，則

(1) 需要多少重量之活性碳？

(2) 若採圓柱形槽，其適切尺寸為何？ （82 年專技高考）

解 廢氣中甲苯流量為

$$300\ Nm^3/min \times 1000\ ppm \times 10^{-6} = 0.3\ Nm^3/min$$

假設為理想氣體，$1\ Kg\text{-}mole$ 氣體 $= 22.4\ Nm^3$

$$\therefore 甲苯流量 = 0.3/22.4 = 0.0134\ Kg\text{-}mole/min$$

每分鐘須吸附之甲苯量為

$$0.0134 \times 92 \times (1000-50)/1000 = 1.171\ Kg/min$$

系統採三槽操作，二槽吸附，一槽再生

採用深床設計，其碳床深度通常在 18~48 英吋之間

以 4 小時為一操作循環，則吸附之甲苯量為

$$1.171\ Kg/min \times 60 \times 4 = 281\ Kg$$

單槽所需活性碳量 $=281/(0.4\times0.25)=2810$ Kg

單槽所需活性碳體積 $=2810/500=5.62\ \text{m}^3$

$$\text{吸附床截面積}=\text{廢氣流量/空塔速度}$$

$$=300\times(313/273)/(0.5\text{m}/\text{s}\times60)/2\text{槽}$$

$$=5.7325\ \text{m}^2$$

吸附床高度 $=5.62/15.7325=0.98\ \text{m}=38.6$英寸

（∴符合設計要求）

截面積為 $5.7325\ \text{m}^2$

吸附槽直徑 $\sqrt{4\times5.7325/\pi}=2.7016\ \text{m}$

可取直徑為 2.75 m

則吸附床高度 $=5.62/\left(\dfrac{\pi}{4}2.75\times2.75\right)=0.946\ \text{m}=37.24$英寸

每一吸附槽所需活性碳量為 2810 Kg

3 個吸附槽共需活性碳 $2810\times3=8430$ Kg

∴(1) 需活性碳 8430 Kg（系統為 3 槽操作，2 槽吸附，1 槽再生，每一操作循環為 4 hr）

(2) 吸附槽直徑 2.75 m，吸附床高度 0.946 m。

10.16 有一廢氣，溫度 298 K，壓力為 101.3kP$_a$，含甲苯濃度 0.3%，其餘為空氣，且空氣不會被活性碳吸附。將此種廢氣 10^5 moles 流經 82 Kg 之活性碳處理，活性碳原來不含甲苯，在恆溫恆壓下此系統達平衡，且適用 Freundlich Equation。請計算處理後甲苯之濃度及活性碳上之甲苯含量。

（84 年高考二級）

解 對物理吸附而言，假設定量吸附劑所吸附之吸附質與其平衡分壓成正比。Freundlich 依據等溫吸附實驗結果提出 Freundlich Equation 如下：

$$m=k(p^*)^{1/n}$$

其中

k, n ：物質及溫度之常數 $(n > 1)$

p^* ：平衡時，氣體吸附質之分壓， mmHg

m ：單位重量活性碳所吸附之吸附質， g / g －活性碳

對甲苯而言，Freundlich 參數值

$k = 0.20842$ ， $1/n = 0.11$

假設處理後之甲苯濃度為 x%，則

$$m = 10^5 \times 10^{-2} \times (0.3 - x) \times 92 / (82 \times 10^3)$$

$$= 92(0.3 - x) / 82$$

廢氣壓力為 $101.3\text{KPa} = 760\ \text{mmHg}$

∴甲苯分壓力 $P^* = 760 \cdot x / 100 = 7.6x\ \text{mmHg}$

$$\rightarrow 92(0.3 - x) / 82 = 0.20842(7.6x)^{0.11} = 1.25x^{0.11}$$

$$\rightarrow 0.3366 - 1.122x = 1.25x^{0.11}$$

$$\rightarrow 0.3366 = 1.122x + 1.25x^{0.11}$$

$x = 0.00001$ 代入 $0.3366 < 0.352298$

$x = 0.000005$ 代入 $0.3366 > 0.3264$

$x = 0.000006$ 代入 $0.3366 \doteqdot 0.3331$

∴處理後甲苯濃度為 $0.000006\% = 0.06\ \text{ppm}$

活性碳上甲苯含量 $= 10^5 \cdot 10^{-2} \cdot (0.3 - 0.000006) \cdot 92$

$= 27{,}600\ \text{g}$

$= 27.6\ \text{Kg}$

10.17 有一含甲苯 1000 ppm 之廢氣， 擬用塞流式焚化爐(Plug Flow Incinerator)焚化，預期破壞去除率為 99.9%，停留時間為 0.5 秒。焚化爐內氧之 Mole Fraction 為 0.074，壓力為 101.3 kPa 試問所需溫度為多少°K？ （84 年高考二級）

解 假設焚化反應為一階反應

$$-\frac{dC}{dt} = kC$$

$$\rightarrow \ln C / C_0 = -kt$$

由題意可知

$$\ln 0.001 = -k \cdot 0.5$$

$$\rightarrow -6.9 = -k \cdot 0.5$$

$$\rightarrow k = 13.8 = A\exp\left(-\frac{E}{RT}\right)$$

$$R = 8.341\ J / mole\text{-}°K$$

$$A = \frac{Z'SY_{02}P}{R'}$$ （A:Arrbenius 常數，碰撞頻率係數）

$$R' = 0.08205\ l\text{-}atm / mole\text{-}°K$$

$$S = 92\ lb / MW$$

$$E = 193020 - 40.45(MW) = 193020 - 40.45 \times 92 = 189298.6$$ （E：活化能）

$$Z' = (-0.60 + 0.0375MW)10^{11} = 2.85 \times 10^{11}$$

（註：本題 A,S,E,Z'等相關關係式於試卷上提供）

$$Y_{02} = 0.074$$

$$P = 101.3\ kPa = 1\ atm$$

$$A = \frac{Z'SY_{02}P}{R'} = \frac{2.85 \times 10^{11} \times 92 \times 0.074 \times 1}{0.08205} = 2.365 \times 10^{13}$$

$$\therefore -\frac{E}{RT} = \ln(13.8 / 2.365 \times 10^{13})$$

$$\rightarrow \frac{E}{RT} = 28.17$$

$$T = E / (28.17R) = 189.290.6 / (28.17 \times 8.314) = 808°K$$

10.18 (1) 某一工廠排出含甲苯之廢氣，其流量為 500m^3/min，溫度為 60℃，今欲以觸媒焚化爐處理之，為達 95%之去除效率所需之反應溫度為 350℃，空間速度為 24000／小時，試計算所需之觸媒體積為何？

(2) 試繪圖說明蓄熱式焚化爐(Regenerative Thermal Oxidizer, RTO)之操作原理及應用。 **（88 年專技高考）**

解 (1) 含甲苯廢氣於反應溫度之體積流量(Q)為

$$Q = 500\ m^3 / min \times 60 \times (350 + 273) / (60 + 273)$$
$$= 58{,}126\ m^3 / h$$

空間速度(Space Velocity)之定義為

$$SV = \frac{進料之體積流量，Q(m^3 / h)}{觸媒體積，V(m^3)}$$

$$\therefore 所需觸媒體積 \quad V = \frac{Q}{SV} = \frac{58126}{24000}$$
$$= 2.422\ m^3$$

(2) 蓄熱式焚化爐(Regenerative Thermal Oxidizer, RTO)

係以陶瓷蓄熱材回收排氣之熱量（陶瓷被熱排氣加熱後，再用來加熱廢氣入料，以降低燃料氣消耗），一般熱焚化之火焰溫度可達 1300~1400 ℃，廢氣在後燃室之燃燒溫度為 650~820℃，停留時間約 0.3~0.5 秒，在此條件下，破壞效率可達 99%以上。由於使用陶瓷蓄熱回收材質，其熱回收率一般可達 90%以上，較使用表面式熱交換器(Surface Heat Exchanger)回收熱量之熱回收型焚化爐(Recuperative Thermal Oxidizer)之熱回收率（一般＜70%）為高。

蓄熱式焚化爐說明如下圖所示：

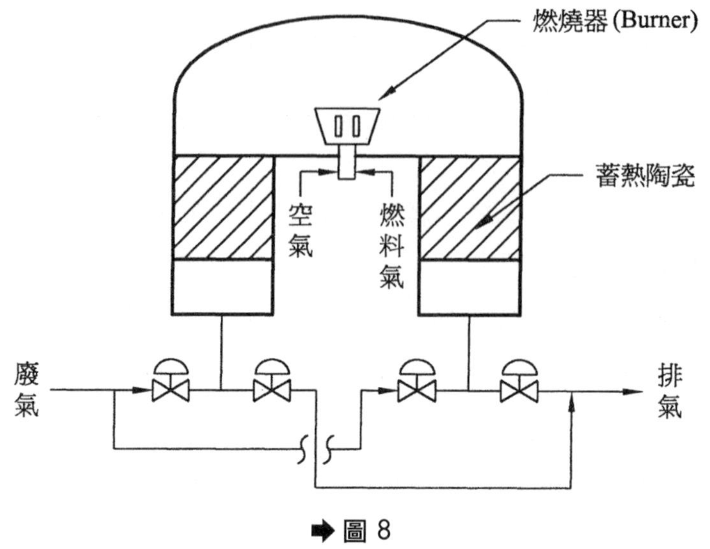

➡圖 8

10.19 下列三種物質之熱焚化處理適用一階反應式，其速率常數 k 值在 1000°F 時，分別為苯：0.5634sec^{-1}（1/秒），正己烷：0.3668sec^{-1}（1/秒），甲苯：0.01358sec^{-1}（1/秒），請比較在此溫度下，用焚化處理此三種廢氣之可行性，如苯之 k 值，在 1200°F、1400°F 時分別為 4.93sec^{-1}（1/秒）、27.21sec^{-1}（1/秒），請問在 1000°F、1200°F、1400°F 溫度下，要將苯燃燒破壞率達 99.9%，要多少秒？ **（89 年專技高考）**

解 假設燃燒反應為一階反應，一階反應式

$$\frac{-dC}{dt} = kC \rightarrow \ln C / C_o = -kt \rightarrow t = \frac{-\ln C / C_o}{k}$$

其中 C_o：起始濃度

t：反應時間

破壞效率 $= 1 - C / C_o = 1 - e^{-kt}$

表 1 比較苯，正已烷及甲苯於焚化爐中之破壞效率（假設停留時間為 1 秒）

物質	反應速率常數，S^{-1}	e^{-kt}	破壞效率，%
苯	0.56034	0.5710	42.9
正已烷	0.3668	0.6929	30.71
甲苯	0.01358	0.9865	1.35

由上表可見，於1000°F下，破壞效率均未能達 99%以上，除非反應溫度再予以提升，焚化處理或許可處理含苯之廢氣。在不同溫度下，若苯燃燒破壞效率要達到 99.9%，則所需之時間如下表。

表 2

焚化溫度 °F	k, S^{-1}	C/C_o	$\ln(C/C_o)$	t, s
1000	0.56035	0.001	–6.9078	12.33
1200	4.93	0.001	–6.9078	1.401
1400	27.21	0.001	–6.9078	0.254

所以在1000°F、1200°F、1400°F 溫度下，若要將苯燃燒破壞 99.9%，分別需要 12.33 秒、1.401 秒及 0.254 秒。

10.20 有一含苯廢氣擬用焚化處理,假設處理效率須達 99%，焚化溫度為 980°C，焚化反應為一階反應 (First Order)。Arrhenius Constant 之頻率係數 $A = 3.3\times10^{10}$ sec，活化能為 35900 cal / mole，氣體常數 R = 1.987 cal / mole -°K。請問焚化此廢氣至少需多少秒？ **（90 年專技高考）**

解 Arrhenius 公式：

$$k = A\exp[-E/RT]$$

其中

$k=$ 反應速率常數

$A=$ 碰撞頻率係數 $=3.3\times10^{10}\ sec^{-1}$

$E=$ 活化能 $=35900\ cal/mole$

$R=$ 氣體常數 $=1.987\ cal/mole\text{-}°K$

$T=$ 反應溫度 $=980°C=1253°K$

代入上式可得

$$k=18041.5\ sec^{-1}$$

假設焚化反應為一階反應，則

$$-\frac{dC}{dt}=kC$$

$$-\frac{dC}{C}=kt$$

$C=C_oe^{-kt}$ （C_o：起始濃度）

若處理效率須達 99%，則所需時間為

$$C=0.01C_o$$

$$\Rightarrow \ln 0.01=-kt$$

$$\Rightarrow t=\frac{-\ln 0.01}{k}=2.553\times10^{-4}\ sec$$

10.21 有一廢氣，其流量為 3000acfm，溫度為 350℉。現擬用天然氣將其焚化，焚化之溫度為 1000℉。

假設：(1) 天然氣在 1000℉之熱值為 774 BTU/scf。

(2) 廢氣在 350℉之熱值為 2222 BTU/scf。

(3) 廢氣在 1000℉之熱值為 6984 BTU/scf。

(4) 熱損失為 10%。

請問：(1) 天然氣之用量為多少 scfm？

(2) 焚化爐之體積為多少 ft^3？ （90 高專技高考）

解 (1) 1 atm，350°F 下

3000acfm 之廢氣相當於：

$$3000 \times (460+32)/(460+350) = 1822.2 \text{ scfm}$$

將每 scf 之廢氣由 350°F 升溫至 1000°F 所需之熱量為

$$6984 - 2222 = 4762 \text{ Btu/scf}$$

考慮熱損失為 10%，則所需總熱量為

$$1822.2 \times 4762 \times 1.1 = 867,731.6 \text{ Btu/min}$$

相當於天然氣用量

$$Q = 876,731.6 / 774 = 1121.1 \text{ scfm}$$

(2) 廢氣於 1000°F 下之體積為

$$3000 \text{ acfm} \times \left(\frac{1000+460}{350+460}\right) = 5407.4 \text{ ft}^3/\text{min}$$

$$= 90.12 \text{ ft}^3/\text{s}$$

一般直接燃燒式焚化爐之停留時間為 0.5~1sec，以 0.5sec 計算。

∴焚化爐體積

$$V = 90.12 \times 0.5 = 45.06 \text{ ft}^3$$

10.22 欲使用呈一階化學反應之等溫柱塞流(Isothermal Plug Flow)直燃式焚化爐去除廢氣中之 VOCs 空氣汙染物，其原設計效率為 95%。試計算在其他條件不變，但分別改變下列情況時之處理效率。

(1) 收集之廢氣流量增加一倍。

(2) 反應速率增加一倍。 **（91 年特考）**

解 (1) 由題意廢氣焚化反應為一階化學反應，則

$$\frac{-dC}{dt} = kC$$

$$\frac{-dC}{C} = kt$$

$C = Co\ e^{-kt}$（Co：起始濃度，k：反應速率常數，t：停留時間）

設計效率為 95%，故

$$C = 0.05Co$$
$$\Rightarrow \ln 0.05 = -kt$$
$$\Rightarrow kt = 2.9957$$

廢氣流量增加一倍，表示停留時間變為原來的 0.5 倍

$$C = Co\ e^{-0.5kt} = Co\ e^{-1.4979} = 0.2236Co$$

∴處理效率＝77.64%

(2) 反應速率增加一倍

$$C = Co\ e^{-2kt} = Co\ e^{-5.9914} = 0.0025Co$$

∴處理效率＝99.75%

10.23 有一廢氣含苯 1,200ppm，規劃以直燃方式處理以達排放標準，假設苯之燃燒為一階反應，頻率係數為 $7.5 \times 10^{21}sec^{-1}$，活化能為 96Kcal/mole，R=1.987cal/mole-°K，已知苯之排放標準為 2ppm。

(1) 如停留時間為 1sec，所需之燃燒溫度為何？

(2) 如燃燒溫度控制為 750℃，試計算所需之停留時間。**（91 年專技高考）**

解 (1) Arrhenius 公式

$$k = A\ exp[-E/RT]$$

式中 k =反應速度常數

A=碰撞頻率係數　　本題為 $7.5 \times 10^{21}S^{-1}$

E=活化能=96kcal/mole=96,000cal/mole

T=反應溫度，°K

假設苯之燃燒為一階反應，則

$$-\frac{dC}{dt} = kC$$

$$-\frac{dC}{C} = kt$$

$$C = Coe^{-kt}$$（Co：起始濃度）

$$\ln\frac{C}{Co} = -kt$$

本題中 C=2ppm，Co=1,200ppm，t=1sec

則 $k = 6.3969 = 7.5 \times 10^{21}\ e[-96.000/1.987 \times T]$

$\Rightarrow 8.5292 \times 10^{-22} = e[-96{,}000 / 1.987 \times T]$

$\Rightarrow 43.9082 = 96{,}000 / (1.987 \times T)$

$\Rightarrow T = 96{,}000 / (1.987 \times 48.5134) = 996°K = 723°C$

(2) $T = 750°C = 1,023°K$ 時：

$K = 7.5 \times 10^{21} \exp[-96,000/(1.987 \times 1,023)] = 23.136$

$\ln(2/1,200) = -23.136t$

$\Rightarrow -6.3969 = -23.136t$

$\Rightarrow t = 0.276 sec$

10.24 根據我國揮發性有機物空氣汙染管制及排放標準之規定，廢氣燃燒塔有關總淨熱值與排放速度限值如何？排放速度之計算如何？　　**（93 年高考三級）**

解 廢氣燃燒塔之設計應符合下表之規定或能使導入之 VOC 削減率大於或等於 98%以上。

依據 102 年 1 月 3 日修正之「揮發性有機物空氣汙染管制及排放標準」規定，廢氣燃燒塔之母火不可熄滅，且應使用獨立穩定之燃料系統。使用蒸氣輔助燃燒型式之廢氣燃燒塔，其蒸氣量與廢氣量之重量比應介於 15%~50%；但因製程特性報經主管機關核可者，不在此限。

廢氣燃燒塔之設計及操作條件應符合下表之規定：

輔助燃燒型式	總淨熱值(HT)與排放速度限值(V)
蒸氣輔助燃燒型式	符合下列三者之一： (1)HT≧12MJ/Nm^3，V＜17m/s (2)HT＞40MJ/Nm^3，17m/s≦V＜114m/s (3)40MJ/Nm^3≧HT≧12MJ/Nm^3，V＜Vmax 且 V＜114m/s
空氣輔助燃燒型式	HT≧12MJ/Nm^3，V≦V'max
無輔助燃燒型式	符合下列三者之一： (1)HT≧8MJ/Nm^3，V＜17m/s (2)HT＞40MJ/Nm^3，17m/sec≦V＜114m/s (3)40MJ/Nm^3≧HT≧8MJ/Nm^3，V＜Vmax 且 V＜114 m/s

V： 導入之廢氣排氣流量(Nm^3/sec)除以廢氣燃燒塔頂端截面積(m^2)所得之排放速度(m/sec)

V_{max}： 蒸氣輔助燃燒型式及無輔助燃燒型式廢氣燃燒塔之最大允許排放速度(m/sec)，計算公式如下：

$$\log(V_{max})=(H_T+29.9)/34.0$$（單位：m/s）

其中

$$HT = 1.87\times10^{-7}\sum_{i=1}^{m}C_iH_i$$（導入之廢氣總淨熱值）

m： 導入之廢氣中成分總數，包括 H_2、CO、VOC 等。

C_i： 導入之廢氣中 i 成分之濕基排放濃度，單位為 ppm。

H_i： 導入之廢氣中 i 成分在 273°K，1 atm 下 1 g-mole 淨燃燒熱值 (Kcal/g-mole)

V'_{max}： 設計條件下空氣輔助燃燒型式廢氣燃燒塔之最大允許排放速度 (m/sec)，計算公式如下：

$$V'_{max} = 8.112 + 0.615H_T$$（單位：m/s）

10.25 某工廠擬以觸媒焚化法處理含 2,000ppm 正已烷之有機廢氣，試由下表推估正已烷處理效率為 80%之焚化操作溫度應為多少℃？ **（97 年專技高考）**

表 3

焚化溫度(℃)	100	200	300
焚化後正己烷濃度(ppm)	1960	1700	1000

解 假設觸媒焚化反應為一階反應，則

$$-\frac{dC}{dt} = kC$$

$$-\frac{dC}{C} = kt \Rightarrow \ln\frac{C}{C_0} = -kt$$

$$\Rightarrow \ln\frac{C_0}{C} = kt$$

上式中 C_0 = 進料正己烷濃度

C = 焚化後正己烷濃度

t = 停留時間

k = 反應速率常數 $= A\exp\left[-\frac{E}{RT}\right]$

A = 碰撞頻率係數

E = 活化能

T = 反應溫度（焚化溫度，°K）

$$\therefore \ln\left(\frac{C_0}{C}\right) = A\exp\left[-\frac{E}{RT}\right]t$$

$$= B\exp\left[-\frac{E}{RT}\right]$$

對一反應器而言，A , t 均為常數

$$\Rightarrow \ln\left[\ln\left(\frac{C_0}{C}\right)\right] = B' - \frac{E}{RT}$$

由上表：

焚化溫度	T = 100°C = 373°K	T = 200°C = 473°K	T = 300°C = 573°K
$\frac{1}{T}$	2.68×10^{-3}	2.11×10^{-3}	1.75×10^{-3}
$\ln\left(\frac{C_0}{C}\right)$	$\ln\left(\frac{2000}{1960}\right) = 0.0202$	$\ln\left(\frac{2000}{1700}\right) = 0.1625$	$\ln\left(\frac{2000}{1000}\right) = 0.673$
$\ln\left[\ln\left(\frac{C_0}{C}\right)\right]$	−3.902	−1.817	−0.367

$\ln\left[\ln\left(\frac{C_0}{C}\right)\right]$對$\frac{1}{T}$作圖可得到直線關係，其斜率為

$$\frac{-3.902-(-0.367)}{2.68\times10^{-3}-1.75\times10^{-3}}=\frac{-3.535}{0.93\times10^{-3}}=-3.8\times10^{3}$$

由 T=300℃=573°K 外插：

$$\frac{\ln\left[\ln\left(\frac{2000}{400}\right)\right]-(-0.367)}{\frac{1}{T}-0.75\times10^{-3}}=-3.8\times10^{3}$$

$$\Rightarrow\frac{0.476+0.367}{-3.8\times10^{3}}=\frac{1}{T}-1.75\times10^{3}$$

$$\Rightarrow\frac{1}{T}=1.75\times10^{-3}-0.2222\times10^{-3}=1.528\times10^{-3}\Rightarrow T=654°K=381°C$$

10.26 請條列說明選用臭味氣體控制設備考慮之參數。　　（82 年專技高考）

解 基本上臭味氣體控制設備有下列 3 種

(1) 燃燒設備：又可分為直火燃燒(Direct Flame Incineration)及催化燃燒設備(Catalytic Combustion)

(2) 洗滌設備

(3) 吸附設備

有關其選用應考慮之參數說明如下：

(1) 直火燃燒設備：燃燒溫度（一般在 600 ~ 800°C 之間）、停留時間（0.5~1 秒）、氣體混合後可燃性氣體之濃度是否低於低爆炸界限(LEL)。

(2) 催化燃燒設備：反應溫度（一般在 300 ~ 400°C 之間）、停留時間（0.1~0.3 秒），空間速度（即每單位體積觸媒每小時所能處理之氣體量），廢氣是否含有會阻塞媒床之微粒物質或會導致觸媒中毒之物質。

(3) 洗滌設備：廢氣量、臭味物質濃度、壓力損失、設備型式及尺寸、接觸時間，吸收液回流及處理、汙泥處理、設備腐蝕等。

(4) 吸附設備：廢氣溫度、濕度、接觸時間、吸附劑置換或再生週期，吸附劑表面特徵，臭味物質特性如分子大小，飽和蒸氣壓、臭味物質濃度（一般吸附法適用於低濃度廢氣）。

10.27 有一每日 24 小時操作之工廠，其煙囪排放廢氣量在 25℃、1 atm 時在 100~200CMM 間，內含約 100~200 ppmv 之揮發性有機物（THCs，總濃度以 CH_4 表示之），主成分包括異丙醇、丙酮及少量之未知物（占＜5%(v/v)之 THCs 量），該廠提供了 6m×6m 之空間供你幫其進行 THCs 汙染改善。若初步考量使用之三種防制設備包括沸石轉輪濃縮焚化設備、單床圈定式活性碳吸附塔及生物濾床技術：

(1) 如果該工廠在任何時侯均須符合每小時排放 0.6Kg THCs 之要求，試估算所選擇防制設備應有之最小去除效率為何？

(2) 請分別說明這三種防制設備之基本設計原理及其優缺點，再就本案例評估你將選用哪一種防制設備？請就商業化或學理可行之防制設備資料進行評估。 **（90 年專技檢覆）**

解 以最大廢氣量 $200\ m^3/min$ 計算

每小時廢氣之最大 THCs 負荷為

$$200 \times 60 \times 200 \times 10^{-6} = 2.4\ m^3$$

25°C，1 atm 時，1 Kg-mole 氣體體積為

$$0.08205 \times (273 + 25) = 24.45\ m^3$$

假設廢氣中異丙醇及丙酮各占 50 mole%

異丙醇分子量 $\left[(CH_3)_2CH - OH\right] = 60$

丙酮分子量 $\left[CH_3 - CO - CH_3\right] = 58$

平均分子量 $= 59\ Kg/Kg\text{-}mole$

∴THCs 負荷為

$$(2.4/24.45) \times 59 = 5.791\ Kg/h$$

(1) 須符合每小時排放 0.6KgTHCs 的要求，則最小去除效率為

$$\frac{5.791-0.6}{5.791}\times 100\% = 89.64\%$$

(2) 三種防制設備之優缺點列表如下：

防制設備	優點	缺點
沸石轉輪濃縮焚化設備（參照題 10.35 圖 10 說明）	(1) 適用於高排氣量且 VOC 含量低於 1000ppm 之場合，在焚化設備上游設置濃縮轉輪，可大幅降低設備投資費用及操作成本。 (2) 可廢熱回收能源。	(1) 進料中之粉塵須先去除，以免導致沸石阻塞，影響沸石吸附效果，另可能需設置冷凝器移除不易脫附之高沸點物質。 (2) 廢沸石二次汙染。
單床固定式活性碳吸附塔	異丙醇、丙酮可回收再利用。	(1) 酮類、醛類及酯類可能使活性碳孔洞阻塞，降低去除效率。 (2) 相對濕度大於 50%時不適用。 (3) 投資額較高。 (4) 進料中之粉塵須先去除，以免吸附床阻塞。 (5) 吸附劑再生需蒸汽或真空設備，產品回收須配合設備昂貴的蒸餾系統。 (6) 廢活性碳之二次汙染。
生物濾床	(1) 無二次汙染問題。 (2) 對於酮類、有機酸等含有氧原子之 VOC 分解速率快。	(1) 對鹵素碳氫化合物之分解效果不佳。 (2) 廢氣之進料量及 VOC 含量不宜太高（最適當流量為 $100\sim200\text{m}^3/\text{m}^2\cdot\text{hr}$，濃度 < 1000ppm）。 (3) 須添加石灰緩衝液平衡系統之 PH 值。

綜合上述，以此種入料成分及流量，若使用生物濾床，投資額最低，且無二次汙染問題，應予優先採用。

10.28 請說明比較垃圾焚化廠與燃煤發電廠對於空氣汙染設備的需求之異同？

（92 年特考）

解 說明比較如下表所示：

項目	燃煤電廠	垃圾焚化廠
燃料	煤（成分單純）	垃圾（成分複雜）
主要空氣汙染物	NO_x/SO_x／微粒物質	NO_x/SO_x／重金屬／微粒物質／戴奧辛
煙道氣冷卻方式	氣體／氣體熱交換器	廢熱回收+噴水驟冷器(Quencher)
NO_x 去除	SCR（觸媒轉換器）	SNCR（非觸媒轉換器）
SO_x 去除	濕式排煙脫硫 藥劑：$CaCO_3$+水 副產物：石膏	乾式或半乾式排煙脫硫 藥劑 CaO 或 $Ca(OH)_2$ （視 Dioxins 含量決定是否固化處理）
重金屬／戴奧辛去除	無	(1) 煙道氣注加 NH_3，可與廢氣中 HCl 反應，另外可以抑制催化戴奧辛生成觸媒的活性，減少其前驅物的生成，此種方法如同 SNCR $DeNO_x$ 技術，亦可同時達到降低 NO_x 含量的功用。 (2) 設置半乾式洗滌塔注入吸附劑，後接袋式集塵器系統(SD/FF)。 (3) 噴灑活性碳粉或活性碳溶液。
集塵器	靜電集塵器(EP)：集塵灰無害，可添加入水泥回收再利用。	袋式集塵器：集塵灰含戴奧辛或重金屬，須固化或穩定化後掩埋處理。

10.29 說明下列氣體最佳理方式：（80 年環工高考）

(1) H_2S (2) NH_3 (3) SO_2 (4) Xylene (5) NO_x

解 (1) H_2S

(a) 以氫氧化鈉溶液吸收後，反應生成 Na_2S，再以高壓空氣氧化成 Na_2SO_3 / NA_2SO_4。

(b) 以二乙醇胺(Diethanoamine, DEA)或單乙醇胺(Monoethano Amine, MEA)吸收 H_2S 後，再氣提(stripping)趕出 H_2S 送硫磺工廠生產硫磺。

(2) NH_3：與水於填充塔中進行吸收處理。

(3) SO_2：採用排煙脫硫系統(FGD)處理，參考第五章說明。

(4) Xylene：若濃度低可以吸附方式處理，吸附劑再生時，可考慮回蒸汽再生時所趕出的 Xylene，因與水不互溶，故可於 Decanter 中回收 Xylene。若濃度高，則先進行低溫冷凝回收部分 Xylene 後，少量之 Xylene 再以吸附及吸附處理及回收。

(5) NO_x：採用 SNCR 或 SCR $DeNO_x$ 流程處理，參考第六章說明。

10.30 在自然環境中，戴奧辛主要來源是透過森林火災而產生；然而，許多人為活動亦可產生，例如：煉鋼廠等。為有效避免戴奧辛對社區居民產生健康影響，請你協助垃圾焚化廠，研擬一套「焚化爐戴奧辛控制」策略與措施。

（103 年專技高考）

解 參見 10-7 節第四點說明。

10.31 有一乾洗工廠其廢氣排量 100Nm³/min，廢氣中 CCl_4 的濃度為 700ppm，該工廠想用兩個活性碳吸附床處理廢氣；假設活性碳吸附床中壓力為 1atm，溫度為 50℃，活性碳的飽和吸附容量為 45%（即 0.45Kg CCl_4/1Kg C），且其有效吸附容量為飽和容量的 0.3，活性碳的密度為 150Kg/m³；如果吸附床每 4 小時再生一次，而且任何時間都只有一個吸附床進行吸附。請問：

(1) 每個活性碳吸附床內，所需活性碳的量為多少公斤？

(2) 吸附床的氣體表面流速為 20m/min，則須多少橫斷面積？

(3) 吸附床的深度為多少？

（標準狀態為 1atm，0℃；R=0.082 l-atm/gmol-K；原子量 C=12，Cl=35.5）

（102 年高考三級）

解 (1) 在 1atm，0℃條件下，1Kg-mole 氣體體積為 22.4Nm³

廢氣排放量 100 Nm³/min 且含 CCl_4 700ppm 相當於 4 小時要吸附 CCl_4

100/22.4×60×4×700ppm

=0.75Kg-mole=0.75×(12+35.5×4)

=115.5Kg CCl_4

活性碳飽和吸附容量 45%，且有效吸附容量為 0.3

故每個吸附床需活性碳

115.5/0.45/0.3=855.6Kg

(2) 活性碳 bulk densidy 為 $150Kg/m^3$，需 $855.6/150=5.7m^3$

吸附床壓力 1atm，溫度 50℃

廢氣流量為 $100Nm^3/min\times(273+50)/273=118.3m^3/min$

吸附床氣體表面流速 20m/min

則所需橫斷面積 A

$$A=\frac{118.3m^3/min}{20m/min}=5.92m^2$$

(3) 吸附床深度 d

$$d=\frac{5.7m^3}{5.92m^2}=0.963m$$

10.32 某工廠採用直立式活性碳吸附床吸附控制揮發性有機物(VOC)，已知吸附床高度為 100cm，截面積為 $10m^2$，VOC 之質量流率為 1000g/s、濃度為 $0.005Kg/m^3$，活性碳床之視密度為 $350Kg/m^3$，質傳係數 $50s^{-1}$，α 和 β 常數分別為 $200Kg/m^3$ 及 2.5，假設溫度及壓力為 300K 及 1atm，試計算：

(1) 吸附波移動速度 v_{ad}。

(2) 吸附區長度(δ)。

(3) 吸附貫穿時間(t_B)。

$$v_{ad}=\frac{m_a}{\rho_a\rho_{ad}A}(\alpha)^{\frac{1}{\beta}}(C_o)^{\frac{\beta-1}{\beta}}\ ;\ \frac{\delta KA\rho_a}{m_a}=4.6+\frac{1}{\beta-1}\ln\left[\frac{1-(0.01)^{\beta-1}}{1-(0.99)^{\beta-1}}\right]\ ;$$

$$t_B=\frac{L-\delta}{v_{ad}}$$

符號說明：

v_{ad}=吸附波移動速度(m/s)，m_a=氣體質量流率(Kg/s)，

ρ_a=氣體密度(Kg/m^3)，ρ_{ad}=吸附劑視密度(Kg/m^3)，A=吸附床截面積(m^2)，

C_o=汙染氣體之入口濃度(Kg/m^3)，α, β=常數，δ=吸附區長度(m)，

K=質量傳遞係數(s^{-1})，L=吸附床長度(m)，t_B=吸附貫穿時間(sec)

(105 年專技高考)

解 (1) $m_a = 1000g/s = 1Kg/s$

$\rho_{ad} = 350Kg/m^3$

$C_0 = 0.005Kg/m^3$

$A = 10m^2$

$\alpha = 200Kg/m^3$，$\beta = 2.5$

在 1atm/3000°K 條件下，假設 VOC 含量低，對空氣分子量之影響可忽略，

$$\rho_a = PM/RT = 1\times 28.8/(0.082\times 300) = 1.17\ Kg/m^3$$
$$V_{ad} = \frac{1}{(1.17\times 350 * 10)}(200)^{1/2.5}(0.005)^{1.5/2.5}$$
$$= 8.464\times 10^{-5} m/s$$

(2) $K = 50\ S^{-1}$

$$吸附區長度\ S = \frac{1\times\left\{4.6 + \frac{1}{(2.5-1)}\ln\left[\frac{1-(0.01)^{1.5}}{1-(0.99)^{1.5}}\right]\right\}}{(50\times 10\times 1.17)} = 0.01265m$$

(3) 貫穿時間 t_B

$$t_B = \frac{L-\delta}{V_{ad}} = (1-0.01265)/8.464\times 10^{-5}$$
$$= 1.167\times 10^4 s$$
$$= 3.24h$$

10.33 吸附及觸媒焚化係兩種常用以降低揮發性有機汙染物(VOCs)排放之控制技術，試分別說明其原理及優缺點。 **（105 年高考三級）**

解 參見表 10.25 說明。

10.34 某焚化廠煙道廢氣採用半乾式洗滌塔去除酸性氣體，已知廢氣溫度為200℃、氣體流量為200m^3/min（濕基），廢氣中含有200ppm二氧化硫與1000ppm氯化氫，相關條件和參數如下：

1.消石灰乳之成分為30%消石灰與70%水；2.噴灑之消石灰乳液滴粒徑為2mm，分散效率為90%，氣液接觸反應效率為80%，假設消石灰乳液滴之受熱揮發速率為−0.25mm/sec；3.半乾式洗滌塔之入口溫度為200℃、出口溫度為130℃；4.半乾式洗滌塔之氣體流速設為60cm/sec；5.洗滌塔內氣體停留時間為8秒；6.洗滌塔下方之灰斗斜角為60度。

(1) 寫出所有的化學反應方程式。

(2) 計算每分鐘所需消石灰乳液量與消石灰量。

(3) 設計此半乾式洗滌塔之尺寸。 （105 年專技高考）

解 (1) 化學反應式

$$Ca(OH)_2 + SO_2 \longrightarrow CaSO_3 + H_2O$$

$$Ca(OH)_2 + 2HCl \longrightarrow CaCl_2 + 2H_2O$$

(2) 每分鐘 SO_2 / HCl 之入料量分別為

$$SO_2 : 200m^3 \times 200ppm(2\times10^{-4}) = 0.04m^3SO_2$$

$$HCl : 200m^3 \times 1000ppm = 0.2\,m^3\,HCl$$

在 200℃下，1Kg-mole 氣體體積為 $0.082\times(200+273) = 38.79m^3$

需與 $Ca(OH)_2$ 反應之 SO_2 / HCl 分別為

$$0.04/38.79 = 0.00103Kg\text{-}mole \longrightarrow Ca(OH)_2 \text{需 } 0.00103Kg\text{-}mole$$

$$0.2/38.79 = 0.00516Kg\text{-}mole \longrightarrow Ca(OH)_2 \text{需 } 0.00258Kg\text{-}mole$$

合計需 $0.00361Kg\text{-}mole \times 74Kg/Kg\text{-}mole\ Ca(OH)_2 = 0.267Kg\ Ca(OH)_2$

因分散效率為 90%，氣液接觸反應效率為 80%

故消石灰需求量=0.267/(0.9×0.8)=0.371Kg/min

消石灰乳液量=0.371/0.3=1.237 Kg/min

(3) 洗滌塔入口溫度為 200℃，出口為 130℃，停留時間 8 秒，塔內平均溫度以入／出口平均值 165℃計，故體積流量為

$$200m^3/min\times(165+273)/(200+273)$$

$$= 185.2m^3/min = 3.087m^3/s$$

設計此洗滌塔為圓柱體（具 2:1 橢圓端蓋）且為利於底部乳狀反應物及產物流出，具有灰斗斜角 60°，如下圖所示。

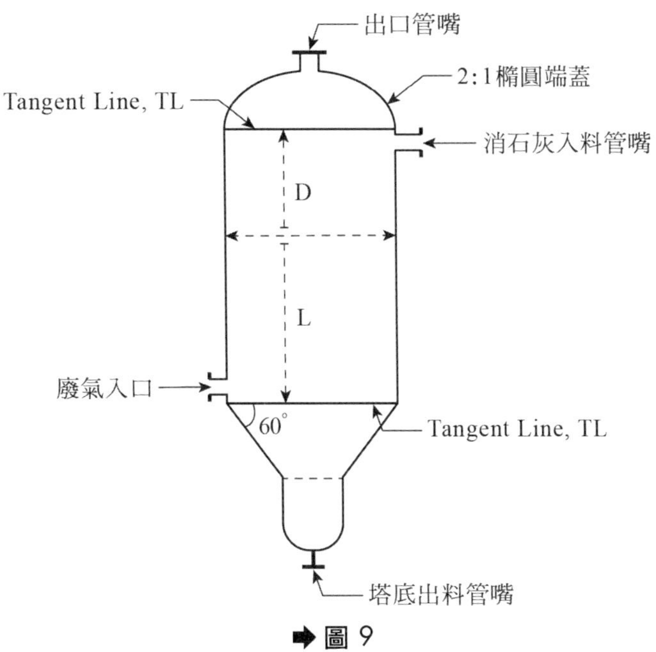

➡ 圖 9

塔內 TL 至 TL 間體積為 $3.087\text{m}^3/\text{s}\times 8 = 24.7\text{m}^3$

塔內氣體流速設為 $60\text{cm}/\text{s} = 0.6\text{m}/\text{s}$

故截面積為

$$(3.087\text{m}^3/\text{s})/(0.6\text{m}/\text{s}) = 5.145\text{m}^2 = \pi(D/2)^2$$

$$\Rightarrow D = 2.56\text{m} \quad 取 \quad 2.6\text{m}$$

TL 至 TL 長度 $L=24.7\text{m}^3/5.145\text{m} = 4.8\text{m}$

加計 TL 至管嘴距離，取 5m

10.35 有效的中濃度(500 至 300 mg-碳/m^3)揮發性有機物(volatile organic compound, VOC)的控制設備之一為直接焚化法，依熱回收方式分成哪兩種焚化設備？若是 VOC 的濃度低於 1000 mg-碳/m^3 以下、且排氣量大，可以利用何種廢氣濃縮設備以增加其經濟性？請說明之。 **（107 年高考三級）**

解 (1) 揮發性有機物直接焚化設備依熱回收方式可分為

(a) 蓄熱式焚化爐(Regenerative Thermal Oxidizer, RTO)，主要是以陶瓷蓄熱材回收排氣之熱量，一般熱焚化爐之火焰溫度可達 1300~1400°C，廢氣在後燃室之燃燒溫度為 650~820°C，停留時間約 0.3~0.5 秒，在此條件下，破壞效率可達 99%以上，由於使用陶瓷蓄熱回收材質，熱回收效率可達 90%以上。

(b) 表面熱交換器(Surface Heat Exchanger)回收熱量之熱回收型焚化爐(Recuperative Thermal Oxidizer)，其熱回收效率一般低於 70%。

(2) 對於排氣量大且 VOC 濃度較低之場合，可在焚化設備上游設置沸石濃縮轉輪濃縮 VOC（一般可濃縮 4~25 倍），經沸石加熱脫附之高濃度 VOC 氣體量也僅為原來排氣量的 4~25%，可大幅降低焚化設備尺寸，降低焚化設備投資成本及操作費用（因燃料氣用量較少）。

相關處理流程及設備如下圖所示：

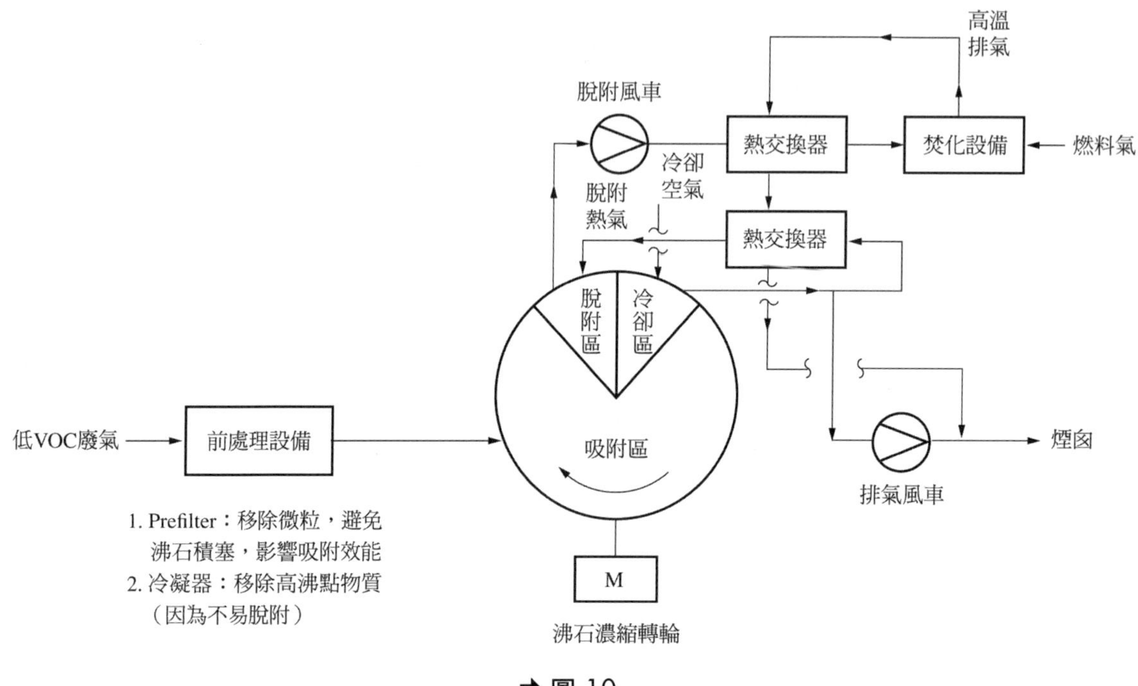

圖 10

10.36 (1) 請以質量守恆原理，依下圖所示推導填充式吸收塔(Packed Tower)理論操作曲線之液氣流量比值公式：

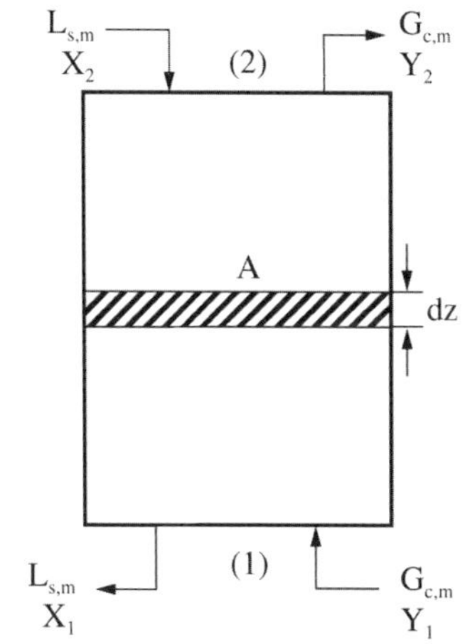

➡圖 11 吸收塔之質量平衡圖

$$\frac{L_{s,m}}{G_{c,m}} = \frac{Y_1 - Y_2}{X_1 - X_2}$$

(2) 請繪圖說明吸收平衡曲線(Equilibrium Line)及操作曲線(Operating Line)，並在圖中標明上述液氣流量比值之直線。 (107 年專技高考)

解 (1) 在吸收塔中，上圖底部入料之氣體流量 $G_{c,m}$，被吸收物質濃度 Y_1，頂部氣體出料氣體流量不變，被吸收物質因被溶劑吸收（吸收劑液體流量 $L_{s,m}$），濃度降為 Y_2，同時吸收劑之溶質濃度由 X_2 上升為 X_1。

質量平衡如下：

$$G_{c,m}(Y_1 - Y_2) = L_{s,m}(X_1 - X_2)$$

$$\rightarrow \frac{L_{s,m}}{G_{c,m}} = \frac{Y_1 - Y_2}{X_1 - X_2}$$

此即吸收塔理論操作線方程式，當座標為 X, Y 時，斜率為 $L_{s,m}/G_{c,m}$

(2)

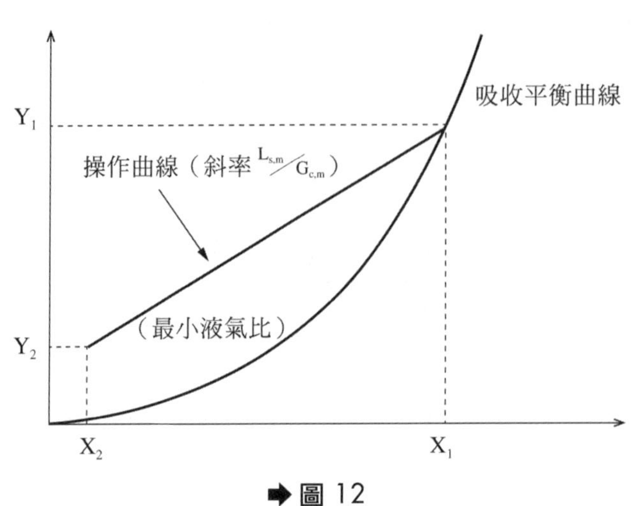

➡圖 12

一般吸收塔設計上，吸收溶劑之液體流量為 $L_{s,m}$ 之 1.3~1.7 倍。

10.37 某一檢疫單位使用溴化甲烷(Methyl bromide, CH_3Br)作為木製品的防疫與檢疫燻蒸藥劑，擬使用活性碳設備進行排氣控制。在抽風排氣流量為 $250m^3/hr$ 時，其溴化甲烷濃度為 $4g/m^3$，試設計吸附塔之塔徑及吸附之塔徑及吸附床高度。（設計條件如下：以活性碳為吸附劑，溴化甲烷濃度為 $4g/m^3$，吸附量為 0.15 kg/kg-活性碳，循環操作時間 4 小時，吸附效率(η)為 50%，壓實密度(ρ_B)為 $410kg/m^3$，空塔速度(v)為 0.4 m.s）。 **（108 年專技高考）**

解 排氣之溴化甲烷流量為

$250m^3/hr \times 4g/m^3 = 1\,kg/hr$

若以循環操作時間 4 小時設計（設計二個吸附槽，每槽操作 4 小時，脫附再生 2 小時，冷卻 1 小時，備用 1 小時），且吸附效率為 50%，則每槽需要之活性碳量為（吸附量 0.15kg/kg-活性碳）

(1 kg/hr×4)/0.15/0.5=53.33 kg

每槽活性碳體積為 53.33／（壓實密度=$410kg/m^3$）=$0.13\ m^3$

空塔速度 0.4m/s=1,440m/hr

吸附槽截面積=250/1440=$0174m^2$

吸附床高度=0.13/0.174=0.747m

吸附槽直徑=$\sqrt{4\times 0.174/\pi}$ =0.471m

10.38 利用自然界微生物之新陳代謝反應以去除空氣中的汙染物質，此方式在食品化工廠或是有異臭味汙染之工廠（場）常加以使用。針對此種生物處理反應器中的生物濾床(biofilter)、生物滴濾床(bio-trickling filter)及生物洗滌塔(bio-scrubber)，請分別說明其操作方式及對空氣汙染物之去除機制。

（108 年專技高考）

解 生物處理法對空氣汙染物之去除機制，主要是在常溫常壓下，利用微生物將廢氣中之汙染物質分解成二氧化碳、水與無害的鹽類，微生物可由分解汙染物質獲取生長所需之養分，此種生物處理法一般適用於中低 VOC 含量(1,000mg/m^3)的廢氣，其基本生化轉化反應為：

汙染物+O_2 $\xrightarrow{\text{微生物}}$ 細胞質+CO_2+H_2O+鹽類

三種生物處理反應器之操作方式及要點，列表說明如下：

	生物濾床 (biofilter)	生物滴濾床 (bio-trickling filter)	生物洗滌塔 (bio-scrubber)
操作方式	廢氣先經調濕塔後進入生物濾床(upflow 或 downflow 均可)，濾床之多孔隙介質表面之微生物生物膜將廢氣中之汙染物分解成 CO_2 及 H_2O	其構造與生物濾床類似，但多了可添加營養成分及調整 pH 值之水循環及灑水(Spray)系統，一般採 upflow 設計	是一種結合空氣汙染控制及廢水處理的技術，包含洗滌塔及活性汙泥槽，將廢氣中的水溶性汙染物利用洗滌水帶入活性汙泥槽，然後再由活性汙泥之微生物分解去除
操作要點及限制	(1) 濾料含水率須控制好，才能維持微生物活性，一般靠調整入料氣體的相對濕度或定期在濾料上淋水來控制濾料含水率 (2) 濾料 pH 值無法控制，濾料更換頻率高 (3) 微生物增生會造成濾床阻塞導致壓差上升，可能引起偏流	(1) 循環水之營養成分及 pH 值應控制在適當範圍 (2) 亦有生物濾床微生物增生所引之阻塞或偏流問題 (3) 低溶解度（對水）氣體之處理效果差	(1) 洗滌液之微生物含量、pH 值應控在適當範圍 (2) 活性汙泥槽須維持在喜氣狀態 (3) 低溶解度（對水）氣體之處理效果差

10.39 吸附分離程序可藉由吸附劑將氣相流體中某些成分移除。

(1) 請說明一般常用於工業空氣汙染物的固體表面吸附法的使用時機。

(2) 請舉出三種一般常用的固體吸附劑種類，並說明其製造組成特徵及適用的空氣汙染物對象。 **（109 年高考三級）**

解

(1) 空氣汙染物固體表面吸附法使用時機：參見 10-5 節（二）說明。

(2) 三種一般常用的固體吸附劑組成特徵及適用的空氣汙染物對象，說明如下：

(a) 活性碳：有較高的比表面積(500~1700m^2/g)及較大的孔容積(pore voidage)，其孔洞大小 3~5Å (10^{-10}m)或 20-50Å，對 VOC 之吸附能力強，尤其對苯系芳香烴等大分子的 VOC 脫除效果顯著，但對甲醛等小分子吸附性能較差，可透過調節活性端表面含氮或氧之官能基種類來調整活性碳表面酸鹼性以改善其吸收 VOC 之性能，在使用上有下列限制：

a. 易受排氣濕度的影響，影響汙染物之去除效率，一般需求排氣之相對濕度<50%

b. 高沸點有機物（沸點>140°C）或含聚合特性之物質因不易脫附，有火災危險（活性碳為可燃物）

c. 由於吸附為放熱反應，廢氣溫度若高於 40°C會使吸附效率降低，須先予以降溫處理

d. 活性碳因屬非極性物質，故對極性有機物之吸附效果較差

e. 僅能處理 VOC 濃度變化較小的廢氣

(b) 沸石：其結構之孔洞大小一般為 5~12Å，亦可藉由控制結構鋁／矽的含量比例將孔洞大小調整到中孔洞(100~200Å)範圍；直徑此孔洞小的分子能進入沸石孔洞中被吸附，而直徑較大的分子則無法進入孔洞，亦即可利用孔洞尺寸來篩選分子，故又稱為分子篩。其比表面為 400~800m^2/g，對水等極性分子有高的吸附能力；相較於其他多孔性材料，沸石之吸附量並非最高，但最常用來處理含 VOC 廢氣，主要有下列優點：

a. 適用濃度範圍大

b. 對極性、非極性、高／低沸點 VOC 汙染物均有良好的吸附效率，不會催化 VOC 汙染物聚合式反應

c. 因非可燃物、耐熱性及熱穩定性高

d. 容易吸附／脫附

e. 選用高矽／鋁比沸石可降低水氣對吸附效果（汙染物去除率）之干擾

(c) 矽膠：具有良好的親水性，故可用來處理含水量高的氣體，但吸附水分後會影響對其他氣體汙染物之吸附能力，常用於氣體的乾燥和烴類(paraffins/olefins)氣體的回收。

10.40 針對工業製程產生的揮發性有機物（簡稱為 VOCs），請依照 VOCs 濃度的不同，說明控制 VOCs 的各種適用方法和採用方法的後續處理應考量之事項。

（109 年專技高考）

解 參見表 10.24 說明。

10.41 (1) 請說明燃燒過程中戴奧辛(Dioxin)的生成機制。另就燃料成分及燃燒條件的控制，請說明如何有效降低戴奧辛的排放？

(2) 某半導體封裝製程廢氣中含有多種 VOCs，擬採用串聯冷凝器、沸石轉輪、蓄熱式焚化爐等三種控制設備加以處理，若上述三者之 VOCs 處理效率分別為 50%、60%、90%，請推估此串聯控制設備之 VOCs 總處理效率為多少？ **（110 年專技高考）**

解 (1) Dioxin 生成機制及降低其排放之控制策略參見 10-7 節（三）、（四）說明。

(2) VOCs 總處理效率

$$\eta_T = [1-(1-\eta_1)(1-\eta_2)(1-\eta_3)]\times 100\%$$

$$= [1-(1-0.5)(1-0.6)(1-0.9]\times 100\%$$

$$= [1-(0.5\times 0.4\times 0.1)]\times 100\%$$

$$= (1-0.02)\times 100\% = 98\%$$

MEMO

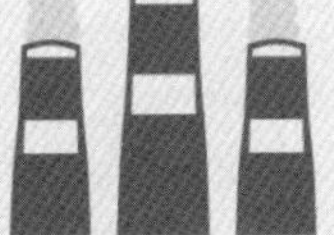

煙囪黑煙白煙排放之控制

Air Pollution Control
Theory and Design

11-1 前　言

黑煙為日常生活中最常碰到的空氣汙染問題，近年來，由於燃燒技術的改良及空氣汙染防制設備的使用，黑煙之排放已獲得顯著之改善。然而在以高硫燃煤或燃油為燃料的火力發電廠或水泥廠，煙囪口外常會有一種歷久不散且高不透光率的白藍色煙柱，其成分主要是硫酸鹽粒子或凝結的硫酸氣懸膠(Sulfuric Acid Aerosol)。這些酸性物質，亦是造成酸雨及大氣能見度降低的重要因素，對空氣品質有極大的影響。

11-2 煙柱不透光度之理論分析

在煙道氣或煙柱(Plume)中，由於懸浮微粒吸收或散射光線，使可見光減少的百分數，稱為不透光度或不透光率(Opacity)，其單位以%表示。Beer-Lambert Law：

$$I = I_0 e^{-KX} \qquad (11\text{-}1)$$

式中 I_0 = 入射光強度

I=經過 x 距離後，光的強度

K 值可用消光係數(Extinction Coefficient) δ 表示，δ 為懸浮微粒濃度及粒徑分布之函數，並與折射率及波長有關

消光係數可用下式表示：

$$\delta = \frac{C}{K'\rho_p} \qquad (11\text{-}2)$$

C=微粒質量濃度

ρ_p =微粒密度

K' =微粒比容積與消光係數之比值，和粒徑分布、折射率及光之波長有關

透光率(Transmittance)，T：

$$T = \frac{I}{I_0} = \exp[-\delta L] \quad (11\text{-}3)$$

不透光率：

$$1 - T = 1 - \exp[-\delta L] = 1 - \exp\left[-\frac{CL}{K'\rho_p}\right] \quad (11\text{-}4)$$

吸光度(Absorbanc, A)定義為透光率倒數之對數值

$$A = \log\left(\frac{1}{T}\right) = -\log T \quad (11\text{-}5)$$

在分析化學分光光度計(Spectrophotometer)之應用中，一個介質（或樣品）之 T 及 A 與該介質（樣品）之莫耳濃度(C)、光線穿透長度(Path Length, L)及分子吸收率（Molar Absorptivity，亦稱為消光係數 extinction coefficient, δ ）有關

$$T = \frac{I}{I_0} = 10^{-\delta CL} \quad (11\text{-}6)$$

$$A = \delta CL \quad (11\text{-}7)$$

亦即，在某一波長之光線照射下，吸光度 A 與該物質的濃度成正比。

11-3 不透光度管制標準

黑煙或灰煙之密度係以林格曼表(Ringelmann Scale) 來測定，其等級及與不透光率之關係如圖 11.1 所示。

我國現行煙柱不透光率標準為 20%（相當於林格曼圖一號）。

林格曼表上線之間距

林格曼表號數	黑線寬度 (mm)	白色間隔寬度 (mm)	黑色部分百分比
0	全白		0
1	1	9	20
2	2.3	7.7	40
3	3.7	6.3	60
4	5.5	4.5	80
5	全黑		100

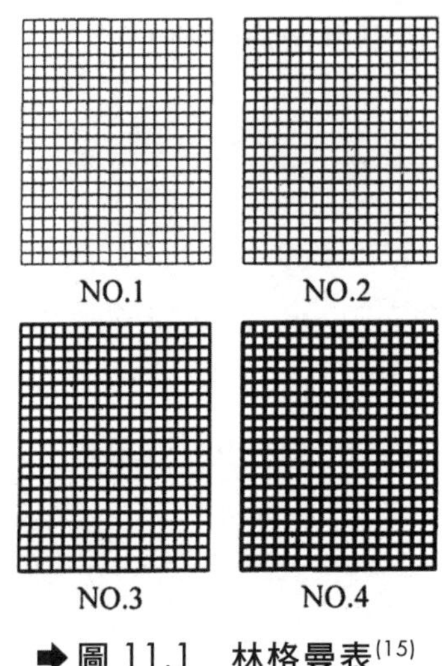

➡圖 11.1 林格曼表[15]

11-4 黑煙之成因

黑煙之形成主要是因為煙囪排放物中含有懸浮微粒，懸浮微粒通常可區分為煙(Smoke)、飛灰(Fly Ash)、灰塵(Dust)、氣懸膠(Aerosol)、液滴(Droplet)，其中煙是造成高不透光率黑色煙柱的主要成分。煙是由於煤或燃油等燃料不完全燃燒所產生的粒狀物質，主要成分為碳及其他可燃性物質。

11-5 黑煙之控制

通常可由燃料之選擇、燃燒條件之改良及加裝集塵設備來達成。

一、燃料之選擇

盡量選用液化天然氣(LNG)或液化石油氣(LPG)等乾淨能源，避免使用固體燃料，通常燃料之性質與黑煙之形成有直接的關係：

1. 燃料中的碳氫比越大者，黑煙越容易發生。
2. 脫氫比切斷 C-C 鍵結更容易之燃料，越容易產生黑煙（例如含有苯環之燃料）。
3. 越容易產生脫氫、聚合、環化等反應的碳氫化合物，越容易產生黑煙。

二、燃燒條件之改良

必須控制適當的空氣燃料比，並有足夠的 3T[Temperature（燃燒溫度）、Turbulence（混合、擾動）、Time（停留時間）]以確保燃料之完全燃燒。

三、加裝集塵設備

11-6 白煙之種類

一般常見的白色煙柱有下列兩種:

1. 水蒸汽煙柱(Steam Plume)

   含水分的煙柱離開煙囪後，與周圍冷空氣混合，當溫度降至露點(Dew Point)以下時，煙柱內的水蒸汽冷凝成小水滴，這些小水滴會散射光線，因而產生一種很濃的白色蒸氣煙柱。這種水蒸汽煙柱會隨著煙柱飄動而逐漸消失。這種煙柱雖不會造成空氣品質之不良影響，但在景觀上及人的心理上會遭受排斥，往往被人誤解為工廠排放之空氣汙染物，故煙道氣在排入煙囪之前可藉著再加熱處理以提高煙柱溫度（如第五章所述），即可避免此種煙柱之生成。

2. 酸性煙柱(Acid Plume)

含硫酸蒸氣之煙道氣離開煙囪後與周圍冷空氣混合，由於冷凝作用形成白色或白藍色且持續很久的煙柱，其形成點與煙囪口並不連續，通常位於煙囪口外一小段距離處，故又稱為分離煙柱(Detached Plume)。

11-7 白色酸煙的成因

一、概說

燃料中的硫經過燃燒後，大部分(95~100%)被氧化成 SO_2 ，少部分則再被氧化成 SO_3 ， SO_3 與水蒸汽結合會形成硫酸蒸氣，當溫度降至露點以下時，硫酸蒸氣就會開始冷凝而形成硫酸氣懸膠。

所謂氣懸膠(Aerosol)，即是浮游於大氣中之固態或液態粒子，其主要來源為工業生產及燃燒過程，尤其是水泥廠及煉鋼廠。

另外亦可由不可抗拒的自然力量所產生，如風砂及海浪之鹽粒，其粒徑一般介於 0.01μm 至 100μm 之間，但通常以 2μm 為分界點，粒徑小於 2μm 者稱為細微粒，在大氣中具有長期滯留及衰光之特性；粒徑大於 2μm 者稱為粗微粒。

細微粒主要包括硫酸鹽、銨、硝酸鹽及含碳物質，其中尤以硫酸鹽對人體健康影響最大，更為酸雨之前驅物(Precursor)，此外，硫酸鹽亦為雲、霧形成之主要凝結核;亦可能形成酸霧(Acid Fog)，對能見度之影響甚鉅。

二、轉化因素

燃燒過程中，影響 SO_2 轉化成 SO_3 程度的因素如下:

1. 過量空氣：過量空氣雖可確保完全燃燒但卻使硫酸與硫酸鹽之生成量增加。
2. 燃燒溫度：在 800~1600℃高溫下，約有 1%的 SO_2 會與火燄中的氧原子直接作用形成 SO_3 。
3. 燃燒氣體停留時間及鍋爐（或燃燒爐）內具催化活性的表面：大約有 5%的 SO_2 在煙道氣通過鍋爐內具催化活性的表面時，被轉化成 SO_3 。

$$SO_2 + \frac{1}{2}O_2 + M \rightarrow SO_3 + M$$

（M：鐵、釩或鎳的氧化物）

此一反應速率極慢，所以若煙道氣流速夠快時，很難達成完全反應。

4. 燃料中雜質:燃料中之金屬氧化物會與 SO_3 作用生成硫酸鹽粒子，H_2SO_4 會吸附在飛灰表面，因此若燃料之灰分、金屬含量較高時，煙道氣中 SO_3 / H_2SO_4 的濃度會因飛灰之吸附作用而降低。但若存在鐵、釩或鎳等催化性金屬，則會使 SO_3 濃度增加。

三、造成危害

白煙在外觀上雖然不像黑煙易受人排斥，但它所造成的危害卻比黑煙更為嚴重，除了對空氣品質有立即的影響外，亦是造成大氣能見度降低及酸雨的重要因素。

11-8 白煙不透光度之控制

控制方法如下:

1. 增加微細粒子的收集效率

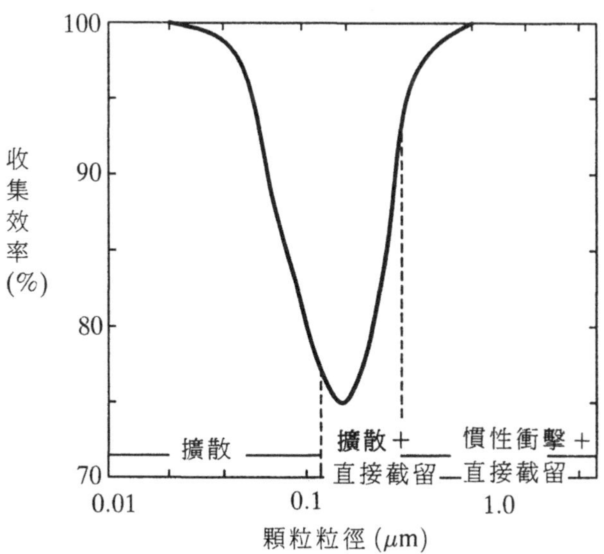

圖 11.2 集塵設備收集效率與顆粒粒徑之關係[15]

一般常用的集塵設備對於粒徑介於 0.1μm~1.0μm 的粒子去除效率都很差(如圖 11.2),這是因為大於 1μm 的粒子由於本身之慣性衝擊作用,顆粒越大,越容易被收集;而在 0.1μm 以下的粒子,由於擴散作用,顆粒越小越容易被收集,而介於 0.1~1μm 間之粒子由於兩者作用均不明顯,故最難收集。在所有集塵設備中,由於袋濾室對於微細粒子的收集效率較高,故產生白煙的機會較小。

2. 使用填充塔快速冷卻煙道氣以減少酸性蒸氣的濃度。
3. 使用低硫燃油減少 SO_2 / SO_3 的排放。
4. 降低過剩空氣量以減少 SO_3 的產生,此法僅適用於燃油系統。

歷屆國家考試試題精華

11.1 有一煙囪直徑為 3.0m，煙囪溫度是 300℉，煙道氣中粒子之密度為 $2g/cm^3$ 假設煙柱不透光率的標準為林格曼圖一號，估計可被允許排放的最大微粒質量濃度應為若干？假設粒子比容積與消光係數之比值 K' 為 $0.66cm^3/m^2$。

解 林格曼圖一號相當於不透光率 20%，故透光率為 80%，由(11-3)式：

$$0.8 = \exp\left[-\frac{CL}{K'\rho_p}\right]$$

$$\Rightarrow C = -\frac{K'\rho_p}{L}\ln(0.8)$$
$$= -\frac{(0.66cm^3/m^2)(2.0g/cm^3)}{3.0m}\ln(0.8)$$
$$= 0.0982g/m^3$$

再將此值轉換為標準狀況(60℉)可得

$$C = 0.0982 \times \frac{(460+300)}{(460+60)} = 0.1435g/m^3$$

11.2 空氣汙染物中有關黑煙(Black Smoke)排放標準如何規定？如何測定？

（環管科高考）

解 空氣汙染物中有關黑煙之排放標準規定如下：

使用目測判煙者，自 78 年 7 月 1 日開始，不得超過林格曼表 1 號（或不透光率 20%），起火時可看到 2 號（或不透光率 40%），但一小時內超過 1 號之累積時間不得超過 3 分鐘。對於使用不透光率連續自動監測設施之排放管道，每日不透光率 6 分鐘監測值超過 20%之累積時間不得超過 4 小時。

其測定方法為：(1)利用林格曼表比對目測判煙；(2)利用不透光率測定儀。

11.3 解釋名詞－林格曼表。 **（77 年公務員升等考試）**

解 林格曼表是用來測定黑煙或灰煙不透光率的一種工具，在表上劃有不同寬度的黑線，依等級的不同黑線之寬度亦不相同，林格曼表共分為下列幾級：

Chart No.	不透光率，%
0	0
1	20
2	30
3	60
4	80
5	100

11.4 假設臺北空氣中之粒子為單一粒徑之氣膠組成，其粒徑為 0.5μm，平均濃度為 80μg/m^3，此氣膠之密度為 1gm/m^3，假設此粒子之散光係數為 2，則在此條件下，吾人之最遠視程為多少 Km？ **（93 年專技檢覆）**

解 假設

(1) 散射是光線減弱的唯一原因。

(2) 顆粒物質形成同樣大小的球體均勻分布。

則最遠視程 L_V (Limit of Visibility)可以下式計算：

$$L_V = \frac{5.2\rho_P r}{KC}$$

其中 ρ_P：顆粒密度，g / m^3

r：顆粒半徑，μm

C：顆粒濃度，g / m^3

K：散光係數

則 ρ_P=1 g/m^3

r=0.25μm

K=2

C=80μg/m^3=80×10^{-6}g/m^3

代入上式

$$L_V = \frac{5.2\times1\times0.25}{2\times80\times10^{-6}}$$

=8,125m

=8.125Km

Chapter 12

氣體中汙染物濃度之測定

Air Pollution Control
Theory and Design

由於汙染物質在廢氣或大氣中之濃度很低，因此在其濃度測定上，必須使用精密儀器，而且樣品之取樣設備與程序，均有一定的要求標準。

12-1 微粒物質之測定

採用高流量採樣器(High-Volume Sampler)測定，其操作原理如同一過濾器，主要是 24 小時內抽取 2000 m^3 的空氣穿過濾紙，再將濾紙取下，量取過濾前後重量差即可得微粒物質重量。由於濾紙會隨著過濾、時間之增加而逐漸變髒，流通的空氣量亦隨之逐漸降低，故在抽氣剛開始及結束前應測量空氣流量，取其平均值為採樣器的空氣過濾量，以此種方法測得之微粒濃度，稱為總懸浮微粒(TSP)濃度，可以下式計算：

$$\text{TSP} = \frac{(\text{濾紙過濾前後之重量差})}{\text{平均空氣流量} \times \text{過濾時間}}$$

12-2 SO_2 濃度之測定

美國 EPA 推薦採用玫瑰色素(Pararosaniline)比色法，此法係將含 SO_2 之氣體通入四氯化汞(Tetrachloro Mercurate, TCM)溶液中， SO_2 與 TCM 結合形成穩定錯合物，然後加入玫瑰色素後出現有色溶液，其顏色深淺與溶液中 SO_2 含量成正比，可以分光光度計(Spectrophotometer)在 0.56 μm 波長下比色測得，此法適用於 SO_2 濃度在 0.002 ~ 5 ppm 範圍，其分析原理參見 11-2 節說明。

NO_x 濃度之測定

美國 EPA 推薦採用化學螢光法(Chemiluminescence)。NO_x 中的 NO 與 O_3 反應時會產生許多激發態的 NO_2，而後因輻射能量之放射而降至基態(Ground State)。其化學反應為：

$$NO + O_3 \rightarrow NO_2 + O_2$$

$$NO + O_3 \rightarrow NO_2^* + O_2$$

$$NO_2^* \rightarrow hv + NO_2$$

NO_2 總量之 5~10%是由第二個反應生成的，輻射能量 hv 之強度可由光電放大器(Photomultiplier)測得，輻射之強度與氣體樣品中最初之 NO 濃度成正比。若樣品中含 NO_2 及 NO，則在將氣體導入化學螢光反應室之前，先經一受熱的不鏽鋼管，將 NO_2 轉化成 NO，反應如下：

$$2NO_2 \xrightarrow[1350°F]{\text{不鏽鋼管}} 2NO + O_2$$

然後再與 O_3 於反應室中反應，測得總 NO_x 濃度(A)。另外再準備一個樣品，不經過不鏽鋼管而測得 NO 濃度(B)，A 減 B 之值即為氣體樣品中 NO_2 的量。

12-4 CO 濃度之測定

美國 EPA 推薦採用非分散性紅外線分析器(Nondispersive Infrared Analyzer)測定，如圖 12.1。由於 CO 會吸收某特定波長的紅外線，故可利用此特性測定其濃度。偵測器含有兩個槽室(Chamber)，將氣體樣品打入其中一室，另一室則充滿惰性氣體(如 N_2)。此時分別以紅外線照射此二槽室，因為 CO 會吸收部分能量，故通過參考槽的紅外線能量較高；通過兩個槽室的紅外線再由兩個都充填 CO 的偵測器接收，圖 12.1 左邊偵側器中之 CO 受熱較多故膨脹較大，因而推動兩偵測器間之隔膜，隔膜移動程度可轉換成電訊傳出再記錄於記錄器上，因此可連續測定樣品中 CO 的濃度。

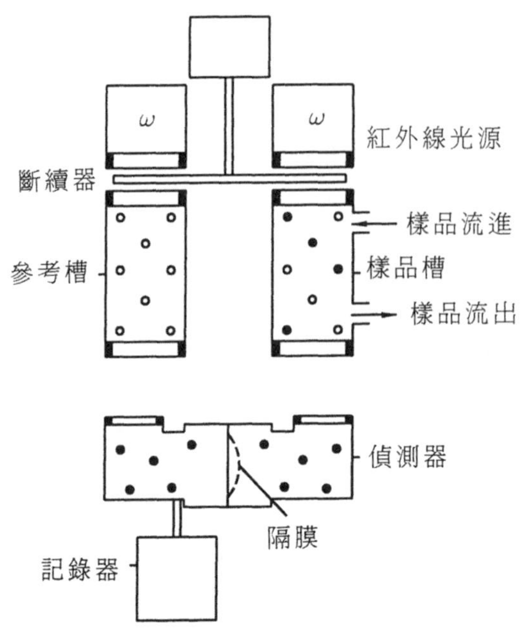

➡圖 12.1　CO 測定用之非分散性紅外線分析器[1]

12-5 碳氫化合物之測定

美國 EPA 推薦採用火焰式離子化法(Flame Ionization)。於火焰離子檢測器(FID)內，氣體樣品注入於空氣或氧氣中燃燒的氫氣火焰中，如圖 12.2 所示，火焰位於電極之間，兩電極間有幾百伏特之電位差，當氫氣單獨燃燒時，只形成少數的離子，但若碳氫化合物之樣品氣體注入氫氣時，火焰中即形成離子並游至正極，所產生的直流電訊號(DC signal)與形成的離子數成正比，形成的離子數又與火焰中之碳原子數成正比。FID 只能測得碳氫化合物之總量，但不能區分碳氫化合物中之各種不同成分，若欲檢測碳氫化合物成分時，可使用氣體層析儀(Gas Chromatography, GC)。

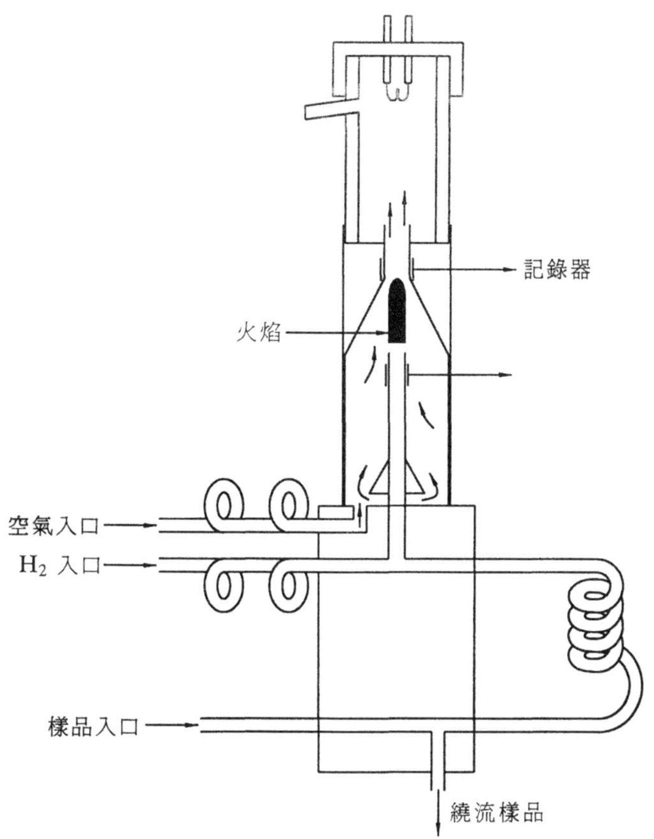

➡圖 12.2 火焰離子化檢測器(1)

12-6 PAN 之測定

光化學煙霧中所產生之過氧硝酸乙醯酯(PAN)可與三乙基胺(Triethylamine)蒸氣及 O_3 反應產生化學發光光譜，此法已證明可測得 6~30 ppb 之低濃度 PAN。

12-7 糊度係數（煙霧係數，Coefficient of Haze）

一、概說

為一種量度大氣因顆粒而減低光線之透光量或增加汙濁量的方法，乃是藉著沉積在濾紙上顆粒阻撓透光率的情形以判斷空氣品質，其單位為 $C_{oh}/1000\ \text{ft}$ 。

1. $C_{oh}/1000\ \text{ft}$ 定義：通過一定濾紙面積的空氣量達 1000 ft 流長時，濾紙積留之顆粒所阻撓的光線透光率。
2. 單位 C_{oh} 的定義：足以產生 0.01 吸光度的等效固體量，亦即

$$C_{oh} = 100\log\left(\frac{I_0}{I}\right) = 100\log\left(\frac{1}{T}\right) \quad \text{(12-1)}$$

式中 I_0 ：入射光強度

I ：經過濾紙後光的強度

T ：透光率

$$\text{吸光度} = \log(\text{不透光度}) = \log\left(\frac{1}{\text{透光率}}\right) \quad \text{(12-2)}$$

二、判定標準

$C_{oh}/1000\ \text{ft}$ 與空氣汙染程度之關係如下表所示：

表 12.1

$C_{oh}/1000\ \text{ft}$	空氣汙染程度
0~0.9	輕微
1~1.9	中度
2~2.9	重度
3~3.9	嚴重
4~4.9	非常嚴重

練習 12.1

透光率為 60 %時，吸光度 $= \log\dfrac{1}{0.6} = \log 1.67 = 0.22 = 22\ C_{oh}$ 單位。

練習 12.2

空氣以 1 ft / s 的速度通過濾紙 6 小時後，透光率為 82 %。

$$\log\frac{1}{0.82} = 0.097 = 9.7\ C_{oh}\ \text{單位}$$

空氣流長 $= 1\times 60\times 60\times 6 = 21600\ \text{ft} = 21.6\times 1000\ \text{ft}$

所以 $C_{oh} / 1000\ \text{ft} = \dfrac{9.7}{21.6} = 0.45$　　屬輕微汙染

歷屆國家考試試題精華

12.1 一乾淨濾紙重 10.00 g，裝在高流量取樣器抽氣 24 小時後測重為 10.10 g，抽氣開始及結束時之空氣流量分別為 60 及 $40\ ft^3/min$，試求氣體之微粒物質濃度。

解 灰塵重 $= (10.10-10.00)g \times 10^6 \mu g/g = 10^5\ \mu g$

平均氣體流量 $= (60+40)/2 = 50\ ft^3/min$

通過濾紙總氣體量 $= 50 \times 60 \times 24 = 72000\ ft^3 = 2038\ m^3$

所以 $TSP = \dfrac{10^5\ \mu g}{2038\ m^3} = 49 \mu g/m^3$

12.2 以流速 1.5 ft/s 使空氣通過濾紙 1.5 小時後透光率為 70%，則 $C_{oh}/1000\ ft$ 為何？

解 $\log\dfrac{1}{0.7} = 0.1549 = 15.49\ C_{oh}$ 單位

空氣流長 $= 1.5 \times 60 \times 60 \times 1.5 = 8100\ ft = 8.1 \times 1000\ ft$

所以 $C_{oh}/1000\ ft = 15.49/8.1 = 1.91$

故屬中度汙染。

12.3 試舉兩種測定空氣中 SO_2 的方法加以說明，並討論可能的干擾。

（80 年環工高考）

解 SO_2 測量的方法除了 12-2 節所述之玫瑰色素比色法外（請參閱 12-2 節），尚有過氧化氫法。首先空氣樣品通過 pH 為 5 之 0.03N 過氧化氫溶液，SO_2 被氧化成 H_2SO_4，然後以標準鹼滴定，以甲基紅溴甲酚綠為指示劑，當 $pH < 5$ 時呈紅色，$pH > 5$ 時為墨綠色。此法屬酸鹼滴定法，因此空氣樣品中若含有其他會產生酸或鹼的氣體，即會使結果偏高或偏低。

12.4 過濾速度為 2 ft/sec，抽取 60 分鐘後透光為空白濾紙的 60 %，試求：(1)不透光度；(2)煙霧係數(C_{oh})；(3) $C_{oh}/1000\ ft$？ **（環工普考）**

解 (1) 不透光度 $= \dfrac{1}{0.6} = 1.667$

(2) $\log 1.667 = 0.2218 = 22.18 C_{oh}$ 單位

(3) 空氣流長 $= 2 \times 60 \times 60 = 7200\ \text{ft} = 7.2 \times 10^3\ \text{ft}$

$C_{oh} / 1000\ \text{ft} = 22.18 / 7.2 = 3.08$

12.5 試說明下列物質如何偵測？(1)總懸浮微粒；(2) $C_{oh} / 1000\ \text{ft}$；(3) CO；(4) NO_x。

（環工普考）

解 參閱 12-1，12-3，12-4，12-7 節說明。

12.6 試說明下列分析方法之原理： (1)FID；(2)非分散性紅外線分析器。

解 參閱 12-4；12-5 節說明。

12.7 在對煙道廢氣的塵粒進行採樣，等速抽引(Isokinetic Sampling)為重要的要求，請簡單說明其原因並指出適用塵粒的大小。 **（83 年普考）**

解 所謂等速採樣(Isokinetic Sampling)係指在動量不發生改變的情況下進行採樣，以便代表採樣氣體中的浮游塵。此可將一薄層管子放置於氣流中，並以與氣流相同方向及相同速率採集試樣。

由於較大微粒之慣性較大，因此若氣流在管道中改變流向時，較大微粒仍會維持其原來之運動方向而使得微粒於氣體中不均勻分布。因此，為了取得具代表性之試樣，其重點要求就是等速抽引，通常

(1) 若抽引速度太小，會收集到較多大顆粒微粒。

(2) 若抽引速度太大，則部分大顆粒微粒未能被採集到。

(3) 小微粒（直徑小於 $3\ \mu\text{m}$）不需要等速採樣即可有效採集，此乃因其微小之質量可減低其慣性效應。

12.8 假設採樣器之抽氣速與煙囪內流速相同，設採樣速度為 $15.0\ \text{m/s}$，連續抽取 8 min，採樣口面積為 $5.07\ \text{cm}^2$，濾紙上所收集之粒狀物重 0.430 g，求煙囪內粒狀物之濃度（以 $\mu\text{g/m}^3$ 表示）。 **（83 年普考）**

解 採氣流長 $= 15\ \text{m/s} \times 60 \times 8 = 7200\ \text{m}$

採氣量 $= 7200 \times 5.07\ \text{cm}^2 / 10^4 = 3.6504\ \text{m}^3$

粒狀物濃度 $= 0.430 \times 10^6 / 3.6504 = 117{,}795\ \mu\text{g/m}^3$

12.9 某方形斷面之煙囪為 2m×2m，以皮托管測定四點（見下圖）之動壓水頭(h)，並以等速抽引法(Isokinetic Sampling)測得粒狀物濃度，如下表所示。若已知皮托管修正係數(K)約為 0.87，廢氣密度(ρ_g)為 0.82Kg/m^3，廢氣溫度為 300 ℃，液態水密度(ρ_ℓ)為 100 Kg/m^3。皮托管測定之流速公式如下：

$$u = k\sqrt{\frac{2\rho_\ell g}{\rho_g}}\sqrt{h}$$

1●	●2
3●	●4

編號	h(m)	C(mg/Nm^3)
1	0.01524	120.6
2	0.01651	138.5
3	0.01575	131.3
4	0.01675	142.4

(1) 計算各截面之流速 (m / sec)。

(2) 計算煙道之總流量 (m^3 / sec)。

(3) 計算煙道之粒狀物濃度 (mg / Nm^3)。（N 表 0°C，1 atm）**（87 年專技高考）**

解 (1) 計算各截面之流速如下表：

編號	h(m)	$\sqrt{h}$	k	$\sqrt{\frac{2\rho_e g}{\rho_g}}$	$u = k\sqrt{\frac{2\rho_\ell g}{\rho_g}}\sqrt{h}$，m / s
1	0.01524	0.1235	0.87	48.89	$u_1 = 5.25$
2	0.01651	0.1285			$u_2 = 5.47$
3	0.01575	0.1255			$u_3 = 5.34$
4	0.01675	0.1294			$u_4 = 5.5$

(2) 煙道氣總流量 $Q = \sum_{i=1}^{4} u_i A_i = \sum_{i=1}^{4} Q_i$

$$= 5.25 + 5.47 + 5.34 + 5.5$$

$$= 21.56\ m^3 / s$$

(3)

截面	流量 m^3/s	Nm^3/s	粒狀物濃度 mg/Nm^3	粒狀物流量 mg/s
1	5.25	$5.25\times\frac{273}{300+273}=2.501$	120.6	301.62
2	5.47	2.606	138.5	360.93
3	5.34	2.544	131.3	334.03
4	5.5	2.62	142.4	373.09
合計				1,369.67

$$\text{粒狀物濃度}=1369.67/(2.501+2.606+2.544+2.62)$$

$$=133.35\ mg/Nm^3$$

12.10 針對汽機車引擎廢氣排放中的主要成分碳氫化合物(HC)、一氧化碳(CO)及氮氧化物(NO_x)進行即時監測，可分別使用火焰離子化分析器(Flame Ionization Detector, FID)、非發散性紅外線分析器(Non-Dispersive Infra-Red, NDIR)及化學發光分析器(Chemiluminescent Detector, CLD)儀器進行檢測，請分別說明其定性監測原理及定量測量方法。 **（108 年專技高考）**

解

(1) 使用 FID 檢測 HC：參見 12-5 節說明。

(2) 使用 NDIR 檢測 CO：參見 12-4 節說明。

(3) 使用 CLD 檢測 NO_x：參見 12-3 節說明。

MEMO

Chapter 13

移動汙染源的控制

Air Pollution Control
Theory and Design

移動汙染源中的機動車輛為都市空氣汙染物的主要來源，本章針對機動車輛引擎中之四個主要排氣點（如圖 13.1）及其控制方法說明如下：

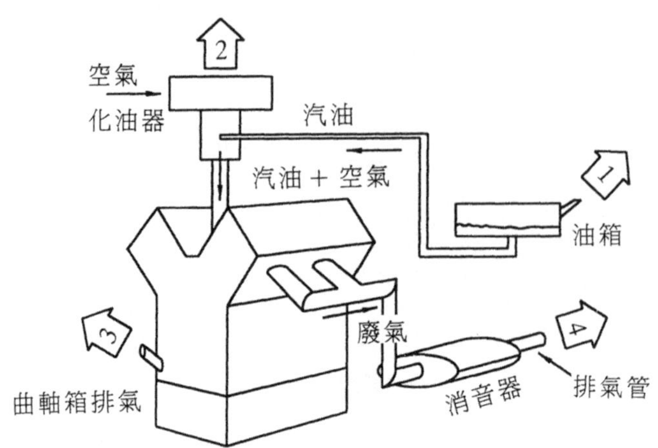

圖 13.1 機動車輛引擎系統中四個主要的排氣點[16]

13-1 引擎系統排氣點及其控制

機動車輛引擎系統中 4 個主要排氣點及其控制方法：

排氣點	控制方法
1. 油箱碳氫化合物之蒸發 2. 化油器碳氫化合物之蒸發 3. 曲軸箱(Crankcase)排放之未燃燒汽油及燃燒不完全之碳氫化合物 4. 排氣之 NO_x、一氧化碳及碳氫化合物	1. 將蒸發之碳氫化合物截留於活性碳罐內，再利用壓縮空氣打出進入引擎內再燃燒（參考圖 13.2）。 2. 曲軸箱採密閉式設計，利用正曲軸箱排氣閥(Positive Crankcase Ventilation Valve, PCV Valve)將揮發氣迴流至攝入歧管(Intakemanifold)。 (1) 調整提高空氣／燃料比，一氧化碳及碳氫化合物排放雖可降低，但 NO_x 排放卻增加。 (2) 改用電腦噴射點火，控制引擎最佳燃燒狀態。 (3) 將廢氣再經引擎循環，可減少 60%的一氧化碳及碳氫化合物排放。 (4) 燃燒室改良，採用分段點火引擎。 (5) 採用觸媒（主要是鉑－銠觸媒）轉化器。

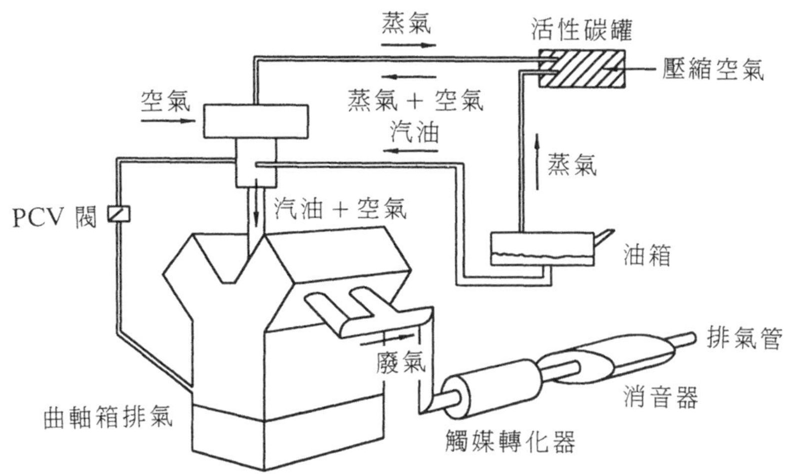

➡圖 13.2 機動車輛引擎系統中，控制廢氣排放的方法[16]

13-2 車輛運轉條件與廢氣特性

機動車輛在各種運轉條件下廢氣之特徵如表 13.1 所示。當汽車處於加速狀態時，燃燒效率較高，故一氧化碳及碳氫化合物排放量較少，但因引擎工作溫度較高故氮氧化物排放大增；當減速時，氮氧化物排放較少，但由於不完全燃燒，故碳氫化合物排放量增多。

表 13.1 引擎操作模式對機動車輛廢氣特性的影響（與空轉之排放量比較）

操作模式	成分		
	一氧化碳	碳氫化合物	氮氧化物
空轉	1.0	1.0	1.0
加速	0.6	0.4	100
定速	0.6	0.3	66
減速	0.6	11.4	1.0

13-3 臺灣地區機動車輛汙染特性

1. 臺灣地區地狹人稠，由於機車具有機動、便利、經濟及方便停車的特性，使機車成為最普遍的交通工具。依據環保署統計資料顯示，在民國 96 年底，臺灣機車數量約為 14,000,000 輛，約占機動車輛之 70%，每平方公里約有 390 輛機車，再加上一部機車單位行駛里程所排放的汙染物約為汽車的 1.5~2 倍，所產生的汙染物（主要是碳氫化合物 HC、一氧化碳 CO、氮氧化物 NO_x 及粒狀物）成為都市中主要的空氣汙染來源。

   歷年來，環保署透過加嚴排放標準、建立稽查檢驗制度、推廣低汙染車輛及汰舊換新等管制策略以降低機車汙染排放量。

   機車廢氣排放控制系統主要包括：

   (1) 燃油蒸發排放控制系統 } 防止油氣逸散
   (2) 曲軸箱吹漏氣系統 } 防止油氣逸散
   (3) 二次空氣導入系統（四行程引擎）：將空氣導入排氣管，使未完全燃燒之 CO、HC 完全燃燒。
   (4) 觸媒轉化系統（三元觸媒轉化器）：將廢氣中的 CO、HC、及 NO_x 同時轉化成 CO_2、H_2O 及 N_2。

   其中，觸媒轉化器為壓降小且機械強度高的蜂巢狀金屬基材（通常以鐵／鉻／鋁(Fe/Cr/Al)為載體），再塗布高比表面積的氧化鋁(Al_2O_3)、二氧化鈰(CeO_2)及其他添加劑於基材上，最後再將具備高活性與抗毒化特性的活性金屬（主要為鉑(pt)、鈀(pd)及銠(Rh)等貴金屬）分布在其表面上。機車引擎體積小，易因燃燒不完全產生較多空氣汙染物，觸媒轉化器對降低機車廢氣之汙染物排放尤其有效。

2. 觸媒轉化器一般需操作在 200~250℃才能發揮效果，而機車在冷啟動後行駛一段時間後（約 8~10 分鐘）才可使觸媒轉化器達到此一工作溫度。而一般民眾騎乘機車多以短程為主，導致觸媒轉化器對廢氣汙染物排放之控制效能降低。所謂冷啟動階段，指的是引擎尚未充分暖機的期間，因觸媒轉化器工作過度偏低，故汙染物排放貢獻量大；而熱啟動（指已行駛一段時間後，短暫熄火後再啟動）則由於及觸媒轉化器工作溫度高，排氣之汙染物減量效果相對較佳。因此如何降低冷啟動期間排氣的汙染量是設計低汙染車輛相當重要的一個課題，一般而言，其技術關鍵為：

(1) 縮短引擎之暖機時間：例如關閉冷卻系統可有效縮短暖機時間。

(2) 縮短觸媒轉化器達到工作溫度的時間：可改變觸媒載體材質或活化金屬的配方，或是以排氣來提升觸媒工作溫度。

3. 如 13-2 節所述，隨著引擎轉速的增加，引擎工作溫度升高，燃燒完全，排氣之 CO 及 HC 降低，但 NO_x 及微粒濃度則略為增加，轉速增加有助於提升觸媒轉化器之效能。

4. 觸媒轉化器會因下列因素導致活性降低：

(1) 毒化：主要來自油品之硫分、機油／潤滑油之磷、鋅、鈣等成分。

(2) 阻塞：主要因為排氣中之微粒阻塞觸媒之孔隙(Pore)及活化點(Active Site)，致使觸媒效能劣化。

(3) 熱劣化或燒結(Sintering)：高溫(>500℃)會造成觸媒表面結構改變，減少活性表面積。

(4) 引擎不完全燃燒：主要因不完全燃燒所生成之微粒及煙灰(Soot)導致觸媒之孔隙及活化點阻塞。

歷屆國家考試試題精華

13.1 (1) 說明四行程(four-stroke cycle)機車與二行程機車之各行程為何？哪一種機車排放之空氣汙染物比較少？

(2) 試比較汽車在(a)空轉、(b)加速、(c)定速及(d)減速時其廢氣中之粒狀物、HC、CO 及 NO_x 排放量之大小（由大至小至序列出）。

(3) 分別說明機車和汽車之主要空氣汙染物排放點及其控制廢氣之方法。

（94 年高考三級）

解

(1) 四行程機車排放之空氣汙染量較二行程機車低。

(2) 汽車引擎操作模式之廢氣特性比較（參見 13-2/3 章說明）

操作模式	成分			
	粒狀物	HC	CO	NO_x
空轉	4	2	1	4
加速	1	3	3	1
定速	2	4	4	2
減速	3	1	2	3

(a) 加速時，燃燒效率高，CO 及 HC 排放量較少，但因引擎工作溫度高，NO_x 及粒狀物排放量增加。

(b) 減速時，則相反。

(c) 數字越小表示排放量越大。

(3) 參見圖 13.2 說明。

13.2 機車排放空氣汙染物與甚多因素有關，請說明：

(1) 排放測試程序之「冷啟動」、「熱啟動」定義，並說明何者汙染較嚴重及其原因。

(2) 減少機車排放空氣汙染物之技術與原理。（95 年高三級）

解 (1) 冷啟動：引擎剛啟動，尚未達到充分暖機的階段稱之，由於引擎工作溫度較低，燃燒不完全及觸媒轉化器尚未能達到較高的工作溫度（約200~250℃），故排氣汙染情形較為嚴重。

熱啟動：指機車已行駛或運轉一段時間後，短暫熄火後再啟動稱之，由於引擎工作溫度較高，燃燒較完全及觸媒轉化器工作溫度較高，排氣汙染控制較佳。

(2) 減少機車排放空氣汙染物之技術原理：

(a) 燃油蒸發排放控制：防止油氣逸散。

(b) 曲軸箱吹漏氣控制：防止油氣逸散。

(c) 二次空氣導入：將空氣導入排氣管，使未完全燃燒之 CO，HC 完全燃燒。

(d) 觸媒轉化系統：以鉑(Pt)、鈀(Pd)及銠(Rh)等具備高活性及抗毒化特性的活性金屬觸媒將廢氣中的 CO、HC 及 NO_x 同時轉化成 CO_2、H_2O 及 N_2。

(e) 採用電腦噴射點火，控制引擎最佳燃燒狀態。

(f) 縮短引擎暖機及觸媒轉化器達到工作溫度的時間，以減少冷啟動階段之汙染物排放。

13.3 試說明三元觸媒轉化器(Three-way Catalyst)之工作原理，並列舉應用此設備時應注意的事項。 **（91 年專技高考）**

解 三元觸媒轉化器(Three-way Catalyst)。

安裝在汽、機車排氣管道中，將廢氣之 CO、HC 及 NO_x 等汙染物反應成無害的 CO_2，水及 N_2，反應可分為氧化反應和還原反應。

(1) 氧化反應

$$CO + \frac{1}{2}O_2 \rightarrow CO_2$$

$HC + O_2 \rightarrow CO_2 + H_2O$（HC 為碳氫化合物 Hydrocarbon 之縮寫，本反應式僅用以表示將 HC 氧化成 CO_2 及 H_2O）

$$H_2 + \frac{1}{2}O_2 \rightarrow H_2O$$

(2) 還原反應

$$NO + CO \rightarrow \frac{1}{2}N_2 + CO_2$$

$$NO + H_2 \rightarrow \frac{1}{2}N_2 + H_2O$$

$NO + HC \rightarrow N_2 + H_2O + CO_2$（同上說明，本反應式僅用以表示將 HC 氧化成 CO_2 及 H_2O，同時將 NO 還原成 N_2）

要將 CO 及 HC 氧化時須使用氧化型觸媒，廢氣要加入二次空氣，使廢氣成為燃料不足(Fuel Lean)狀態，以補充反應所需要的氧氣。相對的，要有效還原 NO_x，須使用還原型觸媒，配合在燃料過量(Fuel Rich)狀態下進行。同時要把 CO、HC 和 NO_x 等一起轉化時，則須使用三元觸媒轉化器系統，目前大部分使用陶瓷蜂巢單體結構的貴金屬成分（如 Pt、Pd、Rh）觸媒。

使用上應注意的事項：

(a) 若廢氣中含有較高濃度的 CO、HC，燃燒後產生之高溫，可能損及觸媒結構而影響其轉化效能。

(b) 廢氣中之硫化物、砷、鹵素成分可能導致觸媒中毒，影響其使用壽命。

(c) 廢氣中之灰分會導致觸媒阻塞。

13.4 (1) 試說明三元觸媒轉化器(Three-way Catalyst)之功能及原理。

(2) 試繪圖說明三元觸媒轉化器對三種適用空氣汙染物之去除效率隨氣燃比(Air to Fuel Ratio)之變化。

(3) 試說明為何三元觸媒轉化器不適用於柴油引擎車之排氣控制。

（96 年高考三級）

解 (1) 參見 13.3 題解。

(2) HC 及 CO 空氣汙染物去除效率隨氣燃比之增加而升高，NO_x 則隨之降低。

(3) 三元觸媒轉化器不適用於柴油引擎車之排氣控制主要是因為：

(a) 柴油引擎之空燃比較汽車引擎高，因此其 HC 及 CO 排放較汽車引擎少。

(b) 柴油引擎排氣粒狀汙染物較嚴重，容易造成觸媒孔隙或活化點(Active Site)阻塞，而失去其反應活性。

(c) 柴油硫含量較高，燃燒後產生廢氣之 SO_x 可能導致觸媒中毒，影響其使用壽命。

13.5 請說明汽油之雷氏蒸氣壓(Reid Vapor Pressure)，在不同季節及不同緯度的地區要如何調整其值？為什麼？ **（98 年高考三級）**

解 雷氏蒸氣壓(Reid Vapor Pressure, RVP)是汽油引擎點火難易度之指標，RVP 越高越容易點火，但車輛之油氣蒸發排放逸散會越大，相對地，汽油成品在輸送儲存時的 VOC 排放量亦較大。

在冬天及高緯度地區，因溫度較低，可容許較高之 RVP 值，但在夏天及低緯度地區，因溫度較高，為避免油氣逸散，應調低 RVP 值。

MEMO

空氣汙染防制對策

Air Pollution Control
Theory and Design

14-1 前　言

我國空氣汙染防制對策主要為建立固定汙染源設置變更及操作許可登記制度、設置專責單位或人員制度、自動檢查、自動監測及記錄申報制度、環境影響評估制度，並採行具有經濟誘因之汙染管制策略，以預防新汙染源之增加並鼓勵既存汙染源之改善，以期能達到環境空氣品質標準（參見第一章表 1.2）。

我國目前依據地區別空氣品質狀況、人口產業分布及土地利用等劃定各級防制法，各級防制區之制定如表 14.1 所示。

表 14.1　空氣品質各級防制區

一級防制區	國家公園及自然保護（育）區等依法劃定之區域
二級防制區	一級防制區外，符合空氣品質標準之區域
三級防制區	一級防制區外，未符合空氣品質標準之區域

14-2 現況分析

1. 我國現行之環境空氣品質標準於民國 1992 年 4 月 10 日發布，2020 年 9 月 18 日第四次修訂，內容涵蓋懸浮微粒（$PM_{2.5}$及 PM_{10}）、二氧化硫(SO_2)、二氧化氮(NO_2)、一氧化碳(CO)、臭氧(O_3)及鉛(Pb)等汙染物。
2. 臺灣地區設置之空氣品質監測站有自動監測站及人工測站，其中約 30%為自動監測站，隸屬於行政院環保署，監測項目包括：懸浮微粒、SO_2、CO、NO_2、HC、O_3等六種汙染物。其餘為人工測站，隸屬於縣市政府，其監測項目多以落塵、總懸浮微粒、鉛微粒為主。近年來配合環保署空品物聯網之建置，迄 2019 年，全國已布建了約 5200 個感測器。
3. 以各別汙染物而言：粒狀汙染物的汙染情形最為嚴重，惟汙染程度在穩定下降中；硫氧化物方面，因為近年來使用含硫量 0.5wt%低硫燃油，因此二氧化硫與硫酸鹽的濃度均有明顯的下降；再加上嚴格管制機動車輛排氣標準及禁用有鉛汽油，各項空氣汙染物濃度均能符合空氣品質標準。唯 PM_{10} 及臭氧等項目，仍常在某些空品區不符合品質標準。

4. 2006 年環保署增設 $PM_{2.5}$ 自動監測站並開始探討 $PM_{2.5}$ 的來源、濃度、成分、物理及化學性質。環保署資料顯示，臺灣 $PM_{2.5}$ 的來源有 36%來自汽／機車排放，27%來自境外（大陸），25%來自工業排放，12%來自太陽光化學反應及地面揚塵。
5. 2016 年 12 月 1 日，環保署對空氣品質指標，改以 AQI 取代「PSI」／$PM_{2.5}$ 併陳的方式。
6. 空氣汙染物的主要來源有二：一為固定汙染源，另一為交通汙染源。前者主要是由於燃料燃燒、工業製程及露天燃燒所引起；後者主要是由於汽機車及柴油車黑煙的排放。

14-3 空氣汙染品質管制對策大綱

一、概說

對於空氣汙染所造成的全球性或地區性的問題，如何達到管制的目標乃是當前重要的課題，在此針對：1.環境品質維護；2.汙染源管制；3.燃燒管制；4.汙染量的減少等項目以大綱的方式分述如下：

二、對策大綱

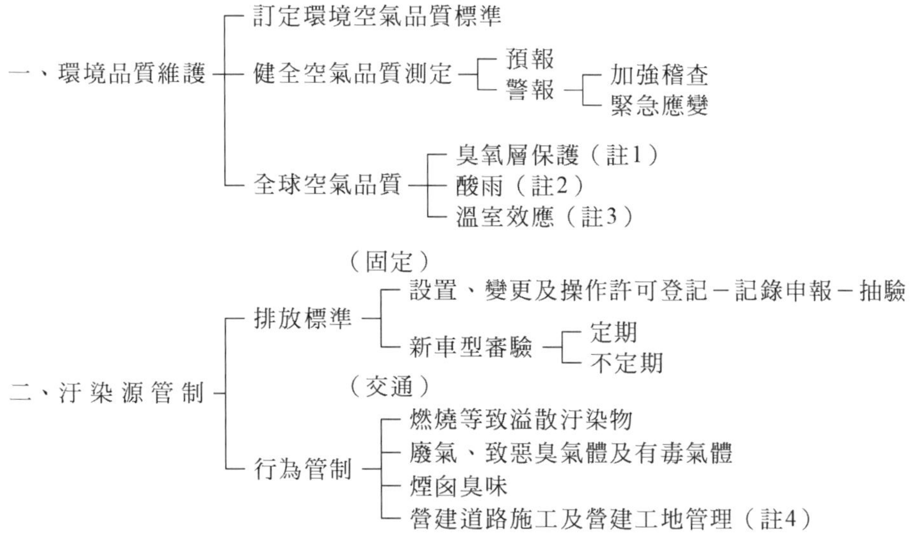

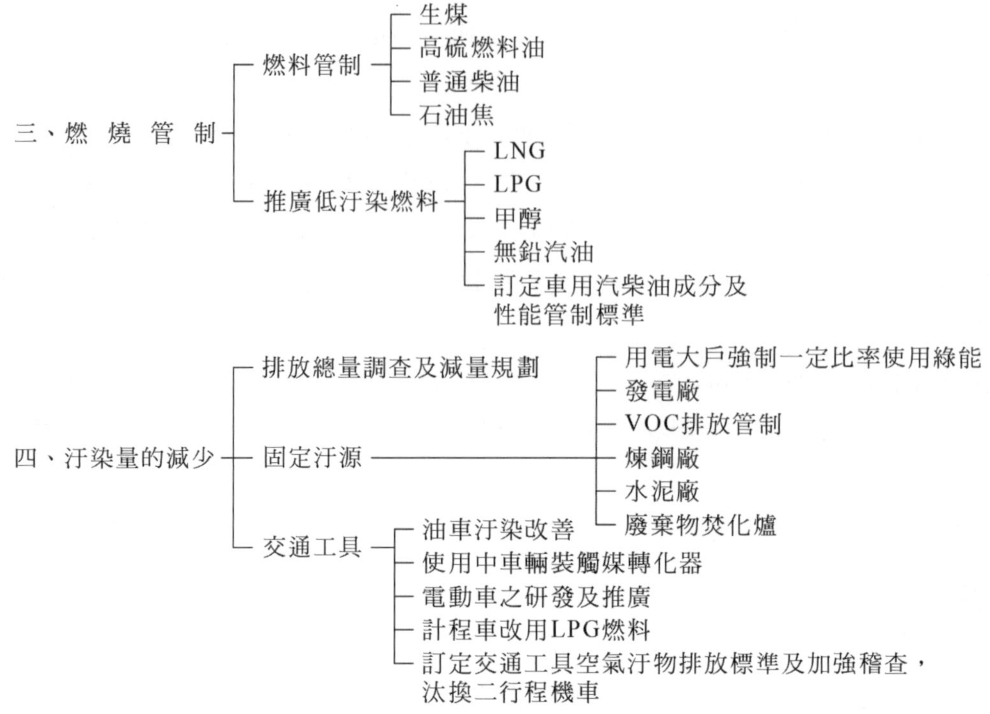

註 1：在平流層中只要有 1 ppb 的 CF_2Cl_2 便會使 O_3 含量下降，然後經由紫外線的照射，將增加罹患皮膚癌的風險。

註 2：酸雨的成因，最主要是來自化石燃料的燃燒。節約能源，以減少化石燃料之燃燒，並增加風力、太陽能發電比率。

註 3：1997 年 12 月全球氣候變化綱要公約京都議定書中已明定歐美等先進國家在 2008~2012 年溫室氣體排放量須較 1990 年削減平均 5.2%。2009 年 12 月哥本哈根會議及 2015 年 12 月 12 日巴黎氣候高峰會決定保持全球平均溫度較工業化時代的升幅不超過 2℃，長期目標設定在 1.5℃以內。

註 4：落塵中有 30%到 40%的比例是來自營建工程，因此環保署曾推出魯班計畫以改善營建工程對空氣品質之影響。

基本策略

1. 建立固定汙染源設置、變更及操作許可登記制度，以收預防之效，並建立汙染防制工程公司、環工技師與汙染物測定服務公司簽證制度，以分擔政府在執行上的負荷。
2. 建立固定汙染源自動監測與記錄申報制度，以有效控制汙染物排放狀況。

3. 建立機動車輛新車型檢驗、出廠檢驗及抽驗制度及老舊機車汰換補助辦法，以治本的方式管制交通汙染源。
4. 採用「推廣低汙染能源」、「改變生產製程」、「土地分區使用」、「保留緩衝地帶」、「劃訂各級空氣汙染防制區」及「總量管制」等策略，使汙染的影響降到最低。
5. 依汙染者付費的原則開徵空汙費，成立空氣汙染防制基金，專款專用，訂定具有經濟誘因的策略。
6. 建立環境影響評估制度。
7. 建立公私場所固定汙染源空汙費減免及減量獎勵辦法，提升業者執行空氣汙染改善誘因，對於工業用電大戶，強制一定比率之電力耗用需使用綠能。
8. 調整能源配比，提高綠能配比，降低火力（燃煤）發電配比。

14-5 主要措施

一、加強固定汙染源管制

1. 加強公民營事業之空氣汙染防制

   對造成嚴重汙染之工業汙染源依汙染量的大小及對人體健康之影響，排列優先次序，並分年嚴格管制。

2. 建立汙染源設置、變更及操作許可登記制度、簽證制度

   對於新汙染源以設置許可登記方式事先預防，對於舊汙染源定期辦理普查，並由環保署依其汙染的嚴重性與所需改善時間逐年公告補辦許可登記，以確實掌握汙染來源；建立汙染源資料檔，規劃地區允許排放總量，以落實管制策略。在許可證記過程，引進合格汙染防制工程公司、環工技師簽證與汙染測定服務公司簽證制度，鼓勵民間企業參與，以減輕政府負擔。

3. 建立汙染源自行檢查、自動監測及記錄申報制度

   對於汙染物排放量大或汙染物毒性高之汙染源，責其將自行檢查，自動監測的排放情形，作成記錄向主管單位申報，以便隨時掌握其對環境的影響。

4. 繼續推行低硫燃料政策

燃料油方面，自 1986 年 7 月 1 日起含硫量已經降低到 2%以下，1990 年 7 月 1 日起含硫量更降低至 1.5%以下，1993 年 7 月 1 日起合硫量再降低至 1.0%以下；配合中油公司供應液化天然氣的進度，規劃汙染嚴重地區優先使用天然氣。2004 年 11 月 17 日再公告修正「含硫量超過 0.5%之燃料油於特定區域使用，為易致空氣汙染之物質」，此特定區域為全國但不包括宜蘭縣、新竹縣、苗栗縣、臺東縣、花蓮縣、澎湖縣等地區。

5. 採取輔導及取締措施以減少露天燃燒行為。

6. 分析國內現行環保法令對固定汙染源之管制架構可歸納如下圖所示：

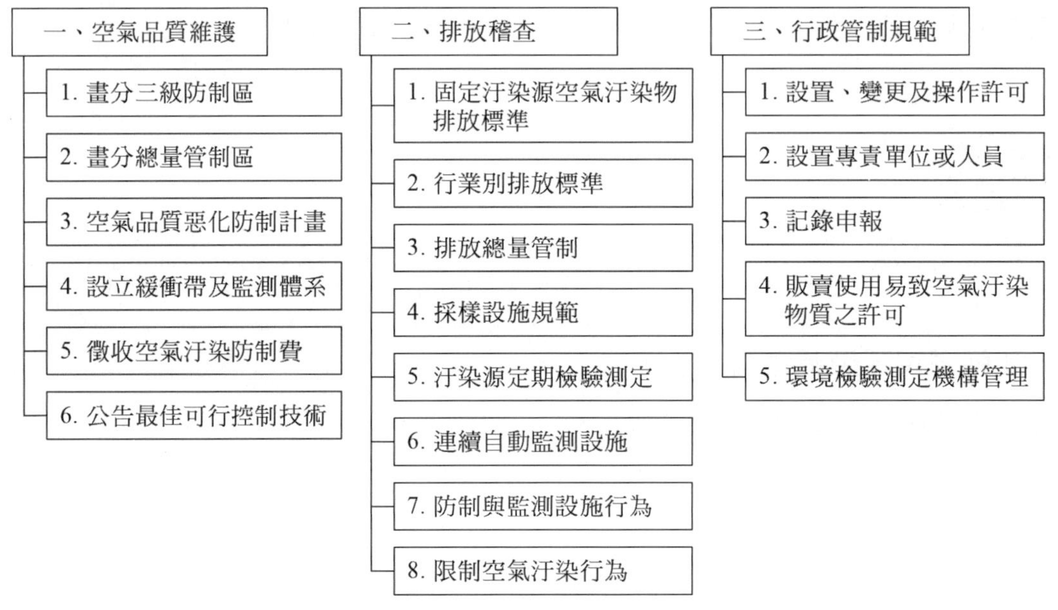

7. 環保署建構空品物聯網透過大量感測器分析數據，自動通報政府環保單位精準執法及深度稽查，相關大數據分析資料亦可做為決策運用及制定參考。

二、加強交通汙染管制

1. 建立汽機車新車型審核制度、新車出廠自行檢驗及新車抽驗制度

逐步加嚴汽機車所排放汙染物的管制，包括一氧化碳、碳氫化合物、氮氧化物及粒狀汙染物等。國產及進口汽機車在銷售前須經新車型空氣汙染物審驗合格，由製造廠自行檢驗其產品，環保署並執行新車抽驗，符合標準者才予放行銷售。

2. 加速車輛全面使用低汙染燃料（如無鉛汽油或 LPG），並訂定車用汽柴油成分及性能管制標準（1999 年 12 月 15 日）。計畫自 2012 年 1 月起，汽油之硫含量由 30ppm 進一步降低至 10ppm。
3. 加強車輛定期檢驗， 建立車輛保養與檢驗合一制度

   確實執行監理單位的年度定期檢驗，使用簡易動力計測定車輛排氣。加強監理單位作業之電腦化，並建立良好車輛保養制度，及考核保養廠之維修服務水準。
4. 改善交通運輸管理

   加強運輸管制規劃，鼓勵多利用大眾捷運系統，採行共乘方式以減輕交通汙染。
5. 發展車輛低汙染控制設備製造技術

   由經濟部督促有關單位研究發展柴油車濾煙器、機車觸媒轉化器、低汙染四行程引擎等車輛低汙染控制設備製造技術，以求降低成本，並有效減少車輛排放空氣汙染物。
6. 訂定交通工具空氣汙染物排放標準並加強稽查取締，同時補助高汙染老舊機車汰舊換新；建構低碳運輸系統及推廣電動車。

14-6 總量管制策略

一、概說

目前我國對於空氣汙染防制策略，係採排放的濃度管制與總量管制策略並重的方法，亦即工廠空氣汙染物之排放除了必須符合排放標準外，其所排放之總量亦受到限制。

在此值得一提的是，美國環保署自 1979 年實施的泡泡政策，也作為我國控制空氣汙染物的立法參考。所謂泡泡政策，係指將傳統對單一煙囪或排放口的管制方式；改變成為整體區域性的管制，如此可讓工廠經營者更具彈性以改善或降低汙染排放量。換句話說，即是將某一地區許多的排放源視為一個泡泡區，而在此泡泡區內所排放的汙染量須符合政府所規定的空氣品質標準，泡泡區內的任何一個工廠，可採取任何汙染防制策略或措施，以達到標準。

二、汙染物排放管理辦法

針對汙染物排放管理辦法，可有不同的替代方案，其主要辦法如表 14.2 所述。

表 14.2　汙染物排放管理辦法

管制方法	說明	備註
排放濃度管制法	係指空氣汙染物排放口或煙囪口的管制排放濃度。	優點：可隨時檢測其排放濃度。 缺點：排放量的增加會引起汙染物總量的增加，故無法確保環境空氣品質。
排放量均減法	對全部空氣汙染物源進行均減的方法。	優點：此法可迅速有效達到管制環境空氣品質的目標。
K 值管制法	此法係將排放濃度管制法與排放量均減法組合而成，亦是一種容許排放量隨排放口高度而調整之管制方法。	公式：$Q = a_1 \times K \times H_e^2$ Q：所容許汙染物排放量 H_e：有效煙囪高度 K：隨地區不同的排放係數 a_1：各汙染物之換算常數
最大組合著地濃度管制法	此法係以空氣汙染物之著地濃度為依據。	優點：此法對於工業區空氣汙染物的管制特別有效。
燃料管制法	依據燃料之硫含量與消耗量來決定該地的容許排放量。	優點：此法對中小型的排放源管制特別有效。

14-7 補充說明

一、美國「排放物交易政策」

美國環保署所積極推動的「排放物交易政策」包含了「泡泡(Bubble)」、「淨值(Netting)」、「差額(Offset)」及「儲存(Banking)」等 4 個現代管理改革觀念。

1. 泡泡政策：將某一地區許多排放源（如工業區）看成包覆在一個假想的泡泡中，且該泡泡只有一個煙囪，只要在這個泡泡頂部煙囪所排放之汙染量符合政府規定總量上限，泡泡中之任何工廠可採取任何汙染控制策略或措施。

2. 差額：申請新工廠之汙染物排放量必須由既有工廠減少過量同類汙染物加以抵銷，汙染物比原來減少的量即為差額。亦即申請新工廠設立時，必須由同一區內自己所屬工廠設置最佳控制設備或向其他工廠購買排放抵減額度(Emission Reduction Credit)。此一方法可允許在不符合空氣品質標準地區內設廠，但同時可確保整體汙染程度之降低。
3. 儲存：工廠在進行汙染改善時，可以採行最佳控制技術，使排放量遠低於設定標準。兩者之間的差額即可以排放抵減額度之方式存入「汙染銀行」。

二、控制設備區分

美國環保署之清淨空氣法中有關管制方法所用的控制設備，依嚴格程度可區分為

1. LAER(Lowest Achievable Emission Rate)

   為最嚴格之排放限制，適用於未達空氣品質標準地區，LAER 設備的決定不受經費考慮之限制。
2. BACT(Best Available Control Technology)

   在考慮能源及其他經濟成本後，以汙染物之減量上限為排放限度之控制技術。
3. RACT(Reasonable Available Control Technology)

   採用可達到之較低標準為排放限制，使用合理可用且具經濟可行性的控制技術。

三、具經濟誘因的泡泡政策

1. 定義：環保署將含許多排放源之大型綜合工廠，看成包覆在一個假想的泡泡之中，且只有一個排放管道，只要泡泡排放口對大氣的影響達到政府的環境品質要求，工廠可在泡泡內採取任何控制措施。
2. 優點：工廠管理人員比政府人員更瞭解自己的工廠，有更大的機會與動機去降低汙染控制成本。亦即泡泡政策追求成本之降低而非控制品質的降低。
3. 汙染物排放濃度之降低與成本關係並非一圓滑曲線而是呈上升狀之階梯狀曲線。因為某一控制設備之控制效率有限，若要提高控制效率，就必須採用價格更為昂貴之設備，說明如下：

假設甲、乙兩廠之汙染控制成本相同且目前均操作在 b 點，若政府規定新的標準為排放量小於 $\overline{oc}$，則此二廠須增加之成本為 $2\times(\overline{dc}-\overline{ba})$。然在泡泡政策下，可選擇乙廠做進一步改善，而且比新標準的要求還高（排放量只有 $\overline{oe}$）且 $2\overline{oc}=\overline{oa}+\overline{oe}$，但成本之增加為 $\overline{fe}-\overline{ab}$，節省之成本為 $\left[2(\overline{dc}-\overline{ba})=2\overline{dh}\right]-(\overline{dh}+\overline{fg})=\overline{dh}-\overline{fg}$，即圖 14.1 中之 A-B。

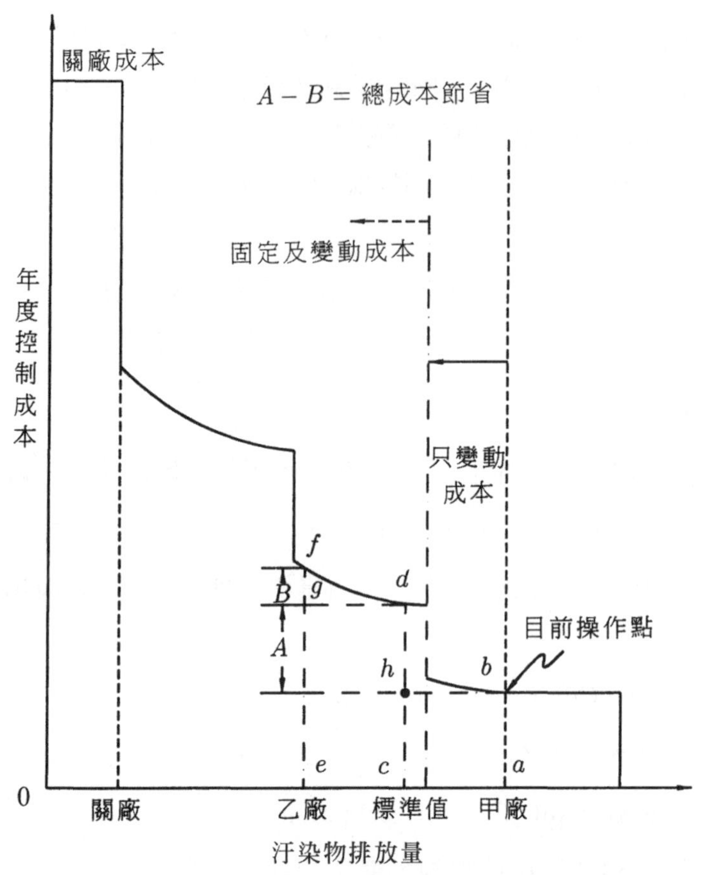

圖 14.1　汙染控制成本曲線

4. 控制之交易－差額政策(Offset Policy)

若某地區之空氣品質已超過標準，增加新的汙染源將使空氣品質惡化，但限制新工廠之設立又將扼殺地區之經濟發展，兩全之計為新汙源必須找到既存之汙染源願意為其減少汙染物之排放量，使該地區最後總排放量較原來為少。比原來少的量，即稱為差額。

在差額政策下允許新舊汙染源排放量進行交易。在泡泡政策中亦允許此一交易行為。

汙染源可先把排放控制做得比政府的要求還好，而將多做努力的部分存入汙染銀行，等待售予他人蓋工廠所需之差額或舊工廠泡泡中所需之減少量。

四、臺灣地區空氣汙染問題特色

1. 汙染源之單位面積排放量大。
2. 中小煙源之局部汙染大。
3. 機車持續成長，密度高達約 400 輛／平方公里，為都會區主要的空氣汙染來源。
4. VOC、TSP 對空汙之貢獻偏高。
5. 地方人力、素質及設備均不足。
6. 業者、民眾守法觀念薄弱；近年來民粹盛行，影響政府主管機關行政管理作為。
7. 都市計畫、土地利用分類功能未發揮。

歷屆國家考試試題精華

14.1 交通所造成的空氣汙染如何管制及規劃管理？ **（環管高考）**

解 參閱 14-5 節第二大項有關加強交通汙染管制之說明。

14.2 解釋名詞－汙染泡(Bubble)。 **（環管高考）**

解 汙染泡：為一種空氣汙染管制及規劃管理的現代改革觀念，即將某一地區許多排放源看成包覆在一個假想的泡泡中，且該泡泡只有一個排放口，只要這個排放口所排放的汙染量符合政府規定之總量上限，汙染泡中之任何工廠可採取任何可行的汙染控制策略或設備。

14.3 臺灣省、高雄市固定汙染源空氣汙染物排放標準中列有排放管道排放標準之空氣汙染物。新汙染源之排放管道高度之計算公式。

$$q = a_1 K H_e^2$$

試說明式中各項符號之意義。 **（環工專技、環工高考）**

解 q：汙染物單位時間最高許可排放量(g/s)

a_1：各汙染物之換算常數

K：汙染物排放之擴散係數($g/s\text{-}m^2$)，其數值隨地區有所不同

H_e：有效煙囪高度＝排放管道實際高度(h)＋煙柱上升高度(Δh) (m)

14.4 請列出多年來中央政府對於空氣汙染管制的策略。 **（89 年高考三級）**

解 多年來中央政府對於空氣汙染管制策略可歸納如下：

(1) 建立固定汙染源設置、變更及操作許可登記制度，以收預防之效，並建立汙染防制工程公司，環工技師與環境檢測服務公司簽證制度，以分攤政府在執行上的負荷。

(2) 建立固定汙染源自動監測與記錄申報制度，以有效控制汙染物排放狀況。

(3) 建立機動車輛新車型檢驗、出廠檢驗汙染物抽驗制度及老舊機車汰換補助抽法，以治本的方式管制交通汙染源。

(4) 採用「推廣低汙染能源」、「改變生產製程」、「土地分區使用」、「保留緩衝地帶」、「劃訂各級空氣汙染防制區」及「總量管制」等策略，使汙染的影響降到最低。

(5) 建立環境影響評估制度。

(6) 依汙染者付費的原則開徵空汙費（如營建工程、公私場所固定汙染源、VOC），成立空氣汙染防制基金，專款專用。

(7) 建立公私場所固定汙染源空汙費減免及減量獎勵辦法。

14.5 請解釋下列名詞：

(1) 總量管制

(2) 最佳可行控制技術

(3) 差額排放量

(4) 洩漏源

(5) 汙染泡(Bubble) （95 年高考三級）

解 (1) 總量管制：指在一定區域內，若有效改善空氣品質，對於該區域空氣汙染物總容許排放量所作之限制措施。

(2) 最佳可行控制技術：即英文 Best Available Control Technology 之縮寫，BACT。指考量能源、環境、經濟之衝擊後，汙染源應採取之已商業化並可行之汙染排放最大減量技術。

(3) 差額排放量：配合經濟發展新設立工廠之新汙染源必須從既有之汙染源減少其汙染物排放量，使該地區最後總排放量較原來為少。比原來排放減少的量，即稱為差額排放量(Offset)。

(4) 洩漏源：指設備元件淨檢測值超過洩漏定義值者，目視發現製程流體自設備元件處滴漏、止漏流體軸封系統失效或設備元件應符合未可檢出定義值而未符合者，該類設備元件均謂之洩漏源。（依據揮發性有機物空氣汙染管制及排放標準第二條第 50 款定義）

(5) 汙染泡(Bubble)：為一種空氣汙染管制及規劃管理的現代改革觀念，即將某一地區許多排放源看成包覆在一個假想的泡泡中，且該泡泡只有一個排放口，只要這個排放口所排放的汙染量符合政府規定之總量上限，汙染泡中之任何工廠可採取任何可行的汙染控制策略或設備。

14.6 行政院環境保護署已經建構完成「空品物聯網」，近來年各環保單位配合現場勾稽巡查成效優良，裁處違法排放公私場所罰鍰近億元，追繳空汙費四億元，請說明此「空品物聯網」的基本架構及其運作成功的要素。

（109 年專技高考）

解 環保署運用物聯網(Internet of Things,IoT)技術，透過布建大量環境檢測點（迄 108 年共 5,200 個感測器）提升環境監控的時間／空間密度，透過網際網路傳輸蒐集環境感測資料數據，以雲端串聯虛擬及實體介面，在資料平臺即時呈現環境感測數值並進行自動通報及執行稽查；也可結合大數據分析發展出更多的智慧化應用如追蹤高汙染傳輸路徑，也可由長期資料分析，掌握汙染熱區，其基本架構如下：

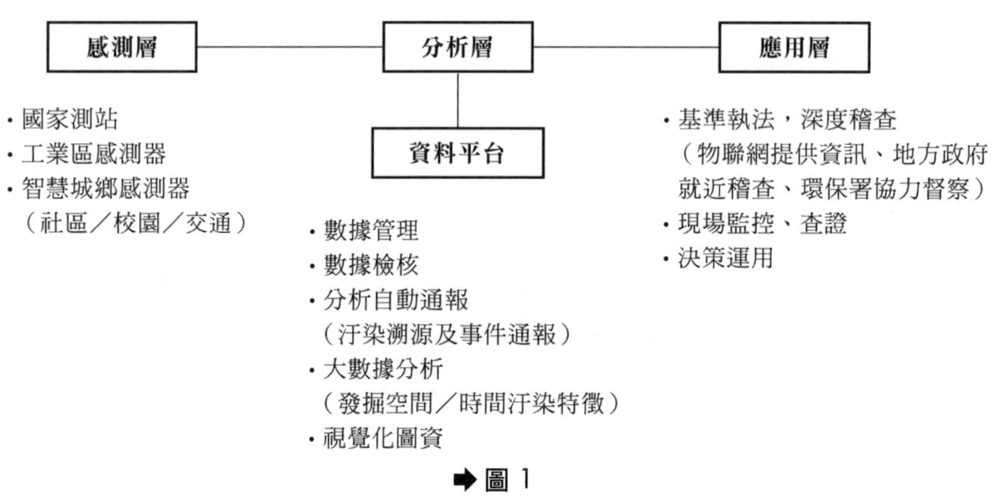

➡ 圖 1

其運作成功的要素為

(1) 感測技術國產化及布建大量的感測器（IoT 高密度數據）

(2) 利用 AI 界定熱區，分析自動通報執行稽查

空氣汙染防制設備之選擇

Air Pollution Control
Theory and Design

15-1 前　言

選擇適當空氣汙染防制設備所需考慮之要素基本上可分為「環境」、「工程」及「經濟」三大要項，說明如下：

一、環境因素

1. 設備設置地點。
2. 可利用空間。
3. 氣候條件。
4. 公用流體（水、電、蒸汽等）之取得。
5. 附屬設施（水處理及廢棄物清理）。
6. 最大容許排放量或濃度（空氣汙染法規）。
7. 景觀之考量（如可見之蒸汽或水蒸汽煙柱）。
8. 空氣汙染防制設備對廢水及土壤汙染之影響程度。
9. 空氣汙染防制設備對工廠噪音汙染之影響程度。

二、工程因素

1. 汙染物特性：物理性質、化學性質、濃度、微粒物質形狀及粒徑分布、可燃性、化學反應性、毒性、腐蝕性、磨蝕性。
2. 氣流特性：體積流率、溫度、壓力、濕度、組成、黏度、密度、反應性、毒性、腐蝕性及燃燒特性。
3. 汙染防制設備之設計及操作特性：尺寸、重量、微粒物質之分數收集效率曲線(Fractional Efficiency Curve)、質量傳送及或汙染物破壞分解能力（對氣態汙染物而言）、壓降、可靠性、動力需求、公用流體需求、溫度限制、維修需求、降載能力（Turndown Capacity，即操作彈性），符合更嚴格空氣汙染法規之可行性。

三、經濟因素

1. 投資成本（設備、安裝及工程設計）。
2. 操作成本（公用流體、耗材、備品、維修等）。

3. 預期設備壽命。

4. 分析利用差額排放量(Off-set)及泡泡觀念(Bubble Concept)之可行性，以決定整體最經濟之控制策略。

15-2 設計檢討流程

空氣汙染防制設備設計檢討之主要目的為：

1. 預測防制設備性能可否符合法規要求。

2. 估算既有設備之操作性能。

3. 評估新設設備之可行性。

4. 分析製程改善對控制設備之影響。

設計檢討流程如圖 15.1 所示：

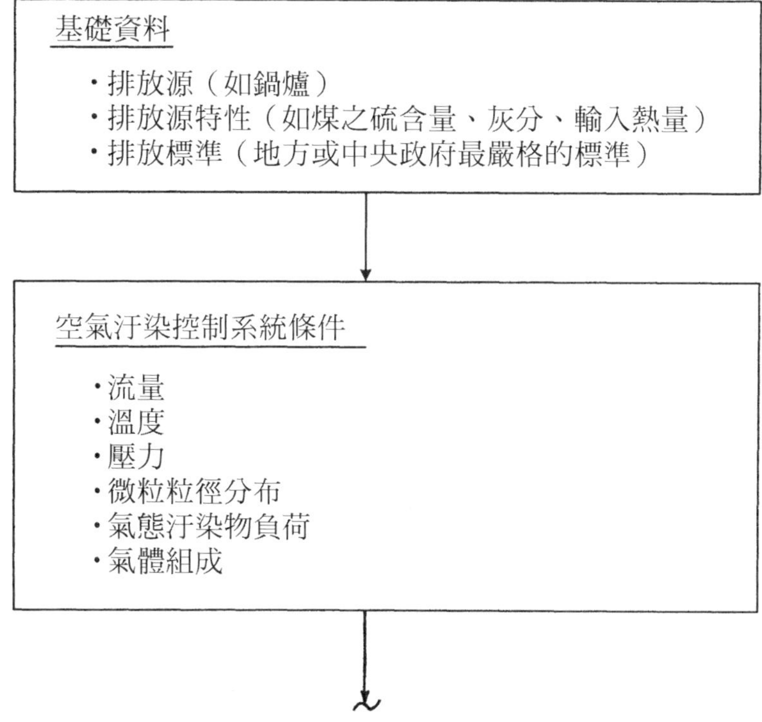

➡ 圖 15.1 空氣汙染防制設備設計檢討流程[18]

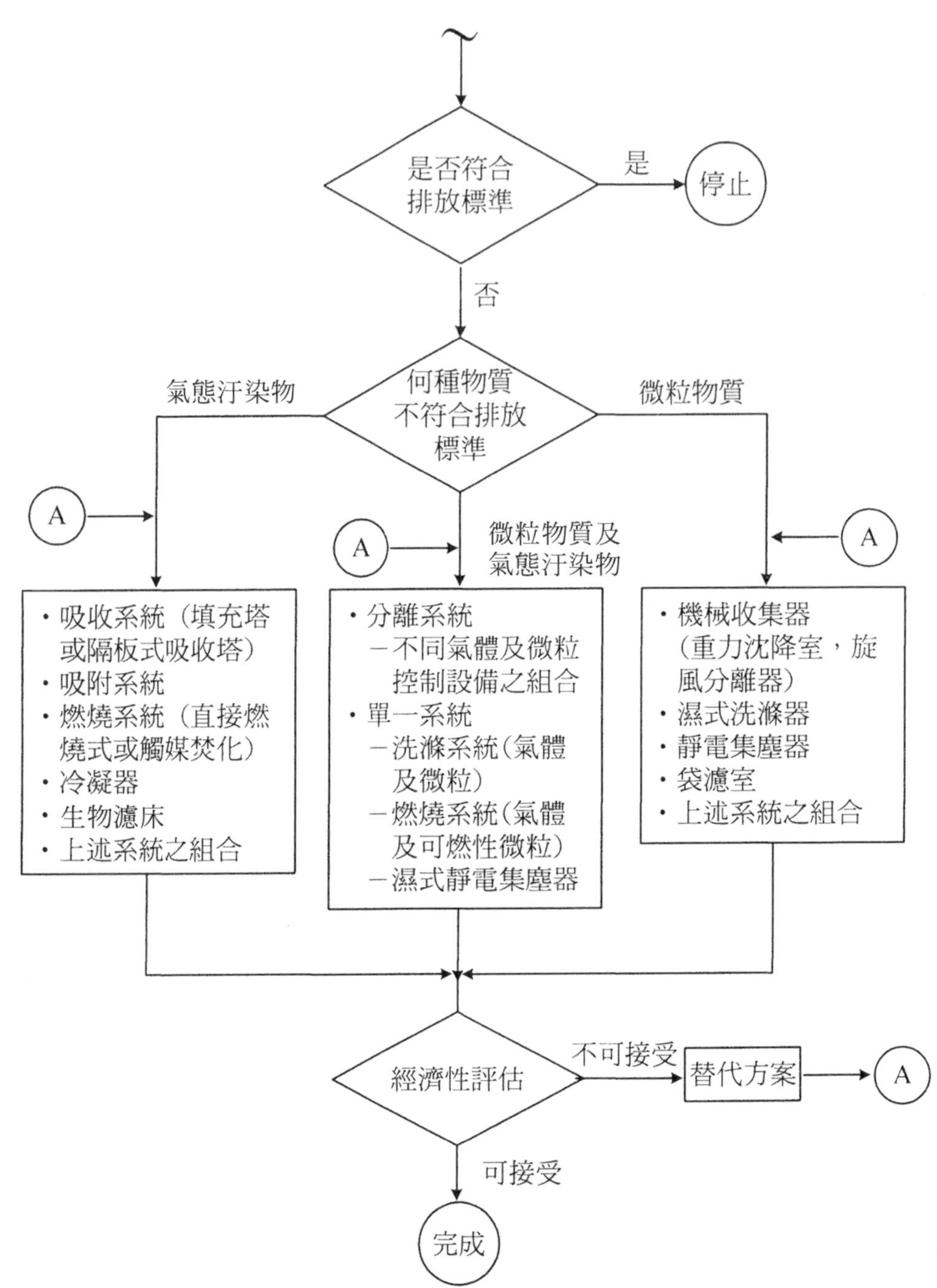

圖 15.1　空氣汙染防制設備設計檢討流程[18]（續）

註：請參考第 9-10 節及表 10.25 各種微粒物質及氣態汙染物控制設備之優缺點比較，選擇適當之控制設備。

15-3 排放源空氣汙染控制技術選擇之參考例

表 15.1 所示為幾種重要排放源各製程單元所選用之汙染控制技術，讀者可依據各製程單元之汙染源特性及其適用之控制設備，做為將來選用控制技術之參考。

表 15.1 重要排放源各製程單元適用之控制技術[18]

排放源	製程單元	空氣汙染物	控制技術
水泥廠	採石廠 · 一次壓碎 · 二次壓碎 · 輸送 · 儲存	粉塵	濕式作業，排氣系統、機械分離設備
	研磨	粉塵	配置旋風分離器及袋濾室之局部排氣系統
	旋轉窯	粉塵、CO、SO_x、NO_x、碳氫化合物、醛類、酮類	靜電集塵器、袋濾室、洗滌塔、燃燒塔
	熔渣冷卻 研磨及包裝	粉塵	配置機械分離設備之局部排氣系統
化學肥料工廠	磷酸鹽肥料：壓碎、研磨及鍛燒	粉塵	排氣系統、洗滌塔、旋轉風分離器、袋濾室
	P_2O_5 水解	PH_3、P_2O_5、磷酸霧	洗滌塔、燃燒塔
	酸化	HF、SiF_4	洗滌塔
	製粒	粉塵（產品回收）	排氣系統、洗滌塔或袋濾室
	氨化	NH_3、NH_4Cl、SiF_4、HF	旋風分離器、靜電集塵器、袋濾室、高能量洗滌器
	硝酸酸化	NO_x、氣態氟化物	洗滌塔、添加尿素
	硝酸胺反應器	NH_3、NO_x	洗滌塔
鐵鑄造工廠	入料 熔融 澆灌	煙及微粒物質 煙、微粒物質及金屬燻煙 油霧、CO	排氣系統、CO 後燃器、氣體冷卻設施及洗滌器、袋濾室或靜電集塵器、MU-SSPW 洗滌塔

表 15.1 重要排放源各製程單元適用之控制技術[18]（續）

排放源	製程單元	空氣汙染物	控制技術
鍍鋅工廠	熱浸鍍鋅槽	金屬燻煙、微粒物質（液態）、蒸氣：NH_4Cl、ZnO、$ZnCl_2$、Zn、NH_3、油及碳	具高抽吸速度之近接型(Close Fitting)氣罩、袋濾室、靜電集塵器、MU-SSPW洗滌塔
牛皮紙漿工廠	消化槽	硫醇、甲醇（臭味）	冷凝器或以加熱爐做為後燃器
	多效蒸發罐	H_2S、其他臭味物質	鹼洗塔、不冷凝氣體以熱焚化處理
	黑液氧化	H_2S	填充塔、MU-SSPW 洗滌塔
	精煉桶(Smelt tank)	微粒物質（霧或粉塵）	除霧器、文氏洗滌器、填充塔、衝擊式洗滌塔或MU-SSPW 洗滌塔
	石灰窯	粉塵、H_2S	文氏洗滌器、MU-SSPW 洗滌塔
油漆、凡立水工廠	樹脂製造	丙烯醛、醛類及脂肪酸（臭味物質）、鄰苯二甲酐	排氣系統、洗滌器及燻煙燃燒器
	凡立水製造	酮類、脂肪酸、甲酸、醋酸、丙烯醛、其他醛類、酚、H_2S、硫醇	排氣系統、洗滌器及燻煙燃燒器
	溶劑稀釋	烯烴、酮類、芳香烴、溶劑	排氣系統、洗滌器及燻煙燃燒器
煉鋼廠	鼓風爐	CO、燻煙、粉塵	CO 可在廢熱鍋爐處理、旋風分離器、洗滌器、靜電集塵器、文氏洗滌器或MU-SSPW 洗滌塔
	平爐 (Open-hearth Furnace)	燻煙、SO_x、粉塵、CO、NO_x	重力沉降室、廢熱鍋爐、袋濾室、靜電集塵器、文氏洗滌器、MU-SSPW 洗滌塔
	燒結(Sintering)	粉塵、SO_2、NO_x	旋風分離器、文氏洗滌器、袋濾室或靜電集塵器、MU-SSPW 洗滌塔

15-4 空氣汙染防制設備之優缺點比較

空氣汙染防制設備之選用，除了考量其處理效能須能符合排放標準之要求外，最後取決於其設置、操作及維修成本，在選用防制設備時，通常會先針對適用之防制設備及其替代方案予以比較、篩選，本節提供各種防制設備在使用上之限制及其優缺點列表比較如下：

15-4-1 微粒物質收集設備優缺點比較

相關比較如下：

表 15.2

設備名稱	優點	缺點
旋風集塵器	1. 建造成本低。 2. 相當簡單的設備，極少的維修問題。 3. 較低的壓損（通常為 5~15cm 水柱）。 4. 容許之操作溫度、壓力較無限制（視建造材質而定）。 5. 占地面積較小。 6. 乾式集塵及後續處置問題較為單純。	1. 對粒徑小於 10μm 之微粒，總集塵效率相當低。 2. 無法處理具黏著性之物質。
濕式洗滌塔	1. 可同時收集處理氣體及微粒物質（尤其是具黏稠性之物質）。 2. 可處理高溫、高濕度的氣體。 3. 若不需後續之廢水處理系統，建造成本低。 4. 對於較細的微粒，收集效率高（但壓損大）。 5. 占地面積小。 6. 不需處理乾的粉塵。	1. 可能衍生廢水處理的問題。 2. 腐蝕問題較乾式系統嚴重。 3. 可能產生蒸汽白煙(Steam Plume)，影響不透光率而引發民眾誤解。 4. 較高的維修成本。 5. 壓損及動力需求較高。 6. 在乾－濕界面之固形物蓄積可能導致操作問題。 7. 處理產物為濕的狀態，不利後續處理。

表 15.2 （續）

設備名稱	優點	缺點
袋式集塵器	1. 對粗或細的微粒（即使粒徑低於 1μm，即 Submicron）均有相當高的收集效率。 2. 乾式收集微粒，利於後續處理。 3. 對於氣流之波動較不敏感，若使用連續清潔式袋濾器，收集效率及壓損幾乎不受粉塵負荷(Dust Loading)的影響。 4. 無液態廢棄物、水汙染等問題。 5. 袋濾器出口之空氣可循環使用（節能考量）。 6. 通常無腐蝕的問題。 7. 操作容易。 8. 使用特殊的濾袋可以高效率收集次微米(Submicron)煙霧及氣態汙染物。 9. 無高電壓危害，維修作業單純，可收集可燃性粉塵。	1. 溫度超過 280℃時，須使用價昂之特殊材質濾袋（如耐火棉或金屬材質）。 2. 中等的壓損（約 10~25cm 水柱）。 3. 在收集酸性或鹼性微粒之場合，或高溫條件下，濾袋使用壽命低。 4. 微粒物質若具吸濕性、或水分凝結或具黏稠性時，可能導致結塊、濾袋阻塞等問題，而需另外注加添加劑。 5. 維修作業相對較多（濾袋更換）且更換濾袋時，維修人員須配戴空氣呼吸器防護。 6. 對某些粉塵，若其粉塵負荷達到 50g/m^3 且有火花進入收集室時，可能導致火災或粉塵爆炸。 7. 收集氧化性粉塵，濾袋可能會起火燃燒。
靜電集塵器	1. 相當高的收集效率（在相對較低的能源耗用下）。 2. 乾式收集微粒，利於後續處理。 3. 壓損低（一般低於 1.5cm 水柱）。 4. 維修需求低。 5. 操作成本低。 6. 可在真空至 10 Bar 的壓力條件下操作。 7. 容許操作溫度可達 700°C。 8. 即使氣體流率大，仍可有效處理。	1. 建造成本高。 2. 電阻係數高或低的微粒物質不易被收集。 3. 占地面積較大。 4. 對氣流條件（如流量、溫度、微粒及氣體組成、微粒負荷）之變化，非常敏感。 5. 處理可燃性氣體及／或可燃性粉塵時，有爆炸之危險。 6. 人員有高壓觸電的危險。 7. 維修作業技術層次需求高。 8. 負電荷放電電極於氣體離子化過程中可能產生臭氧。

15-4-2 氣態汙染物處理設備優缺點比較

相關介紹如下：

表 15.3

設備名稱	優點	缺點
吸收系統(填充塔及板式塔)	1. 低壓損。 2. 處理高腐蝕性流體場合可採用FRP(Fiber-Reinforced Plastic)材質建造。 3. 高質傳效率。 4. 低建造成本。 5. 占地面積較小。 6. 增加填充床高度或吸收板數量，或更換填充材型式可改善質傳效果，無需購置新的設備。 7. 可同時收集微粒物質及氣態汙染物。	1. 可能衍生廢水處理問題。 2. 微粒物質可能導致吸收塔阻塞。 3. 若建造材質採用 FRP，對操作溫度較為敏感。 4. 維修成本高。
填充塔與板式塔及MU-SSPW洗滌塔比較	填充塔 1. 壓損較低。 2. 建造成本較低，結構簡單。 3. 適用於起泡潛勢(Foaming Tendency)較高的液體。 板式塔 1. 較不易阻塞。 2. 重量較輕。 3. 較無偏流問題(Channeling)。 4. 高溫衝擊耐受力佳（不易損壞）。	
	MU-SSPW 洗滌塔 1. 不易結垢阻塞，可降低維修成本。 2. 可採並流操作且質傳效率高，可大幅降低設備尺寸及投資費用。 3. 無 Flooding 及結垢傾向，維修費用低。 4. 設備壓差低，可降低操作費用（能源費用）。	
低溫冷凝器	1. 可回收產品，達到減廢目標。 2. 冷凝器使用之冷媒（如鹵水，Brine Water），因未與氣態汙染物接觸，冷卻後可連續循環使用。	1. 移除效率低。 2. 冷媒成本高。

表 15.3 （續）

設備名稱	優點	缺點
吸附設備	1. 可回收產品，無化學品處理問題。 2. 對製程變化之反應及控制較佳。 3. 可全自動控制操作。 4. 可將氣態或蒸氣汙染物移除至極低的濃度。	1. 產品回收可能需要配置昂貴的蒸餾或萃取系統。 2. 吸附劑吸附能力劣化問題。 3. 吸附劑再生須設置抽真空系統或引入再生蒸汽。 4. 建造成本高。 5. 為了防止吸附床被微粒物質阻塞，須設置微粒預過濾系統。 6. 對高分子量碳氫化合物而言，脫附蒸汽需求量高。
焚化設備	1. 操作容易。 2. 可回收熱量產製蒸汽。 3. 可完全摧毀分解有機物。	1. 操作成本高（特別是需補充燃料氣時）。 2. 有回火(Flash Back)或爆炸之潛在危害。 3. 觸媒中毒問題（觸媒焚化設備）。 4. 不完全燃燒可能導致更棘手的空氣汙染問題。 5. 廢觸媒所衍生的二次處理及汙染問題。

歷屆國家考試試題精華

15.1 下列各工業 VOC 主要來源，汙染物特性、排出量之影響因素及適當的控制方法，試分述之。(1)汽車製造工業；(2)壁紙製造業；(3)半導體工業。

（81 年專技高考）

解

工業	VOC 主要來源	汙染物特性	排出量之影響因素	控制方法
汽車製造	鈑金及車體鍍鋅處理	氰酸蒸氣	鍍鋅槽內液體溫度	(1) 鍍鋅槽溫度控制 (2) 局部排氣裝置排氣以吸收塔洗滌處理
	表面塗裝作業	丁基纖維素(BCS)、酮類、醚類、醇類及酯類碳氫氧化合物	局部排氣、整體排氣裝置是否裝設及其運轉情形	將排氣裝置所收集的氣體進行吸附／脫附回收處理
	烤漆作業	同上		以燃燒處理設備如 RTO(Re-circulation Thermal Oxidation)直接焚化 (Direct Flame Incinerator, DFI)或觸媒焚化進行排氣處理
壁紙製造	表面印染壓花處理	醚類、醛類或醇類碳氫氧化合物		以熱焚化、觸媒焚化或活性碳吸附處理
半導體工業	清洗程序 (1) 晶片清洗 (2) 濾心等塑膠物類 (3) 石英爐管 (4) 鉻膜光罩	(1) 三氯乙烷、三氯乙烯之超音波清洗 (2) 異丙醇 (3) 丙酮、異丙酮 (4) 異丙醇	產能大，則清洗頻率亦增加，VOC 排出量增大。	(1) 以純水超音波洗清方式取代有機溶劑超音波清洗。 (2) 以局部排氣收集 VOC 至活性碳吸附槽或沸石濃縮轉輪（參照第 10 章國考題 10.35 圖 10 說明）處理。
	微影程序 (1) 負光阻塗布 (2) 負光阻顯影 (3) 正光阻塗布	(1) 二甲苯，Aliphatic aryl hydro-carbon (2) 二甲苯，N-Butyl Acetate (3) EGME (ethylene glycol monoethyl ether)	(1) 產能多寡。 (2) 產品類別多則複雜度增高，微影增多，VOC 排出量增大。 (3) 光阻系統選擇：選用正光阻製程，VOC 量減少。	將微影製程區之 VOC 以局部排氣收集至活性碳吸附槽或沸石濃縮轉輪處理。

15.2 某熔鐵爐廢氣檢測資料如下：

(1) 廢氣量 350 m^3 / min，溫度 200°C，含水分 15%

(2) 一氧化碳 8%，NO_x、SO_2 約 100 ppm

(3) 粒狀物濃度 2600 mg / Nm^3

(4) 粒徑分布：dp < 5 μm：累積重量百分比為 25%

dp < 10 μm：累積重量百分比為 32%

dp < 20 μm：累積重量百分比為 40%

dp < 50 μm：累積重量百分比為 60%

請規劃適切之控制設備系統，並說明原因。 **（82 年專技高考）**

解 依據我國固定汙染源空氣汙染物排放標準，本題汙染物容許排放濃度如下：

CO < 2000 ppm (0.2%)

NO_x < 150 ppm（氣體燃料）

< 250 ppm（氣體燃料）

< 350 ppm（固體燃料）

SO_x < 300 ppm

粒狀物 < 169 mg / Nm^3（排氣量為 500 Nm^3 / min 時）

因此，廢氣中 NO_x 及 SO_x 度均低於排放標準，可不須處理，而 CO 及粒狀汙染物則超過排放標準甚多，須進一步處理。

(1) 首先考慮粒狀汙染物之去除

因粒徑小於 5 μm 之累積重量百分比達 25% ，故須選用去除效率較佳之袋式集塵器、文氏洗滌器或靜電集塵器，但基於下列考慮因素，靜電集塵器為較佳之選擇：

(a) 因水分高達 15%，若選用袋式集塵器，可能會有濾餅阻塞的問題。

(b) 若採用文氏洗滌器，會降低處理後之廢氣溫度，影響後續 CO Rich Gas 之處理（須再加溫，浪費能源）。

為了減少靜電集塵器之粉塵負荷同時減少粗大粒子所引起之磨耗，在靜電集塵器前裝設一組旋風分離器。

(2) CO 之處理

由表 4.1 可知，CO 之 HHV 仍高達 2414.7 Kcal / Kg - mole，因此基於減廢及工廠能源整合(Energy Integration)之考慮，可將 CO Rich Gas 以送風機(Blower)送回熔鐵爐燃燒，以減少熔鐵爐之燃料需求。

另外亦可考慮將 CO Rich Gas 送至廢熱鍋爐燃燒(Waste Heat Boiler)或送至 CO 後燃器(Afterburner：Catalytic Combustion or Incinerator)焚化處理。

下圖所示為以鉑 /Al_2O_3 觸媒處理各種氣體之破壞效率(Destruction Efficiency)與溫度之關係，由圖 1 可知，欲達 95%以上之 CO 破壞效率，所須之處理溫度約為 800 ~ 1000°F。

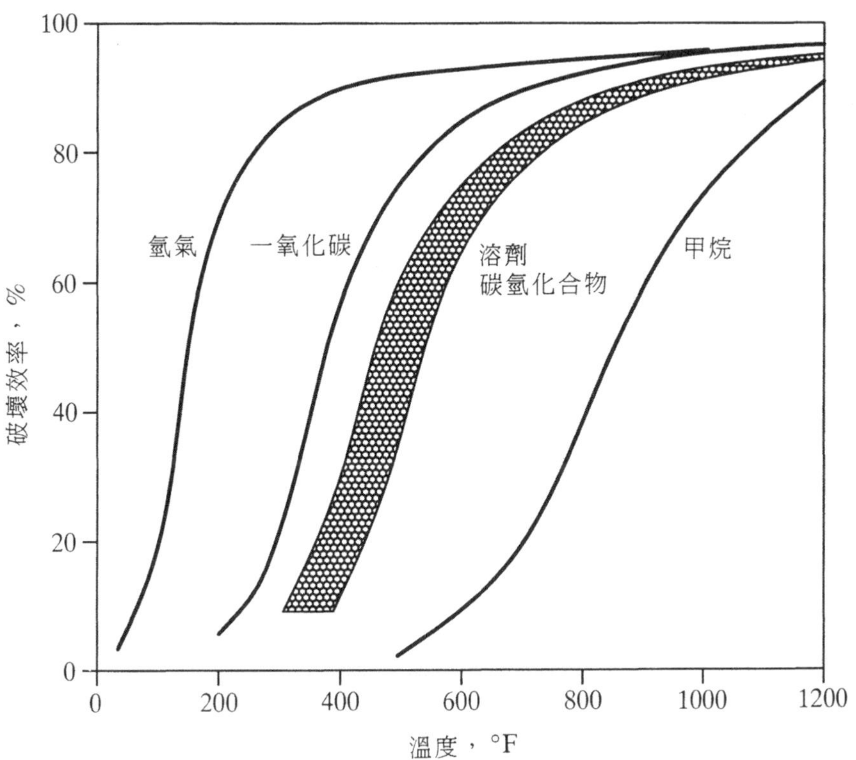

➡圖 1　平均觸媒媒床溫度對破壞效率之影響[21]

（使用觸媒 pt/Al_2CO_3）

處理流程規劃如下：

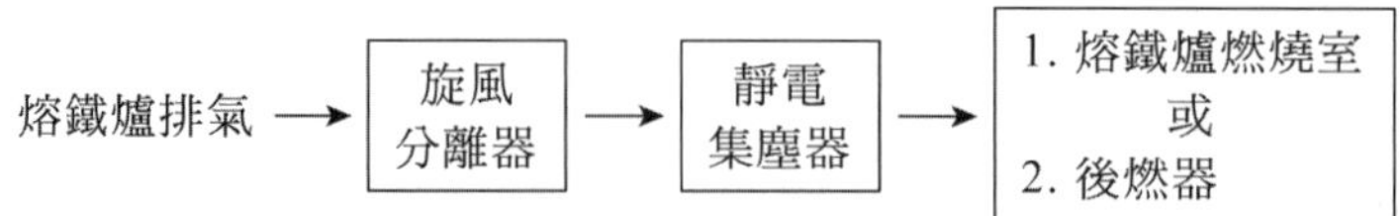

15.3 請就耐溫、耐酸鹼、除塵效率、壓損大小、建造成本、操作成本比較旋風集塵器(Cyclone)、靜電集塵器(ESP)，袋濾集塵器(Fabric Filter)等除塵設備的相對差異。 **（92 年特考）**

項目	旋風集塵器	靜電集塵器	袋濾集塵器
耐溫性	視建造材質而定	可操作在高溫條件下（可高達 700℃）	在高溫下濾袋壽命會縮短，溫度若高於 280℃ 時，需使用特殊材質的濾袋（如耐火棉或金屬濾袋，尚在發展中）且價昂。
耐酸鹼	視建造材質而定	視建造材質而定	在酸、鹼存在條件下，濾袋壽命會縮短，但對其他組件而言，腐蝕通常不是問題。
除塵效率	粒徑小於 10μm 之微粒去除效率差	非常高的去除效率，但對氣流條件（如流量、溫度、微粒負荷，微粒及氣體組成）非常敏感，對於很高或很低電阻係數之微粒去除效率差。	非常高的去除效率，對氣流條件較不敏感。
建造成本	低	高	中
操作成本	(1) 非常簡單的設備，少有維修問題。 (2) 操作成本低。	(1) 操作成本低。 (2) 可處理大量廢氣。 (3) 設備維修成本較高。	(1) 非常容易操作。 (2) 濾袋須經常更換、操作維修成本均較高。
壓損	低 約 5~15cm 水柱	很低 通常低於 1.5cm 水柱	較高，通常為 10~25cm 水柱

15.4 請分別說明下列空氣汙染防制設施之原理與為確保防制效率應控制、記錄項目：

(1) 酸鹼洗滌吸收設施

(2) 生物處理設施

(3) 觸媒焚化設施

(4) 靜電集塵設施 （95 年高考三級）

解

項次	防制設施	原理	確保防制效率應控制、記錄項目
(1)	酸鹼洗滌吸收	以化學吸收方法除去廢氣中之空氣汙染物，適用於不溶於水的廢氣，但卻會與酸、鹼反應的汙染物。例如以鹼液吸收 H_2S、SO_2、硫醇及有機酸，以酸液來吸收氨氣或胺類汙染物。	(1) 廢氣進料量及濃度。 (2) 酸、鹼液濃度及補充量。 (3) 出料汙染物濃度。 (4) 廢液排放量及處理記錄。 (5) 洗滌液循環量。
(2)	生物處理	以土壤、堆肥或泥碳土為擔體，繁殖微生物，當廢氣通過濾床時，廢氣成分被吸收或吸附於擔體上，由微生物將其分解成 CO_2 及水。	(1) 廢氣進料量及濃度，停留時間應足夠，去除率才高。 (2) 濕度控制，確認增溫室液位及循環洒水系統運作正常，必要時添加營養成分。 (3) 系統 PH 值，必要時添加石灰緩衝液平衡 PH 值。 (4) 出料汙染物濃度。 (5) 注意監控生物濾床的壓差。
(3)	觸媒焚化	利用鉑、鈷、鎳等金屬觸媒在 300~400℃的較低溫度下，將 VOC 或有害氣體氧化分解成 CO_2 和水。因操作溫度較低，可節省大量燃料，減少溫室氣體 CO_2 排放並可避免因高溫燃燒所產生的 NO_x 汙染。	(1) 反應溫度，太低破壞效率低，太高可能導致觸媒燒結(Sintering) (2) 廢氣流量，若太大，恐停留時間不足，破壞效率低。 (3) 廢氣中之觸媒毒化物如鹵素、鉛、砷、硫成分之分析記錄。 (4) 廢氣熱值亦不可太高，大量放熱會造成觸媒高溫。 (5) 出料汙染物濃度。

項次	防制設施	原理	確保防制效率應控制、記錄項目
(4)	靜電集塵	利用微粒於電場中之撞擊充電及擴散充電，將微粒於集塵板收集起來。	(1) 排氣之透光度(Opacity)。 (2) 氣體溫度及粉塵之電阻值(Resistivity)。 (3) 電壓及電流（V-I 曲線）。 (4) 廢氣流量及粉塵負荷。 (5) 檢查下列項目： (a) Hopper 操作、粉塵高度警報及移除系統。 (b) 敲擊器(Rapper)之操作是否正常。

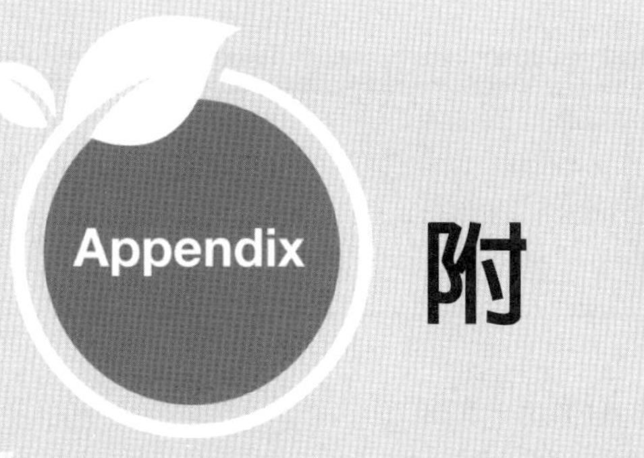

附　錄

Air Pollution Control
Theory and Design

附錄 A 單位換算表

Gas Constant

$R = 1.9872\ \text{Btu/lb-mole°R}$

$= 1.9872\ \text{cal/g-mole°K}$

$= 8.3143\ \text{Joules/g-mole°K}$

$= 0.73\ \text{atm-ft}^3\text{/lb-mole°R}$

$= 1.314\ \text{atm-ft}^3\text{/lb-mole°K}$

$= 10.73\ \text{psi-ft}^3\text{/lb-mole°R}$

$= 1545\ \text{lbf-ft/lb-mole°R}$

$= 82.06\ \text{atm-cm}^3\text{/g-mole°K}$

$= 0.08205\ \text{atm-l/g-mole°K}$

Area

$1\ \text{m}^2 = 10.76\ \text{ft}^2 = 1550\ \text{in}^2$

$1\ \text{ft}^2 = 929.0\ \text{cm}^2$

$1\ \text{acre} = 43560\ \text{ft}^2$

$= 4047\ \text{m}^2$

Length

$1\ \text{mile} = 1.61\ \text{Km} = 5280\ \text{ft}$

$1\ \text{ft} = 30.48\ \text{cm} = 12\ \text{in}$

$1\ \text{in} = 2.54\ \text{cm}$

$1\ \text{in} = 3.2808\ \text{ft} = 39.37\ \text{in}$

$1\ \text{Å} = 10^{-8}\ \text{cm}$

$1\ \text{Micron} = 10^4\ \text{Å} = 10^{-4}\ \text{cm}$

Mass

$1\ \text{Kg} = 2.204\ \text{lb}$

$1\ \text{lb} = 453.59\ \text{gm}$

$= 16\ \text{ounce} = 7000\ \text{grains}$

$1\ \text{ton} = 2000\ \text{lb}$

$1\ \text{moton} = 2205\ \text{lb} = 1000\ \text{Kg}$

$1\ \text{B ton} = 2240\ \text{lb}$

$1\ \text{carat} = 0.2\ \text{gm}$

Energy & Work

$1\ \text{Btu} = 778.26\ \text{ft-lbf}$

$= 252.16\ \text{cal}$

$= 1055.1\ \text{Joules}$

$= 10.405\ \text{Liter-atm}$

$= 2.9307 \times 10^{-4}\ \text{KW-hr}$

$1\ \text{cal} = 4.184\ \text{Joules}$

$= 3.086\ \text{ft} - \text{lbf}$

$1\ \text{hp-hr} = 2.5445 \times 10^3\ \text{Btu}$

$= 2.6845 \times 10^6\ \text{Joules}$

$= 6.4162 \times 10^5\ \text{cal}$

$1\ \text{KW-hr} = 3412.75\ \text{Btu}$

$1\ \text{l-atm} = 24.218\ \text{cal}$

$= 101.33\ \text{Joules}$

$1\ \text{Kg-m} = 2.344\ \text{cal}$

$1\ \text{watt} = 3.412\ \text{Btu/hr}$

$1\ \text{hp} = 550\ \text{ft} - \text{lbf/sec}$

$= 0.74548\ \text{KW}$

Pressure

$1\ \text{atm} = 1.01325 \times 10^5\ \text{N/m}^2$

$= 14.696\ \text{psia}$

$= 760\ \text{mmHg}$

$= 29.921\ \text{inHg(32°F)}$

$= 33.91\ \text{ft water}$

$= 1.01325\ \text{Bar}$

$= 2116.2\ \text{lbf/ft}^2$

$= 1.0333\ \text{Kg/cm}^2$

$1\ \text{Bar} = 0.98687\ \text{atm}$

$= 1 \times 10^5\ \text{N/m}^2$

$= 1 \times 10^6\ \text{dyne/cm}^2$

$1\ \text{pascal} = 1\ \text{N/m}^2$

Density

$1\ g/cm^3 = 62.428\ lb/ft^3$
$= 8.345\ lb/gal$
$= 0.03613\ lb/in^3$

Volume

$1\ ft^3 = 7.481\ gal(US)$
$= 6.23\ gal(British)$
$= 28.316\ liter$
$1\ US\ gal = 8.34\ lb\ H_2O$
$= 3.785\ liter$
$1\ B\ gal = 10\ lb\ H_2O$
$1\ Barrel = 42\ gal$
$1\ m^3 = 35.31\ ft^3$
$= 6.29\ Barrel$
$1\ in^3 = 16.39\ mL$
$1\ Nm^3 = 37.33\ SCF(60°F)$
$1\ lb\text{-}mole = 380\ ft^3(60\ °F, 14.7\ psi)$

Constant

$h = 6.6262 \times 10^{-27}\ erg\text{-}sec$
$N = 6.02380 \times 10^{23}$
$F = 96487\ coulombs/eq$
$e = 1.60219 \times 10^{-19}\ coulomb$
$1\ amu = 1.66053 \times 10^{-24}\ g$
$1\ eV = 1.6022 \times 10^{-12}\ erg$
$1\ erg = 6.2420 \times 10^{11}\ eV$
$1\ radian = 57.30°$
$1\ rpm = 0.10472\ radian/sec$

Viscosity

$1\ cp = 0.01\ g/cm\text{-}sec$
$= 6.7197 \times 10^{-4}\ lbm/ft\text{-}sec$
$= 2.0886 \times 10^{-5}\ \ell bf - sec/ft^2$
$= 2.42\ lbm/ft\text{-}hr$
$= 0.001\ Kg/m\text{-}sec$
$= 0.001\ N\text{-}sec/m^2$

Force

$1\ Newton = 1\ Kg\text{-}m/sec^2$
$= 10^5\ dyne$
$= 7.2330\ poundal$
$= 2.2481 \times 10^{-1}\ lbf$
$1\ lbf = 32.174\ poundal$
$= 32.174\ lbm\text{-}ft/s^2$
$= 4.4482\ Newton$
$1\ Kg = 9.807\ Newton$
$= 2.2046\ lbf$
$g = 980.665\ cm/sec^2$
$= 32.174\ ft/sec^2$

Transfer Coefficient

$1\ Btu/hr\text{-}ft^2\ °F$
$= 5.6784\ Joules/sec\text{-}m^2\ °K$
$= 4.8825\ kcal/hr\text{-}m^2\ °K$
$= 1.3564 \times 10^{-2}\ cal/sec\text{-}cm^2\ °K$
$1\ lb/hr\text{-}ft^2$
$= 1.3562 \times 10^{-3}\ Kg/sec\text{-}m^2$
$= 4.8823\ Kg/hr\text{-}m^2$
$= 4.5358 \times 10^{-1}\ Kg/hr\text{-}ft^2$
$1\ cal/g°C = 1\ Btu/lb°F$
$1\ Btu/hr\text{-}ft°F$
$= 1.731\ W/m°K$
$= 1.4882\ kcal/hr\text{-}m°K$

Flowrate

$1\ m^3/hr = 4.4028\ GPM$
$= 0.5886\ CFM$
$1\ Nm^3/hr = 0.622\ SCFM(60°F)$

附錄 B 物性資料

B-1 水的物性

溫度 T °F	飽和壓力 P′ lb / in², A	比容 $\overline{V}$ ft³ / lb	密度 ρ lb / ft³	重量 lb / Gal
32	0.08859	0.016022	62.414	8.3436
40	0.12163	0.016019	62.426	8.3451
50	0.17796	0.016023	62.410	8.3430
60	0.25611	0.016033	62.371	8.3378
70	0.36292	0.016050	62.305	8.3290
80	0.50683	0.016072	62.220	8.3176
90	0.69813	0.016099	62.116	8.3037
100	0.94924	0.016130	61.996	8.2877
110	1.2750	0.016165	61.862	8.2698
120	1.6927	0.016204	61.7132	8.2498
130	2.2230	0.016247	61.550	8.2280
140	2.8892	0.016293	61.376	8.2048
150	3.7184	0.016343	61.188	8.1797
160	4.7414	0.016395	60.994	8.1537
170	5.9926	0.016451	60.787	8.1260
180	7.5110	0.016510	60.569	8.0969
190	9.340	0.016572	60.343	8.0667
200	11.526	0.016637	60.107	8.0351
210	14.123	0.016705	59.862	8.0024
212	14.696	0.016719	59.812	7.9957

溫度 T °F	飽和壓力 P′ lb / in², A	比容 $\overline{V}$ ft³ / lb	密度 ρ lb / ft³	重量 lb / Gal
220	17.186	0.016775	59.613	7.9690
240	24.968	0.016926	59.081	7.8979
260	35.427	0.017089	58.517	7.8226
280	49.200	0.017264	57.924	7.7433
300	67.005	0.01745	57.307	7.6608
350	134.604	0.01799	55.586	7.4308
400	247.259	0.01864	53.648	7.1717
450	422.55	0.01943	51.467	6.8801
500	680.86	0.02043	48.948	6.5433
550	1045.43	0.02176	45.956	6.1434
600	1543.2	0.02364	42.301	5.6548
650	2208.4	0.02674	37.397	4.9993
700	3094.3	0.03662	27.307	3.6505

B-2 氣體及蒸氣之密度及比熱

C_p = 常壓比熱　　　　C_v = 常容比熱

氣體名稱	化學式	分子量 M	密度 lb / ft^3 ρ	對空氣之相對比重	室溫下每磅之比熱		常壓及 68 °F 下每立方英尺之熱含量		$K = C_p / C_v$
					C_p	C_v	C_p	C_v	
Acetylene	C_2H_2	26.0	0.06754	0.897	0.350	0.2737	0.0236	0.0185	1.28
Air	—	29.0	0.07528	1.000	0.241	0.1725	0.0181	0.0130	1.40
Ammonia	NH_3	17.0	0.04420	0.587	0.523	0.4064	0.0231	0.0179	1.29
Argon	Ar	40.0	0.1037	1.377	0.124	0.0743	0.129	0.0077	1.67
Carbon Dioxide	CO_2	44.0	0.1142	1.516	0.205	0.1599	0.0234	0.0183	1.28
Carbon monoxide	CO	28.0	0.07269	0.965	0.243	0.1721	0.0177	0.0125	1.41
Ethylene	C_2H_4	28.0	0.0728	0.967	0.40	0.3292	0.0291	0.0240	1.22
Helium	He	4.0	0.01039	0.138	1.25	0.754	0.0130	0.0078	1.66
Hydrochloric Acid	HCl	36.5	0.09460	1.256	0.191	0.1365	0.0181	0.0129	1.40
Hydrogen	H_2	2.0	0.005234	0.0695	3.42	2.435	0.0179	0.0127	1.40
Methane	CH_4	16.0	0.04163	0.553	0.593	0.4692	0.0247	0.0195	1.26
Methyl Chloride	CH_3Cl	50.5	0.1309	1.738	0.24	0.2006	0.0314	0.0263	1.20
Nitrogen	N_2	28.0	0.07274	0.966	0.247	0.1761	0.0179	0.0128	1.40
Nitric Oxide	NO	30.0	0.07788	1.034	0.231	0.1648	0.0180	0.0128	1.40
Nitrous Oxide	N_2O	44.0	0.1143	1.518	0.221	0.1759	0.0253	0.0201	1.26
Oxygen	O_2	32.0	0.08305	1.103	0.217	0.1549	0.0180	0.0129	1.40
Sulphur Dioxide	SO_2	64.0	0.1663	2.208	0.154	0.1230	0.0256	0.0204	1.25

*密度值係在常壓及 68°F 狀態下，若溫度為 60°F，將表列數值再乘以 1.0154。

空氣的性質

密度：在 25°C(77°F) & 1 atm，$\rho = 0.0739\ lb/ft^3 = 1.183\ Kg/m^3$

黏度：

T , °K	300	350	400	450	500	550
μ , Kg / m · hr	0.0666	0.0748	0.0825	0.0900	0.0969	0.1031
T , °F	80	170	260	350	440	530
μ , lb / ft · hr	0.0447	0.0503	0.0554	0.0605	0.0651	0.0693

氣體常數：

$$R = 287.1\ m^2/s^2 \cdot °K = 0.2871\ KJ/Kg \cdot °K$$

$$= 1716\ ft^2/s^2 \cdot °R = 53.35\ ft \cdot lg_f/lb_m \cdot °R$$

比熱：

在 25°C (77°F)，$C_p = 1.005\ KJ/Kg \cdot °K = 0.240\ Btu/lb \cdot °F\ (cal/g°C)$

$C_v = 0.718\ KJ/Kg \cdot °K = 0.171\ Btu/lb \cdot °F\ (cal/g°C)$

B-4 液體的黏度

利用橫座標 X，縱座標 Y 值即可由圖 B.1 求得不同溫度下各種液體黏度。

液體	X	Y	液體	X	Y
Acetaldehyde	15.2	4.8	Freon-113	12.5	11.4
Acetic acid, 100%	12.1	14.2	Glycerol, 100%	2.0	30.0
Acetic acid, 70%	9.5	17.0	Glycerol, 50%	6.9	19.6
Acetic anhydride	12.7	12.8	Heptane	14.1	8.4
Acetone, 100%	14.5	7.2	Hexane	14.7	7.0
Acetone, 35%	7.9	15.0	Hydrochloric acid, 31.5%	13.0	16.6
Acetonitrile	14.4	7.4	Iodobenzene	12.8	15.9
Acrylic acid	12.3	13.9	Isobutyl alcohol	7.1	18.0
Allyl alcohol	10.2	14.3	Isobutyric acid	12.2	14.4
Allyl bromide	14.4	9.6	Isopropyl alcohol	8.2	16.0
Allyl iodide	14.0	11.7	Isopropyl bromide	14.1	9.2
Ammonia, 100%	12.6	2.0	Isopropyl chloride	13.9	7.1
Ammonia, 26%	10.1	13.9	Isopropyl iodide	13.7	11.2
Amyl acetate	11.8	12.5	Kerosene	10.2	16.9
Amyl alcohol	7.5	18.4	Linseed oil, raw	7.5	27.2
Aniline	8.1	18.7	Mercury	18.4	16.4
Anisole	12.3	13.5	Methanol, 100%	12.4	10.5
Arsenic trichloride	13.9	14.5	Methanol, 90%	12.3	11.8
Benzene	12.5	10.9	Methyl acetate	14.2	8.2
Brine, $CaCl_2$, 25%	6.6	15.9	Methyl acrylate	13.0	9.5
Brine, NaCl, 25%	10.2	16.6	Methyl i-butyrate	12.3	9.7
Bromine	14.2	13.2	Methyl n-butytate	13.2	10.3
Bromotoluene	20.0	15.9	Methyl chloride	15.0	3.8

液體	X	Y	液體	X	Y
Butyl acetate	12.3	11.0	Methyl ethyl ketone	13.9	8.6
Butyl acrylate	11.5	12.6	Methyl formate	14.2	7.5
Butyl alcohol	8.6	17.2	Methyl iodide	14.3	9.3
Butyric acid	12.1	15.3	Methyl propionate	13.5	9.0
Carbon dioxide	11.6	0.3	Methyl propyl ketone	14.3	9.5
Carbon disulfide	16.1	7.5	Methyl sulfide	15.3	6.4
Carbon tetrachloride	12.7	13.1	Napthalene	7.9	18.1
Chlorobenzene	12.3	12.4	Nitric acid, 95%	12.8	13.8
Chloroform	14.4	10.2	Nitric acid, 60%	10.8	17.0
Chlorosulfonic acid	11.2	18.1	Nitrobenzene	10.6	16.2
Chlorotoluene, ortho	13.0	13.3	Nitrogen dioxide	12.9	8.6
Chlorotoluene, meta	13.3	12.5	Nitrotoluene	11.0	17.0
Chlorotoluene, para	13.3	12.5	Octane	13.7	10.0
Cresol, meta	2.5	20.8	Octyl alcohol	6.6	21.1
Cyclohexanol	2.9	24.3	Pentachloroethane	10.9	17.3
Cyclohexane	9.8	12.9	Pentane	14.9	5.2
Dibromomethane	12.7	15.8	Phenol	6.9	20.8
Dichloroethane	13.2	12.2	Phosphors tribromide	13.8	16.7
Dichlormethane	14.6	8.9	Phosphorus trichloride	16.2	10.9
Diethyl ketone	13.5	9.2	Propionic acid	12.8	13.8
Diethyl oxalate	11.0	16.4	Propyl acetate	13.1	10.3
Diethylene glycol	5.0	24.7	Propyl alcohol	9.1	16.5
Diphenyl	12.0	18.3	Propyl bromide	14.5	9.6
Diphenyl ether	13.2	8.6	Propyl chloride	14.4	7.5
Diphenyl oxalate	10.3	17.7	Propyl formate	13.1	9.7
Ethyl acetate	13.7	9.1	Propyl iodide	14.1	11.6
Ethyl acrylate	12.7	10.4	Sodium	16.4	13.9
Ethyl alcohol, 100%	10.4	13.8	Sodium hydroxide, 50%	3.2	25.8

液體	X	Y	液體	X	Y
Ethyl alcohol, 95%	9.8	14.3	Stannic chloride	13.5	12.8
Ethyl alcohol, 40%	6.5	16.6	Succinonitrile	10.1	20.8
Ethyl benzene	13.2	11.5	Sulfur dioxide	15.2	7.1
Ethyl bromide	14.5	8.1	Sulfuric acid, 110%	7.2	27.4
2-Ethyl butylacrylate	11.2	14.0	Sulfuric acid, 100%	8.0	25.1
Ethyl chloride	14.8	6.0	Sulfuric acid, 98%	7.0	24.8
Ethyl ether	14.5	5.3	Sulfuric acid, 60%	10.2	21.3
Ethyl formate	14.2	8.4	Sulfuryl chloride	15.2	12.4
2-Ethyl hexylacrylate	9.0	15.0	Tetrachloroethane	11.9	15.7
Ethyl iodide	14.7	10.3	Thiophene	13.2	11.0
Ethyl propionate	13.2	9.9	Titanium tetrachloride	14.4	12.3
Ethyl propyl ether	14.0	7.0	Toluene	13.7	10.4
Ethyl sulfide	13.8	8.9	Trichloroethylene	14.8	10.5
Ethylene bromide	11.9	15.7	Triethylene glycol	4.7	24.8
Ethylene chloride	12.7	12.2	Turpentine	11.5	14.9
Ethylene glycol	6.0	23.6	Vinyl acetate	14.0	8.8
Ethylidene chloride	14.1	8.7	Vinyl toluene	13.4	12.0
Fluorobenzene	13.7	10.4	Water	10.2	13.0
Formic acid	10.7	15.8	Xylene, ortho	13.5	12.1
Freon-11	14.4	9.0	Xylene, meta	13.9	10.6
Freon-12	16.8	15.6	Xylene, para	13.9	10.9
Freon-21	15.7	7.5			
Freon-22	17.2	4.7			

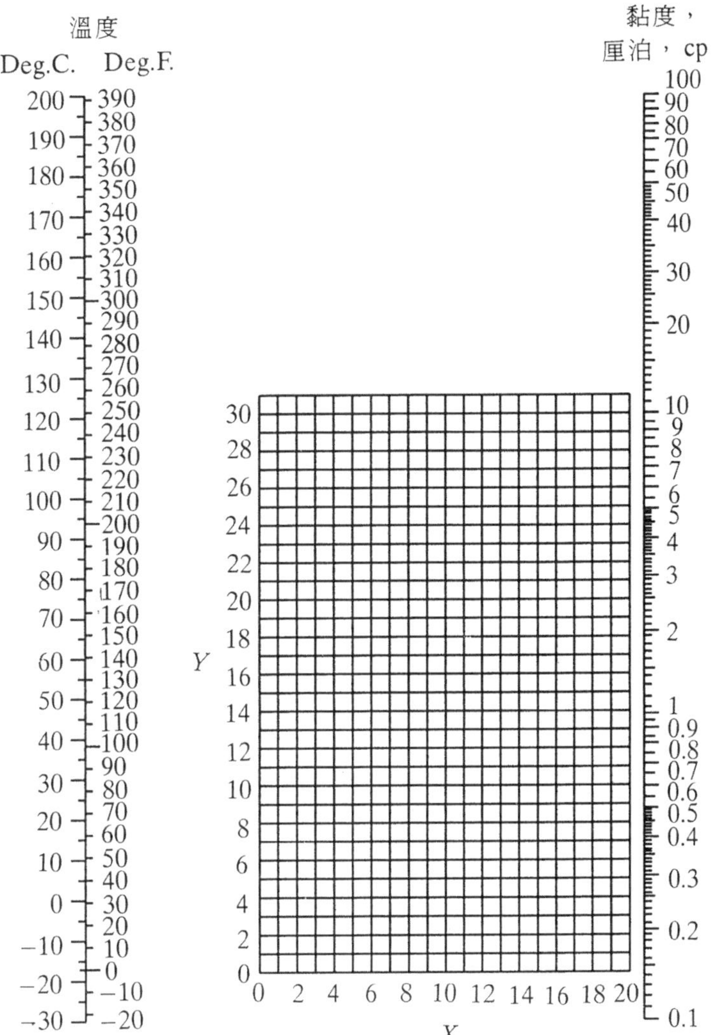

➡ 圖 B.1 液體的黏度[8]

B-5 氣體的黏度

利用橫座標 X，縱座標 Y 值即可由圖 B.2 求得不同溫度下各種氣體黏度。

NO	氣體	X	Y	NO	氣體	X	Y
1	Acetic	7.7	14.3	29	Freon-113	11.3	14.0
2	Acetone	8.9	13.0	30	Helium	10.9	20.5
3	Acetylene	9.8	14.9	31	Hexane	8.6	11.8
4	Air	11.0	20.0	32	Hydrogen	11.2	12.4
5	Ammonia	8.4	16.0	33	$3H_2+1N_2$	11.2	17.2
6	Argon	10.5	22.4	34	Hydrogen bromide	8.8	20.9
7	Benzene	8.5	13.2	35	Hydrogen chloride	8.8	18.7
8	Bromine	8.9	19.2	36	Hydrogen cyanide	9.8	14.9
9	Butene	9.2	13.7	37	Hydrogen iodide	9.0	21.3
10	Butylene	8.9	13.0	38	Hydrogen sulfide	8.6	18.0
11	Carbon dioxide	9.5	18.7	39	lodine	9.0	18.4
12	Carbon disulfide	8.0	16.0	40	Mercury	5.3	22.9
13	Carbon monoxide	11.0	20.0	41	Methane	9.9	15.5
14	Chlorine	9.0	18.4	42	Methyl alcohol	8.5	15.6
15	Chloroform	8.9	15.7	43	Nitric oxide	10.9	20.5
16	Cyanogen	9.2	15.2	44	Nitrogen	10.6	20.0
17	Ctclohexane	9.2	12.0	45	Nitrosyl chloride	8.0	17.6
18	Ethane	9.1	14.5	46	Nitrous oxide	8.8	19.0
19	Ethyl acetate	8.5	13.2	47	Oxygen	11.0	21.3
20	Ethyl alcohol	9.2	14.2	48	Pentane	7.0	12.8
21	Ethyl chloride	8.5	15.6	49	Propane	9.7	12.9
22	Ethyl ether	8.9	13.0	50	Propyl alcohol	8.4	13.4

NO	氣體	X	Y	NO	氣體	X	Y
23	Ethylene	9.5	15.1	51	Propylene	9.0	13.8
24	Fluorine	7.3	23.8	52	Sulfur dioxide	9.6	17.0
25	Freon-11	10.6	15.1	53	Toluene	8.6	12.4
26	Freon-12	11.1	16.0	54	2,3,3-Trimethyl butane	9.5	10.5
27	Freon-21	10.8	15.3	55	Water	8.0	16.0
28	Freon-22	10.1	17.0	56	Xenon	9.3	23.0

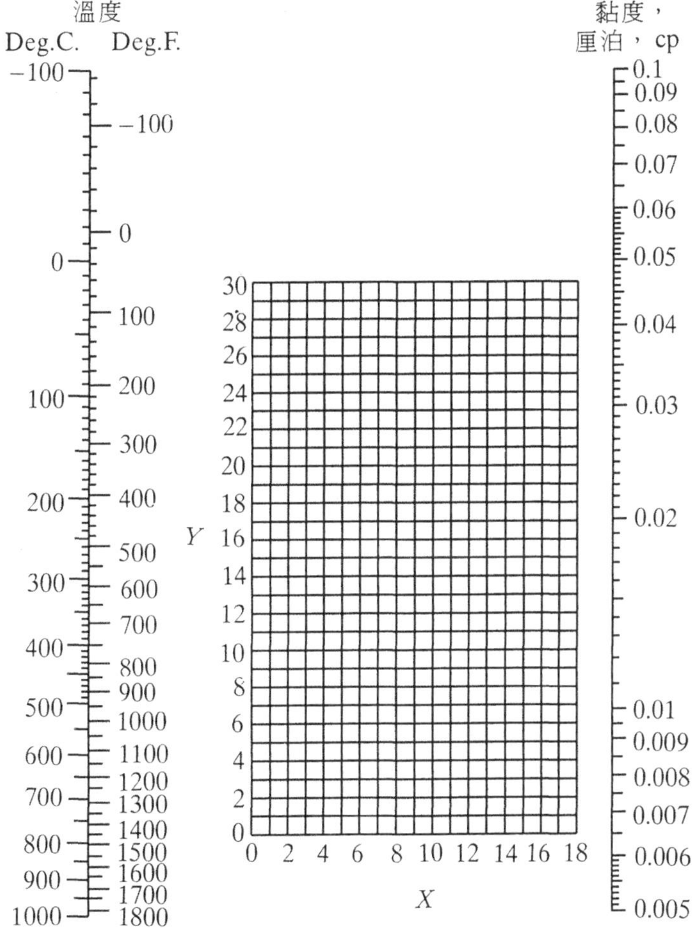

圖 B.2 氣體之黏度[8]

附錄 C 參考資料

1. Air Pollution: It's Origin and Control, Kenneth Wark and Cecil F. Warner, 2nd ed., Harper & Row Pub. Co., 1982.
2. 空氣汙染學，黃正義、黃尚昌譯，科技圖書公司。
3. Pollution Control in Process Industries, S.P. Mahajan, Tata McGraw-Hill Publishing Co., Ltd, 1985.
4. 有害廢棄物焚化技術，張一岑著，聯經出版社。
5. 公害防止技術與法規－大氣篇，陳靜濱譯，徐氏基金會
6. 火カハンドブック，資源エネルギー，公益事業務發電廠編，電力新報社。
7. 燃燒爐的燃燒技術應用研討會，臺大慶齡工業研究中心主辦。81 年 6 月。
8. Perry's Chemical Engineering Handbook, T. H. Perry, 6th Edition, McGraw Hill Inc., New York, 1984.
9. 工業汙染防制技術手冊之 13，「空氣過濾除塵裝置」。
10. 工業汙染防制技術手冊之 22，「廢氣濕式處理」。
11. Equlibrium-Stage Separation Operations in Chemical Engineering, Ernest J. Henley, J. D. Seader, John Wiley & Sons Inc., 1981.
12. Mass Tranfer Operation, Robert E. Treybal, 3rd Edition, McGraw Hill Inc., 1980.
13. 有機廢棄物處理方法簡介，蘇耿弘、周明顯、方鴻源，環保半年刊第四期。
14. 化學工程手冊（下冊），李昭仁等編譯，高立圖書公司。
15. 工業汙染防制技術手冊之 16，「工廠排放黑煙及白煙之控制」。
16. Environmental Engineering, P. Aarne Vesilind, J. Jeffery Perirce and Ruth F. Weiner.
17. Environmental Chemistry, Stanley E. Manaham, 5th Edition, Lewis Publisher, Inc., 1991.
18. Air Pollution Control Equipment: Selection, Design, Operation and Maintenance, Louis Theodore and Anthony J. Buonicore, ETS Inc.
19. Industrial Ventilation, A manual of Recommended Practice, Committee on Industrial Ventilation, American Conference of Governmental Industrial Hygienists, 1978.

20. 工業汙染防制手冊(6)，局部排氣系統設計。
21. Evaluation of Control Technologies for Hazardous Air pollutants. Vol. I. Technical Report, U.S. Department of Commerce, NTIS.
22. 揮發性有機物空氣汙染管制及排放標準技術輔導計畫講習手冊，行政院環保署主辦，87 年 3 月。
23. 蒸留の本，P.76~77、大江修造，B&T ブックス日刊工業新聞社。
24. スタティックミキシングスクラバー方式による濕式排ガス処理裝置，小嶋久夫，化學裝置 2004 年 3 月号。
25. ミューミキシングエレメソトによる COG(コークス炉ガス)の精製設備の改善，小嶋久夫、鈴木照敏，P.57~60，化學裝置 2016 年 5 月号。
26. MU-SSPW の应用，小嶋久夫，P.90~95，工業材料，2014 年 11 月号(Vol.62 NO.11)。

國家圖書館出版品預行編目資料

空氣汙染防制 : 理論及設計/鄭宗岳, 鄭有融編著. --
六版. -- 新北市 : 新文京開發出版股份有限公司,
2022.07
面； 公分

ISBN 978-986-430-847-7（平裝）

1.CST：空氣汙染防制

445.92 111010098

空氣汙染防制：理論及設計（第六版）（書號：**B061e6**）

編 著 者	鄭宗岳 鄭有融
出 版 者	新文京開發出版股份有限公司
地 址	新北市中和區中山路二段 362 號 9 樓
電 話	(02) 2244-8188（代表號）
F A X	(02) 2244-8189
郵 撥	1958730-2
四 版	西元 2011 年 06 月 25 日
五 版	西元 2018 年 02 月 20 日
六 版	西元 2022 年 07 月 20 日

 建議售價：650 元

法律顧問：蕭雄淋律師
ISBN 978-986-430-847-7

New Wun Ching Developmental Publishing Co., Ltd.

New Age · New Choice · The Best Selected Educational Publications — NEW WCDP

NEW WCDP

新文京開發出版股份有限公司

新世紀 · 新視野 · 新文京 — 精選教科書 · 考試用書 · 專業參考書